DE

LA MANŒUVRE

DES VAISSEAUX,

OU

TRAITÉ DE MÉCHANIQUE

ET DE DYNAMIQUE.

DE
LA MANŒUVRE
DES VAISSEAUX,
O U
TRAITÉ DE MÉCHANIQUE
ET DE DYNAMIQUE;

DANS LEQUEL ON RÉDUIT A DES SOLUTIONS très-simples les Problêmes de Marine les plus difficiles, qui ont pour objet le mouvement du Navire.

Par M. BOUGUER, *de l'Académie Royale des Sciences, de la Société Royale de Londres, Honoraire de l'Académie de Marine, ci-devant Hydrographe du Roi au Port du Croisic & au Havre-de-Grace.*

A PARIS,
Chez H. L. GUERIN & L. F. DELATOUR, rue S. Jacques, à S. Thomas d'Aquin.

M. DCC. LVII.
Avec Approbation & Privilege du Roi.

PRÉFACE.

Aprés que l'on eut fait en mer quelqu'ufage de la Bouffole, on ne tarda pas à reconnoître qu'on pouvoit, par une application affez facile de la Géométrie & de l'Aftronomie, réduire en Art cette partie de la Navigation qui trace fur la Carte la route du Vaiffeau. Le Pilote, en confidérant fa vîteffe & la direction qu'il fuit, examine avec foin tout ce qui peut lui en donner une connoiffance précife ; & au défaut des objets voifins, il confulte le Ciel dont l'obfervation fert à le redreffer lorfqu'il eft tombé dans quelque erreur. Inftruit de ces différents moyens il réuffit à déterminer l'endroit de la Mer où il fe trouve, & fa Carte lui indique la route qu'il doit choifir pour achever heureufement fa navigation. Ces chofes ont été expliquées dans plufieurs Traités qui marquent par leur date les divers degrés de perfection qu'on a, depuis près de trois fiecles, ajouté peu à peu à la Science nautique. Toutes les Nations maritimes ont de ces Livres qui fervent à l'inftitution de leurs Pilotes, & qui font entre les mains de leurs Navigateurs.

Mais il ne fuffit pas d'examiner ou d'obferver le mouvement du Navire, il faut pouvoir le produire malgré la grande maffe du corps fur lequel on agit, & le régler malgré l'agitation de la mer & la violence du vent qui s'y oppofent & qui font fujettes aux plus extrêmes irrégularités. Cette feconde partie de la Marine qu'on connoît fous le nom de *Manœuvre*, n'eft pas moins importante que la premiere : il femble néanmoins qu'on l'ait jufqu'à préfent abandonnée à la feule pratique des Navigateurs qui ne s'y perfectionnent que par un long & pénible travail. Il eft vrai qu'elle confifte principalement dans l'exécution, au lieu que l'autre toute fpéculative, pour ainfi dire, ne s'occupe que de fes obfervations ou des inductions qu'elle en tire par le calcul. Mais la Manœuvre en doit-elle être moins foumife à des regles précifes dans l'emploi des moyens phyfiques dont elle fe fert pour imprimer du mouvement au Vaiffeau, & les Marins ne s'en inftruiroient-ils pas beaucoup plus aifément s'ils en avoient des Traités faits avec méthode ?

ON CHERCHEROIT inutilement des lumieres chez les Anciens : ils connurent aussi peu cette seconde partie de l'art de naviguer, que la premiere. Leur navigation étoit imparfaite à tous égards, & nous aurions tort de la prendre pour modele. Si on en jugeoit néanmoins sur les descriptions trop pompeuses qu'ils nous ont laissées de quelques-uns de leurs Navires, on seroit tenté de croire qu'ils l'emportoient beaucoup sur nous par leur habileté dans l'Architecture navale, & on se persuaderoit très-faussement qu'ils appliquoient à la Marine la Méchanique de la maniere la plus parfaite. Mais on peut s'en rapporter au jugement de Tite-Live & de Plutarque qui ne font pas difficulté d'assurer, en parlant de ces Vaisseaux extraordinaires dont les dimensions étoient si grandes, qu'on les avoit plutôt construits par ostentation & pour tenir lieu de Palais d'une espece singuliere, que pour en tirer quelque service sur mer [a]. Outre cela nous avons un moyen aussi simple que sûr de nous faire une idée exacte de l'état où les Anciens porterent leur Marine : jugeons-en par leurs expéditions, & nous ne saurions nous tromper.

Nous ne demanderons pas s'ils affrontoient la violence des flots dans tous les temps de l'année, comme nous ne craignons pas de le faire ; on nous répondroit que n'ayant point de Boussole ils ne se hazardoient en mer que pendant les plus beaux jours. Mais lorsqu'ils avoient le vent favorable, naviguoient-ils avec autant de promptitude qu'on le fait actuellement ? Imprimoient-ils à leurs Navires, par le moyen des voiles, tous les mouvements qu'ils vouloient ? Savoient-ils se servir du même vent pour faire des routes directement contraires ? On sera forcé d'avouer, si l'on répond à ces différentes questions, que les Anciens donnerent tous leurs soins à perfectionner leurs Navires à rames qui étoient les seuls dont ils se servissent dans la guerre ; & qu'à l'égard des autres dont l'invention est postérieure & qu'ils employerent ordinairement pour les transports, ils les construisirent toujours d'une maniere trop grossiere, en ajoutant à cette faute celle de n'en pas augmenter assez les voiles.

ILS SURENT dans la suite prendre le vent un peu de côté lorsqu'il n'étoit pas parfaitement favorable ; ils remontoient,

a *Voyez* Tite-Live, *Liv.* 33. & Plutarque, *vie de Démétrius.*

par exemple, le Nil avec les vents Etéſiens qui venoient du Nord, mais qui n'en venoient pas exactement. S'ils ne donnerent pas pluſieurs mâts à leurs Vaiſſeaux, car il ne paroît pas qu'ils en connuſſent l'utilité, ils employerent au moins, dans l'occaſion, des voiles plus ou moins étendues. Nous avons tranſporté à celle de la poupe qui eſt une de nos plus petites, le nom qu'ils donnoient à leur plus grande, celle dont ils ne ſe ſervoient ſans doute que dans les plus beaux temps. Ils ſurent enfin s'avancer quelquefois en pleine mer & s'éloigner des terres ſans en ſuivre les contours, lorſqu'un vent réglé pouvoit les diriger en leur ſervant comme de Bouſſole : c'eſt ce que leur enſeigna Hippalus dans la mer des Indes [a]. Mais il eſt certain que leurs Galeres alloient toujours plus vîte que leurs Navires à voiles, ſi on excepte les rencontres rares dans leſquelles ils joignoient l'effort des hommes à celui du vent.

Ils ne nous ont pas laiſſé ignorer combien ils employoient de jours pour faire certains trajets dont nous connoiſſons actuellement la juſte longueur. Hérodote a marqué le temps qu'on mettoit à traverſer le Pont-Euxin en différents ſens : de l'Orient à l'Occident il falloit neuf jours & huit nuits, & du Septentrion au midi trois jours & trois nuits. Pline nous apprend [b] qu'on ſe rendoit de Carthage à Rome le quatrieme jour ; mais on peut ſoupçonner que cette courſe ne ſe faiſoit ſi promptement que ſur des Galeres, de même que les traverſées du Pont-Euxin. Cependant comme il s'agiſſoit pour Pline d'exprimer d'une maniere frappante par la navigation de Carthage aux côtes d'Italie, combien les deux rivages étoient voiſins l'un de l'autre, il eſt certain qu'on marqueroit actuellement la même choſe en ſpécifiant que le trajet s'eſt fait en un jour & demi ou tout au plus en deux jours. On paſſoit, ſelon le même Auteur, en quarante jours de la mer Rouge à la côte de Malabar, lorſque la navigation s'étant déja beaucoup perfectionnée, on ſuivoit la route tracée en droite ligne la premiere fois par Hippalus qui ſe laiſſoit emporter par le vent de Sud-Oueſt dont il attendoit le retour, & auquel dans la ſuite on donna ſon nom. Ce n'eſt pas ici le lieu de recueillir beaucoup d'exemples ſemblables. Nous ajouterons ſimplement que Lucien [a] fait parvenir un Navire à voiles le ſeptieme jour, d'un vent qui n'étoit pas

a Plin. *Lib.* vi. *Cap.* 23. ══ b Plin. *Lib.* 15. *Cap.* 68.

tout-à-fait fort, d'Alexandrie à la vue d'Acamas dans l'ifle
de Chypre. Il ne faut pas oublier de rectifier la longueur
de tous ces trajets fur les notions plus exactes que nous en
fournit actuellement la Géographie. La diftance de la mer
Rouge à Malabar, qui demandoit quarante jours de navigation, n'eft guere que de 450 de nos lieues marines, ce
qui fait un peu plus de onze lieues par jour; & celle d'Alexandrie au cap d'Acamas eft d'environ quatre-vingts lieues,
ce qui donne un réfultat peu fupérieur à l'autre. Il eft vrai
que notre fillage n'eft pas quelquefois plus prompt; mais
c'eft lorfque nous nous plaignons du calme, ou que le vent
nous eft contraire.

AINSI il paroît qu'on ne donna jamais dans l'Antiquité
affez de voilure aux Navires, ou qu'on les conftruifit toujours d'une maniere trop informe. On ignora outre cela l'u-
fage que pouvoient avoir des voiles appliquées en différents
endroits de la longueur du Vaiffeau, pour le faire tourner
en divers fens, en fuppléant au gouvernail. Comme on
rendoit la poupe & la proue beaucoup trop hautes, elles
recevoient, de la part du vent, une impulfion d'autant plus
dangereufe, qu'elle n'étoit pas foumife à la volonté du Navigateur, & qu'elle dominoit fur l'effort trop foible des voiles. Applaudiffons donc, fi l'on veut, à l'activité des Anciens lorfqu'ils réuffiffoient quelquefois à bâtir des flottes
entieres en cinquante ou foixante jours; la petiteffe ordinaire de leurs Navires & la proximité des lieux où ils en
trouvoient alors tous les matériaux, diminuoient beaucoup
néanmoins la difficulté de l'entreprife; mais avouons que
leur Marine étoit inférieure, à tous égards, à celle des Mo-
dernes. Nos Navires à voiles, dont nous entendons toujours
parler ici, reçoivent le tiers ou le quart de la vîteffe du vent,
au lieu que ceux des Anciens, dans le temps même qu'ils
n'étoient pas conftruits fi groffiérement, n'en prenoient peut-
être que la fixieme ou feptieme partie.

IL FAUT donc s'approcher des derniers temps pour voir
la Navigation prendre une forme nouvelle & devenir toute
différente. Ce changement n'eut pas exactement en Europe
l'invention de la Bouffole pour époque; ce qui n'empêche
pas que tous les fuccès de la Marine moderne n'en ayent

a Dialogue intitulé: *le Navire* ou *les Souhaits.*

dépendu. Les découvertes se font successivement selon un certain ordre, & celle de la Boussole devoit précéder la perfection de la Manœuvre de même que celle de l'art du Pilote; elle étoit un préalable aussi nécessaire pour l'une que pour l'autre. L'usage plus commun de cet instrument fit qu'on s'éloigna des côtes avec plus de hardiesse, & qu'on osa traverser dans toutes les saisons les mers orageuses, en faisant de très-longs trajets. Dès-lors il fallut donner plus de solidité aux Navires, augmenter la capacité de leur carene, & en régler la forme avec plus de soin. Il est très-facile de réussir dans la construction d'un Bâtiment qui ne sort du Port que pendant les plus beaux jours d'été, & dont la partie submergée n'enfonce que très-peu dans l'eau; il suffit que sa proue se termine en pointe. Mais l'Architecture navale devint un art trés-compliqué & très-difficile aussi-tôt qu'on augmenta considérablement la profondeur des Navires, & qu'on grossit beaucoup leur carene, comme on y fut obligé lorsqu'on entreprit de longs voyages en pleine mer. Pour vaincre le choc irrégulier des vagues contre une surface beaucoup plus grande, il fallut multiplier les voiles, les rendre plus étendues, & mettre entre celles de la proue & de la poupe un équilibre exact, afin non-seulement de tirer du vent une plus grande force, mais de pouvoir en disposer à son gré.

IL N'ÉTOIT pas possible qu'on pensât à augmenter le nombre des mâts, sans se proposer au moins confusément la plupart des grands avantages qu'on en retireroit. Peut-être que c'est aux Barbares qui infesterent nos côtes dans le neuvieme siecle, qu'on doit la premiere idée des nouvelles dispositions dont notre Marine tire un si grand avantage. Leurs Barques, quoique très-petites, puisqu'on les transportoit quelquefois à terre pour les faire glisser sur des rouleaux, avoient deux mâts. Ce fut un exemple dont on put profiter lorsqu'on construisit, longtemps après, de plus grands Navires. Ceux que Marco-Paolo vit en divers endroits de la mer des Indes, avoient leur mâture disposée à peu près comme les nôtres, & ce Voyageur rapporte qu'on se rendoit en 20 ou 25 jours des côtes de Malabar à l'isle de Madagascar. Ce trajet est d'environ 700 lieues, ce qui montre que la Marine avoit acquis dès-lors *, dans l'Orient, une perfection qu'elle n'avoit pas eue dans l'Antiquité. En même temps

* Vers la fin du treizieme siecle.

qu'on rendoit le fillage plus rapide, on avoit le moyen d'af-
fujettir le Navire dans la fituation qu'on vouloit. On s'af-
franchiffoit encore plus de la néceffité de fuivre abfolument
la même route en fe laiffant entraîner par le vent. Le trou-
voit-on contraire? on lui préfentoit obliquement la proue
de même que les voiles, & on réuffiffoit à fe fervir de fon
effort pour aller contre le vent même.

C OMBIEN les Anciens, dont on nous vanteroit inutilement les fuccès, ignoroient-ils d'efpeces de prodiges dans
ce genre qui n'excitent pas affez notre admiration, parce
que nous y fommes accoutumés, & qui d'ailleurs n'ont guere
pour témoins que les feuls Navigateurs. Nous voyons réu-
nies dans les Vaiffeaux toutes les merveilles que peuvent
opérer les forces mouvantes. Lorfque le fameux André Doria,
qui fe fit un fi grand nom dans la Marine du temps de Fran-
çois I, fe jouoit, pour ainfi dire, de la violence du vent,
les fpectateurs trop peu verfés dans cet art ne favoient comment expliquer la facilité avec laquelle il tiroit de la même
force les effets les plus contraires ; & il eft rapporté qu'ils
crurent, dans leur embarras, devoir imputer le tout à quelque vertu magique. Ce que Doria faifoit au commencement
du feizieme fiecle, nos Marins l'exécutent tous les jours, &
fans doute encore mieux. Il eft certain que les Tourville,
les Baert, les du Quefne, les Dugué-Trouin dûrent la plus
grande partie de la réputation qu'ils s'acquirent fi légiti-
mement à l'habileté qu'ils avoient dans la Manœuvre, &
nous pouvons dire la même chofe de tous les grands hommes
de mer dont la France jouit actuellement. Qu'on fuive tous
les mouvements par lefquels M. le Marquis de la Galiffoniere
prépara la gloire de l'action mémorable du 20 Mai dernier [a],
on reconnoîtra qu'elle ne fut pas moins le fruit de fes lumieres que de fon extrême valeur.

I L FAUT AVOUER auffi que la partie de la Marine, dont
nous parlons, eft celle que l'Officier doit cultiver le plus, & qui
lui eft abfolument néceffaire. Comme voyageur il peut, en
paffant dans les régions les plus éloignées, fe propofer une
infinité de recherches utiles ; il peut nous enrichir d'obfervations précieufes d'Aftronomie, de Géographie, d'Hiftoi-
re naturelle ; mais rien ne l'intéreffe plus que de poffeder la
Manœuvre, cette partie qui lui fournit les plus fûres ref-

[a] A la hauteur de Minorque le 20 Mai 1756.

ſources dans les occaſions preſſantes , & qui le rend ſupérieur dans un combat. Le grand homme de mer pourroit
bien n'être pas excellent Pilote ; il ſuffiroit qu'il déférât aux
lumieres de quelques autres perſonnes , & rien ne l'empêche
d'y avoir recours ; mais le Général ou le Capitaine, principalement dans la chaleur de l'action , eſt obligé de prendre
ſon parti ſur le champ, ſans pouvoir tirer d'ailleurs que de
ſon propre fonds, les réſolutions les plus déciſives. Il eſt
étonnant avec quelle promptitude un Vaiſſeau bien diſpoſé
obéit, pour ainſi dire , aux ordres du Manœuvrier habile.
Si le Navigateur au contraire ne ſait pas toutes les fineſſes
de ſon art, ſon Navire, quoiqu'excellent, n'eſt plus qu'une
lourde maſſe qui reçoit tout ſon mouvement du caprice des
vents ou des flots, qui , malgré le courage & le déſeſpoir de
l'Officier, devient trop ſûrement la proie de l'ennemi, ou
qui termine bientôt ſon ſort par un naufrage.

CE N'EST cependant que vers la fin du dernier ſiecle qu'on
crut pouvoir aſſujettir cette partie de la Navigation à des regles certaines. Le P. Pardies ſe tourna vers cet objet en
1673 ; & quoiqu'il ne fût pas heureux dans l'examen qu'il
en fit , nous lui ſommes obligés de ce qu'il ne regarda pas
l'entrepriſe comme impoſſible. Il fit ſentir au moins qu'elle
étoit digne de l'attention des Savans, ce qui les détermina
ſans doute à s'en occuper. De deux Auteurs très-exercés
dans la pratique de la Marine , qui y travaillerent, M. le
Chevalier Renau [a] & le P. Hoſte [b], le ſecond nous donna un
Traité d'autant plus eſtimable qu'il contient un plus grand
nombre de Problêmes, & qu'il eſt moins fondé ſur le principe erroné du P. Pardies. Nous devons encore les plus grands
éloges à Meſſieurs Hughens [c], Jean Bernoulli [d], Pitot [e],
Mac-Laurin [f] & Euler [g], dont nous avons des Traités faits
exprès ſur cette matiere, ou des découvertes qui l'enrichiſſent.

MAIS, pour connoître l'état auquel on a réellement porté
la théorie de la Manœuvre, il nous ſuffit de conſidérer ce
que fit M. Bernoulli dans l'Eſſai qu'il en publia. Ce grand
Géometre compara la carene des Vaiſſeaux à des figures qui

---

[a] Théorie de la Manœuvre des Vaiſſeaux, 1689. ▭ [b] Recueil de Traités de Mathématiques , 1691. ▭ [c] Bibl. univ. mois de Septem. 1693 , ou
Journal des Savans de 1695. ▭ [d] Eſſai d'une nouvelle Théorie de la Manœuvre, 1714. ▭ [e] La Théorie de la Manœuvre réduite en pratique ,
1731. ▭ [f] Traité des Fluxions, *vers la fin.* ▭ [g] *Scientia Navalis.*

y étoient trop peu conformes ; il suppofa toujours que la vîteffe du vent étoit infinie par rapport à celle du Navire, ce qui eft fort éloigné d'être vrai, & il fe contenta d'expliquer la conftruction de quelques Tables qu'il regarda comme fuffifantes dans la pratique, quoiqu'elles laiffaffent la folution des principales difficultés de Manœuvre, fujette à un tâtonnement très-peu exact & trop long pour être utile. Eludant enfin tout ce qui rendoit le fujet trop compliqué, il ne confidéra dans les Navires qu'une feule voile, quoiqu'ils en aient ordinairement plufieurs, & que ce foit de cette pluralité, comme nous l'avons vu, que dépende prefque toute la fupériorité de la Marine moderne. Ce que nous avançons ici touchant le travail de M. Bernoulli qui le premier a connu les vrais principes de cet art, on peut le dire, avec quelques reftrictions, des recherches, quoiqu'excellentes, des autres Savans qui ont marché dans la même carriere. Ainfi on voit ce qu'il y avoit à faire ; on voit, qu'en laiffant même à part toutes les remarques fur la diftribution de la charge & fur les mouvements d'évolution ou de rotation du Navire, remarques qui doivent fervir en mer & faire par conféquent partie de la fcience du Navigateur, on ne pouvoit fe difpenfer, pour embraffer la matiere dans toute fon étendue, d'infifter fur diverfes circonftances qu'on en avoit toujours écartées jufqu'à préfent ; on voit auffi qu'il a fallu réfoudre un affez grand nombre de nouveaux Problêmes.

Il ne m'a pas été poffible après cela de prendre pour modeles, dans cet ouvrage, la plupart des Traités faits fur l'autre partie de la fcience du Navigateur, le Livre en particulier que je publiai fur le Pilotage en 1753. Je n'ai pu, dans la rencontre préfente, compofer un Livre purement élémentaire, puifqu'il s'agiffoit pour moi, non-feulement d'éclairer les pratiques de la Manœuvre, mais d'expofer en même temps les moyens que j'avois employés pour découvrir les nouvelles regles que je propofe. Je me fuis donc trouvé dans la néceffité de fondre, pour ainfi dire, deux ouvrages en un feul ; l'un que j'ai tâché de mettre à la portée du commun des Marins, que l'on doit avoir principalement en vue, lorfqu'il s'agit d'inftructions ; l'autre qui demande des Lecteurs fuffifamment verfés dans les difcuffions géométriques. Tout ce que j'ai fait de plus dans cette double compofition en faveur des premiers Lecteurs, ç'a été d'entrer

pour

pour eux dans un grand détail, de leur donner des raisons physiques & palpables, en rejettant à la fin de chaque Section, ou même de chaque Chapitre, les recherches plus compliquées dans lesquelles ils ne seront point obligés de s'engager. On ne regardera pas sans doute comme un grand mal, qu'ils aient sans cesse sous les yeux & comme malgré eux, des preuves sensibles de l'utilité de la Géométrie dans la Marine. Mais s'ils veulent pourtant se borner aux seules remarques qui sont absolument nécessaires, ils n'auront qu'à s'épargner la lecture de tout ce qui leur paroîtra trop difficile, ou de ce qu'ils trouveront accompagné de quelque appareil de calcul Algébrique.

Il n'est nullement question dans cet Ouvrage de la construction des Vaisseaux, autre partie de la Marine qui en est, à proprement parler, la première, mais qui étant exercée à terre par des personnes qui s'en occupent entiérement, n'est pas l'objet des connoissances du Navigateur. Nous avons des Livres sur cet important sujet qui, dans l'ordre des choses, précede le Pilotage & la Manœuvre ; je l'ai examiné expressément dans le *Traité du Navire*, & on ne sauroit trop recommander sur cette même matiere les Ouvrages de M. Euler & de M. Duhamel.

Mais, pour revenir au Livre que je présente, je ne sai si l'arrangement peu ordinaire que j'ai cru devoir préférer, m'aura permis de satisfaire aux vues sages de M. de Chézac, Capitaine des Vaisseaux du Roi, & Chevalier de l'Ordre Militaire de Saint Louis, qui contribue, plus que personne, à exciter cette louable ardeur avec laquelle on tâche d'allier, dans toutes les parties de l'art de naviguer, la théorie à la pratique. Afin de mieux inspirer à Messieurs les Gardes de la Marine, auxquels il commande à Brest, son goût éclairé pour toutes les connoissances propres à des Officiers, il demandoit des éléments de Méchanique & de Dynamique dont les principes fussent continuellement appliqués à la Navigation. Le premier Livre de ce Traité pourra, ce semble, remplir d'autant mieux ce plan, que j'ai fait tous mes efforts pour que les deux autres, auxquels il sert comme d'introduction, y répondissent. Je suis persuadé outre cela que mon travail ne sera pas inutile pour d'autres Lecteurs à qui il est indifférent qu'on leur parle de Marine ou de tout autre sujet,

pourvu qu'on les exerce dans cette partie des Mathématiques dont un ſi grand nombre d'Arts attendent leur perfection. Il étoit abſolument néceſſaire de joindre la Dynamique à la Méchanique, puiſqu'on ne conſtruit ordinairement
les machines que pour qu'elles prennent du mouvement, &
que les Navires ſont deſtinés à recevoir une très-grande vîteſſe.

Il ARRIVE ſouvent qu'on renverſe entiérement l'ordre des
méthodes dans cette partie de la Méchanique ; & il ſemble,
qu'auſſi-tôt qu'on peut employer le mot de *Dynamique* à la
tête d'un Ecrit, on ceſſe d'être obligé de ſe rendre intelligi-
ble. Le mal vient de ce qu'on ſubſtitue aux vrais principes
ou aux loix de la Nature, dont la ſimplicité & la généralité
ne ſauroient être plus grandes, d'autres regles qui n'en ſont
que des conſéquences conditionnelles & très-éloignées. L'illuſtre M. Jean Bernoulli, à qui toutes les Mathématiques
ont de ſi grandes obligations, a contribué le plus à mettre
en uſage un de ces principes trop obſcurs, connu ſous le nom
de *Conſervation des Forces vives*, qu'il croyoit abſolument néceſſaire pour la ſolution d'une claſſe entiere de Problêmes [a].
Si cette prétention néanmoins avoit eu quelque fondement,
ou s'il avoit été réellement impoſſible de réſoudre pluſieurs
difficultés ſans le nouveau ſecours, le Géometre ſe fût également trouvé dans l'impoſſibilité d'en montrer la bonté ou
d'en lier la certitude avec celle des loix de la communication des mouvements dont elle doit dépendre. Mais ce qui
eſt encore plus étrange, M. Bernoulli étoit obligé de ſuppoſer que les corps qu'il conſidéroit, étoient parfaitement
élaſtiques, quoique nous n'en connoiſſions point de tels.
Ainſi la regle ou le principe de Dynamique qu'employoit
alors cet illuſtre Mathématicien, & qu'il regardoit comme
une loi primitive de la Nature, n'étoit applicable qu'à un cas
hypothétique auquel la Nature même a donné l'excluſion.
On peut, malgré cela, dans une infinité d'autres rencontres,
tirer de cette regle trop limitée des inductions très-heureu-
ſes. Quelquefois on regarde comme trop difficile, d'agir
avec pleine lumiere ou de ſuivre l'enchaînement de toutes les
vérités intermédiaires ; on renonce, par pareſſe ou par im-
puiſſance, à l'avantage de voir parfaitement clair. On ferme

[a] Voyez le Diſcours ſur les Loix & la Communication des Mouvements ;
Paris, 1727.

les yeux, pour ainfi dire, en fe fervant du prétendu principe, & on s'élance vers le but, autant qu'il eft poffible, pour
s'épargner la peine de s'y rendre pas à pas.

Mais, puifque ce principe eft obfcur, qu'il n'eft pas généralement vrai, qu'il a quelquefois induit en erreur les plus
grands Méchaniciens, & qu'il n'eft, à proprement parler,
qu'une conféquence géométrique tirée dans quelques circonftances particulieres, des loix générales du mouvement,
n'eft-il pas évident qu'on fe conduit d'une maniere bien plus
naturelle & plus fatisfaifante pour l'efprit, en rapportant tout
immédiatement à ces mêmes loix? Eft-il rien de plus illu-
foire & de plus propre à répandre des ténebres fur la partie
des Méchaniques la plus utile, que de renoncer à des principes univerfels, fenfibles & féconds, pour leur en préférer de
fecondaires qu'on s'eft encore plu depuis à multiplier, qui
font tantôt faux & tantôt vrais, & dont on ne peut apprétier
la jufte valeur qu'en remontant à la fource ou en les comparant à ces mêmes principes qu'on feint d'abandonner?

Lorsque plufieurs corps, en agiffant les uns fur les autres, changent mutuellement leur état, tous les mouvements
que les uns font forcés de prendre, forment toujours un parfait équilibre avec tous les mouvements que les autres perdent; ces mobiles ayant de l'inertie comme toutes les autres
parties de la matiere, ne prennent du mouvement & n'en perdent qu'avec difficulté, & leurs réfiftances réciproques fe
contrebalancent exactement par leur oppofition. Cette regle ou loi eft fi fimple, qu'il fuffit de l'expliquer; & le favant
M. Bernoulli n'avoit qu'à le vouloir pour en tirer, ainfi qu'il
l'a fait en d'autres rencontres, tous les fecours dont il avoit
befoin. Comme elle conduit feule à des folutions naturelles
& lumineufes dans une infinité de Problêmes, il m'a paru
que je ne pouvois mieux faire que de continuer à l'employer,
après m'en être déja fervi dans ceux de mes autres Ouvrages
où il s'eft préfenté des difficultés de même genre. J'en avois
même fait ufage dès 1728, en réfutant, malgré les égards
dûs au célebre Géometre que je viens de citer, la trop grande
généralité de fes affertions.

Au surplus, puifque nous confacrons ce Traité à l'utilité du Public, nous ne devons pas manquer de reconnoître,

que s'il fût jamais néceffaire de joindre la Pratique à la Théorie , c'eft principalement dans la Marine. Outre qu'il faut
examiner fur le Vaiffeau même ce grand nombre de cordages
qui fervent à la Manœuvre , le Navigateur doit favoir une infinité de chofes de fait ou de détail que nous n'avons pas ef-
fayé de décrire, & qu'il n'apprendra jamais bien que dans des
voyages réïtérés. Quelqu'un qui fe confiant trop dans fes
connoiffances fpéculatives , entreprendroit de conduire un
Navire la premiere fois qu'il s'embarque , feroit trop certainement une expérience fatale de fon peu de capacité. Avant
qu'il eût eu le temps de faifir l'état actuel des chofes dans leur
changement continuel, qu'il eût raffemblé toutes fes idées ,
& qu'il eût formé une réfolution , il auroit laiffé échapper
l'inftant favorable , & fon Navire fe feroit brifé contre quelqu'écueil. Il faut donc allier néceffairement la pratique à la
fpéculation : nous voulons dire, qu'après que le Navigateur
a pris une connoiffance fuffifante des maximes utiles , il faut
qu'il fe les rende affez familieres par un grand exercice, pour
pouvoir les appliquer comme machinalement & fans le fecours pénible de la réflexion.

Le Vaisseau recevant, par le moyen du gouvernail & des
voiles , tous les mouvements qu'on lui imprime, l'homme de
mer ne fe fera pas encore affez exercé dans fon art, fi un
coup d'œil ne lui fuffit, pour fe rendre préfentes toutes ces
parties mobiles. Il faut qu'il y tienne, pour ainfi dire, comme à fes propres mufcles, ou qu'il regarde fon Navire comme un autre corps qu'il anime en même temps que le fien , &
qui en eft comme une extenfion. Le Navigateur ne parvient,
il eft vrai, à cet état qu'après plufieurs années d'un travail
opiniâtre ; mais de combien la difficulté ne fera-t-elle pas
moindre, fi on joint l'étude des Méchaniques à celle de la
Marine ? On ne verra rien enfuite à quoi on ne foit préparé
d'avance, & dont on ne puiffe fe donner l'explication à foi-
même. Ainfi, pour faire de grands progrès dans la pratique,
ou pour contracter l'habitude qui la conftitue , il fuffira de
répéter fouvent les mêmes actes, ou de prendre part à toutes
les manœuvres qu'on verra faire. Comme on ne fera plus
obligé de rien exécuter à l'aveugle, on fentira bientôt les
heureux effets qu'un exercice réfléchi doit produire, & la
qualité de bon Praticien coûtera par conféquent beaucoup
moins à acquérir.

ON DEVIENDRA non-seulement Manœuvrier beaucoup plus promptement par la route que nous indiquons, on donnera à la pratique, des fondemens plus parfaits & plus solides. Lorsqu'on fait une manœuvre en présence d'un jeune Marin, il ne sait souvent ni pourquoi on l'exécute, ni comment agissent les instruments dont on se sert; & il se trouve environné de gens trop occupés, pour qu'il puisse en tirer le moindre éclaircissement. Qu'on juge donc combien il doit perdre de temps pour prendre ces notions même grossieres qui lui tiendront lieu de Théorie, ou qui serviront de base peu sûre à la pratique qu'il regarde comme son principal objet? Les connoissances imparfaites, auxquelles notre jeune Marin parviendra, seront, à la honte de la raison, le fruit du plus long travail; & néanmoins comme elles se ressentiront toujours de leur origine vitieuse, elles ne l'éclaireront jamais assez; elles le laisseront toujours manquer de regles ou de méthodes exactes sur lesquelles il puisse absolument compter. Il donnera, par exemple, une certaine obliquité aux voiles, & il recevra le vent avec une incidence déterminée; mais saura-t-il s'il n'y auroit pas quelque chose à changer dans un sens ou dans l'autre, à l'une & l'autre disposition? A-t-on jamais fait les expériences nécessaires pour s'en assurer?

ON PEUT, par des essais même grossiers, trouver dans une machine la disposition la plus avantageuse d'une certaine partie, lorsqu'elle est la seule dont la situation soit variable. On la change de place; & si on voit que l'effet qu'elle produit va en diminuant, on fait un changement dans le sens contraire, & après un certain nombre de tentatives on réussit à trouver une espece de milieu auquel on s'arrête. Mais combien la difficulté n'augmente-t-elle pas, lorsque le degré de perfection qu'on recherche dépend de divers agents extérieurs & de la disposition de plusieurs parties qui ont des rapports essentiels les unes avec les autres? Pour résoudre un pareil Problême par l'expérience, il faudroit, en laissant une partie dans un état constant, examiner les divers degrés d'avantage qui résultent de tous les divers états des autres; & après avoir fait ce pénible examen, il faudroit encore en commencer une infinité d'autres, en faisant varier la disposition de la premiere partie. Quelqu'un a-t-il jamais entrepris en mer toutes ces expériences? A-t-il pu compter qu'il n'y seroit troublé, ni par l'inconstance du vent, ni par l'irrégularité de quelque caufe accidentelle ? A-t-on même jamais eu la commodité de faire ces longs effais pour un feul Navire ? Car les différentes formes de leur carene & les divers rapports entre leurs voiles doivent rendre les réfultats différents. Auffi le Praticien fe borne-t-il toujours à vous répondre qu'il fe conforme, le plus exactement qu'il peut, à ce qu'il a vu exécuter ; & que s'il n'a point de regle précife, l'autorité que fournit l'exemple des anciens Marins fuffit pour le raffurer.

Il appartient donc à la Théorie aidée de quelque expérience, de parvenir à des regles certaines dans une femblable matiere, & de perfectionner la pratique, en lui communiquant les lumieres dont elle avoit befoin. Je m'applaudirai beaucoup fi mon Livre peut avoir cet avantage, en contribuant à multiplier les Manœuvriers habiles, & en rendant plus familieres les applications de la Méchanique & de la Dynamique, aux parties de la Navigation qui en font fufceptibles. Je ne pouvois choifir des circonftances plus favorables pour le publier, que lorfque l'activité & les vues fupérieures d'un grand Miniftre donnent à notre Marine comme une création nouvelle. Eloignés que nous fommes de ces fiecles où l'on mettoit fi aifément en mer des flottes nombreufes, parce qu'elles n'étoient formées que de très-petits Navires, pouvions-nous prévoir que nous aurions tout-à-coup en France des Efcadres puiffantes pour oppofer partout à l'ennemi & pour le vaincre ? Il faut que toutes les Provinces du Royaume concourent, par leurs différentes productions, à la conftruction & à l'équippement d'un Vaiffeau de ligne ; il faut même quelquefois aller chercher certaines matieres dans les Pays les plus éloignés. M. le Garde des Sceaux a furmonté tous ces obftacles & tous les autres qui font inféparables des grandes entreprifes. Les Vaiffeaux font comme fortis de terre ; ils fe trouvent commandés par des Officiers intrépides qui exécutent avec courage les ordres dictés avec le plus de fageffe, & notre Pavillon porte la gloire du Roi dans toutes les Mers. Je regarderois mes veilles comme bien employées, je le répete, fi le Livre que j'offre au Public, rempliffoit au moins, dans cette rencontre, une partie de mon objet, en ôtant les épines d'une Science auffi importante que celle de la Manœuvre des Vaiffeaux.

FIN DE LA PRÉFACE.

TABLE
DES CHAPITRES.

LIVRE PREMIER.

Dans lequel on donne les connoiſſances de Méchanique & de Dynamique utiles ou néceſſaires aux Navigateurs, avec la ſolution de pluſieurs Problêmes importants de Marine.

PREMIERE SECTION.

SECONDE SECTION.

De l'action des corps folides, & de leur équilibre
lorfqu'ils font en mouvement, 76

LIVRE SECOND.

Des mouvements d'évolution ou de rotation du Navire.

PREMIERE SECTION.

Faire tourner le Navire en toutes fortes de fens par le moyen de fon Gouvernail & de fes Voiles. 275

SECONDE SECTION.

Sur le plus ou le moins de facilité qu'ont les Navires à recevoir le mouvement de rotation ou à bien gouverner. · 326

LIVRE TROISIEME.

De la difpofition la plus avantageufe des Voiles pour fuivre une route avec vîteffe, ou en fatisfaifant à quelqu'autre condition,   362

PREMIERE SECTION.

Qui contient plufieurs remarques ou regles générales de Manœuvre, avec la maniere particuliere
d'orienter la voile lorfqu'il n'y en a qu'une dans les
Navires dont on peut négliger la dérive.   363

Que

SECONDE SECTION.

De la diſpoſition la plus avantageuſe de la Voile dans les Navires, dont on ne peut pas négliger la dérive, 412

d

TROISIEME SECTION.

CINQUIEME TABLE.

SIXIEME TABLE.

SEPTIEME TABLE.

HUITIEME TABLE.

Fin de la Table des Chapitres.

Errata, ou Fautes à corriger.

PREFACE, page v, *ligne* 34, Marco-Paolo : *lifez :* Marco-Polo.
TABLE, page xxij, *ligne* 25, changez ainfi le Sommaire du Chapitre I. de la feconde Section du Livre II : *Que les temps employez à faire les mêmes évolutions par différents Vaiffeaux, font comme les longueurs de ces Vaiffeaux.*
Page 65, *ligne* 7, la poulie : *lifez :* fur la poulie.
Page 72, *ligne* 1, $cF - Ac$: *lifez :* $cF - Ac$.
Page 72, *ligne* 17, qui réfiftoit : *lifez :* qui répondoit.
Page 142, *ligne* 23, devienne plus grand : *lifez :* devienne un plus grand.
Page 157, *ligne* 22, le mouvement : *lifez :* le changement.
Page 187, *ligne* 11 : *lifez :* qui fe fait.
Page 212, *ligne* 25, $P \times M\Gamma$: *lifez :* $P \times MG$.
Page 229, *ligne* 12, la diftance AC : *lifez :* la diftance QC.
Page 234, *ligne* 4, pouces. La : *lifez :* pouces, la.
Page 242, *ligne* 27 : *lifez* y^2.
Page 243, *ligne* 25, à $\sqrt{p}$: *lifez :* à $\sqrt{P}$.

Page 264, *ligne* 5, $Q = \dfrac{\int E^2\, dm}{h \cdot P}$: *lifez :* $z =$

Page 301, à la marge, Figure 88 : *lifez :* Figure 83.
Page 324, *ligne* 7, l'angle POQ : *lifez :* OPQ.
Page 335, *ligne* 13, nous nommerons a la : *lifez :* nous nommerons a la.
Page 375, *ligne* 13, manqué : *lifez :* manquée.
Paga 403, *ligne* 3, $\times a$: *écrivez :* $\times \frac{1}{3} a$.

Page 409, *ligne* 23, $\sqrt{n^2 - q^2}$: *écrivez :* $\sqrt{n^2 - b^2}$.
Page 426, *ligne* 9, frappée : *lifez :* frappé.
Page 427, *ligne* 5, proue : *lifez :* carene.
Page 454, *ligne* 5, d'arcs, de cercles ; ôtez la virgule.
Page 459, *ligne* 13, fe fonder : *lifez :* fe fonder.
Page 463, *ligne* 8, l'arc AO : *lifez :* l'arc Ao.
Page 465, *ligne* 23, $P \times Q + P^2\, q$: *lifez :* $P^2 \times Q + p^2\, q$.
Page 486, *ligne* 25, & de la voile : *effacez* de.

DE LA MANŒUVRE
DES VAISSEAUX,
OU
TRAITÉ DE MÉCHANIQUE
ET
DE DYNAMIQUE;

DANS LEQUEL on réduit à des solutions très-simples les Problêmes de Marine les plus difficiles, qui ont pour objet le mouvement du Navire.

ON entreprend dans cet Ouvrage de traiter de la Méchanique & de la Dynamique principalement par rapport à la Marine. La Méchanique considere l'action des forces qui en s'exerçant les unes contre les autres, suspendent réciproquement leur effet, au lieu que la Dynamique considere les corps lorsqu'ils sont en mouvement, & qu'ils ne sont pas encore parvenus à un état permanent par l'équilibre. Ces deux Sciences forment un corps de connoissances qui sont également utiles au Navigateur pour pouvoir se rendre maître de l'agitation de la mer, & se servir avec succès de la force du vent. L'homme de mer n'est que simple observateur lorsqu'il remplit les fon-

A

étions de Pilote, lorfqu'il obferve la hauteur des aftres, ou qu'il confulte fa bouffole. Mais il faut qu'il paffe néceffairement de ces opérations tranquilles à une très-grande action, & qu'il employe l'ufage de plufieurs machines ou inftruments lorfqu'il veut imprimer à fon Navire tous les mouvements néceffaires.

On donne le nom de *Manœuvre* aux cordages qui foutiennent la mâture & qui fervent à orienter les voiles ; mais le même nom pris dans un autre fens fignifie la Dynamique ou la fcience des forces mouvantes appliquée à la Marine. Une de fes parties enfeigne à diftribuer le poids dont le Navire eft chargé, de maniere qu'il navigue fans péril & qu'il puiffe recevoir plus aifément tous les mouvements qu'on doit lui imprimer. On nomme *Arrimage* cette partie de l'art qui regle la diftribution la plus avantageufe de toutes les parties pefantes de la charge.

La Manœuvre proprement dite apprend à faire tourner le Navire ou le faire changer de fituation dans tous les fens, & à lui procurer la plus grande viteffe, lorfqu'il s'agit de paffer d'un endroit à un autre, ou d'éluder quelquefois en partie l'effort du vent par le vent même. On manque en mer de méthodes exactes ou fûres pour exécuter toutes ces chofes. Nous tâcherons d'y fuppléer & de découvrir des regles affez faciles pour qu'on puiffe les mettre commodément à exécution. Afin même de nous rendre plus clairs dans le traité de Méchanique & de Dynamique qui formera le premier Livre de notre Ouvrage, & qui, à certains égards, fera une introduction à cette partie de l'art de naviguer que nous nous propofons d'enfeigner, nous éviterons toutes les fois que nous le pourrons, le langage des démonftrations géométriques, pour y fubftituer celui des plus fimples explications.

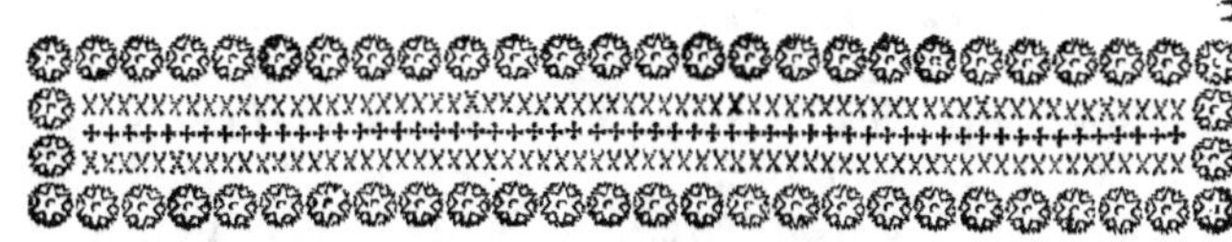

LIVRE PREMIER.

Dans lequel on donne les connoiſſances de Méchanique & de Dynamique utiles ou néceſſaires aux Navigateurs, avec la ſolution de pluſieurs Problêmes importants de Marine.

PREMIERE SECTION.

De l'équilibre entre les corps ſolides qui agiſſent les uns contre les autres par leur tendance au mouvement.

CHAPITRE PREMIER.

De l'uſage des Poulies dans les Méchaniques, & en particulier dans la Marine.

ON ne veut pas toujours faire enſorte qu'une puiſsance médiocre ſoutienne un grand poids ou réuſſiſſe à le mouvoir ; on veut quelquefois changer ſimplement la direction ou la ligne ſelon laquelle elle agit. Lorſque les poulies qui ſont en très-grand nombre dans les

Vaiſſeaux , & dont tous les lecteurs connoiſſent la
forme , ſont diſpoſées comme dans nos deux premieres
figures , elles n'ont abſolument que ce ſecond uſage.
Si le corps *P* peſe 100 livres, il faudra que la puiſſance qui eſt appliquée en *M* , ſoutienne ces 100 livres , & qu'elle faſſe un peu plus d'effort, ſi on veut
rompre l'équilibre ou faire monter le poids. Qu'on
mette ſucceſſivement pluſieurs autres poulies qui ne
faſſent que détourner la corde ou lui donner une
autre direction, la vîteſſe du fardeau *P* ne changera
pas , & il n'y aura aucune augmentation ni diminution de force. Ce ſera préciſément la même choſe
que ſi l'on tiroit ſur une corde plus courte ; avec cette
ſeule différence, qu'on ſe procure ſouvent par ces poulies *de renvoi* ou *de retour* une plus grande facilité
dans le travail. Ainſi lorſque la force avec laquelle
on agit eſt égale au poids , il y a ici un parfait équilibre entre les deux ; c'eſt-à-dire, que l'un & l'autre
reſtent dans le même état , ou que l'un ne l'emporte
pas ſur l'autre.

Il ne faut pas attribuer à la rondeur exacte de la
poulie la propriété qu'elle a de ne rien changer dans
la grandeur de l'effet. Si une conſole *A B C* (*fig. 3.*)
a ſa ſurface ſupérieure parfaitement polie, & qu'elle
ne forme point d'angle qui oblige la corde *M B P* de
ſe plier d'une maniere bruſque , il faudra encore employer en *M* préciſément la même force pour empêcher le poids *P* de tomber. Toutes les parties de la
corde *M B P* ſeront également tendues. Car ſi la premiere partie *M B* l'étoit davantage ; elle agiroit ſur
l'autre & lui cauſeroit un nouveau degré de tenſion.
Ainſi tout effort en *M* doit ſe tranſmettre en *P* ſans
ſouffrir le plus leger changement, pourvu que la corde
M B P gliſſe avec toute la facilité poſſible ſur le
ſupport. Cependant dans l'uſage ordinaire, la poulie
A (*fig. 1 & 2*) eſt préférable à la conſole. Sa mobi-

lité & sa forme ronde sont cause que l'action de la puissance M se transmet plus aisément jusqu'au poids.

Dispositions de Poulies qui servent à augmenter la force.

Mais la même puissance soutiendra un poids deux fois plus grand, si les poulies sont disposées comme dans la figure 4. Le poids P est attaché à la poulie B qui descend en même temps que lui en glissant sur le cordage ou *funin* $ABCM$. Alors les deux parties de la corde sont également chargées ; chacune porte la moitié du poids, & puisque la puissance M ne tire que sur une des parties, elle ne doit ressentir que la moitié du poids, pendant que le point fixe A, auquel est attachée l'autre extrêmité de la corde, supportera l'autre moitié. La puissance ne travaillera pas plus que dans les dispositions représentées dans les trois premieres figures ; & cependant elle soutiendra, comme on le voit, un poids double. Mais il faut remarquer aussi que dans le cas du mouvement, le poids montera deux fois moins vîte que dans les autres dispositions.

Lorsque dans la premiere figure ou dans la seconde, la puissance M parcourt un pied en tirant de haut en bas ou en tirant horisontalement, le poids P monte précisément d'un pied ; au lieu que dans la quatrieme figure il ne montera que d'un demi-pied ; puisqu'il ne monte qu'à mesure que les deux parties de la corde se racourcissent, & que le racourcissement de chaque partie n'est que la moitié de celui que souffre toute la portion ABC par le mouvement de la puissance ou force motrice M. Ainsi on apperçoit qu'il y a ici une espece de compensation qu'on remarquera également dans l'usage de toutes les autres machines. On fait monter dans la figure 4 un poids d'une pe-

Figure 4.

santeur double en employant la même force que dans les figures 1, 2 & 3 ; mais ce plus grand poids monte deux fois moins vîte.

Suppofé que les poulies foient difpofées comme dans la figure 5, la même puiffance appliquée en *M*, soutiendra un poids encore beaucoup plus grand fitué en *P* ; mais auffi ce poids monteroit encore avec beaucoup moins de vîteffe s'il prenoit réellement du mouvement. Toute la pefanteur du poids *P* fe partage entre les deux parties *A B* & *BC* de la corde ou du *funin* ; chacune porte une moitié du poids. La moitié dont eft chargée *BC* fe divife encore par la moitié, en fe diftribuant également aux deux parties *D C* & *C E* de la corde *D C E*. Par conféquent, *C E* ne porte que le quart du poids *P*, & ce quart fe partageant entre les deux parties *F E* & *E G* de la corde *F E G*, chacune n'eft chargée que de la huitieme partie du poids *P*. Enfin il fe fait encore un dernier partage ; parce que toute la partie du poids dont eft chargée *E G* fe diftribue aux deux parties *H G* & *G I*. Ainfi *G I* ne foutient que la feizieme partie du poids ; & comme la poulie *I* ne change rien à cet effort, il fuffira que la puiffance qui s'exerce en *M*, tire fur *I M* avec une force feulement égale à la feizieme partie du poids *P* pour empêcher ce corps de tomber. Suppofé qu'il pefe 160 livres, il fuffira que la main appliquée en *M* agiffe avec une force de 10 livres.

On remarquera qu'il y a encore ici l'efpece de compenfation déja obfervée ci-devant. Si la puiffance *M* parcouroit de haut en bas un efpace d'un pied en tirant fur la corde *A M* de la figure premiere, elle feroit monter le corps fimple *P* d'un pied : au lieu que par la même action elle éleveroit dans la quatrieme figure le poids *P* qui feroit double, & dans la cinquieme figure un poids *P* qui feroit feize fois plus grand. Mais d'un autre côté le poids qu'on éleve dans

la quatrieme figure ne monte que d'un demi-pied,
& dans la cinquieme il ne monte que d'un seizieme
de pied. Ainsi le produit du poids qu'on éleve multiplié par la vîtesse qu'on lui donne, est toujours le même, & il n'y a que la distribution des deux multiplicateurs, le poids & la vîtesse, qui soit changée; l'un
étant augmenté, l'autre diminue dans le même rapport.

Dispositions ordinaires des Poulies dans la Marine, avec la méthode d'évaluer le changement qu'elles appor-tent à l'effet.

ON n'emploie pas dans la Marine de Poulies arrangées de suite comme dans la figure 5 ; mais la disposition simple représentée dans la figure 4, y est d'un
usage très-fréquent. On veut, par exemple, (*fig.* 6.)
obliger le *point A* d'une voile, c'est-à-dire, un de ses
angles d'en bas, de s'approcher du bord *B* du Navire,
on se sert d'une poulie *C* arrêtée contre le coin ou le
point de la voile ; & alors le cordage *BCM* augmente
deux fois l'effort de la puissance *M*, en même temps
que le point *A* de la voile s'approche deux fois moins
vîte du bord du Navire, que la puissance *M* ne fait
de chemin.

Au lieu d'arranger les poulies comme dans la figure 5, on les joint ensemble, en les mettant à côté
les unes des autres, ou les unes au-dessus des autres,
dans la même boîte ou *moufle*, comme le représente
la figure 7 ; & leur assemblage avec le cordage forme   Figure 7.
un *palan* ou une *caliorne* dont l'usage dépend précisément de la même méchanique. En général pour savoir combien de fois la force est multipliée, ou combien
de fois la vîtesse est diminuée par un de ces assemblages

de poulies, il n'y a toujours qu'à compter le nombre des branches de la corde qui foutient le fardeau. Il y en a ici quatre ; car il ne faut pas compter la partie *B M* fur laquelle s'exerce la puiffance *M*, laquelle partie n'eft que le prolongement d'une des quatre branches dont chacune foutient le quart du poids. La force eft donc augmentée quatre fois, & il eft facile de l'augmenter davantage en fe fervant d'un plus grand nombre de poulies ; pourvu qu'on confente à perdre de la vîteffe avec laquelle on éleve le poids.

On n'agit pas toujours immédiatement fur la corde *B M* ; on fe fert quelquefois d'un autre affemblage de poulies qu'on difpofe comme dans la figure 8. Le premier affemblage, ou pour s'exprimer en termes de Marine, le premier *palan* ou la *caliorne A B* multiplie quatre fois la force ; un effort fait en *D* eft équivalent à un effort quatre fois plus grand en *P*. Mais l'autre palan *C D* multiplie la force encore cinq fois : ainfi la force eft multipliée en tout vingt fois ; nous voulons dire que 100 livres d'effort en *M* foutiendront en *P* un fardeau de 2000 livres. Le palan *C D* augmente la force cinq fois ; car vers *D* la corde a cinq branches qui font également tendues, & qui fupportent chacune la cinquieme partie de l'effort de la corde *B D*.

Au furplus le lecteur voit affez que dans l'ufage des poulies, de même que dans celui de toutes les autres machines, il faut que les points qu'on fait fervir d'appui foient capables de foutenir un affez grand effort. Dans la figure 7 le point *O* d'en haut auquel eft attaché ou *frappé* le palan, fe trouve chargé non-feulement de la pefanteur du fardeau *P*, mais encore de l'effort que fait la puiffance *M*. Le nombre des branches de la corde qui fe rendent aux poulies de chaque côté marque toujours cette différence. Il n'y a dans le palan *A B* que quatre branches, fi on les compte

du

du côté du fardeau P ; au lieu qu'il y en a cinq fi on les
compte en haut ; & il eft vrai auffi que la puiffance M
qui eft égale au quart de la pefanteur du fardeau , n'eft
que la cinquieme partie de l'effort total que foutient
le point d'appui d'en haut. Une livre en M en foutient quatre en P , ou fe trouve en équilibre avec ces
4 livres , & le point O fe trouve chargé de 5 livres.
Si l'on attachoit la partie $B M$ de la corde en quelque
point B des poulies d'en haut , il n'y auroit rien de
changé à l'égard du poids P , les quatre branches de
la corde feroient également chargées. Mais ce ne
feroit pas la même chofe à l'égard du point d'appui
O. Il ne foutiendroit alors que le fardeau ; au lieu que
lorfque la puiffance M agit , il foutient de plus tout
fon effort.

Il y a la même diftinction à faire dans la figure 8 Figure 8.
où la difpofition des poulies augmente 20 fois la force.
Si le poids P eft de 2000 livres , il fuffit que la puiffance M foit de 100 livres. Le point d'appui Q aura
un effort quadruple ou de 400 livres à foutenir. La
corde ou le funin $B D$ foutiendra un effort encore
plus grand ; il fera de 500 livres , & le point d'appui
O qui foutient & la pefanteur du poids P & l'effort
qui s'exerce le long de $B D$, pourra donc fe trouver
chargé de 2500 livres. Cette différence dans les efforts
oblige d'en mettre auffi dans la groffeur des cordes.
Celle de la caliorne $A B$ doit être plus forte que celle
du palan $D C$.

Nous parlerons dans la fuite du frottement que fouf-
frent les cordes contre les poulies , & les poulies
contre leurs effieux ou axes. Ce frottement ne trouble
pas l'équilibre ; il fait tout le contraire : il n'empêche
pas , par exemple , que 100 livres en M dans la figure 8 , ne foutienne 2000 livres en P ; mais il eft caufe
qu'il faut augmenter très-confidérablement la puiffance
pour qu'elle puiffe faire monter effectivement le fardeau.

B

S'il n'y avoit aucun frottement, & fi les cordages n'a-
voient aucune roideur, pour peu qu'on augmentât
l'effort de la puiſſance M, qui eſt égal à 100 livres,
ſon action l'emporteroit ſur la réſiſtance que forme le
poids P, qui eſt de 2000 livres. Mais il s'en faut pro-
digieuſement dans la pratique, que les choſes ne ſoient
ainſi. Une autre cauſe de diminution dans l'effet des
palans & des caliornes, c'eſt que les parties de la corde
ou du *funin* qui vont d'une poulie à l'autre ne ſont pas
toujours exactement paralleles, & la force ſe décompoſe de la maniere dont nous allons l'expliquer.

CHAPITRE II.

De la décompoſition des forces ou des mouvements.

IL arrive ſouvent qu'une puiſſance ne tend à produire un certain effet que par une partie de ſa force,
parce que l'autre partie eſt inutile par rapport à l'effet
dont il s'agit. Une pierre lancée contre un mur ne
fait pas une égale impreſſion lorſqu'elle eſt jettée obliquement, que lorſqu'elle frappe le mur ſelon une ligne perpendiculaire avec toute ſa force. Si la direction ou le chemin que fait la pierre fait un angle extrêmement aigu avec la muraille, il ne ſe fera preſque
point de choc, & la pierre ne fera que gliſſer le long
du mur. Cependant la pierre pourra avoir une très-
grande vîteſſe; elle parcourra dans une ſeconde tout
Figure 9.   l'eſpace AB (*fig. 9.*) qui ſera peut-être de 30 ou 40
pieds; mais malgré ce grand mouvement, elle n'a-
vancera que peu vers le mur EF, & elle ne le cho-
quera auſſi que très-peu.

En effet, la vîteſſe de la pierre vers le mur n'eſt repréſentée que par la perpendiculaire *A D* qui·ne ſera
peut-être que d'un ou deux pieds. La pierre parcourt
tout *A B*, mais elle n'a de vîteſſe *relative* ou *reſpective*
par rapport au mur que *A D* ou *C B*, pendant que
preſque tout ſon mouvement la tranſporte parallelement au mur ; ce qui eſt abſolument inutile au choc.
On voit donc que le mouvement total ou abſolu *A B*
de la pierre ſe décompoſe dans les deux mouvements
particuliers ou *relatifs A D*, & *A C*, & qu'il n'y a
que le premier qui contribue au choc ; parce qu'il
n'y a que le premier qui s'éteigne par le choc. La
pierre produit le même effet en frappant le point *B*,
que ſi elle venoit ſimplement du point *C* avec la vîteſſe
C B égale à la perpendiculaire *A D*. Quant à l'autre
partie du mouvement, elle ne ſera pas détruite ; le
corps après avoir perdu en *B* tout ſon mouvement
perpendiculaire continuera à avancer vers *F* avec l'autre partie, celle qui ſe fait parallelement à la ſurface.

De la décompoſition de force qui ſe fait ſouvent dans l'uſage des Poulies.

IL eſt abſolument néceſſaire d'avoir égard à cette
décompoſition dans une infinité de cas. Dans la fig. 10
les deux parties *A B* & *B C* de la corde qui ſoutient
le poids *P* ne ſont point paralleles. Cela n'empêche
pas qu'elles ne ſoient également tendues ; mais tout
l'effort qui répond à leur tenſion ne contribue pas à
ſoutenir le poids. Si la force qui s'exerce ſur la partie
B C & qui eſt égale à la puiſſance *M*, eſt repréſentée
par *R N*, nous n'avons qu'à tracer le rectangle *R Q N S*
par les lignes verticales *N Q* & *R S*, & par les lignes
horiſontales *R Q* & *N S* ; & il n'y aura que la partie
de la force repréſentée par *R S* qui en agiſſant de bas
en haut, ſera utile. Comme l'autre portion *B A* de

Figure 10.

la corde fera également tendue à caufe de la réfiftance que fournit le point A, cette feconde portion de la corde contribuera également à foutenir le poids par l'effort que RS repréfente. Les deux efforts RS & RS feront égaux; & ils feront chacun égal à la moitié de la pefanteur du poids pendant l'équilibre.

On peut encore confidérer les deux autres efforts particuliers RQ & RQ qui fe font dans le fens de l'horifon; mais ils fe détruifent par leur égalité & leur oppofition; & c'eft précifément la même chofe que fi le poids P n'étoit expofé à aucune action dans le fens horifontal. Les efforts utiles QS & QS ne fe détruifent pas de même, puifqu'ils agiffent dans le même fens l'un & l'autre; ils s'aident au contraire. Tout ce qu'il y a de mal, c'eft que comme les deux parties de la corde font inclinées l'une par rapport à l'autre, & par rapport à la direction naturelle de la pefanteur, l'effort RN eft plus grand que RS; & il faut à caufe de cette inégalité, que la puiffance M faffe un effort plus grand que la moitié de la pefanteur du poids, dans le même rapport que RN eft plus grande que RS.

On peut faire la même remarque fur la difpofition repréfentée dans la figure 6, & on doit regarder comme un très-grand inconvénient que les deux parties BC & CM du cordage BCM ne foient pas paralleles. Lorfque ces deux parties font un angle très-ouvert, on peut tirer beaucoup fur CM, & que cela ne produife qu'un effet très-médiocre pour approcher du bord B du Navire le point A de la voile. Si l'angle BCM eft de 120 degrés, on feroit tout auffi bien de tirer immédiatement fur le point A; & fi l'angle MCB étoit encore plus ouvert, la difpofition feroit abfolument defavantageufe.

C'eft ce qu'on voit d'une maniere fenfible en jettant les yeux fur la figure 11. Les deux parties du cordage

Figure 11.

B R R M font l'une avec l'autre un angle de 120 degrés,
& la puiſſance *M* agit, par exemple, avec une force
de 100 livres. Alors le point *A* de la voile ne ſera
auſſi tiré qu'avec une force de 100 livres, & non pas
avec une force de 200, comme dans la fig. 6. Toutes
les parties du cordage *B R M* font tendues avec une
force de 100 livres & travaillent à ſe contracter avec
une force égale. L'effort abſolu ou total de la puiſſance *M* eſt repréſenté par *R N*; mais l'effort relatif
ou particulier qui nous eſt utile n'eſt repréſenté que
par *R S*, qui étant la moitié de *R N*, n'eſt que de
50 livres ; & les deux efforts *R S* joints enſemble ne
font donc que 100 livres. Il y auroit encore plus à
perdre ſi l'angle que forment les deux parties de la
corde étoit plus grand ; & on gagnera au contraire
ſi on le ferme. Enfin ſi on rend les deux parties de
la corde exactement paralleles, il ſuffira de tirer avec
une force de 100 livres, pour que l'effort total qui
tombe ſur le point *A* ſoit de 200 livres.

Du plan incliné.

L'usage qu'on fait dans la Marine du plan incliné
nous fournit un autre exemple où le mouvement ſe
décompoſe d'une maniere très-ſenſible. Suppoſons
que *A C* (*fig.* 12.) ſoit une ſurface unie ou un plan   Figure 12;
qui n'étant pas de niveau, fait un angle fort aigu avec
l'horiſon, & que le corps *D* qui eſt poſé ſur ce plan
& qui eſt d'une peſanteur connue, puiſſe gliſſer vers
le bas avec facilité : on demande quelle force il faut
employer en *M* pour retenir ce corps par le moyen
de la corde *K I L* qui paſſe ſur la poulie *I*?

Je conſidere d'abord que le plan incliné *A C* s'oppoſe ici en partie à la peſanteur, & doit empêcher
une partie de ſon effet en permettant ſimplement au
corps *D* de gliſſer en bas avec l'autre partie de la

[Figure 12.

pefanteur. Pour diftinguer ces deux différentes parties, je fuppofe que la pefanteur totale eft repréfentée par l'efpace GE : du point E j'abaiffe la perpendiculaire EH fur le plan incliné ; je tire la parallele FE à ce même plan, & je la fais égale à GH. En un mot je forme le rectangle $GFEH$, & je remarque après cela que pendant que la diagonale GE repréfente la pefanteur abfolue ou totale du corps D, le côté GF du rectangle repréfente la partie de la pefanteur à laquelle le plan incliné s'oppofe directement. Cette premiere partie eft donc comme détruite : fon effort s'épuife, en preffant le plan incliné qui lui réfifte.

Mais en même temps que la pefanteur travaille inutilement à faire avancer le corps D perpendiculairement au plan incliné avec la force GF, elle tend à le faire defcendre le long de ce même plan avec la force GH qui s'exerce dans le fens parallele, & qui doit donc faire glifler le corps D, à moins que la puiffance appliquée en M ne foit affez forte pour s'y oppofer.

Il eft évident que la partie GH de la pefanteur qui tend à faire defcendre le corps D eft plus ou moins grande par rapport à la pefanteur totale ou abfolue GE, felon que le plan eft plus ou moins incliné. Si on éleve le plan en lui faifant faire un plus grand angle avec l'horifon, la pefanteur *relative* ou *refpective* GH deviendra plus grande par rapport à la pefanteur abfolue, ou pour nous expliquer autrement, il faudra que la puiffance M foutienne une plus grande partie du poids. Si, au contraire, on diminue l'angle ACB que fait le plan avec l'horifon, la puiffance M portera une moindre partie du poids : il eft évident que GH qui repréfente cette partie deviendra plus petite, quoique la pefanteur totale ou abfolue GE foit toujours la même.

On reconnoît par la moindre attention, que le trian-

gle rectangle GEH est semblable au grand triangle Figure 12.
rectangle ACB, quoiqu'ils ne soient pas situés de la
même maniere. Il y a même rapport de GE à GH
que de AC à AB. Ainsi lorsqu'un corps D est ap-
puyé sur un plan incliné, l'effort qui reste à soutenir
est d'autant moindre que la hauteur verticale AB du
plan est plus petite que sa longueur. Si le plan est
10 ou 20 fois plus long que sa hauteur verticale AB
n'est grande, la ligne GH qui représente la pesanteur
relative du corps D ou la partie qui tend à le faire
descendre le long du plan, sera 10 ou 20 fois plus
petite que la pesanteur totale ou absolue GE. D'où
il suit qu'il suffira d'employer en M un effort 10 ou
20 fois moindre.

Lorsqu'on lance les Vaisseaux à la mer ou qu'on les
tire à terre, on donne souvent aux cales ou aux especes
de rampes sur lesquelles on les fait glisser un demi-pouce
de hauteur sur un pied de longueur. Dans ce cas, AC
est 24 fois plus grande que AB; & GE doit être aussi
24 fois plus grande que GH. Il suffit donc, lorsque le
lit ou le plan incliné est parfaitement glissant, d'employer en tirant sur le cordage KI, une force égale à
la 24e partie du poids total du Vaisseau, pour l'empêcher de descendre. Si le Vaisseau pese 300 tonneaux
ou 600000 livres, (car le tonneau pese 2000 livres,) il
suffit d'agir selon KI parallelement à la cale avec une
force de 25000 livres ou de $12\frac{1}{2}$ tonneaux. Cependant
il faudra employer une force considérablement plus
grande, si au lieu d'arrêter simplement le Navire, on
veut réellement le faire monter. Il y aura alors un
frottement à vaincre ; & ce même frottement sera
aussi cause dans les cas actuels, qu'on pourra presque
toujours employer une force beaucoup moindre, lorsqu'il s'agira de tenir le Navire en repos.

Si l'angle ACB que fait la rampe avec l'horifon est
donné, on peut trouver par les Tables des Sinus le

rapport qu'il y a entre les deux forces. L'hypothénufe *AC* étant prife pour finus total, la hauteur *AB* eft le finus de l'angle *ACB*. Ainfi il n'y aura qu'une fimple proportion ou regle de trois à faire pour trouver la force qu'il faut employer en *M* pour foutenir le corps *D*. Le finus total eft à la pefanteur abfolue du corps *D*, comme le finus de l'angle d'inclinaifon *ACB* de la cale ou de la rampe eft à la force qu'il faut employer en *M*. La même opération peut s'exécuter par le moyen d'une figure & même du quartier de réduction ; puifqu'il ne s'agit toujours que de réfoudre un triangle rectangle.

La regle que nous avons donnée ci-devant pour juger de l'équilibre par la confidération des vîteffes, trouve encore fon application ici, pourvu qu'on faffe attention à la direction propre de chaque force. Comme les deux corps *D* & *M* font attachés aux deux extrêmités de la même corde, fi le corps *D* parcourt en montant toute la longueur *CA*, le corps *M* parcourra un efpace précifément égal en defcendant. Mais lorfque le corps *D* parcourt en montant toute la longueur *CA*, il ne monte que de la quantité verticale *BA* dans un fens directement contraire à l'action de la pefanteur. Ainfi les deux corps prendroient encore ici ; fi l'équilibre s'altéroit, des vîteffes qui feroient en raifon inverfe de leurs poids. Le corps *D* eft beaucoup plus pefant que le corps *M* ; mais en récompenfe il prendroit beaucoup moins de vîteffe dans le fens propre de la pefanteur.

Examen de l'effort que doit faire la puiffance lorfqu'elle ne tire pas parallelement au plan incliné.

Sɪ la puiffance qui foutient le poids *D* fur le plan incliné *AC* agit felon une direction *GI* qui n'eft pas

parallele

parallele au plan incliné, il s'en fera auſſi une décom-
poſition. Il faudra diſtinguer entre la partie de l'effort
qui eſt utile en s'exerçant parallelement au plan incliné,
& la partie qui agit ſelon la direction perpendiculaire.
Suppoſé que dans le plan incliné il y ait une fente,
par laquelle paſſe la corde GI ſur laquelle agit la
puiſſance ou le contrepoids M (*fig.* 13.) en tirant
avec une force repréſentée par GL, nous n'avons qu'à
former autour de GL priſe pour diagonale le rectangle
$GKLT$ par les droites GT & LK paralleles au plan
incliné & par les perpendiculaires GK & LT; & le
côté GT nous marquera la partie de l'effort qui s'oppoſe à la chûte du corps D le long du plan.

Ce corps, dont une partie de la peſanteur eſt ſoutenue, ne tend à deſcendre, comme nous l'avons vu,
qu'avec la peſanteur relative GH, & il ſuffira donc
que la puiſſance M tire avec une force GT exactement égale & directement contraire pour que le corps
D reſte en repos; & qu'il y ait un équilibre parfait.
Mais il faut pour cela que la puiſſance M tire avec
plus de force que ſi ſa direction GI étoit parallele au
plan incliné. Car de tout l'effort GL que fait cette
puiſſance, il n'y a que l'effort partial ou relatif GT
qui contribue ici à produire l'effet qu'on demande;
& pour donner aſſez de force à cet effort relatif, il
faut néceſſairement faire ſelon GL un effort d'autant
plus grand que GL eſt plus grande par rapport à GT.

L'autre partie GK de l'effort de la puiſſance M preſſe
le poids D contre le plan incliné. Ainſi dans le cas
préſent le plan AC eſt plus preſſé que dans la fig. 12;
il faut qu'il ſoutienne l'effort GF que fait la peſanteur
du corps D dans le ſens perpendiculaire au plan, &
l'effort GK qui réſulte de l'action du poids M. Suppoſé qu'on trace une figure avec ſoin, en obſervant avec
exactitude tous les rapports, on aura $GF + GK$ pour
la charge du plan incliné ou la preſſion à laquelle il

C

eft fujet, pendant que *G E* exprime la pefanteur abfolue du poids *D*, & *G L* l'effort total que fait la puiffance ou le poids *M*. Nous donnerons à la fin du Chapitre fuivant une méthode plus fimple de marquer le
rapport qu'il y a entre toutes ces forces.

De la décompofition des forces à l'égard d'un bras de levier ou d'un mât, &c. lorfqu'on le tire obliquement.

Nous prendrons ici pour dernier exemple de la
décompofition, l'effort que fait une puiffance *M* pour
rompre ou pour faire tomber une piece de bois *A B*

Figure 14. (*fig.* 14.) lorfqu'on la tire felon une direction oblique
B M. Un corps folide *A B* qui foutient un femblable
effort, fe nomme en Méchanique *levier* ou *bras de levier*.
Il ne faut pas croire que tout l'effort que fait la puiffance tende à faire tomber la piece de bois ou à la
rompre. Une partie de l'effort agit felon la longueur
de la piece de bois, & ne tend qu'à la preffer dans
ce fens, pendant qu'une autre partie de la force qui
s'exerce de côté ou dans le fens perpendiculaire, travaille réellement à caufer la rupture ou à faire courber
la piece de bois. Si nous prenons *B C* pour repréfenter la grandeur de l'effort total de la puiffance *M*, nous
n'avons du point *C* qu'à tirer *C D* parallelement à la
piece de bois, abaiffer du point *C* la perpendiculaire
C E, & élever du point *B* la perpendiculaire *B D*, &
le rectangle *D E* étant formé, le côté *B E* nous repréfentera la partie de la force qui agit felon la piece
de bois, & *B D* l'autre partie qui agit perpendiculairement & qui tend à produire l'effet dont il s'agit ici.
Si la direction *B M* faifoit un plus grand angle avec
la piece de bois ou le levier, il eft évident qu'il y
auroit alors une plus grande partie de la force abfolue

qui tendroit à faire courber la piece de bois ; & que ce feroit tout le contraire fi on rendoit l'angle *M B A* plus petit. L'effort *relatif* qui agit de côté eft toujours à l'effort abfolu *B C*, comme le finus de l'angle *A B M* eft au finus total. Car fi on prend *B C* pour finus total, on a *E C* qui eft égal à *B D*, pour finus de l'angle *C B E*.

La corde *B F* fait un angle beaucoup plus aigu avec la piece de bois *A B*, & cependant on peut tirer aufli fortement de côté en agiffant fur cette direction. Mais il faut alors employer une force abfolue *B F* beaucoup plus grande, parce qu'il y en a une moindre partie qui s'exerce dans le fens *B G* perpendiculaire au levier. Ainfi deux puiffances qui agiront fur deux différentes directions *B M* & *B F* pourront fe trouver en équilibre ou fufpendre l'effet l'une de l'autre, quoiqu'elles ne foient point égales. La force exprimée par *B F* eft beaucoup plus grande que la force exprimée par *B C*; mais celle-ci tire beaucoup moins obliquement ; ce qui fait une compenfation.

Les mâts font foutenus dans les Vaiffeaux par plu-fieurs cordages qu'on nomme *haubans, cales-haubans,* ▉▉▉ ; mais il réfulte de ce que nous venons de dire, que plus ces cordages font un petit angle avec les mâts, plus il faut qu'ils foient tendus avec une grande force pour être capables du même effet, & s'oppofer également à la chûte des mâts.

CHAPITRE III.

De la composition des forces ou des mouvements.

CE que nous venons de dire de la maniere dont agiſſent deux puiſſances qui s'exercent ſur des directions différentes , nous conduit naturellement à ce qu'on nomme la compoſition des mouvements ou des forces ; ce qui eſt le contraire de la décompoſition. Les deux puiſſances ſe décompoſent, les parties qui ſont contraires ſe détruiſent, & les autres qui agiſſent dans le même ſens ſe joignent enſemble, & s'accordent à produire le même effet ſur une direction moyenne.

Si on imprime, par exemple, en même temps au corps A (*fig. 15.*) les deux mouvements AB & AC, ce mobile ne pourra ſuivre aucune des deux lignes AB & AC en particulier ; mais il prendra une route moyenne AD qui ſatisfera aux deux mouvements le plus qu'il ſera poſſible. Cette route ou direction ſera le diametre ou la diagonale du parallélogramme $ABDC$ ou de la figure formée de quatre lignes paralleles de deux en deux, & conſtruite ſur les lignes AB & AC, qui repréſentent les quantités & les directions des deux mouvements primitifs. La ligne AD marque le mouvement compoſé des deux AB & AC ; & c'eſt à ce mouvement compoſé que les deux autres ſe réduiſent, après la deſtruction de leurs forces contraires.

En effet, le mouvement ſelon AB tend non-ſeulement à faire parcourir au corps A la ligne AD, il tend auſſi à l'écarter de cette même ligne, de la quantité AF ; c'eſt-à-dire, que le mouvement AB ſe

divife ou fe décompofe dans les deux mouvements Figure 15.
AG & AF. Par la même raifon l'autre mouvement
primitif AC fe décompofe dans les deux mouvements
AH & AE. Le corps A eft pouffé felon AD, & il
eft auffi jetté en dehors de cette ligne avec une force
AE égale à AF, mais en fens directement contraire.
C'eft pourquoi le corps A fuit exactement AD fans
s'écarter de cette diagonale ni d'un côté ni de l'autre;
& il prend tout le mouvement AD qui eft la fomme
des mouvements partiaux AH & AG qui s'exercent
dans le même fens.

Si les deux mouvements primitifs AB & AC font
égaux, la direction AD du mouvement compofé divifera exactement par la moitié l'angle BAC que forment entre elles les deux premieres directions. Mais
fi un des mouvements eft beaucoup plus fort que l'autre, la direction compofée s'en approchera en diffé-
rant davantage de l'autre direction. On peut même
faire dès ici une remarque importante dont nous ferons un grand ufage dans la fuite : c'eft que fi de
quelque point de la direction compofée AD nous
abaiffons des perpendiculaires fur les directions primi-
tives AC & AB, ces perpendiculaires feront toujours
dans le même rapport que les mouvements primitifs
AC & AB, mais dans un rapport renverfé. Si nous
abaiffons ces perpendiculaires du point D, nous ferons
obligés de prolonger les directions AB & AC : les
perpendiculaires feront DQ & DR; & on voit bien
que les triangles rectangles DQB & DRC étant femblables, la perpendiculaire DQ eft plus grande que
la perpendiculaire DR dans le même rapport que BD
eft plus grande que CD, ou que AC l'eft plus que AB.

La compofition & décompofition des mouvements
ou des forces eft d'une application continuelle dans
la partie de la Marine que nous avons intention de
traiter. Lorfque pendant le calme on fe fert de cha-

loupes pour faire entrer un Navire dans un Port ou
pour l'en faire fortir, & que les chaloupes le tirent en
le précédant, ce qui fe nomme le *remorquer*; il fe forme
de tous les efforts particuliers des chaloupes un effort
compofé, & c'eft par cet effort que le Navire eft déterminé à fe mouvoir. Si le corps A (*fig. 15.*) repréfente le Vaiffeau, & que deux chaloupes le précédent
en tirant inégalement felon les directions AB & AC;
des deux efforts AB & AC il en réfultera un troifieme AD; & ce fera la même chofe que fi le Navire n'étoit tiré que felon cette feule ligne AD, &
avec la feule force AD. La direction compofée AD
partageroit exactement l'angle BAC par la moitié,
fi les deux chaloupes agiffoient avec la même force:
mais fi l'une des deux eft mieux équipée, fi elle eft
armée de meilleurs rameurs, &c. la direction compofée AD s'approchera de la ligne droite tracée par
cette chaloupe plus forte.

Une feconde remarque qui n'eft pas moins digne
d'attention, c'eft que l'effort compofé ou mutuel AD
ne feroit égal à la fomme des efforts primitifs AB &
AC que fuppofé que l'angle que forment leurs directions fût infiniment petit. Dans le cas repréfenté par
notre figure il s'en faut confidérablement que AD
ne foit égal à la fomme de AB & de AC. L'inégalité feroit encore plus grande fi l'angle BAC étoit
plus ouvert & s'il devenoit obtus. Il eft vifible qu'on
doit dans la pratique éviter ces derniers cas, & rendre
l'angle BAC que forment les directions felon lefquelles
tirent les chaloupes, le plus petit qu'il eft poffible, afin
qu'il y ait moins de force perdue, & qu'il y en ait au
contraire une plus grande partie employée utilement.

On doit avoir la même attention lorfqu'on fe fert
de poulies : on ne fauroit être trop exact, comme
nous l'avons déja dit & comme nous croyons devoir
le répéter, à rendre paralleles toutes les parties d'un

funin ou d'un cordage, qui doivent contribuer à pro- Figure 15.
duire le même effet. L'inconvénient qu'on doit éviter
étoit déja rendu très-sensible dans la figure 10; mais
il seroit bien plus grand dans la disposition représentée
par la figure 16: il faudroit que la puissance M tra- Figure 16.
vaillât beaucoup davantage, la corde seroit exposée à
se rompre, & peut-être que le point A ne seroit pas capable de fournir toute la résistance nécessaire. On doit,
puisque toute la corde est également tendue, considérer la résistance du point A comme si elle étoit fournie par une puissance qui tirât selon BA. Ainsi il y
a comme deux forces qui travaillent à soutenir le poids
P; mais elles se nuisent en partie par leur opposition
dans la mauvaise disposition de la figure 16, & on voit
que leur effort composé BF est moindre que chacun
des efforts primitifs BD & BE de la figure 17.

Ce qu'il y auroit de mieux à faire alors, ce seroit
de changer réciproquement de place le fardeau P &
la puissance M, comme nous l'avons exécuté dans la
figure 17. De l'effort que fait la puissance M en tirant Figure 17.
de haut en bas avec la force BF, il naît les deux efforts BE & BD qui sont beaucoup plus grands, & qui
le seroient encore davantage si l'angle que forme la
corde en B étoit encore plus ouvert. L'un de ces
efforts est soutenu par le point immobile A; & l'autre
s'emploie contre le fardeau P. Il peut paroître extraordinaire que l'effort BF en se décomposant, produise
les deux efforts BE & BD, qui sont beaucoup plus
grands que lui; mais outre que cette particularité est
conforme à l'expérience, elle s'accorde parfaitement
avec toutes les autres choses que nous savons d'ailleurs
sur cette matiere. Il y a, au reste, une façon bien
simple de s'assurer de la vérité. Pour peu qu'on sup-
posât plus petits les efforts BE & BD, ils ne seroient
plus capables en se composant de former l'effort mutuel ou commun BF, & de s'opposer efficacement à
l'effort que fait la puissance M.

Figure 17.
Confirmation de la regle donnée ci-devant pour juger de l'équilibre par les vîtesses que prendroient les poids si l'équilibre s'altéroit.

La regle que nous avons donnée au sujet des vîtesses que prendroient les poids si l'équilibre s'altéroit, a encore lieu ici. Le poids P est très-grand dans la figure 17 par rapport au poids qu'on pourroit substituer à la puissance M; mais si on supposoit du mouvement, le corps P monteroit ou descendroit très-peu, pendant que le petit poids mis en M changeroit beaucoup de place en descendant ou en montant. Supposons que B monte jusques vers F, la partie BC de la corde ne se racourcira que très-peu, de même que l'autre partie BA. Ainsi l'on voit que la plus petite vîtesse accompagne toujours le plus grand poids & la plus grande vîtesse le plus petit poids. Il ne seroit pas difficile de démontrer que les deux rapports seroient exactement les mêmes, s'il ne s'agissoit dans la situation des deux poids, que de changements infiniment peu considérables.

Autre méthode pour déterminer le rapport qui doit se trouver entre les poids ou les forces qui sont en équilibre, & application de cette méthode au plan incliné.

Nous avons supposé dans les figures 16 & 17 que la puissance ou le poids appliqué vers le milieu de la corde ABC agissoit sur une poulie B qui pouvoit glisser le long de la corde; mais si le poids P est attaché au point B fixé sur la corde, il sera alors très-possible que

les

les deux parties BA & BC ne prennent pas une fituation également inclinée , & qu'elles foutiennent
différentes parties du poids P comme dans la figure 18 ,
il fuffit toujours de former le parallélogramme $BDFE$;
& fi BF repréfente la pefanteur du poids P , on aura
BE pour l'effort qui s'exerce le long de BA , & BD
pour l'effort que doit foutenir la puiffance M. Les
côtés du parallélogramme & fa diagonale exprimeront
donc toujours le rapport qu'ont entr'eux les trois efforts.

Mais fi on veut trouver ce rapport, d'une maniere
encore plus fimple , on n'a qu'à élever trois perpendiculaires aux trois directions BP, BA , & BC en les
faifant paffer par quel point on voudra. Ces trois perpendiculaires HI, KI & HK formeront un triangle,
& chacune repréfentera par fa longueur l'effort à la
direction duquel elle fera perpendiculaire. C'eft-à-dire
que HI exprimant la grandeur du poids P , les deux
autres côtés KI & HK exprimeront la grandeur des
efforts qu'ont à foutenir les cordes BA & BC. Si l'on
rend le triangle HIK plus petit ou plus grand , il y
aura toujours le même rapport entre fes trois côtés ,
fuppofé qu'ils foient exactement perpendiculaires aux
trois directions. Ainfi il n'y aura toujours qu'à les
mefurer , & on aura le rapport que doivent avoir entr'elles les trois forces. La raifon en eft très-évidente.
Le triangle HIK eft femblable à chacun des deux
triangles dont le parallélogramme $BDFE$ eft formé. Il
y a même rapport de HI à HK & à IK que de
BF à BD & à DF ou BE.

Cette méthode nous fournit dans une infinité de cas
une expreffion très-élégante des forces qu'on veut comparer , & donne en même temps les conditions de
l'équilibre. Nous avons vu en parlant du plan incliné
de la figure 13 que GE repréfentant la pefanteur du
corps D, le poids ou la puiffance M devoit agir felon
la direction GI avec la force GL pour foutenir le

D

Figure 13.

poids D, & que le plan incliné étoit preffé avec une force qui étoit la fomme de GF & de GK ; mais il faudroit conftruire une figure avec beaucoup de foin pour avoir le rapport exact de ces forces, au lieu que le plan incliné même nous le préfente d'une maniere très-fimple lorfque la direction GI eft parallele à l'horifon.

La pefanteur du poids D agit felon GE qui eft perpendiculaire à l'horifon ; la puiffance ou le poids M agit par le moyen de la poulie I, felon GI qui eft horifontale & perpendiculaire à la hauteur AB du plan incliné, & le corps D agit contre le plan incliné par le concours de ces efforts felon une ligne perpendiculaire GF au plan incliné. Ainfi la bafe BC, la hauteur AB & la longueur inclinée AC du plan, font perpendiculaires aux directions des trois forces, & elles doivent par conféquent exprimer ces mêmes forces. Pour nous exprimer autrement, la pefanteur du poids D, celle du poids M & l'effort qui réfulte de leur concours pour preffer le plan, font comme les trois côtés du triangle rectangle CBA. Si la pefanteur du poids D eft exprimée par la bafe BC du plan incliné, fa hauteur AB exprimera la force qui doit agir felon GI pour foutenir le poids D, & AC exprimera l'effort commun avec lequel le plan AC eft preffé.

Figure 19.

La figure 19 fait voir tout cela de la maniere la plus évidente. Si GE eft toujours la pefanteur abfolue du corps D, & GL l'effort que fait le poids ou la puiffance M, il réfultera de ces deux efforts un effort compofé GP qui s'exercera fur la diagonale du rectangle $GEPL$, & il faut que cette direction foit exactement perpendiculaire au plan incliné, pour qu'il y ait un équilibre parfait, ou pour que le corps D ne tende ni à monter ni à defcendre par le concours des deux actions auxquelles il eft fujet, celle de fa propre pefanteur & celle du poids M.

Si la pesanteur de ce dernier poids étoit plus grande, Figure 14.
si elle étoit égale à *Gl*, au lieu d'être égale à *GL*,
la direction composée des deux efforts auroit la situation *Gp*, elle seroit inclinée par rapport au plan *AC*,
& l'effort composé *Gp* tendroit à faire glisser ou faire
rouler le corps *D* vers le haut. Si la pesanteur du
corps *M* étoit au contraire plus petite que *GL*, la
direction de l'effort composé seroit inclinée dans un
sens opposé, le poids *M* seroit trop foible, & le corps
D glisseroit en allant vers le bas. Ce ne sera pas la
même chose si la diagonale *GP* est perpendiculaire au
plan ; il y aura équilibre, & les actions des deux poids
D & *M* se contrebalanceront réciproquement. Mais
on doit observer qu'il y a même rapport entre les trois
côtés du grand triangle *ABC*, qu'entre les côtés du
rectangle *LE* & sa diagonale. Ainsi moins le plan incliné a de hauteur *AB*, sa base *BC* restant la même,
moins il faut employer de force selon *GI*. Si la hauteur du plan incliné est trente fois plus petite que sa
base, il suffira de tirer selon *GI* avec une force égale
à la trentieme partie du poids *D* pour le soutenir sur
le plan incliné.

CHAPITRE IV.

De la maniere dont les forces agissent les unes contre les autres, lorsqu'elles sont appliquées à un levier.

Nous avons déja considéré une piece de bois
AB (*fig.* 14.) tirée par une de ses extrémités ; & nous
avons dit que les Méchaniciens donnoient à un pareil
corps le nom de levier. Le point *A* est le point d'ap-

Figure 14.

pui fur lequel fe feroit le mouvement de la piece de bois fi elle cédoit à l'effort d'une puiſſance. On donne ſouvent à ce point le nom d'*hypomoclion ;* & quant à la piece de bois elle ſera, comme nous l'avons dit, un levier, ou plutôt un *bras de levier* ; car on conſidere ordinairement le levier comme ſoutenu par un point vers le milieu, de part & d'autre duquel s'étendent les deux bras.

La piece de bois *A B* n'eſt pas plus tirée d'un côté que de l'autre, & doit reſter ſtable, quoique les deux puiſſances à l'action deſquelles elle eſt expoſée ne ſoient point égales. L'une eſt beaucoup plus forte ; mais auſſi elle tire beaucoup plus obliquement, & les deux efforts relatifs *B D* & *B G* perpendiculaires à la piece de bois ou au levier ſe détruiſent réciproquement, parce qu'ils ſont égaux & directement contraires. Ainſi l'effort mutuel ou compoſé des deux puiſſances, qui ſubſiſte après la deſtruction des efforts contraires, doit s'exercer exactement ſelon la longueur du bras de levier, ou, ce qui revient au même, la direction compoſée des deux directions *B C* & *B F* tombe ſur *B A.* C'eſt ce qui fournit un ſecond moyen encore plus ſimple que celui qui eſt repréſenté dans la figure 14, pour prévoir l'effet que doivent produire deux puiſſances qui agiſſent en même temps ſur un levier.

Figure 20.

Après avoir pris (*figure* 20.) les eſpaces *B C* & *B D* pour repréſenter la force des deux puiſſances, nous n'avons qu'à achever le parallélogramme *D B C E* pour avoir leur effort commun ou compoſé *B E.* Si la direction ſur laquelle il s'exerce tombe préciſément ſur le levier, ou ſi elle paſſe par le point d'appui ou hypomoclion *A*, il y aura équilibre de part & d'autre entre les deux puiſſances, elles ne tendront conjointement qu'à pouſſer le levier ſelon ſa propre longueur *B A*, & la réſiſtance que fournira le point d'appui ou l'hypomoclion *A*, ſuſpendra par conſéquent tout leur effet.

Si au contraire la direction composée passe à côté du point d'appui, ce sera une marque qu'une des deux puissances est trop forte par rapport à l'autre. Supposé, par exemple, que Bd représente une des deux puissances, pendant que l'autre est toujours représentée par BC, on n'a qu'à achever le nouveau parallélogramme $dBCe$, & on aura Be pour la direction composée des deux puissances. Mais comme elle cessera de passer par le point d'appui A, il n'y aura plus d'équilibre. Le point d'appui ne pourra plus servir d'obstacle à tout l'effort des deux puissances ; & il est évident que Bd, comme plus forte, entraînera alors le levier de son côté.

Figure 20.

Ce sera exactement la même chose si, pendant qu'un Navire (*fig.* 21.) flotte dans une eau tranquille, on le tire du rivage de différents côtés par des cordages AL & AK. Il est évident que les deux efforts qui tendront à produire des inclinaisons contraires dans la situation du Vaisseau, ne se trouveront exactement en équilibre, ou ne suspendront l'effet l'un de l'autre, que lorsque leur effort composé s'exercera de haut en bas selon une ligne exactement verticale. Le cordage AK fait un moindre angle avec le mât, & le cordage AL fait un angle plus grand ; mais en récompense la puissance qui s'exerce sur AK est plus forte. Cette puissance est représentée par AC, pendant que AD marque l'effort qui agit sur AL ; enfin la diagonale AE du parallélogramme $ACED$ tombe précisément sur le mât, & étant prolongée elle passe par le point B du milieu du Navire. Dans ce cas les deux efforts AC & AD ne tendent conjointement à faire incliner le Navire ni d'un côté ni de l'autre. Leur effet se réduira à faire enfoncer un peu davantage la carène dans l'eau : le Navire poussé de haut en bas avec la force AE deviendra comme plus pesant ; & il arrivera précisément la même chose que si on avoit appliqué un poids au haut du mât.

Figure 21.

Au furplus les deux puiffances agiffent ici l'une contre l'autre par le moyen du mât qui fert de levier ; mais l'action fera toujours précifément la même, fi, fans toucher aux puiffances, on les lie l'une à l'autre par le moyen de quelques autres leviers, en fupprimant le mât. On peut concevoir, par exemple, deux pieces de bois qui partent du Vaiffeau & qui viennent fe rendre vers les points K & L où les deux cordages feront arrêtés, pendant qu'on continuera à les tirer par leurs extrêmités inférieures. Tant que les puiffances & leurs directions feront exactement les mêmes, la difpofition oblique ou courbe des leviers ne changera abfolument rien à leur maniere d'agir, pourvu que le point d'appui foit auffi toujours le même.

Que le levier peut être droit ou courbe, & que l'action des puiffances fera toujours la même tant qu'elles agiront avec la même force & fur les mêmes directions.

Propofons-nous, pour éclaircir tout ceci, les deux poids P & Q (*fig.* 22.) qui agiffent l'un contre l'autre felon les directions CE & AD par le moyen du levier ABC qui eft foutenu fur le point d'appui ou hypomoclion B. Le levier eft droit, & il pourroit être courbe ; il pourroit auffi être formé de deux parties qui fiffent un angle en B ou en tout autre point ; il fuffit qu'il foit affez folide pour pouvoir tranfmettre mutuellement l'action d'une puiffance à l'autre. Les deux poids P & Q n'agiffent pas fur le levier felon leurs directions naturelles, à caufe des poulies E & D ; & les directions CE & AD ne fe coupent pas : mais la Nature fait y fuppléer. Les deux forces peuvent être conçues en quel point on veut de leurs directions ;

il n'y a qu'à prolonger les lignes *CE* & *AD* par la
penfée, elles fe couperont en *F*; & fi les directions
étoient paralleles, il n'y auroit qu'à imaginer le point
d'interfection *F* à une diftance infinie. Quoi qu'il en
foit, le point *F* fera expofé aux deux efforts; & puifqu'on veut que le point d'appui *B* arrête tout l'effet
ou le fufpende, il faut que ce point fe trouve fur la
direction compofée des deux efforts. Ainfi prenant *FB*
pour l'effort compofé, il n'y a qu'à achever le parallélogramme *FGBH*, & les deux côtés *FH* & *FG* marqueront les forces que doivent avoir les deux puiffances
ou les deux poids *P* & *Q*. La pefanteur du premier
poids fera repréfentée par *FH*, & celle du fecond par
FG.

On voit clairement que la fituation particuliere du
levier ne change en rien l'action & le rapport de ces
forces. On donnera au levier toutes les figures imaginables, & l'équilibre fera néanmoins toujours le
même, fi on ne change rien dans l'action des forces.
Cela vient de ce que tous ces leviers, quelque contour
qu'on leur donne, fe réduifent à un autre dont les
deux bras feroient exactement perpendiculaires aux
directions des forces ou puiffances. Ce levier, qu'on
peut toujours concevoir à la place de l'autre, feroit
ici repréfenté par *KBI*: fes bras *BK* & *BI* feroient
un angle en *B*, & il faudroit imaginer les deux forces
comme appliquées en *K* & en *I*. Ces bras de levier
ne font autre chofe que les diftances du point d'appui
B aux directions *FD* & *FE* des deux forces; & ces
diftances font entr'elles comme les forces mêmes,
mais dans un rapport renverfé, comme nous l'avons
dit & fait voir vers le commencement de l'autre Chapitre. Si le poids *P* eft deux ou trois fois plus grand
que le poids *Q*, d'un autre côté la diftance *BI* de fa
direction *FE* au point d'appui *B* eft deux ou trois fois
plus petite que la diftance *BK* du même point d'appui
à la direction *FD* de l'autre poids *Q*.

Que dans l'équilibre les moments des forces ou les produits de ces forces par la distance de leurs directions au point d'appui sont toujours exactement égaux.

Il suit de-là qu'il y a toujours égalité dans l'équilibre entre les produits des puissances ou forces absolues par leurs distances perpendiculaires au point d'appui. Cette égalité ne peut pas manquer d'avoir lieu, puisque les forces plus foibles agissent sur des directions qui sont nécessairement plus éloignées du point d'appui dans le même rapport que ces forces sont plus foibles. Cette égalité des deux produits est une condition nécessaire de l'équilibre, & elle marque que l'une des forces ne l'emportera pas sur l'autre. On nomme ces produits les *moments* des forces ; & ces moments ne sont à proprement parler que les forces considérées avec toutes leurs circonstances essentielles. Une puissance ou une force agit plus ou moins selon qu'elle est plus ou moins grande , mais elle agit aussi plus ou moins selon la maniere plus ou moins avantageuse dont elle est appliquée , ou selon que sa direction est plus ou moins éloignée du point d'appui. Ainsi nous devons joindre aux autres moyens que nous avons de juger si deux forces seront en équilibre , celui que nous fournit encore l'égalité entre les *moments* ou les produits des forces par la distance de leurs directions au point d'appui.

Le poids P (*fig.* 22.) est par exemple de 120 livres, & le poids Q n'est que de 40 ; je mesure les deux distances perpendiculaires BI & BK du point d'appui B aux directions CE & AD des deux poids ; je trouve que le premier BI est de deux pieds, & que le second BK est de six pieds. Le moment du premier poids

fera

fera 240 ; & comme le moment du fecond fera le même nombre, produit de 40 livres par 6 pieds ; j'en infere que les deux poids feront en équilibre. Il faut bien remarquer que le moment eft une quantité particuliere dont on ne trouve d'exemple que dans les méchaniques, & qui n'a lieu que lorfqu'une force tend à produire quelque mouvement de tournoyement ou de rotation. Le poids P eft de 120 livres, & fa direction CE paffe à deux pieds de diftance du point d'appui B, le moment 240 n'eft ni un poids ni une ligne ; il exprime l'action du poids non pas abfolument, mais relativement au point d'appui ; & il eft ici formé de livres & de pieds comme multiplicateurs. C'eft pourquoi il faut, pour avoir le moment de l'autre poids Q, fe fervir des mêmes efpeces de mefures ; exprimer la grandeur du poids Q en livres, & par des pieds la longueur du bras du levier perpendiculaire BK. Il fuit de-là qu'il eft très-convenable de fpécifier le moment par la nature des deux nombres qui le forment. Les moments égaux des deux poids P & Q font de 240 *livres-pieds*. Nous aurons occafion dans la fuite de chercher le moment de toute la pefanteur du Navire par rapport à un certain point ; ce moment, fi on exprime la pefanteur du Navire en tonneaux, fera un certain nombre de *tonneaux-pieds* ou de *tonneaux-pouces*.

Pour voir d'une maniere encore plus fenfible que dans l'action d'une force, la longueur du bras de levier tient lieu d'une plus grande force, nous n'avons qu'à jetter les yeux fur la figure 23. Les deux poids Q & P font exactement en équilibre de part & d'autre du point d'appui B. L'un ne tend pas plus à faire tourner le levier AC dans un fens que l'autre ne tend à produire quelque mouvement de rotation dans le fens oppofé ; parce que la direction compofée FR de leur effort commun paffe exactement par le point d'appui B. La pefanteur du poids P eft égale à FH, celle du poids

E

Figure 22

Figure 23

Q est égale à FG, & ces deux efforts forment ensemble l'effort mutuel FR.

Mais suppofons qu'on allonge le levier vers une de fes extrêmités, & qu'au lieu du poids P on en mette un autre p à quatre ou cinq fois plus de diftance du point d'appui : fa pefanteur agira enfuite fur une direction ce, qui étant prolongée, ira rencontrer beaucoup plus haut la direction AD fur laquelle agit la pefanteur du poids Q. Ainfi il faudra tranfporter en fg l'efpace FG qui repréfente la pefanteur de ce dernier poids. L'efpace fh repréfentera le poids p; & pour qu'il y ait encore équilibre après le changement fait, il faudra que la direction compofée fr de l'effort commun vienne paffer également par l'hypomoclion ou point d'appui B qui eft cenfé avoir affez de force pour réfifter dans tous les fens. Mais il eft évident qu'il faudra que la pefanteur fh du poids p foit beaucoup plus petite que lorfque le poids étoit en P; & il ne fera pas difficile à ceux qui favent les premiers éléments de Géométrie, de démontrer que fi la perpendiculaire Bi eft quatre ou cinq fois plus grande que BI, il faudra que fh foit quatre ou cinq fois plus petite que FH. La plus grande diftance au point d'appui eft donc équivalente à un plus grand poids, & le moment exprime le tout, puifqu'il eft le produit de l'un par l'autre.

Au furplus, la regle que nous avons donnée ci-devant pour juger de l'équilibre par les vîteffes que prendroient les poids en cas de mouvement, eft encore obfervée ici. Si le bras de levier perpendiculaire BK (*fig.* 22.) eft deux ou trois fois plus long que l'autre bras perpendiculaire BI, le poids Q fera d'un autre côté deux ou trois fois plus petit que P. Mais fi le levier tournoit un peu fur le point B, les vîteffes feroient proportionnelles à la longueur des bras de levier perpendiculaires ; fi le point K paffoit en k, ou fi le poids Q s'élevoit d'une petite quantité égale à Kk, l'autre poids P defcendroit d'une quantité égale à Ii qui répondroit de même à la longueur du bras de levier BI. Ainfi dans l'équilibre les deux poids ne changent point de fituation ; mais s'il étoit poffible qu'ils en changeaffent, le plus petit prendroit une vîteffe d'autant plus grande qu'il feroit lui-même plus petit, & il y auroit donc égalité de part & d'autre entre les produits des poids multipliés par leurs vîteffes, de même qu'il y a égalité entre leurs moments.

Figure 22.

CHAPITRE V.

Suite du Chapitre précédent. De l'équilibre entre un grand nombre de puiffances appliquées à un levier.

SI la diftance BI (*fig.* 23.) du point d'appui à la direction FC du poids P étoit quatre ou cinq fois plus grande, nous venons de voir qu'il faudroit rendre ce poids quatre ou cinq fois plus petit. Mais fi après avoir partagé le poids P en deux parties, & en avoir laiffé une en P qui agît toujours à la même diftance du point d'appui, on portoit l'autre partie à une plus grande diftance comme en p, il eft évident qu'il faudroit diminuer fa pefanteur dans le même rapport que le bras de levier Bi feroit plus long, afin que l'effet fût toujours le même. Les deux poids P & p auroient enfuite précifément le même moment que le premier poids qui étoit d'abord en P, & l'égalité de moment de part & d'autre de l'hypomoclion ou point d'appui B entretiendroit l'équilibre entre les poids P & p, & le poids Q.

Figure 23.

E ij

C'eſt la même choſe dans tous les autres cas. Le levier *A B* (*fig.* 24.) peut tourner ſur le point *A* qui ſert d'appui, & il eſt chargé de trois poids *E, G* & *I* qui agiſſent ſelon trois différentes directions. Une ſeule puiſſance *M* s'oppoſe à l'effort de ces trois poids, & il y a équilibre entre leurs actions. Il faut pour cela que le moment de la puiſſance *M* qui agit ſeule de ſon côté, ſoit égal aux moments des trois poids *E, G,* & *I* qui tendent à faire tourner le levier *A B* dans l'autre ſens.

Pour avoir l'expreſſion de ces moments, j'abaiſſe du point *A* des perpendiculaires ſur les directions de toutes ces forces. Le poids *E* agit ſelon la direction *C D*, à cauſe du détour cauſé par la poulie *D*. La perpendiculaire *A K* repréſente donc la diſtance du poids *E* au point d'appui, ou repréſente le bras de levier auquel il faut conſidérer que ce poids eſt appliqué. Suppoſé que le poids *E* ſoit de 8 livres, & que la perpendiculaire *A K* ſoit de 6 pouces, nous aurons 48 pour ſon moment ou pour ſon action eu égard à tout, & ce moment ſera exprimé en *livres-pouces.* Si le poids *G* eſt de 20 livres & que ſa diſtance perpendiculaire *A F* au point d'appui ſoit de 15 pouces, nous aurons 300 pour ſon moment, & ſi enfin le poids *I* eſt de 10 livres, & que le bras de levier perpendiculaire *A L* auquel il eſt appliqué ſoit de 16 pouces, nous aurons 160 pour ſon moment. La ſomme de ces trois moments-particuliers 48, 300 & 160 eſt 508 livres-pouces, & il faut donc que le moment de la ſeule puiſſance *M* ſoit de cette même quantité, puiſqu'elle doit contre-balancer ſeule les trois poids. Or c'eſt ce qu'on peut exécuter d'une infinité de manieres.

Si la puiſſance *M* eſt très-forte, nous n'avons qu'à l'appliquer à une moindre diſtance du point *A*, & ſi elle eſt au contraire très-foible, nous n'avons qu'à l'appliquer à une plus grande diſtance. Il n'importe où

nous la mettions, pourvu que son moment soit égal Figure 24.
aux moments des trois forces contraires, & il y aura
équilibre. Supposé que la direction MO soit donnée,
& que la distance perpendiculaire AO soit de 12 pouces, nous n'avons qu'à diviser 508 par 12, & il nous
viendra 42 ⅓ livres pour la force absolue qu'il faudra
employer en M.

Cette méthode de découvrir les conditions de l'é-
quilibre est très-commode; mais elle laisse ignorer la
charge du point d'appui, & il pourroit arriver quelquefois qu'on lui attribuât une force ou une résistance
dont il ne fût pas capable. Il se présente même souvent une difficulté particuliere dans les Problêmes de
Marine, parce qu'il n'y a quelquefois, absolument
parlant, aucun point immobile dans le systême ou
l'assemblage de toutes les forces qui agissent les unes
contre les autres & qui se contrebalancent. Ainsi pour
ne pas se tromper, il faut considérer attentivement
chaque force, & au lieu d'en prendre quelqu'une pour
appui, on doit plutôt examiner ce que chacune devient dans le résultat, & voir si elles se détruisent
toutes réciproquement.

La décomposition des forces est alors principalement utile. On n'a qu'à chercher combien chaque
force agit selon la longueur du levier ou selon toute
autre direction; voir aussi combien elle agit dans le
sens perpendiculaire, & examiner ensuite si toutes les
forces relatives qui agissent en sens directement contraires sont égales. L'équilibre ne peut subsister que
par cette égalité. Si elle n'étoit pas parfaite, le surplus de la force seroit capable d'un certain effet qu'on
seroit à portée de connoître.

Pour éclaircir ceci par un exemple, considérons Figure 25.
le levier de la figure 25 qui est sujet en même temps
à l'action de cinq forces; trois le tirent en bas selon
des directions différentes, & deux vers le haut. Je

Figure 25.

prends sur *BH* l'espace *BQ* pour repréfenter la pefanteur du poids *I*, & je forme le rectangle *BRQS* qui me donne *BR* pour la force avec laquelle le poids *I* tire le levier felon fa longueur & *BS* la force avec laquelle il agit perpendiculairement fur le même point *B*. Je fais la même chofe pour toutes les autres forces ou puiffances. Le poids *G* n'agit que perpendiculairement au levier, parce que je fuppofe ce levier fitué horifontalement ; & *FU* fera la force perpendiculaire, égale par conféquent à la pefanteur abfolue du poids *G*. Le poids *E* tire felon le levier avec la force *CY* & felon le fens perpendiculaire avec la force *CX*. Enfin toutes les décompofitions étant faites, j'examine fi la fomme de *BR* & de *NT* eft égale à celle de *CY* & de *AW*. Il faut que ces deux fommes foient égales ; autrement le levier feroit plus tiré felon fa longueur dans un fens que dans l'autre, & il n'y auroit point d'équilibre.

J'examine auffi fi les forces relatives perpendiculaires au levier font égales de part & d'autre. Le levier eft tiré en bas par les trois forces *CX*, *FU* & *BS*, & il faudroit même en compter une quatrieme fi nous avions égard à fa propre pefanteur. Il eft en même temps tiré vers le haut, par les deux forces *NV* & *AZ*. Il faut donc que la fomme de ces deux dernieres forces foit égale à la fomme des trois premieres pour que les unes ne l'emportent pas fur les autres.

Mais cette fimple égalité ne fuffit pas ; il faut encore s'affurer fi ces forces s'exercent fur la même direction, ou fi étant égales elles peuvent fe détruire parfaitement. Nous n'avons pour cela qu'à voir fi elles forment des moments égaux à l'égard il n'importe de quel point. Si nous prenons le point *F* pour point d'appui, il nous fuffira d'examiner fi les deux forces qui agiffent vers une des extrêmités du levier, ont le même moment que les deux forces qui agiffent vers

l'autre extrêmité. Nous nous expliquerons plus parti- Figure 25.
culiérement dans le Chapitre suivant sur le choix d'un
point F pour hypomoclion. Les moments marquent
les forces relatives qui tendent à faire tourner le levier,
& le poids G n'a point de moment par rapport au
point F, il ne tend à faire tourner le levier ni dans un
sens ni dans un autre sur le point F. Son moment
étant nul à cause du choix que nous faisons du point
F pour hypomoclion, il nous suffit par conséquent d'e-
xaminer les moments des quatre autres forces.

Je multiplie donc la force BS par le bras de levier
FB; & multipliant de même la force NV par FN,
j'ôte de ce second produit le premier, pour avoir le
moment qui tend à élever l'extrêmité B du levier. Je
fais la même chose pour l'autre extrémité, je multiplie
AZ par AF, & j'ôte de ce moment le produit de
la force CX par CF, il me vient pour reste le moment
qui travaille à élever l'extrêmité A du levier; & si ces
moments restants de part & d'autre sont égaux, je puis
assurer que l'équilibre sera encore parfait à cet égard.

Si on résume tout ce que nous venons de dire, on
assurera que, vu l'obliquité des directions des forces
les unes par rapport aux autres, l'équilibre dépend ici
de trois conditions essentielles. Il faut 1°. que $BR +$
$NT = CY + AW$; autrement le levier avanceroit
selon sa longueur d'un côté ou de l'autre. Il faut 2°.
que $BS + FU + CX = NV + AZ$; autrement le
levier monteroit ou descendroit. Il faut enfin 3°. que
$BS \times FB - NV \times FN = AZ \times FA - CX \times FC$;
autrement le levier éleveroit une de ses extrêmités,
pendant que l'autre descendroit.

CHAPITRE VI.

Du centre de gravité des corps, avec les moyens de le déterminer.

ON peut par les mêmes moyens trouver le centre de gravité d'un corps ou de plusieurs, lorsqu'ils sont liés par un levier ou autrement. On nomme *centre de gravité* le point dans lequel on peut supposer que toute la pesanteur du corps est réunie, & par lequel il suffit de suspendre ce corps pour qu'il reste dans un parfait équilibre, ou qu'il conserve indifféremment toutes les situations. Le centre de gravité d'un solide parfaitement régulier, d'un globe, par exemple, est exactement dans le centre de sa figure. Si on le suspend par ce point, il ne tendra point à changer de situation, parce qu'une de ses moitiés sera parfaitement en équilibre avec l'autre. Dans les autres cas, la recherche du centre de gravité renferme quelques difficultés, & elle en renfermeroit de beaucoup plus grandes, si nous n'étions pas à une distance si considérable du centre de la terre qui est le point de tendance de tous les graves ou corps pesants. La grande distance du centre de la terre fait que nous pouvons regarder comme parallèles les directions de la pesanteur; au lieu qu'il faudroit faire attention à l'obliquité des directions si nous étions à une moindre distance du point central.

Figure 26. Lorsque deux globes *A* & *B* (*fig.* 26.) sont liés à une certaine distance l'un de l'autre par une regle inflexible dont on peut négliger la pesanteur, on trouvera le centre de gravité *G* commun de ces deux corps, en divisant réciproquement à leur pesanteur

ou

ou à leur masse la distance *A B* d'un corps à l'autre.   Figure 26.
Si le premier globe est dix fois plus pesant que l'autre,
on fera l'intervalle *A G* dix fois plus petit que l'intervalle *G B*, & le point *G* sera le centre de gravité requis. Les deux corps suspendus par ce point seront
continuellement en équilibre : car les bras de levier
G A & *G B* étant en raison réciproque des deux poids,
les deux moments seront exactement égaux de part &
d'autre du point *G*. Un des globes est dix fois plus
pesant que l'autre ; mais il agit aussi avec un bras de
levier dix fois moins long. Ainsi les deux poids suspendus par le point *G* conserveront toutes les différentes situations qu'on leur donnera ; & on pourra, en
conséquence de cette propriété, supposer que toute
la pesanteur de ces deux corps est réunie dans le même
point *G*.

Il est bien facile de diviser l'intervalle *A B* des centres particuliers des deux corps en raison réciproque
de leur pesanteur. Il suffit de faire l'une ou l'autre de
ces deux analogies ; la somme des deux pesanteurs est
à *A B*, comme le poids *B* est à *A G* ou comme le
poids *A* est à *B G*. Nous avons supposé qu'un des
poids pesoit dix fois plus que l'autre ; nous n'aurons
donc qu'à dire, 11 somme des deux poids est à *A B*
comme 1 est à *A G*, ou comme 10 est à *B G*. Si la
distance *A B* est de 33 pouces, on trouvera que *A G*
est de 3 pouces & *B G* de 30.

Si au lieu d'un corps, nous en avons trois *A*, *B* &   Figuré 27.
C (*fig.* 27.) dont il s'agisse de trouver le centre de gravité commun, nous chercherons d'abord le centre de
gravité *G* des deux corps *A* & *B* sur la ligne droite
A B qui les joint. Nous les supposerons rassemblés
dans ce point en les regardant comme un seul corps
& tirant une ligne droite *G C*, nous chercherons sur
cette seconde ligne le centre de gravité commun *g*
entre *G* & *C*. Si le corps *A* pese 10 livres, le corps

F

Figure 27.

B une livre & le corps C cinq, nous rendrons AG la dixieme partie de BG ou la onzieme partie de AB, & fuppofé que AB foit de 33 pouces, la diftance AG fera de trois pouces, comme nous l'avons vu. Nous tirons enfuite la droite GC que nous fuppofons de 24 pouces. Il ne reftera donc plus qu'à divifer cette derniere diftance en deux parties Gg & gC qui foient en raifon réciproque de la pefanteur de 11 livres qu'il faut imaginer en G, & celle de 5 livres qui appartient au poids C. Ces pefanteurs forment 16 livres, & nous ferons cette analogie; 16 livres font à GC comme 5 font à Gg, ou comme 11 font à Cg. On trouvera de cette forte que le centre de gravité g des trois corps eft éloigné de $7\frac{1}{2}$ pouces du point G & de $16\frac{1}{2}$ du corps C.

Lorfque les poids feront liés par une regle dont on ne pourra pas négliger la pefanteur, il n'y aura qu'à la concevoir comme réunie dans le centre de gravité mê-me de cette regle. Suppofé que le levier AB (*fig.* 28.)

Figure 28.

foit par-tout de même matiere & de même groffeur, fon centre de gravité fera au milieu de fa longueur; ainfi on pourra fuppofer que toute fa pefanteur eft réu-nie en C. On la combinera avec celle d'un des corps; on cherchera le centre de gravité commun dans le-quel on regardera leur pefanteur comme raffemblée, & on paffera enfuite à la confidération d'un troifieme & quatrieme corps, & ainfi de fuite.

Mais il fera ordinairement plus fimple de confidérer un point a comme point d'appui, & de chercher les moments de tous les corps par rapport à ce point. Si la regle pefe 3 livres, & les poids D, E & F 2 livres, 6 livres & 1 livre, & que la diftance Aa étant de 2 pouces, aH foit de 6 pouces, & aB de 16 pouces, parce que la verge AB a 14 pouces de longueur, le moment du poids D fera 4, & il fera 4 *livres-pouces*, conformément à une expreffion que nous avons cru

pouvoir employer. Le moment du poids E fera 36 qui
eft le produit de 6 livres par Ha qui eft de 6 pouces.
Le moment de la regle fera 27, produit de fon poids
3 livres par Ca qui eft de 9 pouces ; & enfin nous aurons 16 pour le moment du poids F. La fomme de
ces quatre moments 4, 36, 27 & 16 fera 83 ; & il
faut que le moment de la puiffance M qui foutient
tous ces poids foit exactement de la même quantité.

La puiffance M doit tirer en haut avec une force
de 12 livres, puifque feule elle fupporte tous ces
poids, & qu'il ne fe fait aucune décompofition de
force qui diminue le poids total, toutes les directions
étant paralleles. Mais la puiffance M étant de 12 livres, il ne refte donc qu'à favoir en quel point G il
faut l'appliquer pour que fon moment par rapport au
point a foit auffi de 83. Je divife ces 83 par 12 livres,
& il me vient au quotient $6\frac{11}{12}$ pouces ou 6 pouces
11 lignes pour la diftance du point G au point a. Ainfi
le centre de gravité commun de la regle & des trois
poids D, E & F eft à 4 pouces 11 lignes de diftance
de l'extrêmité A, ou, ce qui revient au même, il
faut fufpendre le tout par ce point G éloigné de 4 pouces 11 lignes du point A, pour qu'il y ait un équilibre
parfait entre tous les poids.

Nous avons pris le point a pour point d'appui ou
pour hypomoclion ; mais nous pourrions choifir tout autre point. Car les pefanteurs de la regle & des trois
poids D, E & F étant parfaitement en équilibre avec
la puiffance M, toutes les forces fe détruifent par leur
égalité & leur oppofition, & dans cette deftruction qui
eft une fuite de l'équilibre abfolument parfait, l'équilibre a lieu à l'égard de tous les points imaginables. Le
point d'appui a n'eft donc que fictice, & il n'eft utile
que pendant le calcul ; car il ne fupporte réellement
rien. Si nous prenions le point A pour point d'appui,
nous aurions *zéro* pour le moment du poids D, 24

pour celui du poids E parce qu'il est de 6 livres, & que AH est de 4 pouces. Nous aurions 21 pour le moment de la regle, & 14 pour celui du poids F qui pese 1 livre. La somme de ces quatre moments 0, 24, 21 & 14, est 59; & il faut donc que le moment de la puissance que nous imaginons en M soit aussi de 59. D'ailleurs cette puissance doit être toujours égale à 12 livres qui est la somme de tous les poids qu'elle doit soutenir. Ainsi il faut diviser 59 par 12; & il viendra au quotient $4\frac{11}{12}$ pouces ou 4 pouces 11 lignes pour la distance du centre de gravité commun ou du point de suspension G à l'extrêmité A de la regle, comme nous l'avions déja trouvé.

On voit qu'il y a toujours quelque avantage pour la facilité du calcul, à supposer le point d'appui dans un des points où se trouve un des poids, parce que son moment devient nul; ce qui épargne une multiplication. Nous pourrions de même choisir le point H pour point d'appui fictice; le moment du poids D seroit 8, qui est le produit de 2 livres par AH qui est de 4 pouces. Le moment du poids E seroit zéro; celui de la regle AB seroit 9, produit de son poids 3 livres par HC, & le moment du poids F seroit 10. Nous aurions donc ces quatre moments 8, 0, 9 & 10 : mais il faut remarquer que leur somme n'est pas 27; elle n'est que 11, parce que le premier moment est négatif par rapport aux autres. Tous les autres poids tendent à faire tourner la regle dans un sens autour de H; au-lieu que le poids D tend à la faire tourner dans un sens contraire; ce qui donne 8 en déduction des autres moments. Enfin divisant 11 somme des moments par la somme 12 des poids, il vient $\frac{11}{12}$ pouce ou 11 lignes pour la distance du centre de gravité commun G au point d'appui fictice H; ce qui est conforme aux déterminations précédentes. La somme des poids est toujours 12 livres : car nos différentes suppositions à

l'égard du point d'appui ne changent rien dans la pefanteur , elles changent fimplement la longueur des
bras de levier.

Du centre de gravité de quelques figures géométriques.

Les Méchaniciens ont cherché les centres de gravité de toutes les figures géométriques les plus fimples.
Celui d'un cercle , d'un quarré, d'un rectangle , d'un
parallélogramme & de tous les polygones réguliers eft
précifément au milieu. Celui d'un triangle eft au tiers
de fa hauteur fur la ligne droite tirée de fon fommet
au milieu de fa bafe ; il n'eft pas difficile d'en appercevoir la raifon.

Si on conçoit un triangle ABC (*fig. 29.*) divifé en
une infinité de tranches par des paralleles à la bafe
AC, il eft évident que le centre de gravité de chaque
tranche fera au milieu de fa longueur. Ainfi il n'y a
qu'à tirer une ligne droite BD qui partant du fommet
B vienne fe rendre au milieu D de la bafe AC, elle
paffera par les centres de gravité de toutes les tranches,
& elle paffera par conféquent auffi par le centre de
gravité du triangle. En effet, on peut regarder la pefanteur de chaque tranche comme réunie dans fon milieu ou fon centre de gravité particulier ; & il fuit de-
là qu'on peut confidérer la droite BD comme chargée
dans toute fa longueur d'une infinité de petits poids
égaux aux pefanteurs des tranches correfpondantes.
Mais dans cette fuppofition le centre de gravité commun de tous les poids ou celui de tout le triangle
ABC doit être auffi fur la ligne BD.

Si de l'angle A, on tire une droite AE qui fe termine au milieu du côté BC, le centre de gravité du
triangle ABC fera par les mêmes raifons fur cette
ligne droite. Ainfi ce point doit être dans l'interfe-

Figure 29.

Figure 29. ction *G* des deux lignes *B D* & *A E* ; & il fuit de-là qu'il eft en *G* au tiers de *D B.* Car fi on tire *D E*, elle fera parallele à *A B*, & égale à la moitié de cette ligne. Outre cela les deux triangles *D G E* & *B G A* feront femblables ; ce qui nous donnera cette proportion ; *A B* eft à *D E* comme *B G* eft à *D G* ; & puifque *A B* eft double de *D E*, la ligne *B G* eft auffi double de *D G*, & il fuit de-là que *D G* eft le tiers de *B D.*

On peut s'affurer à peu près de la même maniere que le centre de gravité d'une pyramide eft au quart de fa hauteur, ou, pour nous expliquer plus exactement, qu'il eft au quart d'une ligne droite tirée du fommet au centre de gravité du triangle ou du polygone qui fert de bafe à la pyramide.

Figure 30. Confidérons la pyramide triangulaire *A B C D* (*fig.* 30). Nous tirons du point *A* & du point *B*, au milieu du côté *D C*, les droites *A E* & *B E.* Faifant enfuite *E F* le tiers de *E A*, & *E H* le tiers de *E B*, nous aurons les centres de gravité *F* & *H*, des triangles *D A C* & *D B C.* Mais fi nous conduifons enfuite au dedans du folide les droites *B F* & *A H*, elles pafferont par le centre de gravité *G* de la pyramide ; car chacune de ces lignes paffera par le centre de gravité de tous les triangles qui fervent d'éléments à ce corps, & qui font paralleles au triangle *D A C* ou au triangle *D B C.* Mais ces deux lignes droites *B F* & *A H* paffant par le centre de gravité du folide, ce centre fera en *G* ; & il fera au quart de *F B.* Car tirant *F H*, elle fera parallele à *A B* & le tiers de cette ligne : mais de même que *F H* eft le tiers de *A B*, les triangles femblables *A B G* & *H F G* rendront *F G* auffi le tiers de *G B* ; & par conféquent *F G* fera le quart de *F B.*

On a trouvé des regles générales pour déterminer avec la même facilité le centre de gravité de plufieurs autres folides. Celui d'un hémifphere ou de la moitié d'un globe est aux trois huitiemes du rayon perpendiculaires au plan qui a coupé le globe par la moitié. Ainsi lorsqu'on suspend le corps par ce point il n'affecte pas plus une situation que l'autre, toutes ses parties se trouvent parfaitement en équilibre.

Déterminer le centre de gravité d'un corps par l'expérience.

Ces dernieres recherches n'entrent pas dans le plan de cet Ouvrage, il nous suffit d'avoir donné une idée des méthodes dont les Méchaniciens se servent. Il ne nous reste qu'à ajouter qu'on peut souvent avoir recours à l'expérience, au lieu d'employer les méthodes de calcul. Lorsqu'on suspend un corps & qu'on le laisse prendre sa situation naturelle, son centre de gravité se met toujours exactement au dessous du point de suspension. Il n'y a donc qu'à prolonger par la pensée au dedans du corps la ficelle qui le soutient, & on aura une ligne droite dans laquelle sera nécessairement situé le centre de gravité. On n'aura après cela qu'à suspendre le corps par un autre point, on aura une autre ligne droite qui passera encore par le centre de gravité; & l'intersection de ces deux lignes déterminera ce point. Lorsqu'un corps est trop grand pour qu'on puisse le soumettre à de semblables épreuves, on n'a qu'à en imiter la figure en petit; on le représentera par un morceau de bois, d'argile ou de quelqu'autre matiere homogène. On cherchera le centre de gravité de ce petit corps, & on saura proportionnellement où ce point est situé dans le grand.

CHAPITRE VII.

Explication de diverses machines composées dont la plupart sont employées sur les Vaisseaux.

LES principes que nous venons d'établir, sont propres à expliquer l'effet de plusieurs machines ou instruments de Méchanique dont on se sert dans la Marine. Nous n'en considérerons ici que trois ou quatre ; mais cet examen, quoique très-court, suffira pour mettre les lecteurs en état d'aller plus loin par leurs propres réflexions.

Du Cabestan.

Figure 31.

LE Cabestan qu'on voit représenté dans la figure 31 se rapporte au levier. Cette machine sert à lever les ancres ou à élever les autres grands poids qu'on est obligé de changer de place dans les Navires. Quelquefois ces cabestans sont simples, comme celui que représente notre figure ; & d'autres fois ils sont doubles, parce qu'ils sont destinés à servir dans deux différents entreponts ou étages du Vaisseau. Le cordage qui doit soutenir le poids enveloppe la partie PQ qui sert comme de fuseau. Les hommes qui font tourner cette machine poussent avec force les extrêmités K, H, I, G des leviers ou barres qu'on introduit dans les trous faits exprès dans la partie supérieure du cabestan. Si ces barres sont quatre à cinq fois plus grandes que le rayon de la partie du cabestan qui sert de fuseau, la force de chaque homme sera appliquée quatre à cinq fois plus avantageusement pour agir contre le fardeau.

Mais

Mais les matelots qui font obligés de fe mettre plus
près du cabeftan ont moins d'avantage ; & fi l'on prend
l'effort moyen, il n'eft guere multiplié que trois ou
quatre fois.

On ne peut évaluer qu'à 25 ou 27 livres la force abfolue de chaque homme qui pouffe en marchant & qui
travaille pendant un temps confidérable. Les hommes,
lorfqu'ils marchent très-vîte, ne peuvent pas appuyer
affez folidement leurs pieds. Outre cela la ligne felon
laquelle ils pouffent eft à peu près dirigée felon leur
hauteur ; ainfi il faut décompofer leur effort, & il n'y
en a qu'une partie qui s'exerce dans le fens horifontal,
& qui foit employée utilement contre le cabeftan.
Nous ferons quelques remarques très-importantes fur
ce fujet dans le Chapitre X de la fection fuivante.
L'effort de 25 livres étant augmenté quatre fois à caufe
de la longueur des barres, chaque matelot pourra foutenir 100 livres en marchant, & fi on tiroit avec le
cabeftan fur un affemblage de poulies qui augmentât
vingt fois la force, comme les palans de la figure 8,
un feul homme foutiendroit un fardeau de 2000 livres,
fans travailler beaucoup. Il eft fort ordinaire fur les
Vaiffeaux de s'aider en même temps du cabeftan & des
caliornes, il fuffit pour cela de donner une direction
convenable au cordage *M* par le moyen de quelques
poulies de *renvoi* ou de *retour*.

On fe fert dans les très-petits Navires d'un cabeftan
qui eft couché horifontalement, qu'on nomme *vireveau*.
Les matelots qui travaillent à le faire tourner agiffent
par leur pefanteur, & ils l'employent prefque toute
entiere. Mais le mouvement du vireveau n'eft pas con-
tinu comme celui du cabeftan ; parce qu'il faut prefque à chaque inftant changer de place les barres ou
leviers. Un homme fait autant d'effet avec cet inftrument que quatre ou cinq hommes avec l'autre. Un
matelot feul réuffit à faire l'ouvrage ; mais il le fait

G

lentement , conformément à ce que nous avons vu
fur l'augmentation de la force.

Des Rames ou des Avirons.

LORSQU'IL ne fait point de vent , ou qu'il eft
contraire , on fe fert de rames ou d'avirons pour faire
marcher les Navires d'une certaine efpece ; ceux dont
les bords ne font pas élevés. Les avirons ou rames
font de longues pieces de bois dont une des extrêmités
eft plate & propre à frapper l'eau pendant que le rameur agit fur l'autre extrêmité qui fert de manche.
Cette piece de bois eft appuyée fur le bord du Navire,
qu'on peut regarder comme point d'appui ; & par le
moyen de la rame qui fert de levier, il fe fait équilibre à chaque coup de la pale entre l'effort du rameur
& la réfiftance que forme l'eau lorfqu'elle eft frappée.
Plus la partie intérieure eft longue , plus l'effort du
rameur en doit produire un grand fur la pale. Si la
partie intérieure eft de 12 pieds, l'extérieure de 24,
& que le rameur faffe un effort de 40 ou 50 livres, il
faudra que la pale en choquant l'eau reçoive une impulfion équivalente à 20 ou 25 livres. Il femble qu'on
devroit allonger davantage la partie intérieure afin d'appliquer l'action du rameur d'une maniere plus avantageufe. C'eft ce qu'on feroit, fans doute , fi on n'étoit
gêné par le peu de largeur du Navire. Outre cela lorfqu'on augmente trop la partie intérieure , on met le
rameur dans la néceffité de fe donner de trop grands
mouvements : il eft obligé d'agir avec plus de vîteffe,
& il ne peut plus employer la même force.

Suppofé que 260 rameurs travaillent en même temps,
& que l'effort de chacun fe réduife à 20 livres au centre
de la pale , toutes les rames frapperont l'eau avec une
force de 5200 livres, & ce fera la même chofe que fi
la Galere étant en repos, la mer venoit frapper fes

rames en formant une impulsion de 5200 livres de l'arriere vers l'avant. Or cet effort doit produire son effet. Les pales frappent l'eau en allant de l'avant vers l'arriere, & elles font repoussées par l'eau dans un sens contraire, de l'arriere vers l'avant. Le choc de l'eau contre les pales doit donc faire avancer la Galere ; & la vîtesse du sillage doit s'accélérer jusqu'à ce que la proue soit choquée avec la même force : car tant que les rames reçoivent plus de choc que la proue ne trouve de résistance à fendre l'eau , l'action des rameurs doit ajouter de nouveaux degrés de vîtesse à la marche. Cependant il y a une réduction bien considérable à faire. Les rameurs n'agissent que par intervalles ; & il y a entre les coups de rames un temps à peu près double de celui qui est employé utilement. C'est-à-dire, qu'il faut prendre à peu près le tiers de 5200 livres, & qu'on a environ 1700 livres pour la force avec laquelle on peut supposer que la Galere est poussée continuellement vers l'avant ; force qui est destinée à vaincre la résistance que la proue trouve à fendre l'eau, & qui fait faire au plus deux lieues marines par heure à la Galere.

Du Gouvernail.

Le gouvernail a quelque rapport avec la rame ; on ne s'en sert cependant pas pour faire marcher le Navire, on ne l'emploie que pour le faire tourner d'un côté ou d'un autre lorsque le Navire est déja en mouvement. Le gouvernail est une piece de bois située presque verticalement à la poupe. Elle a une certaine largeur, elle tourne sur des gonds, & on la fait agir par le moyen d'une barre ou levier qu'on nomme *timon* qui entre horisontalement dans le Navire, un certain nombre de pieds au-dessus de la surface de l'eau. Si au lieu de laisser le gouvernail exactement sur la ligne droite qui fait le prolongement de la quille, cette

longue piece de bois qui eſt au-deſſous de la carene &
qui en fait comme la baſe, on le fait avancer d'un
côté, il ſe trouve enſuite choqué par l'eau qui gliſſe
le long du flanc du Navire, l'eau pouſſe le gouvernail
vers le côté oppoſé ; & pourvu qu'on le retienne aſſez
fortement dans cette ſituation, la poupe doit recevoir
de la part de l'eau le même mouvement que le gouvernail ; & le Navire étant pouſſé de côté, doit tourner.

Figure 32. La figure 32 repréſente un Navire dont A eſt la
proue & B la poupe. Le gouvernail DB tourne ſur
des gonds ſitués en B, & on ſe ſert pour le faire tourner du levier BO qui eſt donc le *timon* ou la *barre*. Si
on met la barre dans la direction BA de la quille, le
gouvernail ne produit alors aucun effet ; mais ſi on
donne à la barre ou timon la ſituation BO, le gouvernail eſt frappé par l'eau qui gliſſe le long du flanc
S ; il eſt pouſſé ſelon la direction perpendiculaire NP,
parce que le mouvement de l'eau ſe décompoſe ; la
poupe B eſt jettée vers le point b, & la proue paſſe
en même temps de A en a.

Nous ſerons obligés dans la ſuite d'inſiſter davantage
ſur les uſages du gouvernail ; il nous ſuffit d'expliquer
ici d'une maniere générale ſa méchanique. Comme
l'eau le frappe quelquefois avec une très-grande force,
on a été obligé de donner une longueur conſidérable
au timon BO, afin de diminuer l'effort que le timonnier eſt obligé de faire pour tenir le gouvernail dans la
même ſituation. Pour diminuer encore cet effort, on
place dans les grands Navires au-deſſus de la barre
dans l'étage ſupérieur, une roue verticale qui fait le
même effet qu'un cabeſtan. Deux cordages ſont appliqués à l'extrêmité O, ils vont ſe rendre à deux poulies
en E & en F au dedans du Navire, ils reviennent paſſer ſur d'autres poulies placées vers le milieu, & montant verticalement vers la roue, ils enveloppent en
ſens contraires ſon axe. Ainſi lorſqu'on fait tourner la

roue dans un sens ou dans l'autre, l'extrêmité *O* de la
barre du gouvernail s'approche d'un des flancs du Navire ou de l'autre.

Supposé que le rayon de la roue qui sert de cabestan soit trois ou quatre fois plus grand que le rayon
de l'axe sur lequel s'enveloppe le cordage, le timonnier
agira avec trois ou quatre fois plus d'avantage. S'il fait
un effort de 30 livres, il en produira un de 100 ou 120
par la seule disposition de la roue. D'un autre côté,
toute l'impulsion de l'eau se réunit à peu près comme
dans un centre, au milieu de la largeur du gouvernail
qui est fort étroit. Ainsi l'impulsion de l'eau est appliquée à très-peu de distance du point d'appui *B*, au lieu
que le timon *B O* forme un bras de levier, peut-être,
14 ou 15 fois plus long. La force du timonnier est
donc encore augmentée 14 ou 15 fois ; elle l'est par
conséquent en tout 50 ou 60 fois, & l'effort de 30 livres en deviendra un de 1500 ou 1800 livres sur le
gouvernail.

Cet avantage vient de ce que le choc de l'eau sur
le gouvernail n'agit contre le timonnier qu'avec un
très-petit bras de levier. Mais ce même choc agit très-
avantageusement pour faire tourner le Navire ; car il
est appliqué à une très-grande distance du centre de
gravité *G*, de même que du point *C* sur lequel le vaisseau doit tourner. Ainsi il faut bien distinguer entre
l'effort de l'eau contre le timonnier & l'effet de cette
même impulsion contre le Navire. Par rapport au timonnier le point *B* est le point d'appui propre, & l'eau
n'agit qu'avec un bras de levier très-court. Par rapport
au Navire, au contraire, l'impulsion de l'eau s'exerce
sur une direction *N P* dont la distance perpendiculaire
au centre de gravité *G* est très-grande, & c'est par
cette raison que le gouvernail agit si puissamment pour
faire tourner le Vaisseau.

De la Vis ou du Verrin.

ON se sert beaucoup plus de la vis ou du verrin dans les Ports de mer que sur les Vaisseaux. Cette machine se rapporte naturellement au plan incliné dont nous avons parlé dans les Chapitres II. & III. mais il faut la mettre au nombre des *machines composées*; parce qu'on se sert du levier pour la faire agir, ce qui rend son action compliquée. Elle est capable d'un effort prodigieux lorsque les intervalles entre ses cannelures sont extrêmement petits : elle est alors comparable à un plan incliné qui a très-peu de hauteur. Il n'importe que ce soit la vis qu'on fasse tourner, ou l'écrou dans lequel elle entre : nous supposerons ici que c'est l'écrou qui tourne, & que toutes ses parties qui portent sur les cannelures de la vis, sont chargées des parties du poids qu'on veut élever.

Une partie du poids est donc représentée par le corps Figure 19. D dans la figure 19 ; AC est une petite portion de la vis, ou c'est une de ses arrêtes entiere qu'on a redressée en ligne droite en lui conservant son inclinaison. On pousse le poids D selon la direction GI & pour l'empêcher de glisser vers le bas, il suffit de le pousser avec une force beaucoup plus petite que sa pesanteur. La force qu'il faut employer selon GI est à la pesanteur absolue GE comme la hauteur AB est à BC. Ainsi supposé que les pas de la vis aient très-peu de hauteur, qu'ils n'aient par exemple qu'un pouce, quoique la vis ait 24 pouces de grosseur ou de circonférence, il suffira d'agir selon GI avec une force 24 fois plus petite que le poids qu'on veut soulever.

Mais il y a encore un moyen d'employer moins de force : au lieu d'agir immédiatement sur la partie D de l'écrou, il n'y a qu'à se servir d'un levier pour faire tourner l'écrou. Plus le levier sera long, plus on aura d'avantage ; & il eſt évident qu'on ſera obligé d'employer moins de force dans le même rapport que le levier ſera plus long par rapport au demi-diametre de la vis ou du cylindre qu'elle forme. La figure 19 ne repréſente pas ce demi diametre ; mais nous pouvons prendre BC pour la circonférence qui a été étendue en ligne droite ; & comme les circonférences des cercles ſont en même raiſon que leurs rayons, la puiſſance placée à l'extrêmité du levier aura d'autant plus d'avantage que la circonférence qu'elle décrira ſera plus grande que BC. Nous avons donc deux rapports à raſſembler pour connoître tout l'avantage de la puiſſance dans l'uſage de la vis. Cet avantage eſt exprimé par le rapport de AB à BC, & par celui de BC à la circonférence décrite par l'extrêmité du levier. Mais ces deux rapports étant réunis ou compoſés, pour parler comme les Géometres, on a le rapport de BA à la circonférence décrite par l'extrêmité du levier ; ce qui nous apprend que l'effet de la vis ne dépend point de ſa groſſeur, mais ſeulement de la hauteur de ſes pas comparés à la circonférence du cercle que décrit l'extrêmité du levier dont on ſe ſert.

Si chaque pas de la vis a un pouce de hauteur, & que le levier ait trois pieds de longueur à prendre du milieu de la vis, la main ou la puiſſance parcourra un cercle qui aura près de 19 pieds de circonférence ou environ 226 pouces. Alors la force ſera augmentée 226 fois ; un effort de 10 livres que fera la puiſſance répondra à 2260 livres dont la vis ou l'écrou ſera chargé. Il ſuffiroit par conſéquent d'augmenter un peu l'effort des 10 livres pour vaincre la peſanteur des 2260 livres ou toute autre réſiſtance égale. Mais ce qu'on gagne du côté de la force, on le perd toujours du côté du temps, conformément à ce que nous avons vu dans l'uſage des autres machines : car il faut que la puiſſance parcourre toute la circonférence qui eſt

Figure 19.

de 226 pouces pour faire monter le fardeau d'un seul pouce.

Du Coin.

Le coin se rapporte aussi au plan incliné. Un Navire étant à terre, on se sert de coins pour le soulever; on les rend fort aigus & on les introduit sous la quille en les frappant à coups de massue pour les faire avancer. Il faut qu'ils fassent beaucoup de chemin pour soulever la quille ou le Navire de très-peu. L'avantage du coin est exprimé par le rapport qui se trouve entre ces deux divers espaces.

On se sert de cet instrument dans une infinité d'autres occasions. On veut, par exemple, fendre encore davantage la piece de bois MP (*fig.* 33.) il faudra que le coin ABD à cause de sa forme aiguë, avance beaucoup dans la fente pour qu'il en écarte sensiblement les côtés F & I. Ainsi une puissance qui agira sur AB & qui sera équivalente à un petit nombre de livres, sera en équilibre avec l'effort que fait la piece de bois pour se refermer.

Si on veut une autre explication du même effet, on n'a qu'à remarquer que les côtés F & I de la fente n'agissent sur le coin que perpendiculairement à ses faces. Si leur action se faisoit selon quelqu'autre ligne, elle se décomposeroit, & il ne resteroit à considérer que la force perpendiculaire. La piece de bois en faisant effort pour se fermer pousse donc les côtés du coin selon les lignes FCK & ICL. Mais si on représente ces deux efforts particuliers par CK & CL, on n'a qu'à achever le parallélogramme $LCKH$, & on aura dans sa diagonale CH, l'effort composé avec lequel le coin est poussé en dehors. Lorsque le coin est fort aigu, la diagonale CH est fort courte par rapport à CL & CK. Ainsi quoique la piece de bois fasse un très-grand effort pour se refermer, il suffit de vaincre

un

un assez petit effort en poussant le coin de *H* en *D*,
pour ouvrir davantage la fente.

CHAPITRE VIII.

De la nature du frottement, & moyen d'en faire entrer la considération dans l'examen des machines.

I.

L'EFFET de la plûpart des machines se trouve sensiblement diminué par le frottement ou par la résistance que font les parties des corps solides à glisser les unes sur les autres. Les surfaces des corps ont toujours quelque aspérité ; elles ont de petits creux & de petites éminences qui s'engrainent les unes dans les autres, & il en naît un obstacle auquel il faut nécessairement avoir égard si on ne veut pas se tromper d'une maniere énorme en évaluant l'effet d'une machine.

Les Méchaniciens ne se font pas peut-être autant attachés à connoître les loix du frottement qu'ils l'auroient dû ; ce qui est cause que nous ne sommes encore que peu instruits sur cette matiere, que M. Amontons a examinée le premier. Il a fait voir dans les Mémoires de 1699 de l'Académie Royale des Sciences, que lorsque deux surfaces sont pressées l'une contre l'autre, leur frottement est toujours sensiblement une certaine partie de leur pression ou du poids dont elles sont chargées. Cette partie est fort grande dans les machines construites grossiérement ; lorsqu'un traîneau, par exemple, glisse sur le pavé, le frottement est à peu près égal au tiers du poids du traîneau & de sa charge.

H

Lorfque les furfaces font polies, qu'elles font enduites de quelque matiere onctueufe, & qu'outre cela on eft attentif fur le choix des corps qu'on fait glifser les uns fur les autres, le frottement eft beaucoup moindre ; il n'eft fouvent que la fixieme ou feptieme partie de la force qui prefse les deux furfaces.

L'expérience a fait voir qu'il ne faut pas faire frotter l'acier contre l'acier ou le cuivre contre le cuivre. Les petites éminences d'une des furfaces s'engagent trop alors dans les creux de l'autre furface. Pour faire diminuer le frottement, il n'y a qu'à faire frotter le cuivre contre l'acier : & la même attention eft utile, lorfqu'on fait frotter du bois contre du bois ; il faut prefque toujours les choifir de différentes efpeces. Toutes chofes d'ailleurs étant égales, fi la charge eft trois ou quatre fois plus grande, ou fi les furfaces font trois ou quatre fois plus prefsées l'une contre l'autre, le frottement fera plus grand à peu près dans le même rapport, & il faudra agir avec une force aufsi d'autant plus grande pour le vaincre.

Une autre regle que nous devons également à M. Amontons, mais qui n'eft que fenfiblement vraie, comme la premiere, c'eft que la grandeur des furfaces qui glifsent les unes fur les autres ne fait prefque rien au frottement. Si un traîneau qui pefe avec fa charge 1200 liv. a deux fois plus ou deux fois moins de furface, le frottement fera toujours à peu près de 400 livres. La raifon s'en préfente afsez naturellement à l'efprit. Si le traîneau, pendant que le poids eft exactement le même, a deux ou trois fois plus de furface, il eft vrai qu'il y aura deux ou trois fois plus de parties expofées au frottement, mais comme le poids fera diftribué fur un plus grand nombre de parties, chacune fera moins chargée, & par cette feconde raifon le frottement fera moindre. Eu égard à tout, le frottement total fera donc toujours à très-peu près le même. Cette feconde regle eſt comme une ſuite néceſſaire de la premiere.

Il n'eſt pas difficile de déterminer par l'expérience la grandeur du frottement dans certains cas ; ce qui met en état de juger de ſa force dans la plupart des autres. Si un corps d'une peſanteur connue eſt poſé ſur un plan horiſontal, on n'a qu'à y attacher une corde qu'on tendra horiſontalement & qu'on fera paſſer ſur une ou deux poulies , & on verra enſuite quel poids il faut mettre au bout de cette corde pour ébranler le ſolide ou pour le faire gliſſer.

On peut encore mettre le ſolide ſur un plan auquel on ait la liberté de donner plus ou moins d'inclinaiſon , & il n'y aura qu'à remarquer celle qui permet à peine au ſolide de ne pas gliſſer. Alors le frottement ſera exactement égal à l'effort que fait le poids pour deſcendre le long du plan incliné , & on aura par conſéquent la meſure exacte du frottement. Si le poids D (*fig.* 12.) reſte en repos ſur le plan AC, mais qu'il gliſſe pour peu qu'on incline davantage le plan en ôtant le contrepoids M, le frottement ſera alors égal à la peſanteur relative GH du ſolide dans le ſens parallele au plan. La peſanteur abſolue eſt repréſentée par GE, & elle ſe décompoſe en GH & en GF. Le ſolide preſſe le plan avec le ſecond de ces efforts ; au lieu qu'il ne tend à gliſſer que par le ſecond. Mais puiſqu'il ne deſcend pas & qu'il eſt néanmoins ſur le point de deſcendre , c'eſt une marque que le frottement eſt en équilibre avec l'effort GH. Ainſi on peut en ſavoir l'exacte quantité , & la comparer à la preſſion GF, en réſolvant le triangle GEH par le calcul ou par le moyen d'une figure.

Nous pouvons propoſer un troiſieme moyen qui nous paroît très-commode pour découvrir la quantité du frottement. Un corps peſant DE (*fig.* 34.) eſt poſé ſur un plan horiſontal AB, & nous voulons ſavoir quelle eſt la grandeur du frottement. Son centre de

Figure 34.

gravité eſt en G ; nous pouvons conſidérer toute ſa peſanteur comme réunie dans ce point, & nous ſavons que ce centre répond exactement au deſſus du point C que nous connoiſſons. Nous n'avons qu'à tirer ce corps horiſontalement par la ficelle FM que nous appliquerons plus ou moins haut juſqu'à ce que le corps ſoit ſur le point, non pas de gliſſer, mais de tomber en avant ; & nous n'aurons plus qu'à marquer le point H auquel répond la ficelle. Il y aura même rapport du frottement à la peſanteur du ſolide que de CE à CH.

Lorſqu'on appliquera la ficelle trop bas, le ſolide DE ne ſera point ſujet à tomber, il gliſſera en obéiſſant à l'effort que fera la puiſſance M. Si au contraire on tire le corps DE par un point trop élevé, au lieu de gliſſer, il tombera en avant. Mais ſi on choiſit le point de ſéparation de ces deux cas, la puiſſance M ſera égale au frottement, & d'un autre côté, il y aura équilibre entre l'effort que fait cette puiſſance pour faire trébucher le corps & la peſanteur de ce même corps qui tend à l'empêcher de tomber. La puiſſance M agit avec le bras de levier CH ou EF, au lieu que la peſanteur du corps ne s'oppoſe à ſa chûte qu'avec le bras de levier CE ; car ſi le corps tomboit, le mouvement ſe feroit ſur le point E. Ainſi les deux forces étant en équilibre, elles ſont en raiſon réciproque de leur bras de levier. C'eſt-à-dire, que la puiſſance M, ou le frottement qu'éprouve le corps DE, eſt à la peſanteur de ce même corps, comme CE eſt à FE. Si CE eſt le quart ou la cinquieme partie de EF, ce ſera une marque que le frottement eſt égal au quart ou à la cinquieme partie du poids qui cauſe la preſſion.

I I.

Du frottement dans les Machines.

Le frottement étant connu pour les surfaces de chaque espece, il ne sera jamais fort difficile d'en faire entrer la considération dans le calcul qu'on fera pour évaluer l'effet d'une machine. Nous avons supposé dans le Chapitre II. qu'un Vaisseau dont le poids étoit de 300 tonneaux ou de 600000 livres étoit placé sur une cale dont la hauteur étoit d'un demi-pouce sur chaque pied de longueur ; & nous avons vu que l'effort qu'il faisoit pour glisser le long de la cale, étoit de $12\frac{1}{2}$ tonneaux ou 25000 livres. Cet effort ne doit presque jamais suffire pour faire descendre ce Navire : car la pression qui est produite par la force GF (*fig.* 12.) est presque égale à la pesanteur absolue GE de toute la masse, à cause du peu d'inclinaison du plan. Cette pesanteur relative GF seroit de 287 ou 288 tonneaux, à proportion de la pesanteur absolue GE qui est de 300. Mais si le frottement est égal à la sixieme partie de la charge ou de la pression, ce qui n'arrive que lorsque les plans qui glissent les uns sur les autres sont suffisamment polis, le frottement sera d'environ 48 tonneaux ou 96000 livres, & il sera donc presque quatre fois plus grand que l'effort avec lequel le Navire tend à descendre. S'il s'agissoit au contraire de faire remonter le vaisseau, il ne suffiroit pas de le tirer en haut avec assez de force pour vaincre les $12\frac{1}{2}$ tonneaux de sa pesanteur relative GH, il faudroit encore tirer avec un effort de 48 tonneaux de plus pour surmonter le frottement : il faudroit employer en tout une force de $60\frac{1}{2}$ tonneaux ou de 121000 livres.

Pour passer à un second exemple, nous examinerons le frottement auquel est sujet le cabestan. Lorsqu'on se fert de cette machine pour lever l'ancre ou tout autre fardeau, le cabeſtan eſt tiré de côté par ce poids con- tre les pieces de bois qui aident à le ſoutenir dans une ſituation verticale. Le frottement eſt donc égal à une certaine partie de ce poids, au tiers ou au quart, ou même à une moindre partie, ſi on a été attentif à don- ner au cabeſtan toute la mobilité poſſible, & ſi on l'a conſtruit avec ſoin. Mais l'effort des matelots qui agiſ- ſent ſur les barres ou leviers, n'ajoute-t-il rien à la charge ou à la preſſion, & ne fait-il pas augmenter le frottement ?

C'eſt ce qui ne doit pas arriver lorſque les matelots ſont diſtribués tout autour du cabeſtan, & qu'ils ne le pouſſent pas plus d'un côté que de l'autre. Si les uns en travaillant ſur les barres pouſſent le cabeſtan vers la proue, les autres le pouſſent également vers la poupe, & il ne réſulte de tous ces efforts aucune force com- poſée qui puiſſe preſſer le cabeſtan plus d'un côté que de l'autre. On voit donc qu'il y a une diſtribution plus ou moins avantageuſe dans l'ordre des matelots lorſqu'ils ne ſont pas en aſſez grand nombre pour environner entiérement la machine. Ici nous ſuppoſons que l'effort eſt également diſtribué ; & dans ce cas il ne faut attri- buer le frottement qu'à la ſeule preſſion que cauſe le fardeau qu'on travaille à mouvoir. Si on éleve un far- deau qui peſe 10000 livres, la preſſion ſera égale à ce poids ; & le frottement en ſera la quatrieme ou la cin- quieme partie, ſelon la nature des ſurfaces qui gliſſent l'une ſur l'autre.

Mais il faut bien remarquer que les matelots ne doi- vent pas reſſentir tout ce frottement, & qu'il doit leur paroître d'autant plus foible qu'il ſe fait dans des en- droits de la ſurface où le cabeſtan eſt moins gros, & où le frottement eſt appliqué plus près du centre. Si les leviers ſur leſquels agiſſent les matelots ſont ſix à ſept fois plus longs que les ſemi-diametres du cabeſtan

dans les endroits où il frotte, le frottement qui n'est
que la quatrieme ou cinquieme partie de la pression
ou de la pesanteur du fardeau, aura par la seule différence des leviers, un moment six à sept fois moindre,
& les matelots auront six à sept fois plus d'avantage.
Ainsi il suffira qu'ils augmentent leur effort total ou
commun de 3 ou 4 cents livres. Ils étoient, par exemple, obligés de faire un effort de 2000 livres pour soutenir le fardeau qui pese 10000 livres; mais pour élever ce poids il faudra qu'ils fassent un effort de 2300,
ou 2400 livres, à cause du frottement.

On peut évaluer le frottement avec aussi peu de
peine dans l'usage des poulies. Proposons-nous d'abord
une poulie simple, comme dans la premiere figure.
Cette poulie sera chargée du poids P, & outre cela
de l'effort que fait la puissance M; ainsi la charge sera
égale au double du poids P. Si ce poids est de 120 livres, la poulie sera chargée de 240, & si le frottement
est la sixieme partie de la charge, il sera de 40 livres.
Mais ce frottement reçoit une très-grande réduction;
parce qu'il exerce son action sur la cheville ou essieu
de la poulie; au lieu que la puissance agit avec un bras
de levier plus long étant appliquée à la circonférence
du rouet. La puissance est donc située d'une maniere
plus avantageuse pour vaincre le frottement, & cela
dans le même rapport que le rayon de la poulie ou du
rouet est plus grand que le rayon de la cheville ou de
l'essieu. Supposé qu'un de ces rayons soit cinq fois plus
grand que l'autre, il suffira d'ajouter à la puissance une
force de 8 livres pour faire équilibre au frottement; &
il suit de-là qu'en tirant en M avec une force d'un peu
plus de 128 livres, on vaincra le frottement & on sou-
levera le poids P qui est de 120 livres.

Il sera cependant nécessaire d'augmenter encore la
puissance M, parce que les 8 livres avec lesquelles elle
agit de plus, augmentent la charge de la poulie, &

Figure 12

donnent lieu à un nouveau frottement , quoique petit.
On peut dans la pratique négliger cette différence , &
néanmoins il eſt très-facile d'y avoir égard. Le frottement eſt ſuppoſé ici la ſixieme partie de la charge en
le conſidérant abſolument ; & il oblige d'augmenter
la puiſſance d'une trentieme partie de la charge totale
à cauſe de la différence des leviers. L'addition ne doit
être d'une 30ᵉ partie de la charge totale qu'après l'addition , & elle n'eſt donc que la 29ᵉ partie de la premiere charge. Ainſi nous n'avons qu'à prendre la 29ᵉ
partie de 240 livres , & il nous viendra $8\frac{8}{29}$ livres pour
l'augmentation totale qu'il faut que nous faſſions à la
puiſſance M à cauſe du frottement. Les lecteurs re-
marquent ſans doute que nous ne ſuppoſons la charge
de la poulie de 240 livres ou de la ſomme du poids P
& de l'effort que fait la puiſſance M, que parce que
les deux parties de la corde ſont paralleles. Si la puiſſance , au lieu de tirer de haut en bas , tiroit horiſontalement comme dans la figure 2 , il faudroit toujours
qu'elle fît un effort de 120 livres pour ſoutenir le poids,
mais la poulie auroit un moindre effort AE à ſoutenir,
& il s'enſuiyroit de-là que le frottement ſeroit moins
grand.

Figure 7.   Nous prendrons pour dernier exemple le palan ou
la caliorne de la figure 7. Nous ſuppoſerons que le
rayon des chevilles ou eſſieux des poulies eſt toujours
la cinquieme partie du rayon de chaque rouet ; mais
nous ſuppoſerons que le frottement eſt le quart de la
preſſion , parce qu'il eſt preſque toujours plus grand
lorſque les machines ſont plus compoſées , à cauſe des
vices d'exécution qui ſe multiplient. S'il n'y avoit point
de frottement , les quatre branches du palan ſoutien-
droient également le poids P & ſeroient tendues également. Ainſi les deux qui ſont marquées 1 & 2 en ſou-
tiendroient enſemble exactement la moitié. Mais ſelon
la ſuppoſition que nous avons faite , cette moitié du
poids

poids produit un frottement qui fera le quart de cette
moitié ; & comme ce frottement produit une réfistance
cinq fois moindre à caufe de la grandeur du rayon de
la poulie , il faut que la branche 2 foit tirée en haut
avec une force qui foit la 20ᵉ partie de la charge , pour
remédier au feul frottement que fouffre cette branche
la poulie d'en bas.

Figure 7.

La force ajoutée n'eft la 20ᵉ partie de la charge
qu'après que la force a été ajoutée. Ainfi elle eft la
19ᵉ partie de la charge confidérée avant l'addition. Si
le poids P pefe donc 400 livres, ce qui donne 200 livres pour la charge des branches 1 & 2 jointes enfemble , nous n'avons qu'à prendre la 19ᵉ partie de 200
livres , & nous aurons $10\frac{10}{19}$ livres pour l'excès de la
force avec laquelle la branche doit être tirée en haut.
La branche 1 qui n'eft fujette à aucun frottement,
n'eft tendue qu'avec une force de 100 livres ; mais
comme il faut que la branche 2 foutienne le même
poids, & que de plus elle furmonte le frottement fur
la poulie d'en bas, il faudra qu'elle foit tirée en haut
avec une force de $110\frac{10}{19}$ livres. On doit fe fouvenir
que l'augmentation $10\frac{10}{19}$ livres comprend non-feulement le frottement que produit la charge primitive ,
mais qu'elle comprend celui même que caufe la force
ajoutée.

Ce fera la même chofe dans le paffage de la branche
2 à la branche 3 fur une des poulies fupérieures. Il
faut à caufe du frottement, comme nous venons de le
voir, que la branche 2 foit tendue avec une force de
$110\frac{10}{19}$ livres , pendant que la branche 1 ne foutient
que 100 livres. La tenfion de la branche 3 doit être
plus grande dans le même rapport; c'eft-à-dire, qu'elle
fera d'un peu plus de 122 livres. Il faudra faire une
augmentation femblable pour la branche 4 qui fera
tendue avec une force de 135 livres & une autre augmentation encore proportionnelle pour la branche 5

I

Figure 7.   qui doit être tirée avec une force à très-peu près de
149 $\frac{4}{19}$ livres. Ainsi la puissance M, au lieu d'agir avec
une force simplement de 100 livres, sera obligée de
tirer avec une force plus grande d'environ une moitié,
à cause de l'obstacle que cause le frottement des quatre poulies.

Ces cinq nombres 100, 110 $\frac{10}{19}$, 122, 135 & 149
sont en progression géométrique, & il faudroit passer
à un plus grand nombre de termes si le palan conte-
noit un plus grand nombre de poulies. Mais il est
toujours facile de trouver immédiatement le dernier
terme d'une progression géométrique dont on connoît
les deux premiers. Il suffit, pour avoir les deux premiers,
de savoir quelle partie de la charge est le frottement,
& de combien son effet est diminué par la grandeur
des poulies comparées à la grosseur des chevilles ou
essieux. Ce nombre de fois étant connu, il faut le diminuer d'une unité pour savoir dans quel rapport il
faut augmenter la charge de la branche 1 pour avoir
celle de la branche 2. Ces deux termes étant trouvés,
il n'y aura plus qu'à chercher la différence de leurs
logarithmes, & la répéter autant de fois qu'il y a de
passages de la corde sur les poulies. On ajoutera cette
différence totale au premier logarithme, & on aura
celui du dernier terme ou de la force que doit employer la puissance M.

CHAPITRE IX.

De la difficulté que font les cordages à fe plier , & de l'effet que produit cette réfiftance dans les machines.

LES cordages dont plufieurs machines font com-
pofées introduifent encore un autre genre de réfiftance
qui oblige d'augmenter confidérablement l'action de la
puiffance. Lorfqu'un cordage paffe fur une poulie, il
ne fe plie qu'avec peine, il a une efpece de roideur
qu'il faut vaincre ; & on y réuffit plus difficilement,
1°. fi les cordages font plus gros ; 2°. fi ces cordages
font chargés d'un grand poids ; & 3°. fi les poulies ou
tambours fur lefquels il eft néceffaire qu'ils fe plient,
font d'un petit diametre.

Pour connoître jufqu'où va cette roideur des cor-
dages, il n'y a qu'à rendre un tambour *A B* (*fig.* 35.) Figure 35.
extrêmement mobile fur fon effieu *C*. On paffera une
corde fur ce tambour, & on la chargera par les deux
extrêmités de deux poids égaux *P* & *Q*. Si les deux
poids étoient fufpendus par une fangle ou par un ruban,
il fuffiroit d'augmenter très-peu un des poids pour troubler l'équilibre. Le frottement fur l'effieu feroit égal
à la cinquieme ou la fixieme partie de la fomme des
deux poids ; & comme ce frottement s'exerceroit à
peu de diftance du centre, on le furmonteroit en faifant un affez petit effort à la circonférence du tambour, ou en ajoutant très-peu de chofe à un des poids
P & *Q*.

Lorfque les poids font attachés aux bouts d'une
corde d'une certaine groffeur, il faut au contraire une

I ij

Figure 35.

addition très-confidérable pour déranger l'équilibre. Suppofé que le tambour *A B* n'ait que trois pouces de diametre, & que la corde qui foutient les poids *P* & *Q* chacun de 60 livres, ait 6 lignes de diametre ou environ 19 lignes de circonférence, on fera peut-être obligé d'augmenter un des poids de plus de 15 livres. Il eft vrai que cet excès de force fera auffi employé à vaincre le frottement, mais une grande partie s'exercera contre la roideur de la corde.

On a fait diverfes expériences fur cette matiere depuis que M. Amontons a montré qu'elle méritoit beaucoup d'attention. Quelques-unes de ces expériences ne font pas décifives, mais toutes s'accordent à établir que les réfiftances que les cordages font à fe plier font proportionnelles à leur diametre, & outre cela aux poids dont ils font chargés. On n'eft pas également d'accord fur la plus grande réfiftance qu'ils font, lorfqu'ils paffent fur des rouleaux ou tambours plus petits; mais en attendant que nous foyons mieux inftruits, on peut fuppofer que cette réfiftance eft en raifon inverfe des diametres des rouleaux ou poulies; ou qu'elle eft précifément plus grande en même raifon que les poulies ont moins de diametre.

Premier moyen d'éprouver la roideur d'un cordage.

On peut, pour déterminer par l'expérience la roideur d'un cordage, fuivre le procédé que nous venons d'indiquer. Sufpendre fur un tambour deux poids égaux par le moyen d'un ruban, les fufpendre enfuite par le moyen d'une corde, & voir dans les deux cas combien il faut ajouter à un des poids pour faire tourner le tambour. Si les deux poids *P* & *Q* font attachés aux deux extrêmités d'un ruban très-flexible, il fuffira de furmonter le frottement que fouffre l'effieu *C* fur fes couffins, pour faire tourner le tambour. Ainfi il n'y aura qu'à ajouter d'un côté des poids fucceffivement plus grands, & remarquer celui qui commence à donner du mouvement au tambour. Ce poids ajouté fera la mefure du frottement ou de fon effet. Si on fubftitue après cela une corde au ruban, on aura à vaincre non-feulement le frottement, mais auffi la roideur de la corde. Suppofons pour exemple qu'on ait fimplement ajouté 7 livres d'un côté pour troubler l'équilibre dans le premier cas, & qu'on ait été obligé de mettre 8 livres encore de plus dans le fecond cas ; ce fera une marque que la réfiftance caufée par la corde qui ne fe plie pas aifément, eft égale à un poids de 8 liv.

Figure 35.

Second moyen d'éprouver la roideur des cordages.

On peut encore, fi l'on veut, fufpendre fucceffivement les mêmes poids à deux cordes de différentes groffeurs, & examiner combien la réfiftance eft plus grande dans une expérience que dans l'autre. Les grands poids P & Q étant les mêmes, le frottement fera auffi le même ; mais la roideur du cordage fera différente, elle fera proportionnelle aux diametres des cordes. Ainfi il s'agira de démêler dans les réfultats deux parties différentes, l'une conftante pour le frottement dans les deux expériences, l'autre variable felon un rapport connu.

Pour faire ce partage d'une maniere facile, il n'y a fur une ligne droite TN (*fig.* 36.) qu'à faire les deux intervalles TS & TN proportionnels aux diametres des cordes dont on s'eft fervi dans les deux expériences. Si le diametre d'une des cordes eft double ou triple de l'autre, on fera TN double ou triple de TS. On élevera enfuite deux perpendiculaires SR & NM, & on leur donnera des longueurs qui expriment les

Figure 36.

poids qu'il a fallu ajouter dans les deux expériences pour altérer l'équilibre ou pour faire tourner le tambour. Tirant ensuite la droite MR par les extrêmités M & R, & la conduisant jusqu'à ce qu'elle rencontre la perpendiculaire TV à TN, il n'y aura qu'à tirer du point de rencontre V la parallele VY à TN, & elle retranchera sur les droites SR & NM, les parties SX & NY qui exprimeront le frottement égal dans les deux épreuves, pendant que les deux autres parties XR & YM marqueront la force qu'il a fallu employer pour surmonter la roideur des cordes.

La figure 36 nous indique aussi la maniere de trouver la même chose par le calcul. La différence SN ou RZ des deux diametres des cordes est à la différence ZM des deux poids qu'il a fallu ajouter dans chaque expérience, comme l'un ou l'autre diametre est à la résistance XR ou YM produite par la roideur de chaque corde. Si le tambour étant chargé de deux poids de 60 livres, il a fallu ajouter 15 livres de plus d'un côté pour altérer l'équilibre lorsque la corde qui soutenoit les deux poids avoit 6 lignes de diametre, & s'il n'a fallu ajouter qu'un poids de 11 livres lorsque la corde qui soutenoit les poids de 60 livres, n'avoit que 3 lignes de diametre, on trouvera que la roideur de la corde causoit 8 livres de résistance dans la premiere expérience, & seulement 4 dans la seconde. Otant ensuite ces quantités MY & RX, de MN & de RS qui représentent 15 livres & 11 livres, il viendra 7 livres pour le frottement exprimé par NY & SX; & c'est à peu près ce qu'on trouve effectivement, lorsqu'on se sert d'un rouleau de 3 pouces de diametre & de cordes de la grosseur indiquée.

Si on vouloit séparer avec plus d'exactitude la roideur des cordes & le frottement, on y réussiroit par le calcul suivant, que plusieurs lecteurs peuvent passer. Nommant P la somme des deux grands poids égaux

Figure 35.

qui ont été d'abord attachés aux deux extrêmités des cordes dans les deux expériences, nous nommerons A l'augmentation qu'il faut faire à un des poids pour troubler l'équilibre lorsque la corde a la circonférence C, & a l'augmentation qu'il faut faire & qui est moindre lorsque la corde n'a que la circonférence c. Nous désignerons de plus par F l'effet du frottement, & par R celui de la roideur de la corde dans la premiere épreuve, & par f & r ces deux résistances dans la seconde expérience. Ces quantités F & R font inconnues, de même que f & r : nous connoissons leur somme A & a ; mais il s'agit de séparer dans la somme A, les valeurs de F & de R ; & de faire la même chose à l'égard de a qui est la somme de f & de r.

Les deux frottements F & f font dans les deux épreuves dans le même rapport que les charges totales $P + A$ & $P + a$. Ainsi nous aurons $f = \dfrac{F \times \overline{P + a}}{P + A}$. D'un autre côté les roideurs des cordes ou les difficultés qu'elles font à se plier, font comme les charges totales & comme les circonférences des cordes. Nous avons donc $C \times \overline{P + A} : c \times \overline{P + a} :: R : r$, & si nous faisons attention que les frottements & les roideurs des cordes ont causé l'augmentation qu'il a fallu faire à l'un des poids pour troubler l'équilibre, & que nous avons $F + R = A$ & $f + r = a$ dont nous tirons $R = A - F$ & $r = a - f$, nous aurons, au lieu de la proportion précédente, cette autre analogie, $C \times \overline{P + A} : c \times \overline{P + a} :: A - F : a - f$. Ce qui nous donne $a C \times \overline{P + A} - f C \times \overline{P + A} = A c \times \overline{P + a} - c F \times \overline{P + a}$, dont nous déduisons $f = \dfrac{a C \times \overline{P + A} + \overline{c F - A c} \times \overline{P + a}}{C \times \overline{P + A}}$. Combinant ensuite cette valeur de f avec celle $f = \dfrac{F \times \overline{P + a}}{P + A}$, trouvée plus haut, nous aurons $\dfrac{F \times \overline{P + a}}{P + A} =$

$$\frac{aC \times \overline{P+A} + \overline{cF.- Ac} \times \overline{P+a}}{c \times \overline{P+A}}$$, dont nous tirons $F =$

$$\frac{aC \times \overline{P+A} - Ac \times \overline{P+a}}{C-c \times \overline{P+a}}$$, qui nous marque le frottement

F en grandeurs parfaitement connues ; & si nous l'ôtons

de A, il nous viendra $R = \dfrac{A \times C \times \overline{P+a} - a \times C \times \overline{P+A}}{C-c \times \overline{P+a}}$

qui nous donne également en termes connus la résistance produite par la roideur du gros cordage.

Si nous appliquons ces deux formules à l'exemple que nous avons pris, nous aurons 120 livres pour P, 15 livres & 11 pour A & a; les nombres 6 & 3 pour C & c; puisqu'on peut mettre les diametres ou les circonférences les uns pour les autres. Introduisant enfin ces quantités dans ces deux formules, nous trouverons que les 15 livres qu'il a fallu ajouter à un des poids pour faire tourner le tambour lorsque la corde étoit de 6 lignes de diametre, étoient formées par le frottement qui étoit de $7\frac{88}{131}$ livres & par la roideur de la corde qui résistoit à $7\frac{53}{131}$ livres ; au lieu que nous avions trouvé précédemment 7 livres & 8 livres pour ces deux quantités.

Evaluation de l'effet d'un Palan lorsque le frottement & la roideur des cordages sont considérables.

Il suit de tout ce que nous venons de dire que le calcul expliqué dans le Chapitre précédent n'est pas d'une exactitude suffisante lorsqu'il entre des cordages dans la construction d'une machine. Tâchons donc de rectifier le calcul fait au sujet du palan de la figure 7, qui sert à élever le poids P de 400 livres. Il nous faut connoître la grandeur absolue des poulies & la grosseur du funin qui va des unes aux autres. Nous supposerons
les

les poulies de 4 pouces de diametre, & que le diametre du cordage eft de 4 lignes. Ces dimenfions étant
différentes de celles que nous venons d'employer, la
roideur de la corde fera différente, parce que 1°. fon
diametre n'eft pas le même, parce que 2°. le diametre
de la poulie ou du tambour eft différent, & parce que
3°. la charge totale n'eft pas la même. Ainfi il y a
trois divers changements à faire aux 8 livres que nous
trouvions pour la roideur d'une corde de 6 lignes de
diametre, lorfqu'elle étoit chargée de 120 livres &
qu'elle paffoit fur un rouleau de trois pouces de diametre.

Au lieu de faire ces trois changements l'un après
l'autre, nous les ferons à la fois par une feule analogie.
Lorfque la roideur étoit de 8 livres, la charge étoit de
120 livres & la corde étoit de 6 lignes de diametre. Je
multiplie ces deux derniers nombres l'un par l'autre,
parce qu'ils rendent la roideur plus grande lorfqu'ils
font eux-mêmes plus grands ; & je divife leur produit
720 par la troifieme quantité 3, le diametre de la poulie, qui étant plus petit, rend toujours la roideur de
la corde plus grande. Il me vient 240 au quotient, &
c'eft le premier terme de l'analogie. Je mets pour fecond terme les 8 livres de roideur des mêmes épreuves, & pour avoir le troifieme terme, je multiplie les
4 lignes de diametre qu'a la corde du palan de la figure 7 par les $210\frac{10}{19}$ livres qui forment la charge des
deux branches 1 & 2 jointes enfemble, & je divife le
produit par le diametre 4 pouces des poulies. Il me
vient au quotient $210\frac{10}{19}$ qui eft donc le troifieme
terme de l'analogie, & fi on l'acheve, on trouve à peu
près 7 livres pour l'effet de la roideur du funin.

Nous avons vu dans le Chapitre précédent en examinant le même exemple, que la branche 2 devoit
être tirée de bas en haut avec une force de $110\frac{10}{19}$ liv.
à caufe du frottement. Il faudroit donc ajouter 7 liv.

K

aux $110\frac{10}{19}$, si la poulie sous laquelle passe cette partie de la corde étoit soutenue par son centre. Mais lorsqu'on agit sur la branche 2 pour vaincre sa roideur & celle de la branche 1, le point d'appui est au bas de la branche 1 ; d'où il suit qu'on a pour levier, en agissant contre la roideur du funin, non pas le rayon de la poulie, mais tout son diametre ; il faut donc prendre la moitié de 7 livres pour l'ajouter à $110\frac{10}{19}$ livres, & il nous viendra environ 114 livres pour la force avec laquelle il faut tirer en haut la branche 2, pour vaincre le frottement & la roideur de la corde joints ensemble.

Il nous paroît que la réduction que nous faisons aux 7 livres est fondée en raison. Cependant nous souhaiterions pouvoir faire quelques nouvelles expériences sur ce sujet. Peut-être faut-il distinguer entre les roideurs des deux parties de la corde ; & que c'est faute de n'avoir pas fait cette distinction, qu'on ne s'est pas accordé jusqu'à présent sur le rapport selon lequel la roideur de la corde produit des effets différents, lorsqu'on se sert de poulies ou de tambours de différents diametres.

La branche 1 du palan de la figure 7 est tendue avec une force de 100 livres, & la branche 2 est tendue avec une force d'environ 114 livres pour surmonter tant la résistance produite par le frottement que celle que cause la roideur du cordage. Il faudroit même que la branche 2 fût tirée avec une force de $118\frac{1}{2}$ livres si nous ne diminuions pas de moitié l'effet produit par la roideur. Il ne faut pas faire une semblable diminution pour le passage de la branche 2 à la branche 3, ni pour celui de la branche 4 à la branche 5, puisque les deux poulies supérieures sont soutenues par leur centre. Mais la réduction paroît nécessaire pour le passage de la branche 3 à la branche 4 ; le frottement & la roideur doivent y produire proportionnellement autant d'effet que dans le passage de la branche 1 à la bran-

che 2. Nous avons donc à trouver le cinquieme terme   Figure 7.
d'une progreſſion géométrique particuliere dont tous
les termes n'augmentent pas dans le même rapport.
Le premier étant 100 & le ſecond 114, le troiſieme
doit être plus grand que le ſecond dans le rapport de
100 à 118 ½, & ces deux différents rapports ſont obſervés alternativement.

Chacun de ces rapports, celui de 100 à 114, &
celui de 100 à 118 ½, eſt répété deux fois. Ainſi pour
trouver le cinquieme terme immédiatement par les
logarithmes, il faut doubler les différences des logarithmes de 100 à 114, & de 100 à 118 ½. Ces différences étant ajoutées enſemble & multipliées par 2,
parce que chaque rapport eſt répété deux fois, nous
aurons 0.2612462 qu'on doit ajouter au logarithme
du premier terme 100; & il nous viendra 2.2612462
pour le logarithme du cinquieme terme 182. Il faut
donc, eu égard à tout, que la puiſſance M faſſe un
effort de 182 livres pour élever le poids P qui eſt de
400 livres. On voit combien le frottement & la roideur
des cordes ſont conſidérables : en les négligeant, on
trouvoit qu'il ne falloit en M qu'une force de 100 livres, au lieu qu'il faut en employer une preſque double. Qu'on juge donc s'il n'eſt pas à propos de bien
examiner le projet d'une machine avant que de s'en
promettre le ſuccès & de la mettre en exécution !

Une remarque d'un autre genre qui ſe préſente encore ici très-naturellement, c'eſt qu'il ne faut pas employer des cordes trop groſſes, elles ont trop de roideur, & il vaut mieux, par une infinité de différents
motifs, ſe conformer aux préceptes de M. Duhamel
qui réuſſit à les rendre beaucoup plus ſouples, en même temps qu'il leur donne beaucoup plus de force. Il
faut auſſi faciliter la mobilité des poulies, & on doit
augmenter leur diametre, autant qu'on le peut, ſans
rendre leur peſanteur nuiſible.

K ij

SECONDE SECTION.

De l'action des corps solides, & de leur équilibre lorsqu'ils sont en mouvement.

CHAPITRE PREMIER.

De l'inertie des corps, de leur mouvement, de leur pesanteur, &c.

IL n'y a aucun de nos lecteurs qui n'ait éprouvé plusieurs fois que tous les corps ne prennent du mouvement & ne le perdent qu'avec difficulté. Plus un corps est pesant ou massif, plus il faut faire d'effort en le poussant pour le mouvoir. S'il s'agit de mouvoir une masse deux ou trois fois plus grande, il faut employer aussi deux ou trois fois plus de force. Les corps se refusent au mouvement en même temps qu'ils le prennent : ils ont de *l'inertie*, ou, ce qui revient au même, ils résistent comme s'ils étoient capables de quelque paresse. Mais cette même difficulté se fait ressentir également lorsqu'on veut faire perdre du mouvement à un corps qui se meut; & plus il a de masse ou plus il est pesant, plus on éprouve aussi de difficulté lorsqu'on travaille à détruire son mouvement ou à lui en faire perdre une certaine partie. Ainsi ce qu'on nomme *inertie* en Méchanique ou en Physique, se fait ressentir toutes les fois qu'il s'agit de changer l'état de quelque corps. Il paroît que chaque partie de matiere a une certaine force pour persister dans son mouvement ou dans son repos, & qu’elle n’en change qu’avec une difficulté que l’agent ou la cause qui produit le changement est obligé de surmonter.

Lorsqu’un boulet est sur la fin de son mouvement & qu’il ne va qu’avec la vîtesse d’une boule ordinaire, il est néanmoins encore capable d’assez grands efforts ; & si on vouloit l’arrêter, il faudroit employer beaucoup plus de force que pour arrêter la boule. On a dans cette différence une forte preuve que la quantité de matiere mue tient lieu d’une plus grande vîtesse. Le boulet pese six à sept fois plus que la boule, il contient six à sept fois plus de matiere pesante ; c’est pourquoi il résiste six à sept fois davantage à la perte de son mouvement. Il peut encore alors renverser ou rompre les obstacles qu’il rencontre, parce que s’il a peu de vîtesse, il a d’un autre côté beaucoup de masse, il pese beaucoup plus que la boule de bois. On trouveroit aussi six à sept fois plus de difficulté à lui donner la même vîtesse qu’à la boule s’ils étoient l’un & l’autre en repos. Ainsi nul corps ne change d’état sans résister ; & cette résistance dépend de la grandeur du changement qu’on produit. Plus on change la vîtesse en l’augmentant ou en la diminuant, plus on éprouve de difficulté ; & c’est la même chose lorsque la masse sur laquelle on agit est plus grande. Cette difficulté est toujours comme le produit de la masse qu’on meut par la vîtesse qu’on lui communique ; elle est proportionnelle au mouvement qu’on imprime ou qu’on anéantit.

Il arrive souvent qu’on confond dans le discours ordinaire la vîtesse avec le mouvement, quoiqu’ils soient très-différents & que l’un soit comme le résultat de l’autre. La vîtesse n’est autre chose que la longueur du chemin parcouru dans un temps déterminé, sans qu’on ait égard à la masse mue. Un Navire, par exemple, fait trois lieues de chemin dans une heure, pendant qu'une Galere n'en fait qu'une ; alors le Navire a trois fois plus de vîteſſe que la Galere ; il ne s'agit point dans ce rapport de la charge de l'un ou de l'autre ou de la maſſe tranſportée. Mais les Méchaniciens entendent par *mouvement*, le produit de la maſſe par la vîteſſe, c'eſt-à-dire, qu'ils ont non-ſeulement égard à la grandeur de la vîteſſe, mais auſſi à la quantité de la matiere tranſportée ; & ils multiplient l'une par l'autre. Si le Navire qui fait 3 lieues par heure, peſe en tout quatre cents tonneaux, au lieu que la Galere qui ne fait qu'une lieue par heure ne peſe que cent tonneaux, le Navire aura douze fois plus de mouvement que la Galere ; parce qu'outre qu'il a trois fois plus de vîteſſe, il y a quatre fois plus de matiere qui participe à la même vîteſſe.

Si nous changeons la ſuppoſition ; ſi le Navire qui peſe 400 tonneaux ne fait qu'une demi-lieue par heure, & que la Galere qui peſe cent tonneaux faſſe deux lieues, ils auront enſuite autant de mouvement l'un que l'autre. Le Navire eſt, il eſt vrai, quatre fois plus peſant ou contient quatre fois plus de matiere que la Galere ; mais d'un autre côté il va quatre fois moins vîte, puiſqu'il ne fait qu'une demi-lieue pendant que la Galere fait deux lieues. Alors il y auroit donc égalité de mouvement : la plus grande maſſe ſuppléroit à ce qui manqueroit du côté de la vîteſſe ; de même que la plus grande vîteſſe tient lieu d'une plus grande maſſe. Le produit de l'une par l'autre ſeroit le même dans les deux corps ; & s'ils alloient directement à la rencontre l'un de l'autre, ils s'arrêteroient réciproquement ; parce qu'ils auroient une égale force ou une égale quantité de mouvement qui eſt, comme nous venons de le dire, le produit de la vîteſſe par la maſſe tranſportée.

Il faut bien remarquer que la difficulté que font les corps à recevoir du mouvement ou à le perdre, ne vient pas immédiatement de leur pesanteur. Lorsque nous sommes dans un bateau armé d'un grand nombre de rameurs, notre pesanteur est comme détruite, elle ne nous donne pas plus de tendance vers un certain côté que vers l'autre. La surface d'une eau tranquille est parfaitement horisontale, & differe essentiellement d'un plan incliné. Cependant nous sentons à chaque coup de rames qui fait augmenter la vîtesse de notre marche, que nous ne prenons ce même mouvement qu'avec peine, & que nous tendons à rester de l'arriere. Ce n'est pas là l'effet de notre pesanteur, puisque cette force, nous le disons de rechef, agit selon une ligne exactement à plomb, & qu'en la décomposant, on trouveroit que la partie qui s'exerce selon l'horison, est absolument nulle. Nous prenons enfin un grand mouvement, mais lorsque nous l'avons une fois reçu, nous ne le perdons aussi ensuite qu'avec difficulté. Si le bateau ou la chaloupe s'arrête tout-à-coup, nous sentons notre propre mouvement qui nous jette vers l'avant, & avec une très-grande force si la vîtesse du bateau est très-grande. Qu'on juge après cela de la force du mouvement qu'a un Navire qui single à pleines voiles. Il a fallu que l'effort du vent se répétât une infinité de fois pour le produire ; mais lorsqu'il a été une fois donné, les plus forts cables ne seroient pas capables de l'arrêter, & la force du mouvement est si grande, que le Navire se mettroit en pieces, si par malheur il rencontroit directement quelque écueil.

Les Marins connoissent le mouvement sous le nom d'*erre* ; ils disent qu'un Navire a plus d'*erre* lorsqu'il va plus vîte, & qu'un grand Navire a plus d'*erre* qu'un petit, lorsque les autres circonstances sont les mêmes. Ainsi le mot d'*erre* dans la Marine a précisément la même signification que celui de *mouvement* dans la Méchanique ou dans la Physique. Mais les Marins ne se servent guere du mot d'*erre* que lorsque le Navire va très-vîte, & cependant un Navire a encore de l'*erre*, quoique très-petite, dans les moindres vîteffes.

Lorfque deux Vaiffeaux font à côté l'un de l'autre, & que d'un mouvement prefque infenfible, ils s'approchent réciproquement, il faut encore une très-grande force pour les éloigner. Cette difficulté ne naît d'aucun frottement, ni de ce que l'eau ne fe divife pas avec affez de promptitude ; car on fait, par une infinité d'expériences, que les fluides qui réfiftent beaucoup aux grandes vîteffes, cedent avec la plus extrême facilité lorfqu'on ne travaille à les divifer qu'avec lenteur. On peut évaluer cette réfiftance ; nous en expliquerons la méthode dans la fuite : cette réfiftance ne va pas à 9 ou 10 livres lorfqu'il s'agit de faire parcourir dans une feconde de temps un tiers de ligne ou une demie ligne aux plus grands Vaiffeaux felon une ligne perpendiculaire à leur longueur. Ainfi la grande réfiftance qu'on éprouve vient d'une autre caufe ; c'eft qu'une maffe énorme comme le Vaiffeau, ne reçoit du mouvement qu'avec difficulté, & que lorfqu'on emploie une très-grande force.

Si on veut encore mieux voir la diftinction qu'il faut mettre entre la pefanteur & la force de *l'inertie*, on n'a qu'à confidérer ce qui arrive à une groffe cloche lorfqu'elle eft en mouvement. Si on fait effort pour l'arrêter dans le temps même qu'elle monte, on en eft fouvent entraîné. Qu'on attende pour la pouffer vers le bas, le temps pendant lequel elle décrit le demiarc par lequel elle defcend, on trouve encore de la difficulté & on ne produit guere plus d'effet, quoiqu'on faffe de grands efforts. Or ce n'eft pas certainement la pefanteur qui produit alors la grande réfiftance qu'on éprouve, puifqu'on a au contraire pour foi cette pefanteur ; on en eft aidé. Ainfi la force du mouvement, ou la réfiftance que fait un corps à recevoir du mouvement ou à le perdre, doit néceffairement être attribuée à une autre caufe.

Il

Il est bien vrai que l'inertie & la pesanteur ont des rapports. Le mouvement, lorsque les autres circonstances sont les mêmes, est proportionnel à la quantité de matiere mue, & la pesanteur est aussi proportionnelle à la masse du corps ou à la quantité de matiere qu'il contient. Deux pieds cubiques de plomb pesent deux fois plus qu'un pied cubique, & ils auront aussi deux fois plus de mouvement s'ils se meuvent avec la même vîtesse. Mais l'inertie n'est pas la même chose que la pesanteur, puisque nous avons plusieurs moyens de suspendre l'effet de cette seconde force, & que nous pouvons souvent nous la rendre favorable; au lieu que nous avons toujours la premiere à vaincre, lorsque nous voulons changer l'état d'un corps, lui donner du mouvement ou lui en ôter. Nous ne parlons ici du mouvement & de l'inertie qu'en les considérant absolument & pour ainsi dire par leur côté physique. Nous devons éviter toute discussion métaphysique, & nous pouvons renvoyer à nos *Entretiens sur l'inclinaison des orbites des planètes*, dans lesquels nous avons eu occasion de nous expliquer davantage. Voyez la seconde édition.

Nous terminerons ce Chapitre, en ajoutant une derniere remarque à ce que nous disions touchant la quantité du mouvement qui est le produit de la masse par la vîtesse. Si deux corps ont une égale quantité de mouvement, ils ont une égale force, il y a équilibre ou égalité entre leurs actions lorsqu'ils se rencontrent directement, & on peut donc substituer l'une à l'autre. C'est ce qui s'accorde parfaitement avec tout ce que nous avons vu dans la premiere Section, où nous nous sommes convaincus que si on réussit par diverses machines à mouvoir de plus grands fardeaux, on leur donne toujours en même temps moins de vîtesse dans le même rapport. En effet, toutes ces choses extraordinaires qui paroissent quelquefois si étonnantes, &

L

qu'on regarde comme des efpeces de prodiges produits par les Méchaniques, ne confiftent toujours qu'à échanger un mouvement en un autre qui lui eft équivalent, mais qui eft le produit de maffes & de vîteffes différentes.

Si, en employant une certaine quantité de force, on veut remuer ou tranfporter un corps 10 ou 20 fois plus pefant, on le pourra, comme nous l'avons vu, par la difpofition des poulies, des leviers ou des plans inclinés ; mais on donnera à ce corps dix ou vingt fois moins de vîteffe. Ainfi on ne fera que mettre une diftribution différente entre la maffe & la vîteffe ; & c'eft en cela que confifte tout l'art des forces mouvantes. La quantité de mouvement fera conftamment la même, & répondra toujours également à la force employée par l'agent. On agira contre une plus grande maffe ; mais on lui imprimera auffi moins de vîteffe, ou on produira l'effet plus lentement ; ce qu'on gagnera d'un côté, on le perdra de l'autre. Nous traiterons plus particuliérement de la communication des mouvements dans la fuite. Nous allons d'abord examiner felon quelle loi les graves ou les corps pefants accélérent leur vîteffe dans leur chûte.

CHAPITRE II.

De la chûte des corps pefants & de l'accélération de leur vîteffe.

LES vîteffes que la pefanteur communique aux graves peuvent fervir de mefure à toutes celles que prennent les corps : & on peut rapporter les unes aux autres, puifque la chûte des corps nous fournit des vîteffes qui font différentes felon tous les degrés imaginables. Il

n'eſt donc pas inutile de jetter les yeux ſur quelques-
unes des particularités de la chûte des corps. Ce phéno-
mene eſt peut-être le plus général de toute la Nature.

Lorſqu'un corps tombe librement dans l'air, il prend
une vîteſſe qui reçoit continuellement une nouvelle
augmentation ; & ce qui montre que la rapidité de ſa
chûte ne le ſouſtrait pas à l'action de ſa peſanteur,
c'eſt que ſa vîteſſe augmente toujours par des degrés
égaux en croiſſant en progreſſion arithmétique ſelon
l'ordre des nombres naturels. Si la gravité étoit cauſée
par quelque fluide inviſible qui eût peu de vîteſſe, &
qui en frappant les corps peſants en deſſus, les préci-
pitât vers la terre, il y auroit une certaine vîteſſe qui
les mettroit à couvert de toute nouvelle impreſſion :
les graves deſcendroient enſuite ſans augmenter davantage leur mouvement, & en conſervant ſimplement
celui qu'ils auroient déja acquis. Mais quelque vîteſſe
que prennent les corps qui tombent, on les a toujours
vus l'augmenter, lorſqu'on a pu démêler la réſiſtance
que les obſtacles étrangers y mettoient. Ainſi la cauſe
de la peſanteur agit avec une vîteſſe comme infinie ;
puiſque la vîteſſe du corps qui tombe eſt toujours comme nulle par rapport à l'autre, & qu'elle n'apporte
jamais aucune diminution à ſon effet. Le grave a déja
reçu mille degrés de vîteſſe, il en recevra encore dans
tous les inſtants ſuivants, d'autres parfaitement égaux
aux premiers.

Pour mieux ſe repréſenter les augmentations que
reçoivent toutes les vîteſſes d'un grave dans ſa chûte,
on n'a qu'à imaginer une infinité de paralleles infiniment voiſines & également éloignées les unes des
autres dans un triangle rectangle *GAH* (*fig.* 37.) Ces lignes exprimeront la ſuite des vîteſſes pendant que les pe-   Figure 37.
tites parties de *AG* repréſenteront la durée des inſtants.
Les vîteſſes ſeront très-petites vers *A*, parce que le
grave en tombant n'a encore que peu *accéléré* ou aug-

menté fon mouvement ; mais après un certain nombre d'inſtants, qui fera exprimé par *A B*, il aura la vîteſſe *B C*. Beaucoup plus bas, il aura la vîteſſe *l m*, & l'inſtant d'après il aura la vîteſſe *L M* qui eſt plus grande que la précédente de la petite augmentation *O M* qui eſt le nouvel effet de la peſanteur. Toutes ces vîteſſes, qui croiſſent en progreſſion arithmétique, ſont dans la réalité au bout les unes des autres lorſque le grave tombe ; mais au lieu de les arranger ici ſelon cet ordre, nous les mettons les unes à côté des autres, pour avoir plus aiſément leur ſomme ou la chûte totale du grave. Ainſi la ſurface du triangle partial *B A C* ou *I A K*, &c. exprime l'eſpace que parcourt un corps en tombant avec liberté ; & les parties correſpondantes *A B*, *A I* de la droite *A G*, à commencer au point *A*, nous repréſentent les temps écoulés depuis le commencement de la chûte.

Il ſuit de ce que nous venons de dire, que les vîteſſes du grave qui tombe ſont en chaque point de ſa deſcente, comme les temps qu'il a déja mis à tomber. Si *A G* eſt deux ou trois fois plus grande que *A B*, ſi *A G* repréſente 20 ou 30 ſecondes de temps, au lieu que *A B* n'en repréſente que 10, la vîteſſe *G H* ſera exactement double ou triple de la vîteſſe *B C*. Plus il y a de temps que le corps tombe, plus la peſanteur a travaillé efficacement à augmenter ſa vîteſſe. Mais chacune de ces vîteſſes n'appartient qu'à un ſeul inſtant, puiſque le grave en change continuellement en tombant de plus vîte en plus vîte ; & il eſt évident que ſi on veut avoir la grandeur des chûtes, il faut prendre la ſomme de toutes les vîteſſes particulieres, laquelle eſt repréſentée par la ſurface des triangles.

Ainſi dans un temps *A G* double ou triple d'un autre temps repréſenté par *A B*, le grave doit tomber quatre fois ou neuf fois davantage. Car la plus grande de ces chûtes ſera exprimée par la ſurface du trian-

gle *G A H*, & l'autre par la furface du triangle *B A C*; Figure 37.
& comme les deux triangles font femblables , leurs
furfaces ne doivent pas être fimplement comme *A G*
& *A B* , mais comme chacun de ces côtés multiplié
par lui-même , c'eft-à-dire , comme leurs quarrés ou
comme les quarrés des temps.

Nous pouvons expliquer la même chofe d'une autre
maniere qui paroîtra peut-être encore plus fenfible.
La vîteffe moyenne d'un grave ne doit être prife ni
au commencement de fa chûte ni à la fin ; mais exactement au milieu du temps qu'il a employé à defcendre. Ce grave a mis tout le temps *A B* à tomber ; ce
fera *E F* fa vîteffe moyenne, celle qui tiendra le milieu
entre les plus petites qui étoient en deffus & les plus
grandes qui font en deffous. Mais fi le corps , au lieu
de ne tomber que pendant le temps *A B* , tombe pendant un temps *A G* trois fois plus long , fa vîteffe
moyenne *I K* fera auffi trois fois plus grande ; & comme le corps aura employé outre cela trois fois plus
de temps à tomber , il aura donc parcouru en tout un
efpace neuf fois plus grand. Si la chûte fe fait pendant
un temps dix fois plus long , le corps tombera par la
même raifon cent fois davantage ; car outre qu'il fe
fera mû en tombant pendant dix fois plus de temps,
fa vîteffe moyenne fera dix fois plus grande. Or le
produit de 10 par 10 donne 100 pour l'efpace parcouru.

On fait , par plufieurs expériences faites avec foin ,
qu'un grave defcend de 15 pieds 1 pouce dans la premiere feconde de fa chûte. Cela fuppofé , il eft très-
facile de déterminer de combien il doit defcendre dans
tout autre nombre de fecondes. On n'a qu'à multiplier
toujours 15 pieds 1 pouce par le quarré du nombre
des fecondes propofé , ou deux fois par ce même nombre. La petite Table que nous inférons à la fin de ce
Chapitre , a été calculée fur ce principe.

Nous n'y avons pas eu égard à la réfiftance de l'air,

Figure 37.

párce que les usages auxquels nous destinons cette Table n'exigent pas cette attention. Nous avons dû encore moins considérer que la pesanteur des graves n'est pas absolument la même par toute la terre , & qu'elle est un peu moindre vers l'équateur que dans les autres endroits du globe : c'est-à-dire que les mêmes graves , lorsqu'on les transporte vers l'équateur, y tombent avec un peu moins de vîtesse qu'en Europe. La pesanteur souffre encore une diminution très-réelle ; elle est un peu plus petite à une grande hauteur que proche de la terre ; je l'ai trouvée sur le sommet d'une montagne du Pérou haute de 2434 toises, moindre d'une 845ᵉ partie qu'en bas au bord de la mer. Mais une si petite différence doit être négligée ici.

Une considération à laquelle il est plus important que les lecteurs soient attentifs , c'est que tous les graves tombent dans le même endroit avec la même vîtesse. Une balle de mousquet tomberoit de 241 pieds en quatre secondes selon la petite Table , & un boulet de canon ou une bombe ne tomberoit que de la même hauteur dans le même temps ; parce que si la bombe est cinq à six mille fois plus pesante que la balle, sa pesanteur a aussi cinq à six mille fois plus de matiere à mouvoir. La pesanteur est proportionnelle à la masse, & l'inertie y est aussi proportionnelle ; ainsi la vîtesse doit être la même.

Nous avons joint à la même Table les vîtesses qu'a le grave à la fin de chaque chûte. Il ne parcourt 15 pieds 1 pouce dans la premiere seconde qu'avec une vîtesse moyenne qui est la moitié de celle qu'il a acquis à la fin de ce temps. Ainsi il parcourroit 30 pieds 2 pouces dans cet intervalle , s'il se mouvoit d'une vîtesse parfaitement uniforme, égale à celle qu'il a acquise à la fin de la premiere seconde. A la fin de la seconde seconde il a une vîtesse double ; une vîtesse triple à la fin de la troisieme seconde, & ainsi de suite. Ces vîtes-

fes font marquées dans la troifieme colonne & dans
la fixieme. On trouve, par exemple, vis-à-vis de 50
fecondes les nombres 37708 & 1508. Le premier
marque combien le grave parcourt de pieds de Roi en
tombant à plomb pendant 50 fecondes, & l'autre
nombre nous apprend que le grave a acquis à la fin
de ce temps une vîteffe à faire 1508 pieds dans une
feconde. Le premier nombre répond à la furface du
triangle ABC ou AIK, &c. & le fecond nous indique la longueur des lignes BC ou IK, &c.

Du mouvement des graves qu'on lance en haut.

LA figure 37. repréfente non-feulement toutes les
vîteffes fucceffives d'un grave qui tombe librement par
fa pefanteur, elle peut repréfenter auffi le mouvement
d'un corps qu'on jette verticalement en haut, pourvu
qu'on confidere les paralleles du triangle dans un ordre
renverfé. On lance, par exemple, un corps verticalement avec la vîteffe GH; cette vîteffe ira continuellement en diminuant pendant que le corps s'élevera.
La pefanteur en détruira des degrés toujours égaux à
OM dans chaque inftant. Ainfi les vîteffes feront les
mêmes pendant que le corps montera que lorfqu'il
defcendoit., mais elles feront dans un ordre contraire;
& enfin le grave ceffera de monter lorque fa vîteffe aura
été entiérement détruite degré à degré. Elle étoit d'a-
bord GH, & elle deviendra LM au bout d'un temps
exprimé par GL; elle fera lm dans l'inftant fuivant;
elle deviendra fucceffivement IK, BC, &c. & fera
détruite entiérement à la fin du temps GA, lorfque le
grave aura monté d'une quantité exprimée par la furface entiere du triangle GAH.

Il fuit de-là que les hauteurs auxquelles un corps s'é-
leve lorfqu'on le jette en haut font comme les quarrés

des vîteffes avec lefquelles on le lance, ou comme les vîteffes multipliées par elles-mêmes. Si on le jette avec une vîteffe dix fois plus grande, il faudra dix fois plus de temps à la pefanteur pour la réduire à rien : mais outre cela la premiere vîteffe étant dix fois plus grande, la vîteffe moyenne fe reffentira de cette grandeur, & une vîteffe moyenne dix fois plus grande étant multipliée par un temps dix fois plus long que le grave mettra à monter, ce grave montera néceffairement cent fois plus haut.

TABLE des chûtes des corps pefants.

Durées des chûtes.	Grandeurs des chûtes.		Vîteffes à la fin de chaque feconde.	Durées des chûtes.	Grandeurs des chûtes.	Vîteffes à la fin de chaque feconde.
Secondes	Pie.	Pou.	Pieds.	Secondes	Pieds.	Pieds.
0	0	0	0 0	31	14495	935
1	15	1	30	32	15445	965
2	60	4	60	33	16425	995
3	135	9	90	34	17436	1026
4	241	4	121	35	18435	1056
5	377		151			
6	543		181	36	19552	1086
7	739		211	37	20647	1116
8	965		241	38	21780	1146
9	1222		272	39	22941	1176
10	1508		302	40	24133	1207
11	1825		332	41	25355	1237
12	2172		362	42	26604	1267
13	2549		392	43	27889	1297
14	2956		422	44	29201	1327
15	3394		452	45	30544	1357
16	3861		483	46	31916	1388
17	4359		513	47	33319	1408
18	4888		543	48	34752	1448
19	5445		573	49	36215	1478
20	6033		603	50	37708	1508
21	6651		633	51	39232	1539
22	7300		664	52	40785	1569
23	7979		694	53	42369	1599
24	8688		724	54	43983	1629
25	9427		754	55	45625	1659
26	10196		784	56	47301	1689
27	10996		814	57	49006	1719
28	11825		845	58	50757	1749
29	12689		875	59	52505	1779
30	13575		905	60	54300	1810

CHAPITRE

CHAPITRE III.

De la chûte des corps le long des plans inclinés.

LORSQU'UN corps descend le long d'un plan incliné, sa pesanteur est soutenue en partie par le plan; & la force qui tend à le faire descendre est d'autant plus petite, comme nous l'avons vu dans le Chapitre II de la Section précédente, que le plan approche davantage d'être horisontal ou de niveau. Mais cette même force travaille continuellement à faire augmenter la vîtesse du grave, ou à le faire tomber de plus vîte en plus vîte; & comme elle agit de la même manière tout le long du plan, les vîtesses de la chûte doivent encore augmenter selon l'ordre des nombres naturels, comme dans la chûte verticale. On peut donc représenter ces vîtesses par des lignes paralleles *EF, BC,* &c. tirées au dedans du triangle de la figure 37, mais en les rendant plus courtes ou en rendant le triangle plus étroit. Les espaces parcourus, quoique plus petits, seront toujours proportionnels aux quarrés des temps ou aux produits des temps multipliés par eux-mêmes.

Figure 37.

Si le plan incliné *AC* (*fig.* 12.) a sa longueur *AC* triple ou quadruple de sa hauteur *AB*, la pesanteur absolue *GE* du corps *D* n'agira pour faire descendre ce corps qu'avec une pesanteur relative *GH* qui sera trois ou quatre fois plus petite que la pesanteur absolue. Ainsi les degrés ajoutés à la vîtesse du grave, supposé qu'il cesse d'être retenu par le contrepoids *M*, seront trois ou quatre fois plus petits que ceux que la pesanteur lui imprimeroit, s'il tomboit à plomb ou verticalement. Toutes ses vîtesses qui seront formées de ces

Figure 12.

M

petites additions, feront donc trois ou quatre fois moindres, de même que tous les efpaces qu'il parcourra; & il faudra, pour avoir ces efpaces, prendre le tiers ou le quart de ceux qui font indiqués dans la petite Table que nous avons donnée dans l'autre Chapitre. En général, il n'y aura qu'à faire cette analogie : La longueur du plan incliné eft à fa hauteur, comme les efpaces marqués dans la petite Table feront à ceux que le grave parcourra en defcendant dans le même temps le long du plan incliné.

C'eft la même chofe des fluides qui coulent librement le long d'un canal. L'inclinaifon de ce canal eft, par exemple, d'environ 2° 23′, ou fa longueur eft 24 fois plus grande que la quantité verticale dont il eft plus élevé par une extrêmité que par l'autre, la pefanteur relative avec laquelle les molécules d'eau tendront alors à defcendre, ne fera que la 24ᵉ partie de leur pefanteur abfolue. Ainfi il faudra prendre dans la petite Table de l'autre Chapitre les 24ᵉˢ parties des efpaces qui y font marqués. On veut favoir, par exemple, combien l'eau fera de chemin depuis le réfervoir pendant une minute ou 60 fecondes, on prendra la 24ᵉ partie de 54300 pieds, & on aura 2262 pieds ou 377 toifes. On prendra auffi la 24ᵉ partie de la vîteffe 1810, & il viendra un peu plus de 75 pieds pour la vîteffe à la fin de l'efpace de 377 toifes : l'eau parcourra en cet endroit 75 pieds en une feconde.

Les rivieres feroient fujettes à la même loi d'accélération, fi les coudes qu'elles forment & les inégalités de leur fond ne caufoient un frottement capable de ralentir extrêmement leur mouvement. Elles ne font même navigables prefque toutes qu'à caufe de ce frottement. Sans cela leur rapidité feroit extrême; toutes leurs eaux s'écouleroient trop vîte, & les plus gros fleuves fe transformeroient en torrents impétueux ou ne formeroient qu'un filet d'eau. Cependant il eft

toujours vrai à leur égard que plus ils coulent dans un
lit qui approche d'être horifontal, moins la pefanteur
leur communique de vîteffe. Quelquefois plufieurs
rivieres qui partent de la même montagne fe rendent
à la mer par des chemins très-différents. Lorfque ce
chemin eft beaucoup plus court , la pente eft plus
roide, & la rapidité de l'eau ne manque jamais d'être
plus grande.

Une propriété très-remarquable qu'a la chûte des
graves lorfqu'ils defcendent le long des plans diverfement inclinés, mais de plans parfaitement polis , c'eft
que les vîteffes font exactement les mêmes auffitôt
que le grave a defcendu de la même quantité verticale ou à plomb. Nous nous expliquerons mieux fur
la figure 38. Qu'un grave tombe librement le long   Figure 38.
de la ligne à plomb ou verticale *AB* , ou qu'il tombe
le long du plan incliné *AC* ou *AD* , lorfqu'il fera
parvenu en *C* ou en *D*, il aura exactement la même
vîteffe que s'il étoit parvenu en *B* le long de la verticale par fa pefanteur abfolue ; & il aura auffi en *G*
& en *H* précifément la même vîteffe qu'en *F*, fi les
points *G* & *H* répondent à la même hauteur que le
point *F*.

La caufe phyfique de cet effet n'eft pas difficile à
appercevoir. Il eft vrai que lorfque le grave tombe le
long de *A C*, fa pefanteur travaille moins à augmenter
fa vîteffe en chaque point *g*, qu'elle ne contribue au
même effet en chaque point correfpondant *f* lorfque
le grave tombe felon la ligne verticale. Mais fi la pefanteur relative eft plus petite en *g* qu'en *f*, d'un autre
côté le petit efpace *gG* qui eft le correfpondant de
fF eft plus long , le grave met plus de temps à le
parcourir, & la pefanteur plus foible agiffant plus long-
temps, il fe forme une exacte compenfation , puifque
la durée de l'action eft précifément plus grande dans
le même rapport que l'action eft plus petite dans cha-

M ij

Figure 38.

que inftant de même durée. Ainfi on voit que la vîteffe reçoit toujours les mêmes degrés d'augmentation
lorfque le grave s'approche de la terre de la même
quantité par fa chûte ; & comme on peut faire le
même raifonnement à l'égard de toutes les autres parties de la chûte le long du plan incliné & le long de
la verticale , il s'enfuit que les vîteffes font toujours
égales dans les points correfpondants.

La même propriété a encore lieu à l'égard d'une
furface ou ligne courbe AIE fur laquelle le grave
gliffe en defcendant, pourvu que cette courbe ne forme point d'angle fenfible qui détruife une partie de la
vîteffe du mobile. Si la courbe formoit un angle en i,
la vîteffe du grave s'y décompoferoit, & il s'en perdroit
une partie en paffant fur iI. Mais fi la courbe n'a
qu'une courbure infenfible dans chaque point de fon
cours AIE, le grave ne perdra rien de fa vîteffe en
paffant d'une partie de la courbe à l'autre ; & au contraire, il acquerra par fa pefanteur en parcourant chaque petit efpace iI un nouveau degré de vîteffe égal
à celui qu'il recevroit en parcourant fF, s'il tomboit
verticalement.

Les vîteffes du grave étant les mêmes dans tous les
points correfpondants F, G & H, lorfqu'il tombe verticalement ou qu'il tombe felon des lignes diverfement
inclinées, on doit en conclure que les temps employés
à parvenir également bas , en fuivant les lignes droites
AB, AC, AD font proportionnels à la longueur
de ces lignes. Si AD eft quatre ou cinq fois plus long
que AB, le grave employera quatre ou cinq fois plus
de temps à tomber le long de AD que le long de AB.
De même fi AH eft double de AG, il faudra deux
fois plus de temps au grave pour parcourir AH que
AG. Cette égalité de rapport doit avoir lieu néceffairement , puifque les vîteffes font égales dans toutes les
parties correfpondantes des lignes AB, AC, AD, &c.

Mais on ne peut pas tirer la même conséquence à l'égard de la chûte le long de la courbe *A I E*; parce que si le grave a la même vîtesse dans chaque point de cette courbe que dans les points correspondants des droites *A B*, *A C*, *A D*, il n'y a pas un rapport constant entre les parties de la courbe & les parties correspondantes des lignes droites.

CHAPITRE. IV.

Du mouvement d'oscillation ou de balancement.

I.

ON sait par des expériences qu'il est extrêmement facile de répéter, que les *vibrations* ou balancements d'un corps qui est suspendu par un fil, sont exactement de même durée lorsque ces balancements ont peu d'étendue. Si une balle de mousquet est suspendue à un fil qui ait 36 pouces environ $8\frac{1}{2}$ lignes de longueur depuis le point de suspension jusqu'au centre de la balle, ses vibrations ou balancements seront exactement d'une seconde de temps ou de la soixantieme partie d'une minute. Dans le commencement du mouvement, les arcs que décrit la balle sont beaucoup plus grands, mais en récompense elle se meut beaucoup plus vîte. A la fin de son mouvement, elle parcourt de plus petits arcs, mais elle va aussi plus lentement; & il résulte de ces deux circonstances qui s'accompagnent toujours, une durée égale dans chaque vibration ou oscillation. On donne le nom de *pendule simple* à ce fil qui soutient un petit poids auquel on imprime quelque mouvement; & on dit que ses balancements font *fimples* , lorfqu'on ne confidere qu'une allée ou un retour pris féparément. Ce font les vibrations ou les balancements fimples qui font d'une feconde de temps lorfque le pendule a 36 pouces 8 ½ lignes de longueur : il s'en fait 60 dans une minute & 3600 dans une heure.

Une infinité de corps font des balancements qui font plus ou moins prompts, mais qui font prefque toujours d'une même durée entr'eux. Ces balancements font *ifochrones* pour parler en termes de Phyfique. Les ondes de la mer qui paroiffent avoir un mouvement fi irrégulier, ont des retours fenfiblement réglés, lorfqu'on les compare entr'eux fur la même plage & dans un temps auquel on ne donne pas trop d'étendue. Les balancements des Vaiffeaux font auffi chacun exactement de la même durée tant qu'il ne furvient pas de caufe étrangere qui en dérange l'*ifochronifme* ou l'égalité. Ces balancements font d'abord plus grands & la vîteffe eft auffi plus grande. Les balancements fe font enfuite dans de moindres arcs , & la vîteffe diminue dans le même rapport ; ce qui eft caufe qu'ils fe font toujours dans un temps égal ou qu'ils font *ifochrones*.

Cette égalité de durée tient à une proportion dans la force accélératrice , qui fe préfente affez fouvent. Tous les corps tendent naturellement à prendre une certaine fituation dans laquelle ils reftent en repos. Mais fi en les écartant plus ou moins de cet état, ils font, pour y retourner, un effort exactement proportionnel à la quantité dont on les en a éloignés , ils feront des ofcillations ou vibrations exactement ifochrones.

I I.

Des vibrations des reſſorts.

Nous réuffirons peut-être à rendre ceci plus fenfible par la comparaifon d'un reffort dont l'effort eft plus ou moins grand felon qu'on l'écarte plus ou moins de fon état naturel, foit en le comprimant, foit en l'étendant. L'infpection du reffort fixera notre imagination ; & tout ce qu'il nous donnera occafion de dire, pourrra s'appliquer à prefque tous les corps qui font fujets à faire des ofcillations. Soit donc un reffort AB (*fig.* 39 *&* 40) dont AC eft l'extenfion naturelle. Les deux figures repréfentent le même reffort ; mais dans deux différents états de compreffion. L'effort qu'il fait pour fe débander eft proportionnel à BC ; & cet effort feroit proportionnel à EC fi le reffort avoit repris une plus grande partie AE de fon étendue naturelle. Lorfque ce même reffort occupe toute la longueur AC, il ne fait plus aucun effort, il eft fans action ; mais fi on l'étend depuis A jufqu'en H, il fait, pour fe contracter ou fe refferrer, un effort en fens contraire proportionnel à CH. Telle eft la propriété qu'ont très-fenfiblement la plupart de nos refforts, lorfqu'on ne change pas extrêmement leur extenfion. Notre reffort AB eft comprimé, & fi on le lâche tout-à-coup, il fe débande en allant avec vîteffe de B vers C, & en paffant au-delà de ce dernier point jufqu'en D. Si on veut avoir les vîteffes du reffort en chaque point, on n'aura qu'à décrire le demi-cercle BGD fur BD comme diametre, & fi de chaque point E, C, H, &c. on éleve des perpendiculaires jufqu'au cercle, ces lignes repréfenteront les vîteffes qu'a l'extrêmité du reffort lorfqu'elle parvient à chaque point E, C, H, &c. Alors les temps que le reffort mettra à parcourir les efpaces BE, BC, BH, &c. feront, nous ne difons pas, repréfentés par les arcs de cercle BF, BG, BI, &c. mais ils feront proportionnels à ces arcs ; & pour mieux dire, ils feront égaux à ces arcs divifés par le rayon BC.

Pour fe convaincre que cès expreffions de la vîteffe

& du temps font exactes pendant les ofcillations du reffort, on n'a qu'à fuppofer la demi-circonférence *B G D* divifée en une infinité de parties égales à *f F*, pour repréfenter des inftants égaux entr'eux. Si les arcs de cercle *B f*, *B F* divifés par le rayon repréfentent les temps que le reffort met à parcourir les efpaces *B e*, *B E*, &c. les petits arcs *f F* divifés auffi par le rayon doivent exprimer les temps infiniment petits que l'extrêmité du reffort met à paffer de *e* en *E* ; mais puifque ces petits temps font fuppofés égaux entr'eux, les petits efpaces parcourus *e E*, *h H*, &c. feront comme les vîteffes *E F*, *H I*, &c. & c'eft effectivement ce qui fe trouve lorfqu'on prend les finus du cercle pour repréfenter les vîteffes. Car les triangles *C E F*, & *F M f* étant femblables, il y a même rapport du rayon *C F*, à *f F* que de *E F* à *f M* ou à *e E* ; & puifque le rapport de *C F* à *f F* eft conftant, celui de *E F* à *f M* ou à *e E* le fera auffi. Ainfi les petits efpaces *e E* feront réellement proportionnels aux finus *E F* ; ce qui montre que ces finus font propres à repréfenter les vîteffes, pendant que les temps font proportionnels aux parties de la circonférence.

Il eft comme fuperflu après cela de montrer que les petits changements que reçoivent les finus font proportionnels aux efforts que fait le reffort pour reprendre fon état naturel. Lorfque l'extrêmité *B* eft parvenue en *e*, fa vîteffe eft *e f*, & lorfque le reffort eft arrivé en *E*, fa vîteffe eft *E F*. Il faut donc que le petit accroiffement *M F* du finus qui marque l'augmentation ou l'accélération de la vîteffe, réponde à l'effort que fait le reffort pour s'étendre lorfqu'il eft parvenu en *e*. Cet effort eft proportionnel à *C E* ; mais il y a auffi un rapport conftant entre *C E* & *M F*, puifque les deux triangles *C E F* & *F M f* font femblables, & qu'il y a un rapport conftant entre les hypothénufes *C F* & *f F*.

Le

Le reffort étant arrivé en C ceffe d'agir, mais fon mouvement acquis ne peut pas fe détruire tout-d'un-coup ; ainfi le reffort doit continuer à avancer dans le même fens. En h fa vîteffe eft hi ; & en H elle eft HI, après avoir reçu par l'effort contraire du reffort la petite diminution iN qui eft effectivement proportionnelle à Ch. Enfin toute la vîteffe étant détruite en D, le reffort commence une autre vibration en retournant fur fes pas de D vers B. Mais la durée des vibrations grandes ou petites fera toujours la même ; car fi le reffort a dans la figure 40 un efpace BD deux ou trois fois plus grand à parcourir que dans la fig. 39, toutes les vîteffes EF, CG, HI, &c. feront auffi plus grandes dans le même rapport : car ce feront les finus d'un cercle d'un plus grand rayon. Le reffort de la figure 40 fera dans chaque point de fon mouvement deux ou trois fois plus éloigné de fon état naturel ; il agira donc avec deux ou trois fois plus de force, il accélérera fa vîteffe par des degrés MF deux ou trois fois plus grands, & fes vîteffes EF, CG, HI feront auffi deux ou trois fois plus grandes dans tous les points correfpondants de l'efpace qu'il parcourt. Mais toutes les vîteffes étant plus grandes précifément dans le même rapport que les efpaces à parcourir dans les deux figures 39 & 40, les temps employés au mouvement doivent être précifément les mêmes.

Figure 39
& 40.

III.

Des Ofcillations des Pendules.

Le mouvement du reffort nous fournit un exemple de ce qui fe paffe dans le mouvement de prefque tous les corps qui font des vibrations. Auffi-tôt qu'on ne peut pas les déplacer fans éprouver de leur part une réfiftance proportionnelle à la diftance à laquelle on les

N

a portés, leurs balancements grands ou petits doivent être ifochrones ou d'une égale durée. Les vîteffes en chaque point feront proportionnelles aux finus ou ordonnées d'un demi-cercle ; & ces vîteffes feront plus ou moins grandes, exactement dans le même rapport que l'étendue de l'ofcillation.

Figure 41.   Lorfqu'un grave *P* (*fig.* 41.) eft fufpendu par un fil & qu'il fait des vibrations en décrivant des arcs de cercle, il n'a pas tout à fait exactement la même propriété ; mais il ne s'en faut que très-peu, pourvu que les premiers arcs qu'on lui fait décrire n'aient d'étendue que la 9ᵉ ou 10ᵉ partie de la longueur du rayon ou du fil. Le poids *P* étant porté en *B* fait effort pour retourner à fa premiere place : il fe trouve en *B* comme fur un plan incliné *B F* tangent à l'arc de cercle. Si *B E* repréfente la pefanteur abfolue du poids, & qu'on forme le rectangle *G B F E* en tirant *B G* fur le prolongement de *C B* & en traçant les autres lignes, il eft évident que *B F* fera la pefanteur relative ou l'effort que fait le poids *P* dans le point *B* pour defcendre le long de l'arc. Au lieu de prendre *B E* pour la pefanteur abfolue, nous pourrons l'exprimer par toute autre ligne conftante ; par la longueur, fi on veut, du fil *C B*, & alors ce fera *B D* qui repréfentera l'effort que fait le poids pour retourner en *P*, puifqu'il y a même rapport de *C P* ou de *C B* à *B D*, que de *B E* à *B F*. Mais fi nous rendons les arcs *B P* plus grands ou plus petits, l'effort *B D* fera toujours fenfiblement proportionnel à l'arc *B P*, pourvu que ces arcs ne foient pas trop grands. Car dans les très-petits arcs on peut confondre leur longueur avec celle de leur finus. C'eft donc encore ici le cas du reffort dont les ofcillations font ifochrones ; parce que les efforts que fait le pendule pour retourner à fon état naturel font proportionnels à l'efpace qu'il doit parcourir pour y revenir. Il faut être attentif à rendre les balancements du poids *P* affez petits,

& néanmoins il n'y a aucun inconvénient à leur don- Figure 41.
ner 4 ou 5 degrés d'étendue.

Toutes les vibrations du poids P feront très-fenfiblement de même durée fi les arcs qu'on lui fait décrire ne font pas trop grands ; mais quoiqu'elles foient
toujours ifochrones entr'elles , fi on racourcit le fil ou
fi on l'allonge, la durée des ofcillations changera confidérablement. Nous avons dit que les vibrations fimples
d'un pendule fimple de 36 pouces 8 $\frac{1}{2}$ lignes étoient
chacune d'une feconde de temps. Mais fi on rendoit le
pendule quatre fois plus long , fi on le faifoit de 12
pieds prefque 3 pouces , le pendule employeroit enfuite
deux fecondes à faire chaque ofcillation fimple. Il eft
facile de s'en affurer par l'expérience, & il n'eft pas
difficile non plus d'en découvrir la raifon.

Si Cp & CP (*fig.* 42.) repréfentent les deux pen- Figure 42.
dules fimples, & qu'on les écarte du même angle de la
ligne verticale , toutes les parties de l'arc bp feront
proportionnelles aux parties de l'arc BP ; elles feront
comparables à des plans également inclinés ; d'où il
fuit que la pefanteur relative fera exactement la même
dans le mouvement des deux pendules. Mais les efpaces à parcourir étant quatre fois plus grands pour le
pendule CP , il faudra, conformément à la doctrine
expofée dans les Chapitres précédents , que ce pendule mette deux fois plus de temps à les parcourir ;
& il employera donc deux fecondes , pendant que le
pendule Cp ne mettra qu'une feconde à parcourir les
plus petits arcs.

Par la même raifon, fi le grand pendule eft neuf fois
plus long que l'autre , l'arc BP fera neuf fois plus
grand que bp ; ce fera un efpace neuf fois plus grand
à parcourir avec les mêmes pefanteurs relatives ; & il
faudra donc trois fois plus de temps, ou, ce qui revient
au même , les ofcillations du grand pendule feront de
trois fecondes. En un mot, les longueurs des pendules

N ij

Figure 42.

font comme les quarrés des durées des oscillations, ou comme ces durées multipliées par elles-mêmes; & par conséquent ces durées sont comme les racines quarrées des longueurs des pendules. Nous ne comparons ici que les vibrations qui forment le même angle avec la ligne verticale; mais nous avons vu sur la figure 41 que les oscillations plus petites ou plus grandes sont exactement de même durée. La petite Table ci-jointe marque toutes les longueurs qu'il faut donner aux pendules pour que leurs oscillations simples soient d'un certain nombre de secondes jusqu'à $16\frac{1}{2}$.

Table des longueurs des Pendules.

Durée des oscillat.	Longueurs des Pendules.			Durées des oscillat.	Longueurs des Pendules.	
Secondes.	Pieds.	pouces.	lignes.	Secondes.	Pieds.	Pouces.
$\frac{1}{2}$	0	9	$2\frac{1}{8}$	9	247	9
1	3	0	$8\frac{1}{2}$	$9\frac{1}{2}$	276	1
$1\frac{1}{2}$	6	10	7	10	305	11
2	12	2	10	$10\frac{1}{2}$	337	3
$2\frac{1}{2}$	19	1	5			
3	27	6	4	11	370	2
$3\frac{1}{2}$	37	5	9	$11\frac{1}{2}$	404	7
4	48	11	4	12	440	5
$4\frac{1}{2}$	61	11	4	$12\frac{1}{2}$	477	11
5	76	5	9	13	517	0
$5\frac{1}{2}$	92	6	6	$13\frac{1}{2}$	557	6
6	110	1	4	14	599	7
$6\frac{1}{2}$	129	4		$14\frac{1}{2}$	643	2
7	149	11		15	689	1
$7\frac{1}{2}$	172	3		$15\frac{1}{2}$	734	11
8	195	9		16	783	1
$8\frac{1}{2}$	221	0		$16\frac{1}{2}$	833	3

Les lecteurs voyent assez qu'il n'importe quelle pesanteur on donne aux poids qui forment les pendules,

Leur mouvement n'est pas produit ici par toute leur
pesanteur absolue, il n'est produit que par la partie qui
agit dans le sens du petit arc décrit actuellement. Mais
si on se sert d'un poids trois ou quatre fois plus grand,
la pesanteur relative se trouvera aussi trois ou quatre fois
plus grande ; & comme elle s'occupera à mouvoir un
corps qui aura 3 ou 4 fois plus de matiere, elle ne lui
imprimera toujours que la même vîtesse ; & les oscillations seront donc toujours isochrones ou de la même
durée. Ceci a rapport avec une remarque que nous
faisions vers la fin du second Chapitre au sujet des
graves qui, quoique plus pesants, ne tombent pas
pourtant plus vîte.

Toutes les fois que le ressort des figures 39 & 40 est
sensiblement plus roide, il fait un effort plus grand
lorsqu'on l'éloigne de son état naturel ; mais on peut
toujours, entre les pendules de différentes longueurs,
en trouver un dont les oscillations représentent, quant
à leur durée, les vibrations du ressort. Supposons,
par exemple, que les vibrations du ressort AB s'accordent avec celles du pendule Cp de la figure 42, &
qu'ayant un autre ressort qui soit deux ou trois fois
plus foible, on demande quelle longueur il faut donner à un pendule simple pour que ses vibrations soient
de même durée que celles de ce second ressort. Il n'y
aura qu'à rendre le pendule CP deux ou trois fois
plus long que Cp ; car en l'écartant de sa situation
verticale, de la même quantité Pe égale à pb, il fera
ensuite deux ou trois fois moins d'effort pour retourner à son état naturel. En effet, Pe sera deux ou trois
fois plus petite par rapport à PC que son égale bp par
rapport à pC ; & nous avons vu que ces rapports marquent combien les efforts que font les pendules pour
retourner à leur situation verticale, sont petits à l'é-
gard de leur pesanteur absolue. Ainsi un pendule simple
deux ou trois fois plus long, répond à un ressort qui

eſt deux ou trois fois plus foible, ou qui fait deux ou trois fois moins d'effort pour retourner à ſa ſituation naturelle ; & il ſuit de-là que les oſcillations d'un reſſort plus foible doivent s'accorder avec celles d'un pendule plus long dans le même rapport.

Des Oſcillations d'une liqueur dans un tuyau dont les deux branches ſont recourbées vers le haut.

Nous pouvons examiner avec le même ſuccès les oſcillations que fait une liqueur dans un tuyau recourbé tel que le repréſente la figure 43. Ce tuyau eſt partout de la même groſſeur ; & la liqueur en repos ſe met de niveau dans les deux branches en E & en F. Si on imprime quelque mouvement à cette liqueur, & qu'on la faſſe monter de E juſqu'en H, elle deſcendra dans l'autre branche de la même quantité de F en I ; & alors la liqueur ſera plus élevée dans la premiere branche que dans la ſeconde de toute la quantité HM qui eſt double de HE. Il eſt d'ailleurs évident que ce ſera la peſanteur de la partie HM qui ſera effort pour obliger toute la liqueur à reprendre ſon niveau ; & que plus la différence · HM dans les deux hauteurs ſera grande, plus l'effort ſera grand ; en même temps qu'il ſera toujours proportionnel à l'eſpace qu'il faut que la liqueur parcourre pour reprendre ſon état naturel. C'eſt donc encore ici un des cas dont l'examen eſt renfermé dans celui que nous avons fait des balancements du reſſort, & toutes les oſcillations de la liqueur feront iſochrones.

Il s'agit maintenant de rapporter la durée de ces oſcillations à celles d'un pendule d'une longueur déterminée ; & on y réuſſira avec la plus grande facilité. Si nous repréſentons la peſanteur de toute la liqueur

Figure 43.

par la longueur qu'elle occupe dans le tuyau & que
nous donnions au pendule de la figure 41 la même
longueur, les ofcillations de la liqueur doivent être
beaucoup plus promptes que celles du pendule de la
figure 41. Car l'effort que fait le pendule pour retourner au point P, n'eft égal qu'à la diftance BD dont
le pendule eft éloigné de fa fituation verticale ou naturelle, pendant que la pefanteur abfolue eft repréfentée par CP; au lieu que l'effort que fait la liqueur pour
retourner à fon niveau eft repréfenté par l'efpace HM
double de celui qu'elle doit parcourir. Pour former
donc un pendule dont les ofcillations foient de même
durée que celle de la liqueur, il ne faut pas lui donner
une longueur égale à celle $EBCF$ que la liqueur occupe :
on doit le rendre plus court au contraire, puifque les
ofcillations de la liqueur font comparables à celles d'un
reffort plus roide ; & il n'eft pas difficile de s'affurer
qu'il faut donner au pendule une longueur $C\pi$ qui foit
exactement la moitié de $EBCF$.

Le pendule $C\pi$ (*fig.* 41.) étant égal à la moitié de la
longueur $EBCF$ de la figure 43 , les efforts que fait le
poids π pour retourner à la ligne verticale, lorfqu'on le
porte en ϵ, font précifément les mêmes que ceux qu'il
faifoit lorfque le pendule avoit la longueur CP ou CB
& qu'on portoit le poids en B. Car CB ou $C\epsilon$ repréfentant la pefanteur abfolue, on a BD ou $\epsilon\delta$ pour
la pefanteur relative ; & cette derniere pefanteur eft
toujours la même partie de la premiere. Mais après
cela les ofcillations du pendule $C\epsilon$ doivent s'accorder
parfaitement avec celles de la liqueur. Car fi $\epsilon\delta$ ou
$\epsilon\pi$ de la figure 41 eft égale à HE de la figure 43 , le
pendule ϵ aura exactement le même efpace à parcourir
que la liqueur ; & l'effort qu'il fera pour retourner à fa
fituation naturelle fera exactement égal à celui que fait
la liqueur. Cet effort fera repréfenté par BD ou BP
qui eft égal à HM de la figure 43 , pendant que CB

ou la longueur *EBCF* occupée par la liqueur repréfente la pefanteur abfolue.

Les balancements dans un tuyau *ABCD* ont beaucoup d'analogie avec ceux que forme la mer, lorfqu'elle
eft agitée. L'eau s'élevant dans un endroit, s'abaiffe à
côté, & ce mouvement fe communique jufqu'à une
certaine profondeur qui eft repréfentée par le tuyau de
la figure 43. Quelquefois une grande maffe des eaux
forme une feule ondulation qui comprend plufieurs
lieues d'étendue, comme il eft arrivé fur les côtes
occidentales d'Efpagne & de Portugal le 1 Novembre
1755. Si le retour des eaux qui s'étoient retirées ne fe
faifoit d'abord qu'au bout de 5 minutes, chaque ofcillation fimple n'étoit que de $2\frac{1}{2}$ minutes, & elle répondoit à celle d'un pendule qui auroit eu 68828 pieds de
longueur ou 11471 toifes. Ainfi on pourroit juger que
le mouvement des eaux ne s'étendoit alors qu'à 22942
toifes de diftance. Mais lorfque les retours fe faifoient
au bout de 15 ou 20 minutes, qu'ils furent trois ou
quatre fois plus lents, l'étendue de la mer qui eut part
au mouvement dans le fens des ofcillations, dût être
beaucoup plus grande ; elle pût atteindre jufqu'aux
Açores. Il faut compter pour peu la profondeur de la
mer à l'égard d'une étendue fi confidérable. Outre
cela le mouvement horifontal fut toujours infenfible
vers le milieu de l'efpace ; les effets n'en dûrent être
très-grands que fur le rivage, de même que l'agitation d'une liqueur contenue dans un vafe fe mani-
fefte principalement vers fes bords.

CHAPITRE

CHAPITRE V.

De la chûte verticale des Graves qui en tombant font monter quelqu'autre corps suspendu de l'autre côté d'une poulie.

Nous considérons derechef le mouvement rectiligne. Si deux poids inégaux P & Q (*fig.* 44) font suspendus aux deux extrêmités d'une corde qui passe sur une poulie, le poids le plus pesant doit l'emporter sur l'autre ; & il est évident que l'excès de sa pesanteur travaillera à les mouvoir tous les deux & à accélérer leur vîtesse. Supposé que le poids P fût parfaitement égal au poids Q, ils resteroient en équilibre : mais on ajoute un excès de poids au corps P, on le rend plus pésant ; ce surplus de pesanteur doit troubler l'équilibre ; & comme il ne sera jamais oisif, il communiquera une vîtesse qui ne sera pas si grande que si le corps P tomboit par l'action de toute sa pesanteur, mais qui ira néanmoins en augmentant d'instant en instant selon l'ordre des nombres naturels ; puisque la partie de la pesanteur qui agit, ajoutera toujours de nouveaux degrés au mouvement déja produit.

Non-seulement le corps P n'est mû que par l'action d'une partie de sa pesanteur ; ce corps ne peut pas descendre sans faire monter le corps Q avec la même vîtesse. Ainsi il y a deux causes pour que le corps P tombe avec lenteur ; la force accélératrice qui travaille à le faire descendre & qui prend la place de sa pesanteur naturelle, n'est qu'une différence de deux pesanteurs ; de plus elle est obligée de mouvoir une plus grande quantité de matiere, puisqu'il faut qu'elle donne

Figure 44.

O

Figure 44.

une égale vîteſſe aux deux corps *P* & *Q*.

Si l'un eſt de 21 livres & l'autre de 19, il n'y aura qu'une force de 2 livres qui ne fera pas contrebalancée ou détruite. Mais cette force de 2 livres ayant à mouvoir une maſſe de 40, ſomme des deux poids, le corps *P* ne deſcendra qu'avec la vingtieme partie de la vîteſſe qu'il prendroit en tombant librement. Nous n'avons donc qu'à prendre la vingtieme partie des nombres marqués dans la table du ſecond Chapitre, & nous aurons toutes les circonſtances de la chûte du corps *P*. Au lieu, par exemple, de tomber de 1508 pieds en 10 ſecondes, & d'avoir à la fin de ce temps aſſez de vîteſſe pour faire 302 pieds en une ſeconde, il ne deſcendra que d'un peu plus de 75 pieds, & ſa vîteſſe à la fin de cette chûte ne ſera que d'un peu plus de 15 pieds par ſeconde. En général lorſque la maſſe des corps reſtant la même, on réuſſit par quelque artifice à rendre la peſanteur qui cauſe le mouvement, beaucoup plus petite, il faut faire cette analogie: La maſſe totale eſt à la peſanteur artificielle qui cauſe le mouvement, comme les nombres de la table du Chap. II, feront aux eſpaces parcourus pendant le mouvement & aux vîteſſes actuelles pour chaque inſtant.

De la vîteſſe d'un corps en montant ſur un plan incliné.

Figure 12.

IL n'y aura pas plus de difficulté ſi un des corps eſt ſoutenu ſur un plan incliné comme dans la figure 12. Les corps *D* & *M* ſont en équilibre lorſque la peſanteur de *M* eſt égale à la peſanteur relative *GH* avec laquelle le corps *D* tend à deſcendre le long du plan. Mais ſi on trouble l'équilibre, ſi on ajoute quelque nouveau poids à *M*, il eſt évident que ce ſurplus travaillera à communiquer du mouvement aux deux corps, & que par ſon action répétée, il ajoutera ſans ceſſe

de nouveaux degrés à leur vîteſſe. Ainſi toute la différence qu'il y aura entre ce cas & le précédent, c'eſt
que les deux corps ne ſeront pas mus ici par l'excès de
la peſanteur du poids M ſur la peſanteur abſolue du poids
D, mais par l'excès de la peſanteur de M ſur la ſeule
peſanteur relative GH du corps D.

Suppoſons que la hauteur AB du plan incliné ſoit la
vingt-quatrieme partie de ſa longueur AC, & que le
poids D étant de 1200 livres, le poids M ſoit de 60.
La peſanteur relative GH ſera la 24ᵉ. partie de la peſanteur abſolue GE; ainſi elle ſera de 50 livres. Mais
puiſque nous ſuppoſons le poids M de 60, il y aura
une force de 10 livres qui travaillera à mouvoir les deux
corps & qui ne pourra leur imprimer que très-peu de
vîteſſe, puiſqu'ils peſent enſemble 1260 livres, & qu'il
faudroit au lieu de 10 livres une force égale à ce poids
pour leur donner les mouvements indiqués dans la table
du ſecond Chapitre. Nous ferons donc cette analogie :
1260 ſont aux nombres marqués dans cette table comme
10 ſont aux eſpaces parcourus par les corps M & D,
l'un en deſcendant & l'autre en montant. Veut-on ſavoir
combien ces corps feront de chemin en une demi-minute ? La petite table nous apprend qu'ils feroient
13575 pieds s'ils étoient livrés à l'action de leur peſanteur naturelle; mais il faut diminuer ce nombre dans
le rapport de 1260 à 10; & il ne viendra que 107 ou
108 pieds pour l'eſpace qu'ils parcourront dans le temps
marqué.

Les Lecteurs s'apperçoivent bien que nous ſuppoſons
que le plan incliné eſt parfaitement poli, & qu'outre
cela la poulie I ne fait aucune réſiſtance non plus que
le cordage. Tout ſera ſujet à changer s'il y a du frottement, & ſi la roideur du cordage eſt capable d'un effet
ſenſible. Le frottement ſera peut-être égal au quart ou
à la cinquieme partie de la peſanteur relative GF avec
laquelle le poids D preſſe le plan. L'eſſieu de la poulie

O ij

Figure 12.

 caufera auffi du frottement dont l'effet, il eft vrai, fera diminué dans le même rapport que le rayon de la poulie fera plus grand que le rayon de fon effieu; mais il y aura encore à joindre à ces obftacles la réfiftance que fait la corde à fe plier. Si nous mettons trois cents livres pour le tout, il y aura toujours la pefanteur relative GH avec laquelle le poids tend à defcendre qu'il faudra vaincre de plus; ainfi un poids en M de 350 livres ne produira aucun mouvement; & fi nous y en mettons un de 360 livres, il n'agira efficacement que par fon excès de 10 livres. Il y a tout lieu de croire que le frottement & la réfiftance des cordages ne changent pas fenfiblement lorfque les vîteffes font très-petites. Ce ne doit pas être la même chofe dans les autres cas; mais nous n'avons pas d'expérience qui nous éclaire fuffifamment fur cette matiere.

Quoi qu'il en foit, les dix livres de force avec lefquelles agit le poids M doivent produire encore moins d'effet que ci-devant, puifqu'elles font actuellement occupées à mouvoir une plus grande maffe, celle du corps D, que nous fuppofons toujours de 1200 livres & celle du corps M qui eft de 360 liv. Ces deux corps reçoivent néceffairement la même vîteffe à caufe de la corde qui les joint. Ainfi le corps M au lieu de prendre en defcendant les vîteffes que lui imprimeroit fa pefanteur naturelle s'il tomboit librement, prendra des vîteffes d'autant plus petites que les 10 livres de force qui forment la pefanteur artificielle ont à agir contre une maffe de 1560 livres, fomme des deux poids. Suppofé qu'on demande la chûte du corps M ou le chemin que doit parcourir le corps D en 20 fecondes, nous n'aurons qu'à faire cette analogie: 1560 livres font à 6033 pieds qui eft la chûte d'un grave lorfqu'il tombe librement par l'action de fa pefanteur, comme 10 font à prefque 39 pieds.

Il peut arriver fouvent dans cette difpofition de poids

que le mouvemement cesse de s'accélérer & qu'il de-vienne parfaitement uniforme au bout de très-peu de temps. Cette uniformité de mouvement aura bientôt lieu si le frottement augmente par l'augmentation de la vîtesse du corps *D*. Nous ne trouvons que 10 livres pour la force qui fait mouvoir les deux corps ; mais si le mouvement devenant un peu plus rapide, la résis-tance produite par le frottement qui étoit de 300 livres, devient de 310 livres, les deux corps *D* & *M* ne ces-feront pas de se mouvoir, mais ils cesseront de recevoir de nouveaux degrés de vîtesse.

Le poids *M* agira toujours, il est vrai, avec une force de 360 livres ; mais puisqu'il y en aura 310 occupées à vaincre le frottement, il ne restera plus que 50 livres qui seront exactement contre-balancées ou détruites par les 50 livres de pesanteur relative *G H* du poids *D* ; ainsi les deux poids continueront simplement à se mouvoir avec le mouvement qu'ils auront acquis. S'ils étoient en repos ils ne sortiroient pas de cet état ; mais ayant du mouvement, ils le conserveront sans en recevoir de nouveau ni sans rien perdre de celui que leur a com-muniqué l'excès de la pesanteur de *M*. Le frottement sert de cette sorte de regulateur ou de modérateur dans beaucoup de machines. Le mouvement s'accélere de plus en plus jusqu'à un certain point, mais le frotte-ment augmente en même temps ; & lorsqu'il est devenu assez grand, il met obstacle à l'accélération, & le mou-vement devient égal ou uniforme.

Figure 12.

CHAPITRE VI.

Suite du Chapitre précédent: de la chûte d'un Grave soutenu en partie par un palan.

I.

LES mêmes regles sont à peu près observées lorsque les graves sont soutenus par des poulies mouflées ou par des palans. Imaginons dans la figure 4 qu'à la place de la puissance *M* il y a un poids *p* plus petit que la moitié du poids *P*. L'équilibre n'aura plus lieu; & il est évident que le poids *P* descendra en accélérant son mouvement dans sa chûte, de même que le petit poids *p* en montant. Ce dernier soutient le double de sa pesanteur dans le grand poids *P*. C'est donc le surplus de *P*, qui produira le mouvement. La force accélératrice ou la cause du mouvement, étant égale à l'excès du poids *P* sur le double du petit poids *p*, il n'est question que d'examiner la masse qui est à mouvoir.

Le petit poids *p* que nous mettons à l'extrêmité de la corde *CM*, doit prendre en montant le double de la vîtesse que prend le corps *P* en descendant. Ainsi pour supprimer le petit corps & en ajouter un autre au grand qui produise la même résistance au mouvement, il faudra ajouter à *P* le double de *p*. Mais ce n'est pas encore assez. Le mouvement en *M* est équivalent à un double en *P*, puisque tout l'effort que fait le poids *P* se distribue également sur les deux cordons qui le soutiennent. Le poids *P* ne peut pas, en faisant monter le petit poids *p*, roidir une des branches de la corde, sans roidir l'autre également. Ainsi, au lieu d'ajouter le double du

petit poids *p* au poids *P*, il faut ajouter le quadruple
de ce petit poids, & nous aurons pour la masse totale
à mouvoir, *P* augmenté du quadruple de *p*. Plus cette
masse totale est grande par rapport à la force ou pesanteur que nous avons nommé artificielle qui la précipite
vers la terre, moins cette masse doit prendre de vîtesse.
Nous ferons donc cette analogie : Le poids *P* augmenté
du quadruple du petit poids *p* est à la chûte des graves
qui tombent par l'action libre de leur pesanteur, comme
l'excès de la pesanteur de *P* sur le double de *p* sera à la
chûte effective du poids *P*.

Figure 4.

Si nous supposons que le grand poids est de 100
livres en y comprenant, si on veut, la poulie *B*, & que
le petit poids *p* appliqué à l'extrêmité de la corde *CM*
soit de 45 livres, il ne restera que 10 livres qui travail-
leront à faire descendre le grand poids & à faire monter
le petit. Mais la masse à mouvoir sera de 100 livres d'une
part pour le grand poids & de 180 pour le petit. Ainsi
la masse totale sera de 280 livres ; & comme elle ne
sera sollicitée à descendre que par une force de 10 livres,
le poids *P* ne parcourra que la 28e partie des espaces
marqués dans la table du second Chapitre.

De la chûte d'un Grave appliqué au bas d'un palan formé de quatre cordons, & de l'élevation du contre-poids.

SUPPOSONS maintenant que le poids *P* est soutenu
par quatre cordons ou quatre garands également tendus, comme dans la figure 7, & qu'un contre-poids
p appliqué à l'extrêmité du cordon *BM* ne soit pas suffisant pour entretenir l'équilibre. Ce contre-poids détruira le quadruple de sa pesanteur dans le poids *P*,
& ce ne sera donc que le surplus du poids *P* sur ce
quadruple qui sera la cause du mouvement.

Figure 7.

Figure 7.

D'un autre côté le petit poids p prendra quatre fois plus de vîteffe en montant que le poids P n'en prendra en defcendant. Le poids P aura donc un plus grand effort à faire, & cet effort fera d'autant plus grand qu'il faudra tendre ou roidir également les quatre branches 1, 2, 3 & 4. Ainfi le petit poids p fera autant de réfiftance à être mû, ou pour nous exprimer plus exactement, il fera naître autant de réfiftance qu'en cauferoit une maffe feize fois plus grande qu'on ajouteroit au corps P fans augmenter fa tendance à tomber. La maffe totale à mouvoir fera formée felon cela, du grand poids P & de 16 fois le contre-poids p; & quant à la force qui agit pour la faire mouvoir, elle eft le fimple excès du grand poids fur quatre fois le petit.

Ce rapport de la maffe à la force accélératrice doit régler le ralentiffement de la chûte. Le corps P ne doit pas parcourir les mêmes efpaces que s'il tomboit librement, & fes chûtes effectives doivent être plus petites dans le même rapport que la force accélératrice ou pefanteur artificielle qui le pouffe en bas eft moindre par rapport à la maffe. Si nous nous permettons ici l'emploi des expreffions algébriques, nous aurons cette analogie : $P + 16\,p$ eft aux chûtes libres caufées par la pefanteur naturelle, comme $P - 4p$ eft aux chûtes actuelles du poids P.

Du plus grand effet machinal poffible à l'égard du contre-poids qui s'éleve par le palan.

Nommant h la hauteur dont un poids tombe verticalement avec une entiere liberté dans un temps déterminé, nous aurons $\dfrac{P - 4p}{P + 16p} \times h$ pour la chûte du poids P, & fi on veut avoir la hauteur à laquelle s'éleve le petit poids que nous fuppofons en M, il fuffira de

multiplier

multiplier cette quantité par 4; ce qui nous donnera   Figure 7.
$\frac{4P-16p}{P+16p} \times h$ pour la hauteur à laquelle montera le petit
poids p. Quelquefois on n'aura rien autre chose en vue
que cette élevation dans le jeu de la machine, & on
voudra, non pas procurer absolument la plus grande élevation, mais faire ensorte que la plus grande quantité
de matiere soit portée à la plus grande hauteur possible
dans un temps déterminé. Dans ce cas, ce ne sera ni p
qu'il faudra s'attacher à rendre un *maximum*, ni la hauteur
$\frac{4P-16p}{P+16p} \times h$, mais le produit de l'une par l'autre, c'est-
à-dire $\frac{4Pp-16p^2}{P+16p} \times h$.

Lorsqu'on rend p plus grand, il est vrai qu'on gagne
par la grandeur du poids qu'on porte en haut; mais on
l'éleve moins vîte & on le porte moins haut. Il arrive
tout le contraire lorsqu'on rend le poids p trop petit,
on fait augmenter beaucoup la vîtesse, mais on perd
par la petitesse du poids. Lorsqu'on rendra $\frac{4Pp-16p^2}{P+16p} \times h$
un *maximum*, on aura égard à tout, & on obtiendra
le plus grand effet machinal possible.

Il s'agit ici simplement de l'explication des principes
de Méchanique & de Dynamique, & non pas des applications sans nombre qu'on en peut faire par le secours de la Géométrie : nous nous sommes proposés
des bornes que nous ne passerons que le moins que nous
pourrons. Nous dirons néanmoins en faveur de quelques
Lecteurs, que si dans le produit $\frac{4Pp-16p^2}{P+16p} \times h$, on fait
varier le petit poids p pour avoir la différentielle
$\frac{P^2-8Pp-64p^2}{P+16p^2} \times 4\,h\,dp$, & qu'on l'égale à zéro, on en
déduira $p = P \times \frac{-1+\sqrt{5}}{16}$; ce qui nous apprend que le
poids p doit être à peu-près la 13e partie du poids moteur P pour qu'il y ait la plus grande quantité de matiere élevée à la plus grande hauteur possible par l'effort

P

de P pendant que ce poids agit par le moyen du palan de la figure 7. Cette solution ne convient qu'au palan qui eſt formé de quatre cordons, mais s'il en contient le nombre n, il faudra pour que l'effet machinal ſoit le plus grand qu'il eſt poſſible, que le poids p qu'il s'agit d'élever, ſoit égal à $P \times \dfrac{-1 + \sqrt{1+n}}{n^2}$.

CHAPITRE. VII.

De la chûte des Graves lorſqu'ils agiſſent les uns contre les autres par des leviers.

Nous paſſons à l'examen d'un cas plus compliqué.

Le poids P (*fig.* 45.) eſt appliqué à l'extrêmité d'une corde qui enveloppe le tambour AB, & le contre-poids Q eſt ſoutenu par une corde qui enveloppe le tambour DE; outre cela ces deux tambours ou cilindres ſont attachés l'un à l'autre, & ils ſont mobiles ſur le même axe C. Si les deux poids P & Q ſont entr'eux dans le même rapport que les deux rayons CE, & AC, leurs moments ſeront égaux & ces deux poids ſeront en équilibre. Mais nous ſuppoſons que le poids P eſt un peu plus grand que ne demande la proportion indi-quée, & nous voulons déterminer les eſpaces que le corps P parcourra en deſcendant.

Le poids P ne peut pas deſcendre ſans faire monter le poids Q, & il lui donnera, à cauſe de la diſpoſition de la machine, une vîteſſe plus grande que la ſienne propre. Cette plus grande vîteſſe multipliée par le poids Q produira un plus grand mouvement. Ainſi le poids Q eſt équivalent à un autre poids mais plus grand, qu'on ſuſpendroit au point B du petit tambour. Ce poids

plus grand ne monteroit pas enfuite plus vîte que ne
defcend le poids P, mais comme il feroit plus pefant
ou qu'il auroit plus de maffe, il faudroit la même force
pour le mettre en mouvement.

Mais de combien faudroit-il augmenter le poids Q,
fi on le fufpendoit en B, & qu'on voulût qu'il formât
exactement la même réfiftance à la génération du mouvement ? Il ne fuffiroit pas de l'augmenter fimplement
dans le même rapport que le bras de levier CE eft plus
grand que le bras de levier CB. Car outre que le mouvement qu'acquiert le corps Q croît dans le même
rapport que la longueur du bras de levier CE eft plus
grande, la réfiftance que fait ce corps à recevoir du
mouvement eft appliquée à un bras de levier plus long.
Le corps Q ne reçoit pas du mouvement fans réfifter ;
il a de l'inertie, mais la réfiftance qu'il fait & qui eft
proportionelle au mouvement qu'il reçoit, agit avec le
bras de levier CE par rapport au point d'appui C.

Ainfi fi on veut fubftituer en B un poids qui fourniffe
précifément la même réfiftance au mouvement que le
poids Q, il faut non-feulement le rendre plus grand,
parce que la vîteffe que reçoit le corps Q eft néceffairement plus grande, mais auffi parce que ce mouvement produit une réfiftance relative d'autant plus forte,
qu'elle eft aidée par un grand bras de levier. Eû égard
à tout, il faut donc augmenter le poids Q dans le même
rapport que le quarré de CE eft plus grand que celui
de CB.

Si le rayon du grand tambour eft trois fois plus grand
que celui du petit, il faudra comme on le voit, fubftituer en B un poids neuf fois plus pefant que le poids
Q pour qu'il produife le même effet. Il faudra d'abord
l'augmenter trois fois, parce qu'il prend néceffairement
trois fois plus de vîteffe que s'il étoit en B. Mais il faut
encore l'augmenter trois fois, parce que la même
quantité de mouvement qu'on imprime à un corps qui

P ij

répond au point *E*, réſiſte trois fois plus que la même quantité de mouvement qu'on imprimeroit à un corps appliqué en *B*. La ſubſtitution étant faite, il eſt évident que le problême eſt réduit aux mêmes termes que celui que nous avons déja réſolu ſur la figure 44.

Mais il ne faut pas oublier que l'expédient auquel nous avons recours en imaginant un nouveau poids en *B* à la place de celui qui eſt ſuſpendu au point *E*, ne ſert qu'à repréſenter la difficulté que fait le contrepoids *Q* à ſe mouvoir; & qu'à l'égard de la force qui produit le mouvement, elle eſt toujours égale à ce que le poids *P* a de trop pour conſerver l'équilibre avec *Q*.

Pour ne pas abandonner l'exemple que nous nous ſommes propoſé, nous ſuppoſerons que le grand tambour ayant toujours ſon rayon triple du petit, le poids *P* peſe 30 livres pendant que le corps *Q* n'en peſe que 8. Il n'y aura donc pas d'équilibre: car il faudroit, pour que les deux poids ſe contre-balançaſſent parfaitement, que le poids *P* ne fût que de 24 livres, & puiſqu'il eſt de 30, il a 6 livres de force de trop. Ce ſont ces ſix livres qui s'exerceront à faire mouvoir les deux corps; mais celui qui eſt en *Q* ou qui répond au point *E*, eſt équivalent, quant à la réſiſtance qu'il fait au mouvement, à un autre corps neuf fois plus grand qu'on appliqueroit en *B*. Le corps *Q* prend plus de vîteſſe & ſon mouvement produit une réſiſtance plus forte, parce qu'elle eſt appliquée plus loin du point d'appui *C*.

Le contrepoids *Q* qui peſe 8 livres réſiſte donc autant qu'un autre de 72 livres qu'on mettroit en *B*; & il ſuit de-là que les 6 livres de force que nous fournit le poids *P*, ont à mouvoir les 30 livres de maſſe de ce corps & les 72 que nous devons ſuppoſer en *B* à la place de *Q*. Ainſi nous devons exprimer par 102 livres la maſſe totale qui eſt à mouvoir, pendant que la force qui imprime le mouvement n'eſt que de 6 livres. Or il ſuit de-là qu'il doit s'en manquer beaucoup que le corps *P*

ne parcourre d'auſſi grands eſpaces que s'il tomboit Figure 45.
librement. Ses chûtes doivent être moindres dans le
même rapport que 6 livres ſont moindres que 102.

Nous pouvons exprimer très-aiſément d'une maniere
générale l'opération & les raiſonnemens que nous venons de faire. Nommant P & Q les deux poids, nous
ferons cette analogie ; $AC : CE :: Q : Q \times \frac{CE}{AC}$; & le
quatrieme terme nous marquera la partie de la peſan-
teur que le contrepoids Q anéantit pour ainſi-dire dans
le poids P. Ainſi la force qui fera deſcendre le corps
P & monter Q ou qui fera mouvoir les deux corps,
fera $P - Q \times \frac{CE}{AC}$.

Je ſubſtitue après cela par la penſée en B un corps
qui apporte la même réſiſtance au mouvement que le
corps Q. Le corps que je ſubſtitue doit être plus grand
dans le même rapport que le quarré de CE eſt plus
grand que celui de CB ou de AC. J'ai donc à faire
cette ſeconde proportion $AC^2 : CE^2 :: Q : Q \times \frac{CE^2}{AC^2}$.
Ce quatrieme terme nous indique la maſſe qu'il faudroit
ſubſtituer en B pour n'avoir plus à conſidérer le poids Q
appliqué en E. Ainſi nous aurons pour maſſe totale à
mouvoir $P + Q \times \frac{CE^2}{AC^2}$, & puiſqu'elle n'eſt mue que
par la force $P - Q \times \frac{CE}{AC}$ trouvée plus haut, il ne nous
reſte plus à faire qu'une derniere proportion pour trouver les eſpaces que parcourra le corps P en tombant.
Ces eſpaces, nous le repetons, ſont d'autant plus petits
que la force $P - Q \times \frac{CE}{AC}$ eſt petite par rapport à la
maſſe totale. Nous diſons donc ; $P + Q \times \frac{CE^2}{AC^2}$ eſt aux
nombres de pieds qu'on trouve dans la Table du ſecond
Chapitre, comme $P - Q \times \frac{CE}{AC}$ eſt à la vîteſſe du corps
P ou aux eſpaces qu'il parcourt en tombant. Cette

opération se réduit toujours, comme on voit, à chercher la vîtesse que la pesanteur communique aux corps qui tombent librement, ou les espaces qu'ils parcourent,

& à les multiplier par $\dfrac{P - Q \times \dfrac{CE}{AC}}{P + Q \times \dfrac{CE^2}{AC^2}}$.

CHAPITRE VIII.

De la chûte des Graves lorsqu'ils agissent par le moyen de tambours de différents rayons, & que la pesanteur de ces tambours est considérable.

I.

QUELQUEFOIS les tambours seront d'une pesanteur trop considérable pour qu'on puisse la négliger. Il est vrai que cette pesanteur, quelque grande qu'elle soit, n'apporte aucun changement à la force qui produit le mouvement, puisque toutes les parties des tambours sont exactement en équilibre de part & d'autre du centre C. Ainsi la force qui cause le mouvement, ou la pesanteur, pour ainsi-dire, artificielle qui fait tourner la machine, sera toujours $P - Q \times \dfrac{CE}{AC}$ ou tout l'excédant du poids P sur la pesanteur qui lui seroit simplement nécessaire pour entretenir l'équilibre avec le poids Q. Mais les tambours sont obligés de tourner, ils prennent du mouvement, & ils ne le prennent qu'avec peine, à cause de leur inertie. La pesanteur que nous nommons artificielle est donc occupée à mouvoir une plus grande masse, & doit lui imprimer moins de vîtesse.

Nous suppoſerons que les tambours ſont ſolides , &   Figure 45.
nous les conſidérerons comme formés d'une infinité de
circonférences concentriques dont le point *C* ſoit le
centre. Ces circonférences ne ſeront pas ſans largeur
ou ſans épaiſſeur , & elles ſeront les éléments des deux
tambours pour parler comme les Géometres. Je porte
d'abord mon attention ſur le tambour *A B* ; & je vais
ſubſtituer ſur ſa circonférence par la penſée des quantités de matiere qui faſſent préciſément la même difficulté à être mues que les diverſes quantités de matiere
étendues le long des circonférences intérieures. 1°. Ces
circonférences ſont plus petites , elles ſont comme leurs
rayons : outre cela , 2°. elles prennent d'autant moins
de vîteſſe qu'elles ſont plus voiſines du centre *C* , &
3°. ce mouvement produit encore moins de réſiſtance
ſelon ce même rapport , parce qu'il eſt ſitué moins
avantageuſement pour produire un effet conſidérable.
Il faut donc, pour chaque circonférence intérieure, ſubſtituer en *A* des quantités de matiere qui ſoient plus
petites que celle que contient la circonférence extérieure , dans le même rapport que les cubes de tous
les rayons ſont plus petits que le cube de *AC*.

Il ſuit de-là que les quantités de matiere qu'il faut
ſubſtituer par la penſée en *A* ou ſur la circonférence
extérieure pour tenir lieu de toutes les quantités de
matiere qui ſont arrangées ſur les circonférences intérieures , ſuivent l'ordre des cubes des nombres naturels.
Pour la plus petite circonférence intérieure , nous appliquerons en *A* une quantité de matiere infiniment
petite , & nous l'exprimerons par 1. Pour la ſeconde
circonférence , il faudra que nous mettions en *A* la
quantité de matiere 8 : pour la troiſieme circonférence
la quantité de matiere 27 ; & ainſi de ſuite. La circonférence extérieure terminera tous ces nombres, &
elle fournira le plus grand. Ainſi , conformément à ce
que nous ſavons ſur la maniere de ſommer les quantités

qui croiſſent ſelon une certaine puiſſance des nombres naturels, il faut que nous multipliïons la plus grande de ces quantités par le quart de leur multitude ; c'eſt-à-dire, qu'il faut que nous multipliïons la circonférence extérieure par le quart du rayon.

Il eſt donc certain que le tambour AB, à cauſe de la proximité d'un grand nombre de ſes parties au centre, produit une réſiſtance au mouvement beaucoup moindre que ſi toute la maſſe étoit à la circonférence. Pour avoir la ſolidité du tambour, nous multiplierions ſa circonférence extérieure par la moitié de ſon rayon ; & nous venons de voir que pour avoir ſa réſiſtance au mouvement ou pour déterminer la quantité qui étant appliquée en A, produiroit la même réſiſtance, il faut multiplier la circonférence extérieure par le quart du rayon. Il ſuit de-là que nous n'avons qu'à ſuppoſer toute la ſolidité du tambour réduite à la moitié, & qu'en appliquant cette moitié à la diſtance AC du centre, elle fournira préciſément la même difficulté au mouvement que le tambour.

Ainſi après que nous aurons trouvé la peſanteur excédente de P qui produit le mouvement de la machine, il ne faudra pas regarder la maſſe à mouvoir comme ſimplement formée du poids P & du poids que nous ſubſtituons en B à la place de Q ; il faudra conſidérer de plus que le tambour AB réſiſte autant à recevoir du mouvement ou à tourner, que ſi la moitié de la maſſe étoit diſtribuée tout autour de ſa circonférence extérieure ou appliquée en A. La ſomme totale de ſa maſſe à mouvoir ſera de cette ſorte formée de trois termes ; mais il y en aura encore un quatrieme à ajouter à cauſe de l'autre tambour DE.

Ce ſecond tambour fournit la même réſiſtance que ſi la moitié de ſon poids ou de ſa maſſe étoit appliquée en E, ou répandue ſur toute ſa circonférence extérieure. Mais ſi à ce poids nous en ſubſtituons un autre

en

1 B, il faudra, conformément à ce que nous venons
e voir, l'augmenter dans le même rapport que le
uarré de C E est plus grand que celui de C B. Tout
ra ensuite à la même distance du centre C, & tous
os poids seront sujets à prendre exactement la même
tesse; mais ils en recevront moins précisément en
même raison, comme il est évident, que l'excédant
u poids P sera plus petit par rapport à la somme de
outes les diverses masses que nous venons de déterminer.

Nous avons ci-devant pris pour exemple deux poids
& Q qui pesoient le premier 30 livres, & le second
; & nous avons supposé que le rayon C E du grand
ambour étoit triple du rayon A C du petit. Nous sup-
oserons ici de plus que ces deux tambours qui sont
e même épaisseur pesent 18 livres & 2 livres. Nous
avons pas besoin d'autres données.

Le poids Q qui est de 8 livres retranche, comme on
e fait, 24 livres de la pesanteur de P qui est de 30 liv.
Ainsi la partie de la pesanteur qui produit tout le mouvement n'est que de 6 livres. C'est ce que nous avons
déja expliqué.

Nous nous sommes convaincus aussi que le poids Q
fait le même effet quant à la résistance au mouvement
qu'un poids de 72 livres qu'on mettroit en B. Le tambour A B qui pese 2 livres se réduit à une livre qu'il
faut supposer appliquée sur la circonférence de ce tambour. Quant aux 18 livres de l'autre tambour, elles se
réduisent à 9 livres appliquées en E, mais comme
nous voulons substituer en B une masse équivalente,
il nous faut augmenter neuf fois les neuf livres, ce qui
nous donne 81 livres. Ainsi nous avons de masse à
mouvoir 30 livres pour le poids P, 72 livres pour le
poids Q, 1 livre pour le petit tambour & 81 livres pour
le grand. Nous avons en tout 184 livres; & comme la
pesanteur partiale ou artificielle qui produit tout le

mouvement n'eſt que de 6 livres, il s'enſuit que la chûte du poids *P* doit être moindre que ſi le poids tomboit librement par l'effet de la peſanteur naturelle, dans le même rapport que 6 livres ſont moindres que 184. Nous voulons ſavoir, par exemple, de combien tombera le corps *P* en 20 ſecondes? Il ne parcourra pas 6033 pieds, comme le marque la petite Table du ſecond Chapitre; mais il deſcendra de preſque 196 pieds, comme on le trouve par cette proportion : 184 ſont à 6033 pieds, comme 6 ſont à 196.

Si nous nommons *t* & *T* les peſanteurs des deux tambours, nous aurons $\frac{1}{2} t$ pour la maſſe qu'il faut ſubſtituer à la place du premier, & $\frac{1}{2} T \times \frac{CE^2}{AC^2}$, celle qu'il faut ſubſtituer pour le ſecond, & ſi nous ajoutons ces deux quantités à la ſomme des deux autres maſſes $P + Q \times \frac{CE^2}{AC^2}$, il nous viendra en tout $P + \frac{1}{2} t + (Q + \frac{1}{2} T) \frac{CE^2}{CA^2}$ pour la maſſe à mouvoir, qui n'eſt toujours ſollicitée que par la force $P - Q \times \frac{CE}{AC}$. Ainſi nous aurons cette analogie; $P + \frac{1}{2} t + (Q + \frac{1}{2} T) \frac{CE^2}{AC^2}$ eſt aux nombres fournis par la Table du ſecond Chapitre, comme $P - Q \times \frac{CE}{AC}$ ſera à la vîteſſe que prendra le corps *P*, ou aux eſpaces qu'il parcourra. Nous n'avons que faire d'ajouter que lorſqu'on ſait les circonſtances du mouvement du corps *P*, tout le reſte eſt connu.

I I.

Des Oſcillations d'un Pendule qui eſ chargé d'un poids ſitué autour du point de ſuſpenſion.

Les mêmes principes nous mettent en état de déterminer la durée des balancements d'un pendule qu

peut ofciller qu'en faifant mouvoir une maffe *DB*
g. 46.) qui environne fon point de fufpenfion *C.*
ous n'euffions pu entreprendre que difficilement cette
cherche dans le Chapitre **IV** , au lieu que nous la
ouverons maintenant très-aifée. Nous n'avons qu'à
indre en *P* une maffe qui faffe la même difficulté à
mouvoir que le corps *DB.* Si ce corps eft cylin-
ique , il fera autant de réfiftance , comme nous l'a-
ons vu , que fi toute la moitié de fa maffe étoit ap-
liquée en *B* ou diftribuée fur toute la circonférence ;
ais lorfqu'on tranfporte par la penfée cette même
maffe en *P* , il faut la diminuer encore dans le rapport
u quarré de *PC* à celui de *CB* , puifqu'elle recevra en
' plus de vîteffe qu'en *B* , & que la réfiftance que fera
e mouvement fera de plus appliquée à un bras de
evier plus long. On peut juger après cela que les
ibrations du pendule feront beaucoup plus lentes que
'il n'y avoit que le poids *P* : la maffe à mouvoir fera
confidérablement augmentée par le corps *DB* ; quoique la force qui caufe le mouvement foit toujours la
même , celle que fournit la pefanteur de *P*.

Mais il eft facile d'introduire dans un pendule fimple ou ordinaire ce rapport différent qui fe trouve entre la maffe à mouvoir & la force qui l'agite ; il fuffit
pour cela de rendre le pendule fimple plus long que
CP dans le même rapport. Si la maffe de *P* fe trouve
augmentée deux ou trois fois par la maffe qu'il faut y
ajouter pour tenir lieu de la maffe *BD* quant à la
réfiftance au mouvement, il n'y aura qu'à rendre le
nouveau pendule deux ou trois fois plus long que *CP*.

En effet, fi on écarte ce nouveau pendule de la ligne
verticale d'une quantité abfolument égale à *pP* ou à *pF*,
il aura le même efpace à parcourir que le poids *p* ou *P*,
& fa vîteffe s'accélérera par les mêmes degrés ; car il y
aura continuellement dans les deux pendules le même
rapport entre la maffe à mouvoir & la pefanteur rela-

Figure 46.

Q ij

tive. La maſſe dans le pendule de la figure 46 eſt deux ou trois fois plus grande, à cauſe de l'addition que forme le corps *BD*. L'autre pendule deux ou trois fois plus long ſera ſimple ; mais ce qui reviendra au même pour l'effet, la peſanteur relative avec laquelle il tendra à s'approcher de la ſituation verticale, ſera deux ou trois fois moindre ; puiſqu'elle ſera repréſentée par une ligne égale à pP ou à pF, pendant que la peſanteur abſolue ſera repréſentée par la longueur du pendule ou par une ligne deux ou trois fois plus longue que *CP*.

On trouve donc dans les pendules ſimples de différentes longueurs, comme nous l'avions déja vu, tous les divers rapports qu'il peut y avoir entre la maſſe d'un corps qui oſcille & la force qui l'agite. Il faut toujours allonger ou racourcir le pendule dans le même rapport que la maſſe eſt plus grande ou plus petite à l'égard de la force agitante, & par ce changement on conſervera aux oſcillations leur même durée. Elles ſeront exactement de même durée lorſqu'elles ſeront de la même étendue, mais elles le ſeront encore lorſqu'on les rendra plus grandes ou plus petites, à cauſe de la propriété qu'a chaque pendule de rendre toutes ſes oſcillations iſochrones.

Suppoſons pour exemple que le pendule *CP* ſoit de trois pieds, que le poids *P* ſoit de $\frac{1}{2}$ livre & que le corps cylindrique *BD* ſoit de 288 livres & qu'il ait un pied de diametre. Ces 288 livres de peſanteur de *BD* formeront la même réſiſtance que 144 livres appliquées en *B* ; mais il faut ſubſtituer en *P* une maſſe beaucoup plus petite pour qu'elle ne produiſe que le même effet. *CB* étant ſix fois plus petite que *CP*, nous n'avons qu'à faire cette analogie ; 36, quarré de *CP*, eſt à 1, quarré de *CB*, comme 144 livres ſont à 4, & nous aurons 4 pour l'addition qu'il faut faire par la penſée à la maſſe de *P*. Ainſi ce corps, au lieu d'être de $\frac{1}{2}$ livre, ſera de

$4\frac{1}{2}$ liv. & comme cette maffe totale eft à mouvoir par la feule $\frac{1}{2}$ livre de pefanteur de P, il faudra rendre le pendule fimple, neuf fois plus long, pour que fes ofcillations s'accordent avec celles de CP muni de fa maffe DB. Le pendule, dont les ofcillations feront de même durée que celles du pendule de la figure 46, aura donc 27 pieds de longueur, & fi on confulte la table du Chapitre IV, on verra qu'elles feront prefque de trois fecondes.

Figure 46.

CHAPITRE IX.

Du changement que la pefanteur des cordages ou autres parties mobiles qui entrent dans la compofition des machines peut apporter au mouvement.

SI on croit devoir faire attention au poids des cordages dans la folution des problêmes précédents, la difficulté en deviendra plus grande, & on ne pourra guere la furmonter qu'en employant un peu de Géométrie. Cependant comme il s'agit de confidérations de Dynamique ou de Méchanique qui peuvent devenir quelquefois très-importantes, & que nous ne fommes pas fâchés de nous occuper d'un exemple dans lequel la force accélératrice foit variable, nous entrerons ici dans un certain détail que les Lecteurs qui ne feront nullement Géometres feront obligés de paffer.

I.

LA maffe à mouvoir dans diverfes machines peut devenir variable & la force accélératrice peut changer auſſi ; ce qui doit empêcher les degrés d'accélération d'être égaux entr'eux. La figure 45 nous repréſente à peu-près ce qui peut arriver dans ce genre, pourvu qu'on ne néglige pas la peſanteur des cordages. La corde qui deſcend avec le corps P augmente néceſſairement la force accélératrice, puiſqu'elle contribue à augmenter le mouvement ; & au contraire la partie de la corde qui éleve le poids Q, ſe racourcit, & c'eſt donc une eſpece de diminution dans la maſſe à mouvoir. Nous diſons que c'eſt une eſpece de diminution ; car on doit trouver ici la même difficulté à mouvoir la corde EQ lorſqu'elle enveloppe le tambour DE, que lorſqu'elle eſt dans la ſituation EQ. Mais on peut imaginer d'autres diſpoſitions dans leſquelles il y auroit réellement de la différence.

Si nous nommons F la force accélératrice dans le premier inſtant, & s les eſpaces variables que parcourt le poids P en deſcendant, nous aurons, d'une maniere très-générale, $F + cs$ pour la force qui travaille à augmenter le mouvement, la lettre c déſignant une conſtante qui dépend du poids de la corde & de la maniere dont elle ſe développe. Si de plus M eſt la maſſe à mouvoir dans le commencement du jeu de la machine, nous aurons $M - es$ pour la maſſe à mouvoir à la fin de chaque eſpace s que le poids P aura parcouru, la lettre e étant déterminée de même que c par la diſpoſition de la machine. Ainſi le rapport de $F + cs$ à $M - es$ doit régler la grandeur des degrés d'accélération pendant la chûte du poids P.

Prenant t pour les temps ſenſibles & dt pour les inſtants que nous ſuppoſerons égaux entr'eux, nous aurons les petites parties ds des eſpaces parcourus, proportionnelles aux vîteſſes du poids P & dds marquera par conſéquent les petits degrés d'augmentation que reçoit la chûte en chaque inſtant. Ces degrés dds ſont conſtants dans des inſtants égaux, lorſque la force

accélératrice eſt conſtante, de même que la maſſe à Figure 45.
mouvoir, comme nous l'avons ſuppoſé juſqu'à préſent.
La petite différentielle dds ſeroit encore conſtante ſi
la force accélératrice & la maſſe variable changeoient
dans le même rapport; mais nous aurons ici généra-
lement $dds = \frac{F+cs}{M-es}$ ou plutôt $dds = \frac{F+cs}{M-es} \times dt^2$ en
multipliant le ſecond membre par dt^2, afin d'obſer-
ver la loi des homogenes, & encore plus afin de faire
entrer dans cette recherche la conſidération du temps.

Il eſt bon de remarquer que l'égalité entre dds &
$\frac{F+cs}{M-es} \times dt^2$ ſubſiſteroit encore ſi les inſtants dt n'étoient
pas égaux entr'eux. Nous n'avons, pour le voir claire-
ment, qu'à jetter les yeux ſur la figure 37, mais en
ſuppoſant que la ligne AH qui termine les vîteſſes
EF, BC &c. eſt une ligne courbe. Les aires des
triangles curvilignes ABC, AIK &c. repréſentent les
eſpaces parcourus s dans les temps t qui ſont exprimés par AB, AI &c. A l'égard des vîteſſes ou des
eſpaces parcourus ds dans les inſtants dt, elles ſeront
repréſentées par les ordonnées BC, IK &c. ſi les inſtants ſont égaux entr'eux; mais ſuppoſant les dt variables, il faut attribuer une certaine largeur aux ordonnées, une largeur égale à chaque dt, & les eſpaces ds
parcourus en chaque inſtant ſeront exprimés par les
rectangles infiniment étroits comme MI. Enfin en obſervant la même analogie, les dds ou les augmentations des vîteſſes ou des eſpaces parcourus dans chaque
inſtant, ſeront repréſentées par les petits triangles mOM;
& il eſt évident que toutes les autres circonſtances étant
les mêmes, ces petits eſpaces ſont proportionels aux
quarrés de dt. Mais ils dépendent en même temps
de la force qui cauſe le mouvement, laquelle eſt ici
$F+cs$, & ils dépendent encore de la maſſe à mouvoir
$M-es$ qui fait diminuer l'eſpace parcouru dans le
même rapport qu'elle eſt plus grande. Nous aurons

donc en général, & eu égard à tout, $dds = \frac{F+cs}{M-es} \times dt^2$.

Cette équation nous donne $Mdds - esdds = Fdt^2 + csdt^2$; & si on la multiplie de part & d'autre par ds, & qu'on divise par $\frac{M}{e} - s$, il nous viendra $edsdds = \frac{Fdsdt^2}{\frac{M}{e}-s} + \frac{csdsdt^2}{\frac{M}{e}-s}$ dont on tire par l'intégration l'équation $\frac{1}{2}eds^2 = Fdt^2 \times L\frac{M}{M-es} + csdt^2 - \overline{\frac{cM}{e}+cs} \times dt^2 L\frac{M}{M-es}$ ou $\frac{1}{2}eds^2 = csdt^2 + \overline{F - \frac{cM}{e} + cs} \times dt^2 L\frac{M}{M-es}$ dans laquelle L désigne les logarithmes des grandeurs qu'elle précede. Enfin on en déduit $dt\sqrt{2} = \frac{eds}{\sqrt{ces + \overline{eF - cM + ces} \times L\frac{M}{M-es}}}$ qui nous donne d'une maniere très-générale en premieres différences, mais déja séparées, la relation qu'il y a entre les temps t & les espaces s que le corps P parcourt en tombant.

I I.

S'il s'agissoit simplement de deux corps attachés, comme dans la figure 44, aux deux extrémités d'une corde ou d'une chaîne parfaitement fléxible, le poids P descendant d'un espace désigné par s, & le poids Q s'élevant exactement de la même quantité, l'excès de la pesanteur de la corde ou chaîne sera égal à $2s$ du côté de P. Ainsi au lieu de l'expression générale $F + cs$ de la force accélératrice, nous aurons $F + 2s$. Quant à la masse à mouvoir elle sera constante ; car elle sera toujours formée des deux corps P & Q, & de la corde ou chaîne aux deux extrémités de laquelle ces poids sont attachés. Au lieu donc de $M - es$, nous aurons M ; & le coefficient e devenu égal à zéro, détruira tous les termes qu'il multiplie. Nous reprenons

nons pour cela notre équation générale $edsdds =$ Figure 44.
$\dfrac{Fdsdt^2}{\frac{M}{e}-s} + \dfrac{csdsdt^2}{\frac{M}{e}-s}$ lorsqu'elle n'avoit pas encore été
intégrée. Elle deviendra $edsdds = \dfrac{eFdsdt^2}{M-es} + \dfrac{cesdsdt^2}{M-es}$
qui se réduit à $Mdsdds = Fdsdt^2 + 2sdsdt^2$ à
cause de $c = 2$ & de $e = 0$. Passant ensuite à l'intégration, il nous vient $\frac{1}{2}Mds^2 = Fsdt^2 + s^2dt^2$,
dont nous tirons $dt = \dfrac{ds\,V\,\frac{M}{2}}{V\,\overline{Fs+s^2}}$ qui dépend de la
quadrature de l'hyperbole, & qu'on peut rapporter
aisément aux logarithmes.

Si on prend en effet une nouvelle variable z, &
qu'on la suppose telle que $z = \dfrac{\frac{1}{2}F+s+V\,\overline{Fs+s^2}}{V\,\frac{1}{2}}$,
ou que $V\,\overline{Fs+s^2} - zV\,\frac{1}{2} = \dfrac{F^2}{8z\,V2}$, on transformera
l'équation précédente en $dt = \dfrac{dz}{z}V\,\frac{1}{2}M$, & si on
remet à la place de z sa valeur $\dfrac{\frac{1}{2}F+s+V\,\overline{Fs+s^2}}{V\,\frac{1}{2}}$, on
aura $dt = \dfrac{d(\frac{1}{2}F+s+V\,\overline{Fs+s^2})}{\frac{1}{2}F+s+V\,\overline{Fs+s^2}} \times V\,\frac{1}{2}M$ & $t =$
$V\,\frac{1}{2}M \times L\left(\dfrac{\frac{1}{2}F+s+V\,\overline{Fs+s^2}}{\frac{1}{2}F}\right)$ qui nous fournit en
grandeurs parfaitement connues le temps (t) qu'em-
ploie le poids P à descendre de toutes les hauteurs
données s.

Cependant cette formule nous indique moins les
temps que le rapport qu'il y a entr'eux; car les temps
& les espaces parcourus sont des quantités absolument
hétérogenes. On a voulu qu'il y eût 60 secondes dans
une minute & 3600 dans une heure; on a donné de
même une certaine grandeur au pied-de-roi. Mais
outre ce qu'il y a d'arbitraire dans l'institution de ces
mesures, la pesanteur des graves pourroit être plus ou

R

Figure 44.

moins grande ou avoir plus ou moins d'intensité, quoique la maffe de chaque corps fût toujours la même.
Ainfi il faut néceffairement confulter l'expérience pour
avoir ces quantités d'une maniere abfolue, au moins
dans quelques circonftances particulieres, & on s'en
fervira enfuite comme de termes de comparaifon pour
juger de ces mêmes quantités dans les autres cas.

C'eft la même chofe lorfque la force qui précipite
le grave vers la terre n'eft pas variable. Si on défigne
cette force par F & la maffe à mouvoir par la même
lettre, ce qu'on doit faire lorfqu'un corps tombe librement par l'action de fa pefanteur naturelle, on a ds
pour les petits efpaces parcourus pendant chaque inftant dt. Ces petits efpaces font proportionels aux
vîteffes qu'a le grave en chaque endroit de fa chûte, &
les dds expriment les augmentations de cette vîteffe,
qui font les effets de la force F appliquée à la maffe F.
On a donc alors $\frac{F}{F} = dds$ ou plutôt $\frac{F dt^2}{F} = dds$; &
fi on multiplie de part & d'autre par ds, & qu'on in-
tégre, on aura $s dt^2 = \frac{1}{2} ds^2$ & $dt = \frac{ds}{\sqrt{2s}}$ dont on
tire $t = \sqrt{2s}$ & $t^2 = 2s$.

Mais ces nouvelles formules ne nous apprennent
encore que des rapports : elles nous confirment ce que
nous favions déja & ce que nous avions vu dans le
fecond Chapitre, que les efpaces parcourus s dans la
chûte libre, font comme les quarrés des temps t; mais
elles ne nous apprennent pas de combien font effectivement ces temps pour chaque efpace parcouru.
C'eft pourquoi on ne pourroit pas fe difpenfer de chercher au moins une fois ces quantités par l'expérience,
fi on n'avoit déja un grand nombre d'obfervations fur
ce fujet.

La Table qui termine le fecond chapitre nous marque le nombre de fecondes qu'un grave employe à
tomber d'une hauteur donnée; nous n'avons donc qu'à

chercher le changement qu'il faut faire à $\sqrt{2s}$ pour   Figure 44.
avoir le nombre de secondes que le grave employe se-
lon cette table à tomber d'une hauteur s, & il n'y aura
plus qu'à faire le même changement sur toutes les
autres valeurs de $\sqrt{2s}$. Il n'y aura aussi qu'à modifier
de la même maniere la valeur de $\sqrt{\frac{1}{2}M \times L}$

$$\frac{\sqrt{Fs+s^2}+\frac{1}{2}F+s}{\frac{1}{2}F}$$ que nous trouvons pour t lorsque
deux poids sont attachés aux deux extrêmités d'une
chaîne qui passe sur une poulie : car tous ces calculs sont relatifs les uns aux autres & dépendent des
mêmes principes.

Selon la Table du second Chapitre, il ne faut que
4 secondes à un grave pour tomber librement de
$241\frac{1}{3}$ pieds. Dans la chûte libre on a $t=\sqrt{2s}$, &
cette petite formule donne 22 pour la valeur de t lorsque $s=241\frac{1}{3}$. Or il faut diviser le nombre $22=t$ par
$5\frac{1}{2}$ pour le réduire à 4 qui est le nombre réel de secondes ; & nous en concluons qu'il faut généralement
diviser par $5\frac{1}{2}$ toutes les autres valeurs de t que nous
fournissent nos formules. Nous eussions pu tirer la
même conséquence de tous les autres nombres de la
table, sans même exclure les premiers qui ont été dé-
terminés immédiatement par l'expérience. Si on suppose $s=15$ pieds 1 pouce, & qu'après avoir doublé
cette quantité on en tire la racine quarrée, on trouvera à très-peu près $5\frac{1}{2}$ pour la valeur de t ; mais pour
faire répondre ce nombre à 1 seconde, il faut le diviser par $5\frac{1}{2}$.

Cela supposé, nous pouvons faire très-aisément
usage de nos autres formules. Proposons-nous pour
exemple une corde qui étant de 300 pieds de longueur,
pese 30 livres, & qui est chargée par les deux extrêmités de deux poids qui pesent ensemble 20 livres :
nous supposerons de plus qu'il s'en manque d'abord
2 livres que les deux poids & les deux parties de la

Figure 44.

corde ne soient en équilibre. Nous demandons combien il faut de temps à la partie la plus pesante pour descendre de $241\frac{1}{3}$ pieds ?

La masse totale dans cet exemple est de 50 livres ; & pour réduire toutes nos données à la même dénominations, nous devons chercher à quelle longueur de la corde se rapportent les 50 livres, à proportion des 30 livres que pesent les 300 pieds de longueur de corde. On trouve 500 pieds ; & nous prendrons donc ce nombre pour la valeur de M. Nous aurons par la même raison 20 pour la valeur de F, parce que F est de deux livres, & que ce poids est égal à celui de 20 pieds de longueur de corde. Ainsi nous avons $M = 500$; $F = 20$ & $s = 241\frac{1}{3}$, parce que nous voulons savoir combien il faut de temps pour une chûte de $241\frac{1}{3}$ pieds. Ce sont ces valeurs qu'il faut introduire dans la formule

$$t = \sqrt{\tfrac{1}{2}M} \times L\, \frac{\sqrt{Fs + s^2} + \tfrac{1}{2}F + s}{\tfrac{1}{2}F}.$$

Nous devons remarquer outre cela que les logarithmes que fournissent les tables ordinaires sont censés tirés d'une logarithmique dont la soutangente est 4342945 ; au lieu que lorsque nous avons passé plus haut des différentielles logarithmiques aux logarithmes, nous avons supposé que la soutangente étoit égale à l'unité. Ainsi après avoir pris dans les Tables ordinaires l'excès du logarithme de $\sqrt{Fs + s^2} + \tfrac{1}{2}F + s$ sur celui de $\tfrac{1}{2}F$, nous sommes obligés de faire cette analogie, 4342945 est à l'excès trouvé, comme l'unité prise pour soutangente sera à la valeur de $L\, \dfrac{\sqrt{Fs + s^2} + \tfrac{1}{2}F + s}{\tfrac{1}{2}F}$ dont nous avons besoin. On la trouve d'environ 3.92 ; & si on la multiplie par $\sqrt{\tfrac{1}{2}M}$, il viendra à peu près 60.97 pour la valeur de t. Mais cette valeur a besoin d'être rectifiée sur les expériences déja faites ; & il faut, conformément à ce que nous avons vu, la diviser par $5\frac{1}{2}$.

Il nous vient 11 secondes pour la chûte de $241\frac{1}{3}$ pieds ;   Figure 44.
chûte qui ne demande que 4 secondes lorsqu'un grave
tombe d'une maniere parfaitement libre.

Si on veut avoir les vîtesses dans l'une & l'autre
chûte, il suffit de savoir qu'elles sont proportionnelles
aux ds. Nous avons trouvé pour la chûte libre, $dt = \dfrac{ds}{\sqrt{2s}}$;
ce qui nous donne $ds = dt\sqrt{2s}$. Mais pour la chûte que
produit la disposition de la figure 44, nous avons trouvé
$dt = \dfrac{\sqrt{\frac{1}{2}M \times ds}}{\sqrt{Fs + s^2}}$ dont nous tirons $ds = \dfrac{dt\sqrt{Fs + s^2}}{\sqrt{\frac{1}{2}M}} =$
$\dfrac{dt\sqrt{2Fs + 2s^2}}{\sqrt{M}}$. Ainsi à la fin des chûtes de même hau-
teur s, les vîtesses dans la chûte libre sont aux vîtesses
dans l'autre chûte, comme $\sqrt{2s}$ est à $\sqrt{\dfrac{2Fs + 2s^2}{M}}$ ou
comme 1 à $\sqrt{\dfrac{F + s}{M}}$. Lorsqu'un grave est tombé librement de $241\frac{1}{3}$ pieds, il a acquis une vîtesse à faire
121 pieds par seconde. Nous n'avons donc que cette
seconde analogie à faire ; l'unité est à 121 pieds comme
$\sqrt{\dfrac{F + s}{M}}$ est à environ $87\frac{1}{2}$ pieds.

CHAPITRE X.

Des Machines mues par l'action des hommes.

ON voit dans les Chapitres précédents de quelle
maniere se fait la génération du mouvement ; & il sera
très-facile d'appliquer à d'autres problêmes la méthode
que nous avons employée. Mais presque nulle machine n'est destinée à accélérer de plus en plus sa vîtesse.
Le frottement ou la diminution que souffre la force

qui les fait mouvoir, met des limites à l'accélération ; & leur vîteſſe devient, après très-peu de
temps, ſenſiblement uniforme. Nous ne devons pas
manquer de les conſidérer en cet état : nous y ſommes
d'autant plus obligés qu'elles s'y mettent encore plus
promptement, lorſqu'elles ſont mues par l'effort des
hommes, qui ne peuvent jamais agir qu'avec une certaine vîteſſe. Nous nous attacherons à deux différents
exemples. Nous parlerons d'abord des grandes roues
ou tympans, dont on fait un fréquent uſage dans les
Ports de mer & ailleurs, pour élever les fardeaux en
faiſant marcher des hommes au dedans de ces roues.
Nous examinerons en ſecond lieu les cabeſtans pendant
qu'on s'en ſert ſur les Vaiſſeaux pour lever l'ancre.

I.

De la vîteſſe que prennent les Roues ou Tympans dans leſquels on fait marcher des hommes.

Supposons qu'un ſeül homme marche dans une
grande roue qui ſoutient un fardeau de 525 livres, ſuſpendu par une corde qui enveloppe l'axe de la roue,
& ſuppoſons que cet axe ait 2 pieds de diametre. Si
cet homme peſe 150 livres, & s'il ne s'éloignoit d'abord que de $3\frac{1}{2}$ pieds du bas de la roue, ou plutôt
de la verticale qui paſſe par le centre, ſa peſanteur
ſeroit en équilibre avec le fardeau ; & par conſéquent
le fardeau ſuppoſé d'abord en repos ne s'éleveroit pas.
Mais l'homme qui veüt faire monter le fardeau, marchera dans la roue en ſe ſervant des eſpeces de marches qu'on y a pratiquées ; il s'éloignera de 4 pieds
ou de $4\frac{1}{2}$ pieds de la verticale qui paſſe par le centre,
& comme ſa peſanteur agira enſuite avec un plus long
bras de levier, elle l'emportera ſur celle du fardeau ;

& la machine commencera à tourner.

Il ne faut pas compter dans cette rencontre toute la pesanteur de l'homme, car il y en a une partie qui est comme détruite. Il faudroit $116\frac{2}{3}$ livres situées à $4\frac{1}{2}$ pieds de distance pour faire équilibre avec le fardeau. C'est ce qu'on trouve par cette analogie; $4\frac{1}{2}$ pieds, un des bras de levier, est à 525 livres, pesanteur du fardeau, comme 1 pied longueur de l'autre bras de levier est à $116\frac{2}{3}$ livres. Mais puisque l'homme pèse 150 livres, il y a $33\frac{1}{3}$ livres d'excès, lesquelles forment la force accélératrice, ou la pesanteur que nous avons nommée artificielle. Il nous reste actuellement à connoître la masse qu'il s'agit de mouvoir.

Le fardeau ne prend que peu de vîtesse en montant, parce que la corde qui le soutient enveloppe l'axe qui n'a qu'un pied de rayon. Mais si au lieu de ce fardeau nous en imaginons un autre dont nous supposions que la direction passe à $4\frac{1}{2}$ pieds du centre, & que nous souhaitions que son inertie ou sa masse produise le même effet que celle du fardeau, il faudra d'abord le rendre $4\frac{1}{2}$ fois plus petit, parce qu'il prendroit $4\frac{1}{2}$ fois plus de vîtesse; & il faudra le diminuer encore $4\frac{1}{2}$ fois, parce que le même mouvement étant appliqué à $4\frac{1}{2}$ fois plus de distance du centre, résiste $4\frac{1}{2}$ fois davantage. Ainsi au lieu du fardeau qui pèse 525 livres, nous n'avons qu'à imaginer une masse de $25\frac{24}{27}$ livres à la distance de $4\frac{1}{2}$ pieds du centre, & elle sera exactement équivalente au fardeau quant à la réception du mouvement ou au moment de la résistance que fera ce mouvement. Nous pouvons aussi imaginer à la distance de $4\frac{1}{2}$ pieds du centre une masse équivalente à toute la roue. Mais comme elle pèse beaucoup, & que toutes les parties de sa circonférence sont fort éloignées du centre, qu'elles prennent une très-grande vîtesse, & que le moment de la résistance de ce mouvement est très-grand, il faudra, pour tenir lieu de la roue, imaginer une maſſe d'autant plus grande que le quarré des diſtances au centre eſt plus grand que le quarré de $4\frac{1}{2}$ pieds. Peut-être qu'il faudra feindre une maſſe de plus de 15000 livres, qu'on augmentera de $25\frac{21}{27}$ livres auxquelles ſe réduit le fardeau. Nous prenons 15000 livres pour le tout; & ce ſera donc la maſſe qui doit être mue par les $33\frac{1}{3}$ livres de force accélératrice.

Ainſi la roue doit prendre très-peu de vîteſſe en comparaiſon de la vîteſſe que reçoivent les graves qui tombent librement par l'action de leur peſanteur. La maſſe à mouvoir eſt ici 15000 livres, & la peſanteur artificielle qui lui donne du mouvement n'eſt que $33\frac{1}{3}$ livres. Nous n'avons après cela qu'à voir combien $33\frac{1}{3}$ livres ſont contenues de fois dans 15000 livres, & nous ſaurons combien les vîteſſes de la roue doivent être moindres que celles du grave dans ſa chûte libre. La Table du Chapitre II nous apprend qu'à la fin d'une minute, un grave a une vîteſſe à parcourir 1810 pieds dans une ſeconde. Mais ſelon cela la roue de notre machine ne doit avoir que $4\frac{1}{45}$ pieds de vîteſſe; ce que nous apprend l'analogie ſuivante: 15000 ſont à $33\frac{1}{3}$ comme les vîteſſes marquées dans la Table ſont à celles de la roue. Il faut remarquer que cette vîteſſe eſt celle de la roue à $4\frac{1}{2}$ pieds du centre, & qu'à un pied elle ſera plus petite dans le rapport de $4\frac{1}{2}$ à 1. Le fardeau n'aura donc en montant qu'environ 10 pouces 9 lignes de vîteſſe par ſeconde à la fin de la premiere minute.

Ce même fardeau auroit monté en tout pendant ce temps-là d'environ $26\frac{16}{27}$ pieds: car les graves qui tombent librement parcourent dans ce même temps 54300 pieds, & outre qu'il faut d'abord diminuer cet eſpace dans le rapport que la force accélératrice $33\frac{1}{3}$ eſt moindre que la maſſe à mouvoir 15000, ce qui donne $120\frac{2}{3}$ pieds, il faut encore diminuer l'eſpace

parcouru

parcouru dans le rapport de $4\frac{1}{2}$ à 1 à caufe du peu de groffeur de l'axe de la roue. Il vient donc $26\frac{16}{17}$ pieds pour le chemin que fait le fardeau en montant pendant la premiere minute. On peut trouver de la même maniere la quantité dont il s'éleve en tout autre temps, auffi-tôt qu'on connoît toutes les dimenfions de la machine, & qu'on fait en quel endroit de la roue l'homme fe fixe.

Quant à la circonférence du tympan, elle prend beaucoup plus de vîteffe. Les points de la roue qui font à $4\frac{1}{2}$ pieds du centre, parcourent $4\frac{1}{17}$ pieds par feconde à la fin de la premiere minute, dans les fuppofitions que nous avons faites. Il eft évident que les points plus éloignés doivent fe mouvoir plus vîte. Peut-être que chaque point de la circonférence parcourra 9 ou 10 pieds ou davantage. Mais il faudroit que l'homme marchât avec la même vîteffe pour fe main-tenir dans la même place à $4\frac{1}{2}$ pieds de diftance du bas de la roue ou de la verticale qui paffe par le centre ; & comme cette vîteffe eft fort grande, principalement lorfqu'on marche en montant dans un efcalier très-roide, l'homme fera bien-tôt obligé d'aller moins vîte ; il reculera, entraîné par la roue qui tourne dans un fens contraire, & il s'approchera du point le plus bas. S'il reftoit toujours à $4\frac{1}{2}$ pieds de diftance, la vîteffe s'accélérant de plus en plus, il faudroit qu'il pré-cipitât auffi toujours fes pas de plus en plus. Ainfi il ne doit pas tarder à modérer fa marche ou à refter en arriere, fuppofé qu'il ait pu marcher fi vîte d'abord. Mais s'il s'arrête précifément à $3\frac{1}{2}$ pieds de diftance de la verticale qui paffe par le centre de la roue, où fa pefanteur eft exactement en équilibre avec le far-deau, le mouvement ne s'accélérera plus, le fardeau montera déformais d'un mouvement uniforme avec la vîteffe déja acquife, & le manœuvre n'aura plus qu'à marcher d'un pas égal pour entretenir le mouvement

S

ou pour réparer les degrés de perte qu'y cauſeroit d'inſtant en inſtant la peſanteur du fardeau.

On voit donc que la vîteſſe que prend la machine que nous ſuppoſons toujours diſpoſée de la même maniere & chargée du même poids, dépend, 1°. de la quantité dont les hommes qui marchent dans la roue vont au-delà du point où leur peſanteur fait équilibre avec le fardeau. On voit que cette vîteſſe dépend 2°. du temps pendant lequel ces hommes conſervent la premiere ardeur de leur travail. S'ils pouvoient, en doublant le pas, ſe maintenir encore pendant une autre minute à $4\frac{1}{2}$ pieds du bas de la roue ou de la verticale qui paſſe par le centre, la force accélératrice s'exerçant deux fois plus de temps, le mouvement de la machine deviendroit deux fois plus rapide, & le fardeau parcourroit, en montant, un eſpace quatre fois plus grand, conformément à ce que nous avons établi dans le Chapitre II ; il ſe trouveroit élevé de plus de 106 pieds. Les manœuvres ne pouvant pas marcher aſſez vîte, ralentiſſent leurs pas néceſſairement ; ce ſera quelquefois au bout de 20 ou 30 ſecondes, & d'autres fois à la fin d'une minute ou de deux ſelon la conſtruction de la machine & la diſpoſition des manœuvres à marcher en montant. Mais auſſitôt, nous le répétons, que leur peſanteur ſera ſimplement en équilibre avec celle du fardeau, le mouvement ceſſera de s'accélérer ; la machine tournera avec le mouvement qu'elle aura acquis, & elle le conſervera ; parce que ſi le fardeau tend à le diminuer, le poids des hommes fera de l'autre côté un effet contraire abſolument égal.

Lorſque nous diſons que pendant le mouvement uniforme de la machine, il y a équilibre entre le poids des hommes & celui du fardeau, nous négligeons le frottement dont l'effet eſt en déduction par rapport au poids des hommes. Nous devons encore remarquer que le mouvement de la roue n'eſt jamais abſolument uni-

forme: car il y a une petite augmentation de vîtesse,
& ensuite une petite diminution à chaque pas que font
les manœuvres: ce qui vient de ce que leur centre de
gravité ne reste pas exactement dans la même place,
& de ce qu'il avance & ensuite recule. La même chose
arrive dans presque toutes les autres machines: leur
mouvement qu'on regarde comme égal souffre de ces
alternatives, mais qui peuvent être extrêmement petites.

I I.

De la vîtesse que peut prendre l'Ancre en montant, lorsqu'on la leve en se servant du cabestan.

Nous nous proposerons pour second exemple le
cabestan, lorsque plusieurs matelots le font tourner
pour lever l'ancre ou pour élever quelqu'autre poids.
Le premier effort est fort grand, parce que les matelots ne sont point encore obligés de marcher, &
que restant chacun dans la même place, ils ont le temps
de fixer solidement leurs pieds & d'exercer toûte leur
force contre les barres ou contre les leviers qui entrent
dans la tête du cabestan. Chaque matelot poussera
peut-être d'abord avec une force de 50 ou de 60 livres;
mais si ce grand effort produit son effet, si l'ancre se
dégage du fond de la mer & s'éleve, en prenant une
vîtesse qui ira en augmentant, il faudra que les matelots marchent de plus vîte en plus vîte; & comme ils
n'auront plus ensuite le temps de s'arcbouter, pour
ainsi dire, contre le tillac ou contre le pont sur lequel
ils marchent, leur effort deviendra beaucoup moindre.
Il ne faut pas regarder leur propre mouvement, ou le
produit de leur vîtesse par leur propre masse, comme
une force qu'ils puissent employer contre les barres:
car ce mouvement ils le conservent; ils en ont besoin

S ij

pour suivre le cabestan qui tourne , & un corps n'agit jamais par son mouvement que lorsqu'il le perd au moins en partie , comme nous le verrons encore mieux dans les Chapitres suivants. La vîtesse des matelots doit donc causer une diminution considérable à leur effort , puisqu'elle ne leur laisse pas la liberté de se roidir contre les barres.

Tant qu'ils pousseront avec plus de force qu'il n'en faudra pour faire équilibre avec la pesanteur de l'ancre & pour vaincre les frottements , la vîtesse s'accélérera , l'excès de l'effort faisant naître sans cesse un nouveau mouvement. La masse à mouvoir sera formée de la masse de l'ancre , de celle du cable & de celle du cabestan même avec ses barres ; mais rien n'empêche de substituer à cette masse par la pensée une autre masse qu'on imaginera à la même distance du cabestan que les matelots , conformément à la méthode que nous avons déja employée plusieurs fois. La masse à mouvoir va en diminuant à cause de la partie du cable , qui rentre continuellement dans le Vaisseau ; mais la force accélératrice diminue encore plus subitement , & il n'est pas permis de négliger cette diminution comme l'autre. L'effort que font les matelots devenant plus foible à mesure qu'ils marchent plus vîte , il se trouve bientôt sensiblement en équilibre avec la pesanteur de l'ancre. Alors les matelots n'employent plus leur force qu'à soutenir la pesanteur de l'ancre , ou à empêcher qu'elle ne détruise quelques degrés du mouvement déja acquis. La pesanteur de l'ancre tend continuellement à le ralentir ; & l'action des matelots s'oppose à ce mauvais effet.

On juge assez qu'il seroit très-important de savoir selon quelle loi la force des hommes diminue à mesure qu'ils agissent avec plus de promptitude. Nous employerons une supposition qui ne s'éloigne peut-être pas beaucoup de la vérité : nous nous imaginerons

qu'un matelot allant deux ou trois fois plus vîte, son
effort reçoit une diminution deux ou trois fois plus
grande. Si on admet cette hypothese que nous ne proposons néanmoins qu'en attendant que nous ayons
quelque chose de mieux sur ce sujet, on trouvera que,
pour donner le plus grand mouvement uniforme possible au cabestan, il faut que les matelots se servent de
barres assez longues pour soutenir, lorsqu'ils ne marchent
pas, un poids double de celui qu'ils veulent élever. Un
certain nombre de matelots, par exemple, est obligé
de se mettre à 5 pieds de distance du cabestan pour soulever l'ancre & vaincre les frottements; il faudra pour
rendre la vîtesse uniforme la plus grande qu'il est possible, que ces mêmes matelots agissent sur des leviers
encore plus longs de 5 pieds.

Si nous nommons f l'effort dont les hommes font ordinairement capables lorsqu'ils n'en perdent aucune
partie par la promptitude de leur marche, & que dé-
signant par e la vîtesse qui leur fait perdre tout l'exercice de leur force, nous nommions u leur vîtesse
actuelle ou le nombre de pieds ou de pouces qu'ils
parcourent dans une seconde, nous aurons $f - \frac{fu}{e}$
pour l'expression générale de l'effort que nous pouvons
faire selon l'hypothese exposée. Cet effort étant multiplié par le bras de levier que nous désignerons par z,
il nous viendra $fz - \frac{fuz}{e}$ pour le moment, qui, comme
on vient de le voir, doit être égal au moment de la
pesanteur de l'ancre dans l'eau, lorsque le mouvement
est déja rendu sensiblement uniforme. Ainsi nommant
P le poids de l'ancre dans l'eau & b le rayon du cabestan, nous aurons $P b = fz - \frac{fuz}{e}$.

Mais si les matelots étoient en repos, ils auroient
beaucoup plus de force, & il ne seroit pas necessaire
qu'ils se servissent de leviers si longs pour soutenir la

pesanteur de l'ancre. Ils feroient un effort exprimé par f; & si le bras de levier plus court avec lequel ils agiroient alors étoit c, on auroit $bP = cf$. La longueur de ce bras c de levier qui suffit dans le cas du repos des matelots, doit être donnée par l'expérience; mais les moments cf & $fz - \frac{fuz}{e}$ étant l'un & l'autre égal à bP, nous aurons l'équation $cf = fz - \frac{fuz}{e}$ dont nous déduirons $u = e - \frac{ce}{z}$ pour la vîtesse des matelots, & nous n'aurons donc plus qu'une simple analogie à faire pour avoir la vîtesse de l'ancre : le bras de levier z est à la vîtesse $u = e - \frac{ce}{z}$ des matelots, comme le rayon b du cabestan est à un quatrieme terme $\frac{be}{z} - \frac{bce}{z^2}$ qui nous marquera en grandeurs, que nous pourrons regarder comme connues, la vîtesse de l'ancre lorsqu'elle monte déja d'un mouvement sensiblement uniforme.

On ne se borne pas ici à connoître cette vîtesse ; on veut qu'elle soit la plus grande qu'il est possible. Il faut pour cela différentier son expression & l'égaler à zéro. On aura $-\frac{e\,dz}{z^2} + \frac{2c e\,dz}{z^3} = 0$, dont on tire $z = 2c$ qui fournit la condition essentielle du *maximum*, & qui prouve en même temps qu'afin que le mouvement devienne plus grand, il faut que la force qu'on emploie d'abord soit exactement double de celle qui est absolument nécessaire. Enfin si on introduit $2c$ à la place de z dans l'équation $u = e - \frac{ce}{z}$ il viendra $\frac{1}{2}e$ pour la vîtesse uniforme des matelots ; ainsi ils prennent alors la moitié de celle qui épuiseroit toute leur force ou qui les priveroit d'action contre les barres, & il suit de-là que s'ils faisoient un effort de 50 à 52 livres lorsqu'ils ne marchoient pas, ils n'en font plus qu'un de 25 à 26 livres, lorsqu'ils portent la vîtesse du mouvement uniforme du cabeſtan à ſon plus haut degré. L'expreſſion générale $\frac{be}{z} - \frac{bce}{z^2}$ de la vîteſſe de l'ancre ſe réduira en même temps à $\frac{be}{4c}$, qui eſt donc la plus grande vîteſſe de toutes celles que peut prendre l'ancre. Suppoſé que les matelots s'approchaſ-ſent davantage du cabeſtan, ils pourroient employer, il eſt vrai, une plus grande partie de leur force abſo-lue, parce qu'ils marcheroient moins vîte, mais elle ſeroit ſituée moins avantageuſement étant appliquée à un bras de levier trop court. Si on plaçoit au contraire les matelots à une diſtance du cabeſtan plus grande que $2c$, on gagneroit par la longueur des leviers ; mais on perdroit davantage du côté de la force, parce que les matelots étant obligés de marcher beaucoup plus vîte, agiroient enſuite plus foiblement.

On formera une autre hypotheſe plus ſuſceptible d'exactitude, en exprimant la force des hommes par $\frac{kf - hu}{k + u}$ pendant que f déſignera toujours l'effort de l'homme en repos, & que k & h ſeront deux conſtan-tes qui ne ſeront pas difficiles à déterminer. On aura toujours $Pb = fc$, & comme on aura auſſi $Pb = \frac{kfz - huz}{k + u}$ en comparant les moments du poids P & de l'effort des matelots en mouvement, on en inférera $fc = \frac{kfz - huz}{k + u}$ dont on tirera $u = \frac{kfz - hcf}{cf + hz}$ pour la vîteſſe des mate-lots. On aura donc $\frac{bkfz - bckf}{cfz + hz^2}$ pour celle de l'ancre ; & ſi on en fait un *maximum* il viendra $z = 2c + \frac{cf}{k}$ qui lorſque k ſera très-grande par rapport à f, ne dif-férera que très-peu de la valeur $2c$ trouvée précé-demment.

Au ſurplus, on auroit beſoin de trois expériences dans cette ſeconde hypotheſe pour fixer les quantités f, k & h, qui entrent dans l'expreſſion générale

$\frac{kf - hu}{k + u}$. L'effort que fait un homme lorfqu'il eft en repos ou lorfque $u = 0$ donneroit immédiatement f qui en eft alors l'expreffion. La vîteffe qui met cet homme au point de ne pouvoir plus agir, étant défignée par e, & fubftituée à la place de u, on auroit $\frac{kf - he}{k + e} = 0$. Enfin une troifieme expérience faite lorfque le même homme agiroit avec une vîteffe connue ε moindre que la derniere, donneroit une valeur particuliere de $\frac{kf - hu}{k + u}$ & ne laifferoit plus rien d'indéterminé. Suppofé que l'expérience donnât φ pour l'effort de l'homme qui agit avec cette vîteffe ε, on auroit $\frac{kf - h\varepsilon}{k + \varepsilon} = \varphi$. On tireroit de la combinaifon des deux équations $\frac{kf - he}{k + e} = 0$ & $\frac{kf - h\varepsilon}{k + \varepsilon} = \varphi$, les valeurs de k & de h qui feroient $k = \frac{e\varphi\varepsilon}{fe - e\varphi - \varepsilon f}$ & $h = \frac{f\varphi\varepsilon}{fe - e\varphi - f\varepsilon}$; & les introduifant dans $\frac{kf - hu}{k + u}$, on auroit $\frac{f\varphi\varepsilon \times \overline{e - u}}{e\varphi\varepsilon + \overline{fe - e\varphi - f\varepsilon} \times u}$ pour l'expreffion générale de l'effort que fait un homme qui agit avec la vîteffe u. Dans cette même expreffion, f marque l'effort dont cet homme eft capable lorfqu'il eft en repos, e la vîteffe qui eft affez grande pour l'empêcher d'exercer aucune partie de fa force, & φ l'effort qu'il peut faire en agiffant avec la vîteffe moyenne ε.

CHAPITRE

CHAPITRE XI.

Du mouvement que les Corps se communiquent par le choc, & premierement ceux qui sont dénués de ressort.

LES corps inanimés auxquels nous revenons, peuvent agir les uns contre les autres, non-seulement par leur pesanteur, ils peuvent encore se frapper avec force, lorsqu'ils ont acquis avant le choc une grande vîtesse. Ils se communiquent alors du mouvement tout à coup. Nous les considérerons ici & dans les Chapitres suivants comme ayant toute leur inertie; mais ils seront censés dépouillés de leur pesanteur. Ils seront suspendus à la maniere des pendules, ou bien ils glisseront sur des plans horisontaux parfaitement unis qui soutiendront tout leur poids, ou bien ils flotteront sur une eau tranquille.

I.

Une regle qui n'est jamais violée, c'est qu'un corps ne donne du mouvement qu'autant qu'il en perd. Nos Lecteurs savent que la quantité du mouvement est le produit de la masse d'un corps par sa vîtesse, & ils savent aussi qu'un corps qui reçoit du mouvement ne le prend pas sans résister. Cette résistance se fait ressentir à l'autre corps qui communique le mouvement, & il faut qu'il la vainque. Ce premier corps oppose à cette résistance, la difficulté qu'il fait lui-même à perdre quelque partie de sa vîtesse, & il se trouve équilibre ou égalité entre les deux résistances, lorsque les deux

T

mouvements font égaux entr'eux; celui qui eft acquis d'un côté, & celui qui eft perdu de l'autre.

Il fuit de-là que fi deux corps qui ont une égale quantité de mouvement, vont fe frapper en fens directement contraire, ils refteront mutuellement en repos. L'un de ces corps a, par exemple, huit fois plus de maffe que l'autre, mais d'un autre côté, il fe meut huit fois moins vîte, ils auront la même quantité de mouvement ou la même force, & il n'y aura aucune raifon pour que l'un des deux l'emporte fur l'autre. Chacun perdra donc par le choc tout le mouvement qu'il avoit; mais il ne le peut perdre qu'en réfiftant, & cette réfiftance détruira tout le mouvement de l'autre. Ainfi les deux corps refteront immobiles.

Mais fi un des corps qui avance vers l'autre a plus de mouvement, il eft fenfible que les mouvements égaux & contraires de part & d'autre fe détruiront, & que le corps le plus fort n'agira enfuite contre l'autre qu'avec l'excès de fon mouvement. L'un de ces corps a, par exemple, 12 degrés de mouvement, & l'autre n'en a que 7. Le premier corps a 6 degrés de maffe & 2 de vîteffe; au lieu que le fecond n'a qu'un degré de maffe & il a 7 degrés de vîteffe. Le premier de ces corps fera plus fort que le fecond; mais dans le choc, il doit perdre 7 degrés de fon mouvement qui feront détruits par les 7 degrés de mouvement contraire du fecond.

Nous ne devons donc plus compter fur ces 7 degrés qui font anéantis réciproquement de part & d'autre par leur égalité & leur oppofition. Mais il refte après cela 5 degrés de mouvement au premier corps; & ce mouvement le met en état d'agir contre le fecond en le pouffant: ils marcheront de compagnie, en ne formant, pour ainfi dire, qu'une feule maffe qui aura 3 degrés. Cette réunion de deux corps fera donc qu'ils partageront entr'eux les cinq degrés de mouvement proportionellement à leur maffe particuliere; & quant à

leur vîteffe commune, elle fera précifément de $1\frac{2}{3}$
degrés; puifqu'en divifant les 5 degrés de mouvement
par trois degrés de maffe, il vient $1\frac{2}{3}$ au quotient qui
nous marque la vîteffe commune.

La même regle fervira, quoique le cas foit différent,
fi les deux corps qui fe frappent vont dans le même
fens. Il faut que le poftérieur ait plus de vîteffe que
l'antérieur pour pouvoir l'atteindre, & alors il n'y aura
point de deftruction de mouvement, il y en aura fimplement une nouvelle diftribution. Le corps poftérieur
agit contre l'autre avec l'excès de fa vîteffe; il doit le
faire marcher plus vîte, & après le choc ils doivent
aller de compagnie, comme s'ils ne formoient qu'une
feule maffe. Ainfi l'excès du mouvement du mobile
poftérieur doit fe partager entre lui & le corps antérieur
proportionnellement aux maffes, ou fi on veut trouver
le réfultat du choc par une opération plus fimple, il n'y
a qu'à diftribuer tout le mouvement des deux corps à la
fomme de leur maffe, & on aura leur vîteffe commune.

Le corps poftérieur a, par exemple, 3 degrés de maffe
avec 5 degrés de vîteffe, & il atteint un autre corps qui
n'ayant qu'un degré de maffe & un degré de vîteffe,
fe meut exactement dans le même fens. Il n'y a point
ici de mouvement contraire; mais le mobile poftérieur
a 15 degrés de mouvement, produit de fa maffe 3 par
fa vîteffe 5; & le mobile antérieur n'a qu'un degré de
mouvement, produit d'un de maffe par un de vîteffe.
Ces deux mouvements fe joignent; ils forment enfemble
16 degrés, & ils font à diftribuer aux 4 degrés de la
maffe totale des deux corps qui, après le choc, fe meuvent de compagnie. Je divife donc 16 par 4; & il me
vient 4 pour la vîteffe des deux corps; vîteffe dont la
direction ne differe pas de la premiere.

Que la quantité de mouvement dans le même sens est égale avant & après le choc, & que le centre de gravité des deux corps se meut toujours avec la même vîtesse.

L'ÉGALITÉ de mouvements entre celui que reçoit un des corps & celui que perd l'autre, donne occasion de faire une remarque qui est fort importante. C'est que la quantité de mouvement dans le même sens reste toujours la même. Si les deux corps se meuvent dans le même sens, leur mouvement se joignent ensemble, & si les deux mobiles se meuvent en sens contraires, le plus foible ne peut pas perdre son mouvement sans détruire une quantité de mouvement égale à la sienne; mais ces deux mouvements contraires étoient déja comme nuls si on les considere ensemble; ils formoient le zéro de mouvement par rapport à une certaine détermination. Un des corps en avançant, par exemple, vers l'Orient a 12 degrés de mouvement, & l'autre qui alloit vers l'Occident en avoit 7; ce n'est réellement que 5 degrés de mouvement vers l'Orient lorsqu'on considere ces deux corps à la fois; & c'est cette même quantité de mouvement qui subsiste après le choc.

Une autre propriété du mouvement qui est encore extrêmement remarquable, c'est que le centre de gravité des deux mobiles se meut toujours avec la même vîtesse avant & après le choc. Les corps A & B de la figure 47 font, par exemple, d'une égale masse, & le premier va choquer avec 2 degrés de vîtesse le second qui est en repos. Le mouvement du premier se partagera entre les deux corps, & se partagera également, puisque les deux corps sont de masses égales. Ainsi ils iront de compagnie chacun avec un degré de vîtesse,

& ce sera aussi la vîtesse de leur centre de gravité commun. Mais avant le choc, la vîtesse de leur centre de gravité étoit déja la même. Car lorsque les deux corps étoient à la distance AB l'un de l'autre, le centre de gravité étoit en G au milieu de cet intervalle ; & à mesure que le corps A s'approchoit de B, le centre de gravité G avançoit aussi vers B, en se trouvant toujours au milieu de l'intervalle. Ainsi le centre de gravité G des deux corps ne parcourt que GB pendant que le corps A parcourt AB, & par conséquent ce centre a la moitié de la vîtesse qu'avoit le corps A avant le choc, c'est-à-dire, qu'il n'a qu'un degré de vîtesse ; & c'est aussi celle qu'il a encore après le choc, puisque les deux corps n'ont que la moitié de la vîtesse qu'avoit le corps A.

Prenons pour autre exemple deux corps A & B (*Fig.* 48) qui vont à la rencontre l'un de l'autre avec des quantités de mouvement égales. Ils se réduiront l'un & l'autre au repos. Ainsi leur centre de gravité n'aura aucune vîtesse après le choc; mais c'étoit exactement la même chose auparavant. Si le corps A a cinq ou six fois plus de masse que le corps B, le centre de gravité commun G de ces deux corps sera cinq ou six fois plus voisin du premier que du second, c'est-à-dire, que l'intervalle BG sera cinq ou six fois plus grand que AG. Mais puisque les deux mobiles ont la même quantité de mouvement l'un que l'autre, il faut que le corps B ait sa vîtesse d'autant plus grande que la masse est plus petite; c'est-à-dire, que les vîtesses des deux mobiles seront en même raison que AG & BG. Ainsi lorsque le premier mobile sera parvenu au milieu de AG, le mobile B sera parvenu au milieu de BG ; lorsque le premier mobile sera arrivé aux trois quarts de AG, le second mobile sera parvenu aussi aux trois quarts de BG. Mais il s'ensuivra de-là que leur centre de gravité G sera toujours dans le même endroit; & on voit donc que ce point qui ne se meut point après le

Figure 47.

Figure 48.

choc, puisque les deux corps restent en repos, ne se mouvoit pas non plus avant le choc.

Il est un peu plus difficile de s'assurer de la même vérité dans tous les autres cas; mais on y réussira avec quelque petit appareil de Géométrie. On trouvera que la vîtesse du centre de gravité commun de deux ou de plusieurs corps qui se frappent n'est sujette à aucun changement. Si ce centre étoit en repos, il y reste; & s'il avoit une certaine vîtesse, il se meut toujours avec la même & sur la même direction.

I I.

Du choc des corps à ressort.

LES mobiles que nous venons de considérer sont dénués de ressort ou sont mous. Tels sont un très-grand nombre de corps; mais plusieurs autres ont du ressort; ils se compriment lorsqu'on les frappe, & ils rendent, en se restituant avec force dans leur premier état, presque toute la vîtesse avec laquelle on les avoit frappés. Si on laisse tomber une boule de verre sur une grosse masse de même matiere, elle est repoussée avec une vîtesse qui ne differe toujours que d'environ une seizieme partie de la premiere. Ainsi le ressort du verre n'est pas absolument parfait; mais il l'est beaucoup plus que celui de la plupart des autres corps qui ne rendent qu'une moindre partie de la vîtesse ou du mouvement avec lequel ils ont été frappés.

Le résultat du choc de ces sortes de corps est très-différent de celui des corps mous; mais il en est une suite. Lorsque deux corps se frappent & qu'ils sont à ressort, ils se compriment avec force pendant qu'ils se communiquent du mouvement. Cette communication se fait conformément aux loix que nous venons d'expliquer. Mais dans l'instant que les deux corps vont de compagnie & qu'ils ceſſent d'agir l'un ſur l'autre par leur premier mouvement, leur reſſort qui avoit été comprimé, commence à ſe débander, & il produit un effet qui répond parfaitement à la grandeur de la compreſſion, à la force du choc, ou au changement fait dans le mouvement. Ainſi, ſuppoſé qu'un corps à reſſort ait perdu ou reçu dix degrés de mouvement ou de vîteſſe par le choc, ſon reſſort aura été comprimé à proportion de ce mouvement; & lorſqu'il ſe débandera, il produira dans le mouvement du corps un changement égal ou proportionnel au premier. Le corps a-t-il reçu du mouvement, il en recevra encore; il en perdra au contraire s'il en a déja perdu, & ce ſecond changement ſera toujours égal ou moindre que le premier, ſelon que le reſſort ſera parfait ou imparfait.

Pour éclaircir ceci par un exemple, ſuppoſons que deux corps *A* & *B* ſont de maſſes égales, qu'ils ont un reſſort abſolument parfait, & que le premier va rencontrer avec deux degrés de vîteſſe le ſecond qui eſt en repos. Les deux corps étant de maſſes égales & le ſecond étant en repos, le premier lui imprimera la moitié de ſon mouvement, & ils iront l'un & l'autre avec un degré de vîteſſe par le premier effet du choc. Mais pendant la communication du mouvement les deux corps ſe compriment réciproquement, ils mettent leur reſſort en action, & ſi ce reſſort eſt abſolument parfait, il doit opérer dans le mouvement de chaque corps un changement préciſément égal au premier. Ainſi le corps *A* qui avoit d'abord 2 degrés de vîteſſe, & qui en a perdu un, en perdra encore un & reſtera donc enſuite en repos. Le corps *B* au contraire qui étoit en repos & qui a pris un degré de vîteſſe par le choc, en recevra encore un autre par l'action de ſon reſſort, de ſorte qu'il aura enſuite 2 degrés de vîteſſe; & il ſe trouvera donc que les deux corps auront fait un échange parfait de leur premier état.

Nous venons de fuppofer que le reffort étoit parfait, quoiqu'il y ait tout lieu de croire qu'il n'y en a pas de tel dans la nature. Lorfque deux corps fe choquent & qu'ils fe compriment en s'applatiffant dans l'endroit frappé, une partie de l'effort eft employée à déplacer les parties folides du corps frappé, à les rapprocher les unes des autres, & le reffort n'eft comprimé par conféquent que par l'excès de la force. Si la compreffion s'étend fort loin dans le corps, il y aura eu beaucoup de force employée à mouvoir les parties folides les unes vers les autres; ainfi le reffort en fouffrira moins d'effort; & lorfqu'il fe reftituera, au lieu d'agir avec toute fa force contre l'agent extérieur, il en épuifera encore une partie à rétablir les molécules du corps dans leur premiere fituation refpective. Nous appercevons donc dans l'action du reffort deux caufes de diminution. Le reffort n'eft pas ordinairement preffé avec toute la force qui a été employée, & il ne rend pas encore toute la force réelle qui l'a mis en action. Il s'enfuivroit de-là qu'il n'y a point de corps à reffort abfolument parfait dans la nature. Leurs parties changent de fituation les unes par rapport aux autres jufqu'à une certaine profondeur, au lieu qu'il faudroit que le reffort fut d'une roideur infinie & que le dérangement des parties s'étendit infiniment peu, pour que le débandement fe fît exactement avec la même vîteffe que la compreffion.

Selon cette explication, les corps ne doivent pas recevoir par leur reffort dans la communication des mouvements, un changement égal au premier; mais feulement un changement proportionnel & moindre dans un certain rapport. Si nous reprenons un des exemples que nous nous fommes propofés ci-devant, celui dans lequel un des corps a 12 degrés de mouvement & va à la rencontre d'un autre corps qui a 7 degrés de mouvement, & fi nous fuppofons que leur ref-

fort

fort est à moitié parfait ; nous chercherons d'abord la
vîtesse de ces deux corps en les supposant mous. Nous
avons trouvé que le second comme moins fort, retour-
noit sur ses pas, & qu'ils alloient ensemble avec $1\frac{1}{3}$ degrés de vîtesse. Le premier corps avoit auparavant 2
degrés ; & il a perdu dans le choc $\frac{1}{3}$ de degré : ainsi son
ressort, en se débandant, lui fera perdre encore $\frac{1}{6}$ de
degré ; & il ne restera donc plus à ce mobile que $1\frac{1}{2}$
degrés de vîtesse. L'autre mobile qui avoit une vîtesse
de 7 degrés vers le premier & qui en rebroussant chemin en a pris une de $1\frac{1}{3}$ degrés en sens contraire, a
souffert un changement de $8\frac{1}{3}$ degrés, & son ressort à
demi-parfait ajoutera donc $4\frac{1}{6}$ degrés au $1\frac{1}{3}$ degrés ; ainsi
le choc étant entiérement accompli, ce second mo-
bile aura 6 degrés de vîtesse.

Au surplus les remarques que nous avons faites sur
la vîtesse constante du centre de gravité des deux corps
& sur l'égalité de mouvement dans le même sens ,
devant & après le choc, sont encore vraies, lorsque les
corps qui se choquent sont à ressort. Le mouvement
dans le même sens est toujours le même ; car si le ressort
qui agit ensuite du choc, ajoute quelques nouveaux
degrés de mouvemens à un des corps, il pousse l'autre
dans un sens contraire, & il diminue autant son mouvement qu'il a augmenté celui de l'autre. La vîtesse
du centre de gravité commun sera aussi toujours la même ; & elle sera nulle après le choc si le centre de
gravité étoit en repos avant le choc. Les corps *A* & *B*
de la figure 48 vont se frapper avec des vîtesses qui
sont en raison inverse de leurs masses ; ils vont se rencontrer dans le point *G* où se trouve leur centre de
gravité commun qui est alors en repos. Si ces deux
corps sont mous, ils resteront en repos après le choc ;
mais s'ils ont du ressort , chacun d'eux retournera sur ses
pas & sera, renvoyé avec une vîtesse proportionnelle
à celle qu'il avoit d'abord. Ils s'éloigneront donc tou-

V

jours dans le même rapport du point *G* en rebrouffant chemin, & leur centre de gravité confervera toujours exactement fa même place.

Que la pefanteur des corps ou leur tendance vers le centre de la terre n'altere en rien les loix de la communication des mouvements.

Nous joindrons encore ici une autre remarque qui eft trop importante pour que nous l'oubliïons. Nous avons fuppofé que les corps qui fe frappoient étoient foutenus fur un plan horifontal ; mais cette fuppofition n'étoit nullement néceffaire, nous n'avons eu en vue, en la faifant, que de moins partager notre attention. La pefanteur des corps ne change abfolument rien dans la maniere dont ils agiffent l'un fur l'autre avec des vîteffes réelles ou d'une grandeur finie. La pefanteur peut changer la vîteffe des corps avant qu'ils fe rencontrent, & elle peut altérer auffi leur vîteffe après le choc en répétant fon action, comme nous l'avons expliqué ci-devant. Mais pendant la durée même du choc, la pefanteur doit être incapable d'un effet fenfible, puifque le choc fe fait, pour ainfi dire dans un inftant. Ainfi lorfqu'un corps fe meut avec une vîteffe à faire 15 ou 20 pieds dans une feconde, il n'importe qu'il vienne frapper en deffous ou en deffus un autre corps en le pouffant vers le haut ou vers le bas, le choc doit produire toujours le même effet, & le fens de l'impulfion, par rapport à la direction de la pefanteur, ne doit y apporter aucune différence. Car il s'agit alors d'une vîteffe finie qui fe communique tout à coup & qui eft comme infiniment grande à l'égard de celle que la pefanteur peut imprimer dans un inftant ou dans un temps prodigieufement court.

CHAPITRE XII.
Du mouvement des corps qui se frappent obliquement.

I.

IL arrive souvent que les corps se frappent avec obliquité, & alors il faut décomposer leurs mouvements pour découvrir quel sera le résultat de leur choc. Le corps sphérique *A* (*Fig.* 49.) va, par exemple, frapper selon la direction *A a* & avec la vîtesse *A a*, le globe *B* qui est en repos. Je tire la tangente *E D* au point de la surface du globe qui sera frappé ; je forme ensuite par des paralleles *a H* & *A F* à cette tangente & des perpendiculaires *a F*, & *A H*, le rectangle *A H a F*. Le mouvement *A a* du corps choquant se trouvera après cela décomposé dans les deux mouvements *F a* & *H a ;* & il est évident que le choc ne se fera qu'avec le mouvement relatif *F a*, sans que l'autre partie du mouvement, le mouvement relatif *H a* contribue en rien à l'impulsion. Ainsi il n'y a qu'à considérer le mobile *A*, comme s'il n'avoit que la vîtesse *F a*. Il communiquera, conformément aux regles que nous avons vues, du mouvement au corps *B* selon *B L*, prolongement de *F a* ; & lui même il prendra une nouvelle direction *a α*, en satisfaisant en même-temps au mouvement relatif *H a*, ou *a K*, qui n'a pu recevoir d'altération par le choc, & au mouvement *a I* qui lui restera selon le prolongement de *F a*.

Le corps *B* étant en repos, il faudra distribuer à la somme des deux masses tout le mouvement qu'avoit le corps *A* selon *F a*. Et si le corps *B* est double de

Figure 49.

V ij

Figure 49.

A, la maffe totale fera triple de celle de A; par conféquent la vîteffe deviendra trois fois plus petite; le corps
A & le corps B n'auront après le choc, felon aL, que
le tiers de la vîteffe relative Fa. Pour avoir donc la
direction $a\alpha$ que fuivra ce premier globe après le choc,
nous n'avons qu'à, en prolongeant Ha, faire aK égale
à Ha; nous ferons enfuite aI égale au tiers de Fa,
& achevant le rectangle IK, fa diagonale $a\alpha$ nous
donnera la nouvelle direction du corps A & nous marquera auffi fa vîteffe.

Les chofes fe pafferont autrement fi les corps qui
fe frappent, ont du reffort, comme ils en ont fouvent
un peu. Si leur reffort eft à demi-parfait, le corps B
après avoir reçu par l'effet immédiat du choc une vîteffe égale à aI ou au tiers de Fa dans les fuppofitions
que nous avons faites, augmentera fa vîteffe de la moitié de aI par l'action de fon reffort. D'un autre côté
le corps A qui n'ayant plus que le tiers de la premiere
vîteffe en a perdu les deux tiers, fera, par la reftitution
de fon reffort qui le pouffera en arriere, une perte
égale à la moitié de la premiere. Ainfi il perdra tout
fon mouvement felon aL; & il ne lui reftera que le
feul mouvement latéral Ha, ou aK. Pendant que le
corps B ira donc felon BL avec une vîteffe égale au
tiers de Fa plus à la moitié de ce tiers, le corps A,
prendra en a la direction & la vîteffe aK.

I I.

Du choc d'un corps qui en frappe plufieurs
autres tout à la fois.

Si un corps en choque fucceffivement plufieurs, il
n'y aura qu'à examiner de fuite les effets de tous ces
chocs; mais fi un corps en frappe plufieurs tout à la
fois, il faudra quelque légere attention de plus de la

part du Méchanicien. Cependant la parfaite égalité
entre le mouvement acquis d'un côté & le mouvement
perdu de l'autre, fera toujours exactement obfervée.
L'exemple que nous allons mettre fous les yeux des
lecteurs, quoiqu'il paroîtra peut-être un peu étranger à
notre fujet, fixera encore mieux le vrai fens de cette
regle la plus générale de la Méchanique, ou de cette
partie, la Dynamique qui a pour principal objet l'action des corps les uns contre les autres lorfqu'ils font
en mouvement.

Nous fuppofons que le globe dont A (*fig.* 50.) eft   Figure 50.
le centre fe meuve avec la vîteffe AB, & nous voulons qu'en rencontrant à la fois en G & en H deux
autres globes qui font en repos, il change fa direction
& fa vîteffe en prenant la direction & la vîteffe AE.
La maffe du corps dont A eft le centre eft donnée ;
fes directions & fes vîteffes avant & après le choc font
également données. On a auffi les points G & H où
doit fe faire l'attouchement ou le choc. Mais on demande quelle maffe les deux globes frappés doivent
avoir pour que le mouvement du corps choquant A
reçoive le mouvement prefcrit ?

Les lignes droites AB, & AE marquent les vîteffes
& les directions du corps A avant & après le choc,
je tire une droite EB ; & ayant conduit AF parallele
& égale à cette ligne BE, j'acheve le parallélograme
$BAFE$, & AF me marque la vîteffe que le corps A
perd par le choc. Si on multiplie cette vîteffe par la
maffe du corps A, on aura le mouvement qu'il a perdu, ou pour nous expliquer autrement, on aura la
différence des deux mouvements felon AB & AE,
ou bien encore le changement qu'il a fallu qu'éprou-
vât le premier mouvement pour devenir le fecond.
Car il n'y a que le mouvement AF qui étant com-
biné avec AB, puiffe donner pour réfultat le mouvement AE. Si nous nommons A la maffe du corps A,

nous aurons $AF \times A$ pour le mouvement perdu de ce corps, pendant que $AB \times A$ exprimera le mouvement qu'avoit ce même corps avant le choc, & $AE \times A$ le mouvement qui lui reste après le choc.

Le produit $AF \times A$ de AF par la masse du corps A, nous marquant le mouvement que ce corps perd, nous marque aussi celui que doivent acquérir les deux globes frappés. Nous avons déja, pour ainsi dire, la vîtesse de ces corps; car elle est déterminée par la vîtesse avec laquelle le globe A se meut après le choc. Lorsque le centre de ce dernier corps passe de A en a, toutes les parties de sa surface avancent de la même quantité parallélement à AE. Les petites lignes Ll, Gg, Hh &c. sont donc toutes égales & paralleles entr'elles. Mais ces lignes que je suppose infiniment petites ne marquent pas les vîtesses avec lesquelles les corps frappés sont poussés. Le corps K n'est poussé qu'avec la vîtesse HP qui a le même rapport à Hh dans le petit triangle rectangle HPh que le sinus de l'angle h au sinus total. Mais puisque Hh est parallele à AE, l'angle h est le complément de l'angle HAE. Ainsi nous sommes en état de découvrir la vîtesse qu'aura le corps K après le choc. Le sinus total est à la vîtesse AE du corps A après le choc, comme le co-sinus de l'angle HAE est à la vîtesse du corps K. Nous trouverons par une semblable analogie la vîtesse du corps I, en nous servant pour troisieme terme du co-sinus de l'angle GAE. Nous aurons $\dfrac{co\text{-}sin. \; HAE}{sin. \; tot.} \times AE$ pour la vîtesse du corps K, & $\dfrac{co\text{-}sin. \; GAE}{sin. \; tot.} \times AE$ pour celle du corps I.

Les vîtesses de ces corps étant trouvées, il nous sera très-facile de déterminer les masses qu'on doit leur donner, lesquelles forment tout l'objet de notre recherche. Le corps choquant perd le mouvement $AF \times A$ par le choc; & il faut que les deux corps

K & I reçoivent ensemble ce même mouvement. Figure 50.
Ils ne peuvent pas en prendre sans réfister par leur
inertie, & il faut que cette réfiftance foit égale à
celle que le corps A fait de fon côté en perdant de
fon mouvement. En prolongeant HA & GA vers Q
& vers R, je forme le parallélogramme $AQFR$ autour
de la diagonale AF; & pendant que AF me marque
le mouvement abfolu que perd le corps choquant, les
lignes AQ & AR m'indiquent les deux pertes felon
les directions AG & AH, & ces dernieres lignes
m'indiquent auffi les quantités de mouvement que
doivent recevoir les deux corps K & I.

Rien n'eft plus facile que de trouver la longueur de
toutes ces lignes par la réfolution des triangles qu'elles
forment les unes avec les autres. EB eft donnée de
longueur & de fituation, puifque AB & AE font données. Dans les triangles AFQ & AFR les trois angles feront connus, & on a le côté AF qui eft égal à
BE. Nous pouvons donc regarder les lignes AQ &
AR comme connues. Mais cela fuppofé, nous n'a-
vons qu'à multiplier AQ par la maffe du corps A, &
nous aurons le mouvement que le corps A a perdu
felon AQ. C'eft $AQ \times A$; & puifque ce mouvement
eft égal à celui qu'a acquis le corps K dont nous avons
trouvé ci-deffus la vîteffe, nous n'avons qu'à divifer
$AQ \times A$ par cette vîteffe, & le quotient nous marquera la maffe qu'il faut donner à ce corps. Nous aurons
$\frac{\text{fin. tot.} \times AQ \times A}{\text{cofin. } HAE \times AE}$ pour cette maffe. Divifant de même
$AR \times A$ par la vîteffe, $\frac{\text{cofin. } GAE}{\text{fin. tot.}} \times AE$, du corps I,
il nous viendra $\frac{\text{fin. tot.} \times AR \times A}{\text{cofin. } GAE \times AE}$ pour fa maffe que nous
voulions auffi découvrir.

Si ces corps étoient à reffort, le changement BE
ou AF fait au mouvement du corps A, ne feroit pas
produit immédiatement par le choc. Il n'y auroit

*

d'abord de changement qu'une certaine partie *B e* ou *A f*; & quant à l'autre *e E* ou *f F* qui feroit moindre que la premiere dans un certain rapport, elle dépendroit de la qualité du reffort qui la produiroit en fe débandant. Mais au lieu de faire fur *B E*, les opérations prefcrites, il n'y auroit qu'à les faire fur *B e*.

La méthode étant générale, fon application n'eft pas bornée à un certain nombre de mobiles. Elle nous fait découvrir ici les maffes que doivent avoir les corps frappés : ces maffes étant connues au contraire, il n'y auroit qu'à les comparer avec les expreffions que nous venons de trouver, & on pourroit, en fuivant un ordre analytique, découvrir tour à tour celles des quantités que nous avons fuppofé données, & qu'on regarderoit alors comme inconnues. Feu M. Jean Bernoulli ayant prétendu * qu'on n'avoit pu jufqu'à lui, réfoudre ce problême, parce qu'on en ignoroit les vrais principes, j'en donnai la folution dans le Journal des Savants du mois d'Avril 1728, laquelle fe rapporte parfaitement à la précédente. Ce fameux Géometre nommoit *force vive* le produit de la maffe de chaque corps par le quarré de fa vîteffe ; & il devoit y avoir felon lui une parfaite égalité entre ces produits avant & après le choc. Mais un vrai principe doit être lumineux par lui-même ; & cette égalité entre les prétendues forces vives, quoiqu'elle ait effectivement lieu dans une infinité de rencontres, n'eft qu'une conféquence purement géométrique & très-éloignée des loix ordinaires de la communication des mouvements qui admettent, comme on l'a vu, une explication très-naturelle.

* *Voyez la Piece qu'il publia fur le Mouvement en 1727.*

CHAPITRE

CHAPITRE XIII.

Du choc des corps qui agissent les uns contre les autres par le moyen d'un levier.

S'IL étoit possible de trouver quelque cas dans lequel le mouvement que reçoit un corps n'est pas égal à la perte que souffre un autre corps, ce seroit lorsque les deux agissent l'un contre l'autre par l'intervention d'un levier qui ne peut tourner que sur un point. Le corps A, par exemple, va frapper le levier HL (*fig. 51*) au point E, & en même temps le corps B frappe ce même levier au point F dans un sens contraire. Il est certain que le corps B peut avoir plus de masse & de vîtesse que le corps A; il peut avoir beaucoup plus de mouvement que le corps A, & produire cependant moins d'effet sur le levier, parce que les résistances que font ces deux mouvements à être détruits, sont aidées par des bras de levier de différentes longueurs.

Supposons que le corps B ait trois degrés de masse & 4 de vîtesse, il aura 12 degrés de mouvement; mais tout ce mouvement sera détruit, quoique le corps A n'ait qu'un seul degré de mouvement, si cet autre mobile frappe le levier à une distance 12 fois plus grande du point d'appui H. Le corps B ayant 12 degrés de mouvement, résiste douze fois plus en les perdant que le corps A qui n'a qu'un seul degré de mouvement à perdre. Mais cette derniere résistance est située en récompense douze fois plus avantageusement lorsque la distance EH est douze fois plus grande que la distance FH. Ainsi il y aura équilibre entre les mouvements

X

des deux corps, ou entre les résistances que font ces deux mouvements à s'anéantir, quoiqu'elles soient inégales. Ce n'est pas là après tout une exception réelle à la regle : car le point d'appui fournit lui‑même une résistance qu'il faudroit compter, & à laquelle on se dispense ici d'avoir égard, parce qu'on suppose que ce point est capable de conserver son immobilité contre les plus grands efforts.

Proposons-nous encore un autre exemple où le levier contribue à la communication des mouvements. Le levier HL (*fig.* 5 2) qui est en repos & que nous supposons sans pesanteur, traverse le solide B, & il est frappé par son extrêmité L par le corps A qui se meut avec une vîtesse égale à LI. Le levier en changeant de place & en passant dans la situation Hl, transportera le corps B en b, en lui faisant prendre la vîtesse Bb qu'il faut multiplier par la masse du corps B pour avoir son mouvement. D'un autre côté le corps A qui, en frappant le point L avoit la vîtesse LI, n'aura plus, après le choc, que la vîtesse Ll, ainsi il aura perdu la partie lI de la premiere vîtesse ; & il n'y aura qu'à multiplier sa masse par lI pour avoir le mouvement qu'il aura perdu. Mais de même que le corps B résiste en prenant du mouvement, le corps A résiste en perdant une partie du sien ; & il faut qu'il y ait équilibre par rapport au point H entre ces deux résistances ou entre ces deux mouvements acquis & perdu. Ces deux mouvements ne doivent pas être égaux ; car la résistance que fait le corps A à perdre de son mouvement, est appliquée à un bras de levier plus long, & ce corps a de l'avantage à cet égard. Supposé que HL soit deux ou trois fois plus grand que HB, il suffira donc que le produit du corps A par la vîtesse perdue lI, soit la moitié ou le tiers du produit du corps B par la vîtesse Bb pour qu'il y ait équilibre. Le corps B aura après cela la vîtesse Bb, & le corps A la vîtesse Ll.

Nous pouvons confidérer la chofe fous un autre afpect, qui nous mettra plus à portée de déterminer les
fuites du choc. Je fubftitue par la penfée à la place
du corps B, un autre que j'imagine en L & qui puiffe
produire précifément le même effet quant à la réfiftance à fe mouvoir. Le corps qu'on placeroit en L prendroit plus de vîteffe que le corps B ; ainfi il faut le
fuppofer plus petit. Mais la même quantité de mouvement produite en L fourniroit une réfiftance placée
plus avantageufement pour avoir fon effet que lorfqu'elle eft placée en B. Il faut donc que nous rendions
le corps que nous feindrons en L, plus petit que le
corps B, dans le même rapport que le quarré du bras
de levier HB eft plus petit que le quarré de HL. Ce
dernier levier eft trois fois plus long, par exemple, que
le premier ; il faudra fuppofer en L, à la place du corps
B, un autre corps neuf fois plus petit. Or ce fera après
cela précifément la même chofe, que lorfqu'un corps
va en frapper un autre qui eft en repos & dont la maffe
eft différente. Il faudra fimplement partager le mouvement du corps A entre la maffe même de ce corps
& celle qu'on imagine en L pour tenir lieu du corps B.

Le problême ne deviendroit pas plus difficile fi on
vouloit avoir égard à la maffe du levier. Il n'y auroit
qu'à augmenter par la penfée du tiers de la maffe de
ce levier, le corps qu'on imagine en L pour produire
le même effet que le corps B. Il faut pour chaque petite partie du levier, imaginer en L une partie de matiere encore plus petite ; & toutes ces petites maffes, fi
on fuppofe le levier par-tout également gros & d'une
groffeur infenfible, feront comme les quarrés des nombres naturels. Pour la partie la plus voifine de H, ce
fera 1 ; pour la fuivante, 4 ; pour l'autre, 9, &c. jufqu'à
la derniere L qui ne changera pas de grandeur. Mais
pour avoir la fomme de toutes ces parties ; il faut multiplier la plus grande ou la derniere par le tiers de leur

Figure 52.

X ij

multitude. Ainſi cette ſomme eſt égale au tiers de la
maſſe du levier ; & il ſuit de-là, que pour avoir le réſultat du choc, il faut diſtribuer le mouvement du corps
A à trois maſſes différentes ; celle même du corps
A, celle qu'on imagine en L à la place de B, &
enfin le tiers de la maſſe du levier qu'on ſuppoſe auſſi
réunie en L.

Si nous déſignons la maſſe du corps B par la lettre
B, celle du levier par C, le corps qu'il faudra imagi-
ner en L, aura $\frac{1}{3} C + B \times \frac{H B^2}{H L^2}$ pour maſſe. Ce corps
eſt en repos, & il doit partager avec le corps A tout
le mouvement qu'a ce mobile, c'eſt-à-dire $A \times L I$ qui
eſt le produit de ſa maſſe A par ſa vîteſſe $L I$. Nous
diviſons donc cette quantité de mouvement par la ſom-
me $A + \frac{1}{3} C + B \times \frac{H B^2}{H L^2}$ des trois maſſes, & il vient

$$\frac{A \times L I}{A + \frac{1}{3} C + B \times \frac{H B^2}{H L^2}} \quad \text{ou} \quad \frac{A \times L I \times H L^2}{A \times H L^2 + \frac{1}{3} C \times H L^2 + B \times H B^2} \quad \text{pour la}$$

vîteſſe $L l$ qui reſte au corps A après le choc. La vîteſſe $L l$ étant trouvée, on aura par une ſimple analogie celle du corps B, qui pourra ſe trouver plus ou
moins grande ſelon l'endroit du levier où ſera ſitué ce
mobile. On peut ſur ce ſujet ſe propoſer pluſieurs
problêmes qui ſeroient très-curieux ; mais nous n'avons
pour but, comme nous l'avons deja dit pluſieurs fois, que
d'expliquer les principes les plus féconds de Méchanique & de Dynamique, & nous ne devons pas ſortir de
certaines limites, lorſqu'il s'agit des applications qu'on
en peut faire.

CHAPITRE XIV.

*Du mouvement que prend un corps par-
faitement libre lorſqu'il eſt frappé ſelon
une direction qui ne paſſe pas par ſon
centre de gravité.*

LORSQUE le corps frappé, a un point néceſſaire-ment fixe, ce point recelle, pour ainſi dire, une partie de la force : il abſorbe, par la réſiſtance dont il faut le ſuppoſer capable, une partie du mouvement. Mais ce n'eſt pas la même choſe lorſque le corps frappé eſt parfaitement libre, & qu'il ne réſiſte à prendre du mouvement qu'autant qu'il en reçoit réellement. Le corps frappant n'agit toujours que par la force ou le mouvement qu'il perd & non pas par le mouvement qu'il conſerve. Tant qu'il ſe méut avec la même vîteſſe, ſa force motrice eſt occupée à le tranſporter lui-même ; mais perd - il quelque partie de ſa vîteſſe, il agit en faiſant uſage de la force qu'il perd ; & ce mouvement perdu doit paſſer tout entier dans l'autre corps.

I.

Sɪ le corps BD (*fig.* 53.) qui eſt cenſé en repos étoit frappé par ſon centre de gravité, les deux extrêmités B & D avanceroient également ſelon des lignes paralleles ; & ce cas ne différeroit pas de quelques - uns de ceux que nous avons examinés dans le Chapitre XI. Mais le corps BD étant frappé par le point F, une de ſes extrêmités doit prendre plus de mouvement que l'autre. Les parties de matiere plus voiſines du

Figure 53.

point frappé doivent participer davantage à l'impulfion. Toutes décriront des lignes Bb, Ff, ou Gg, &c. paralleles les unes aux autres & perpendiculaires à la longueur du corps BD par le premier effet du choc. Mais toutes les directions étant paralleles, il ne fe fait aucune décompofition de mouvement, il ne s'en perd ou détruit rien; le mouvement total eft la fomme de tous les particuliers; & il faut donc abfolument que cette fomme foit égale au mouvement que perd le corps A, pour qu'il y ait équilibre entre la réfiftance que fait le corps BD à prendre du mouvement, & celle que fait le mobile A à perdre du fien; équilibre qui met feul des limites aux deux mouvements acquis & perdu.

Suppofé qu'avant le choc, la vîteffe du corps A foit égale à FI, ce corps n'aura de vîteffe après le choc, que Ff, puifqu'il ira en fuivant le corps BD. Ainfi il aura perdu la vîteffe fI, & il n'y a donc qu'à multiplier la maffe de ce corps par fI pour avoir la partie du mouvement qu'il a perdu. C'eft cette partie qui doit être égale au mouvement qu'a reçu le corps BD, en paffant de la fituation BD à la fituation bd & en tournant fur le point R. Il eft d'ailleurs évident que la direction compofée de ce dernier mouvement doit être la ligne FI, de même que cette ligne eft la direction du mouvement perdu du corps A. Car la réfiftance que fait le corps BD à recevoir fon mouvement ne peut fe trouver ici en équilibre avec la réfiftance que fait le corps A à perdre une partie du fien, qu'autant que les deux réfiftances font égales & directement contraires, puifqu'il n'y a point d'hypomoclion qui puiffe par fon immobilité foutenir une partie de l'effort.

La derniere condition étant remplie, il n'y en a point d'effentielle qui ne le foit. Le corps BD étant pouffé par le point F, il faut qu'il y ait équilibre de part & d'autre de ce point entre le mouvement que prend

la partie *FD* & le mouvement que prend la partie *FB*,
ou entre les résistances qui en naissent. Ces résistances
s'exercent en sens contraires au mouvement : celle de
FD s'exerce sur *Mm* & celle de *FB* sur une direction
Nn. Mais si ces deux résistances partiales sont en équilibre de part & d'autre de *F*, comme on voit bien que
cela est absolument nécessaire pour que le corps *BD*
tourne sur le point *R*, plutôt que sur un autre point,
il faut que les directions *Mm* & *Nn* se réunissent sur
fF, ou qu'elles ayent cette derniere ligne pour direction composée. Enfin la proposition inverse est également vraie : aussi-tôt que la résistance que fait tout le
mouvement de *BD* tombe effectivement sur *fF*, l'équilibre dont nous venons de faire mention est exactement
observé, & il ne faut rien de plus pour que le point *R*
qui sert de centre de rotation, soit déterminé.

Mais pendant que *Ff* est la direction composée du
mouvement, ou qu'on peut supposer que tout le mouvement s'exerce sur *Ff*, cette ligne n'indique pas la
vîtesse moyenne, celle qui est propre à marquer la
quantité du mouvement. Quelle que soit la figure du
corps *BD*, sa vîtesse moyenne est marquée par celle
Gg de son centre de gravité *G*. Celle - ci seule
tient exactement le milieu entre les plus grandes & les
plus petites, elle les représente toutes par sa médio-
crité, & il faut la multiplier par la masse du corps pour
avoir la quantité entiere du mouvement.

On peut, pour en voir distinctement la raison, comparer le mouvement de chaque grain de matiere au
moment de la pesanteur de ce grain, en le cherchant
par rapport au point *R*. Lorsqu'on multiplie la masse
ou la pesanteur de chaque molécule par sa distance au
point *R*, on a son moment par rapport à ce point ;
& si on fait une somme de tous ces momens, il vient
exactement le même résultat que si on multiplioit tout
le corps par la distance de son centre de gravité *G* au

point *R*. Mais il y aura encore égalité, si au lieu de chercher le moment ou de multiplier la maffe de chaque grain de matiere par fa diftance au point *R*, & la maffe totale par *GR*, on cherche le mouvementou qu'on multiplie les maffes par les vîteffes qui font toutes proportionnelles aux diftances. Les produits particuliers feront plus petits ou plus grands dans un certain rapport, & le produit de toute la maffe par la vîteffe du centre *G* fera auffi plus petit ou plus grand dans le même rapport. Ainfi il eft certain que le produit du corps *BD* par *Gg*, marque le mouvement total de ce corps ou la fomme des mouvements de toutes les parties qui fe meuvent felon des lignes paralleles ; & il faut donc que ce produit foit égal à celui de *A* par *fI*, qui exprime le mouvement que l'autre mobile a perdu.

Il eft très-remarquable que l'égalité entre le mouvement perdu du corps *A*, & le mouvement acquis du corps *BD*, ne dépend nullement de la fituation du point *F* où fe fait la percuffion. Qu'on frappe le corps *BD* en *B*, en *F* ou en tout autre point, le mouvement reçu fera toujours exactement le même, & par conféquent la vîteffe *Gg* du centre de gravité ne fera ni plus petite ni plus grande, pourvû que la force employée à pouffer ce mobile foit toujours la même. Nous pourrions nous difpenfer d'ajouter que cette force employée, n'eft pas tout le mouvement du corps *A* ni le mouvement que ce corps conferve après le choc ; la force employée, comme nous l'avons dit un fi grand nombre de fois, eft au contraire le mouvement que perd ce corps.

I I.

Que le centre de Rotation ou le point fur lequel tourne librement un corps eft toujours de l'autre côté de fon centre de gravité, par rapport au point où fe fait la percuffion, & que les diftances de ces deux points au centre de gravité font toujours en raifon inverfe l'une de l'autre.

On regardera encore comme une autre propriété très-digne d'attention, que le centre de rotation R ou le point fur lequel tourne le corps frappé, eft toujours plus ou moins éloigné de l'autre côté du centre de gravité G felon que le point F où fe fait la percuffion eft plus ou moins voifin du même centre de gravité. Si vous rendez la diftance FG deux ou trois fois plus petite, la diftance GR du centre de gravité G au centre de rotation ou de *converfion* R, fe trouvera enfuite deux ou trois fois plus grande. Ainfi le produit d'une de ces diftances par l'autre eft toujours le même, ou eft conftant pour chaque corps. Si BD eft, par exemple, une verge dont on puiffe négliger la groffeur, le produit de FG par GR fera toujours égal à la douzieme partie du quarré de BD ou du produit de BD par BD.

La figure irréguliere du corps qui peut avoir une de fes extrêmités beaucoup plus groffe que l'autre, n'altere en rien la propriété générale dont il s'agit. D'ailleurs, fi au lieu de frapper le corps BD par le point F, vous le frappez de l'autre côté du centre de gravité G, mais à une diftance égale à GF, le centre de rota-

Figure 53.

Y

tion paſſera du côté oppoſé ; mais ſa diſtance au centre de gravité *G* ſera encore la même.

Il doit nous être permis de renvoyer au Traité du Navire ceux des Lecteurs qui demandent la démonſtration de cette propriété remarquable. Nous nous contenterons d'en donner ici une explication ſenſible dans un cas particulier. Deux corps *A* & *B* (*fig.* 54) qui ſont en repos & dont les maſſes ſont égales, ſont liés par une verge *AB* dont on peut négliger la peſanteur de même que celle d'une autre verge *DE* qui coupe la premiere perpendiculairement au milieu. On veut, par le moyen de cette derniere, imprimer du mouvement aux deux corps *A* & *B*, en les faiſant tourner ſur le point *R*. On veut frapper la verge *DE* en quelque point *F*, & il s'agit de choiſir ce point, afin que le point donné *R* ſoit le centre du mouvement *gyratoire* ou de rotation.

Les deux corps *A* & *B* tournant ſur le point *R*, le corps *A* décrira dans le commencement de ſon mouvement une ligne droite *AK* perpendiculaire à *RA*, & le corps *B* avancera ſur *BF* qui eſt perpendiculaire à *RB*. Les eſpaces parcourus *Aa* & *Bb* ſeront parfaitement égaux ; & ſi nous voulons réunir les deux mouvements dans un ſeul, nous n'avons qu'à prolonger les deux directions juſqu'en *F* où elles ſe coupent, & prenant les petits eſpaces égaux *FL* & *FH* pour repréſenter le mouvement des deux corps, nous aurons dans la diagonale *FI* du parallélogramme *HFLI* le mouvement compoſé des deux. Ce qu'ils avoient de contraire ſe détruit ; & joints enſemble, ils ſe réuniſſent à former le mouvement total *FI*. Ainſi pour faire tourner les deux corps *A* & *B* ſur le centre de rotation *R*, il ſuffit de frapper en *F*. Si vous frappez plus ou moins fortement, vous donnerez un plus grand ou un moindre mouvement *FI* ; mais le centre de rotation ſera également le point *R*.

Nous avons vu plus haut que le mouvement d'un corps qui tourne fur un point éloigné eft toujours repréfenté par la vîteffe de fon centre de gravité multipliée par fa maffe totale. Les deux corps *A* & *B* font cenfés n'en former ici qu'un feul, puifqu'ils font joints par une verge infléxible : mais l'obliquité des directions qu'ils fuivent en particulier, n'empêche pas non plus que le tranfport *G g* de leur centre de gravité commun *G*, ne foit la mefure de leur vîteffe. Il y a en effet même rapport de la vîteffe *G g* du centre de gravité commun *G* aux vîteffes particulieres *A a*, & *B b* ou *F L* & *F H* des deux corps, que de *G R* à *A R* ou que de *G A* à *F A*. Mais *F O* eft auffi à *F L* ou à *A a* comme *G A* eft à *F A*. Ainfi *G g* eft exactement la moitié de la diagonale *F I*. Nous devons encore remarquer que chaque moitié de cette diagonale repréfente le mouvement de chaque corps *A* & *B*, felon le fens perpendiculaire à *D E* : c'eft-à-dire, que chacun de ces mouvements eft égal au produit de la moitié *F O* de la diagonale par la maffe de chaque corps, & le mouvement total dans le fens perpendiculaire à *D E* eft donc égal à toute la diagonale multipliée par la maffe d'un des corps. Enfin ce produit eft exactement le même que celui de la vîteffe *G g* du centre de gravité commun par la fomme des deux maffes, puifque *G g* eft la moitié de *F I*. On voit donc, qu'en frappant la verge *D E* en *F*, la percuffion produit fon effet fur les deux corps *A* & *B* en leur communiquant un mouvement oblique ; mais que malgré cette obliquité, leur centre de gravité commun *G* avance perpendiculairement à la verge ; & que le produit de *G g* par la maffe des deux corps eft égal à la force *F I* qu'il faut employer en *F*. Cet exemple en vaut feul une infinité d'autres pour jetter du jour fur cette matiere.

Il n'eft pas moins évident que fi le centre *R* de rotation eft à une plus grande diftance ou une moindre

Y ij

distance du centre de gravité *G* des deux corps, le point de percuffion *F* en fera au contraire de l'autre côté à une distance plus petite ou plus grande. Car *F A* étant perpendiculaire à *A R*, & *B F* à *B R*, les deux triangles rectangles *R G A* & *A G F* font femblables ; & il y a même rapport de *G R* à *G A* que de *G A* à *G F*, & par conféquent plus *G R* eft grande plus *G F* eft petite. Ces deux lignes font en raifon inverfe l'une de l'autre, & leur produit eft toujours égal au quarré de *A G* ; ce qui conftitue ici l'égalité permanente de produits dont nous parlions plus haut. On voit auffi que les points *F* & *R* ont une propriété réciproque. Le point *R* eft le centre de rotation, lorfqu'on frappe la verge *D E* par le point *F*, & fi on la frappoit par le point *R*, les deux corps tourneroient fur le point *F*. Le point de percuffion & le centre de rotation prennent ainfi tour à tour la fonction l'un de l'autre ; & c'eft la même chofe dans tous les autres mobiles, & dans tout autre affemblage de corps.

Le même exemple nous indique la méthode générale de trouver le point de percuffion, lorfque le point fur lequel on veut que tourne le mobile, eft donné. Pendant que les corps *A* & *B* tournent fur le point *R*, ils prennent des vîteffes *A a* & *B b* qui font proportionnelles à leurs diftances *A R* & *B R* au centre *R* de rotation. Ainfi, en multipliant les maffes de ces corps par leurs diftances au point *R*, on aura des produits qui repréfenteront leurs mouvements abfolus. Car ces produits feront proportionels à ceux des maffes par les vîteffes. Mais ces mouvements abfolus ne s'impriment pas fans qu'on ne reffente de la réfiftance ; & comme les effets de cette réfiftance font différents felon la diftance au point *R*, il faut en chercher le moment, & pour cela il faut multiplier les produits précédents une feconde fois par les diftances des corps *A* & *B* au centre de rotation *R*. Nous aurons donc

$A \times AR^2$ & $B \times BR^2$ pour les moments des résistances que font à se mouvoir les corps A & B. La somme de ces moments sera $A \times AR^2 + B \times BR^2$; & cette somme doit être égale au moment de la force employée dans la percussion en F.

Cette derniere force est, conformément à ce que nous avons vu, égale au mouvement des corps A & B réduits dans leur centre de gravité commun G. Une partie du mouvement des corps A & B se détruit ; mais eu égard à tout, leur mouvement est égal au produit de leur masse par la vîtesse Gg de leur centre de gravité commun. Pour avoir donc la force employée en F, ou le mouvement que perd le mobile qui frappe en F, il faudroit multiplier la masse $A + B$ des deux corps, par la vîtesse Gg, si nous n'avions pris plus haut les distances au point R au lieu des vîtesses qui font dans le même rapport. Multipliant la masse totale $A + B$ des corps A & B par GR, il nous vient le mouvement $\overline{A + B} \times GR$ que reçoivent les deux corps conjointement, mouvement qui est égal à la force employée en F ; mais pour avoir le moment de cette force, il faut la multiplier par le bras de levier FR auquel elle est appliquée. Il vient $\overline{A + B} \times GR \times FR$, & il faut que ce moment soit égal à la somme $A \times AR^2 + B \times BR^2$ des autres pour qu'il y ait équilibre entre la force employée en F & la résistance que font les corps A & B à prendre du mouvement en tournant autour de R. Or il suit de-là que pour avoir la distance FR du point de percussion F au centre de rotation R, nous n'avons qu'à diviser $A \times AR^2 + B \times BR^2$ par $\overline{A + B} \times GR$. Il n'y aura donc toujours en général qu'à multiplier chaque corps ou chacune de ses parties par le quarré de sa distance absolue au centre de rotation, faire une somme de tous ces moments, & la diviser par la masse de tous ces corps, multipliée par

Figure 54.

Figure 54.
la diftance de leur centre de gravité commun au centre de rotation ; & on aura au quotient la diftance du point de percuffion au centre de rotation.

CHAPITRE XV.

Suite du Chapitre précédent. Remarques fur le mouvement de Rotation : que l'angle que font deux fituations différentes du mobile en tournant, eft proportionnel à la force employée dans le choc, multipliée par la diftance au centre de gravité du mobile.

I.

Figure 53.

IL eft affez facile de juger que le centre de gravité G du corps BD (*fig. 53.*) ayant pris la vîteffe Gg, doit continuer à fe mouvoir uniformément fur la même ligne droite, & que ce corps ayant commencé à tourner continuera à le faire autour de fon centre de gravité, en perdant, à mefure qu'il s'éloignera de la premiere fituation BD, toutes les relations qu'il avoit d'abord avec le point R, pendant la génération du mouvement. Il arrivera la même chofe à l'affemblage des deux corps A & B de la figure 54. Le centre de gravité commun de ces deux corps paffera de G en g, pendant que le corps A paffera de A en a, & le corps B de B en b. Un mouvement une fois communiqué, fe continue tant qu'il ne trouve aucun obftacle qui l'interrompe. Le centre de gravité commun G marchera fur la même ligne droite, & les deux corps continueront à circuler autour de ce point.

Les corps frappés par une direction qui ne passe pas par leur centre de gravité, prennent de cette sorte toujours deux mouvements, qui deviennent ensuite indépendants l'un de l'autre; le mouvement direct & le mouvement de rotation. Ces deux mouvements se faisant séparément quoiqu'ils ayent été produits par la même cause, l'un peut être détruit & que l'autre subsiste & soit suivi d'effets très-considérables. Nous en avons un exemple frappant dans les boulets, qui paroissent avoir perdu toute leur vîtesse. Les inégalités de leur surface & la maniere dont ils sont poussés par la poudre ou d'autres causes physiques, font qu'ils contractent toujours un mouvement de rotation en sortant du canon. Le mobile tombé à terre à une grande distance, s'arrête à la fin après avoir fait plusieurs bonds; il perd tout son mouvement direct; mais il peut arriver que le mouvement de rotation subsiste encore fort long-temps, & que l'axe sur lequel il se fait se trouve dans une situation exactement verticale. Alors le boulet paroîtra dans un parfait repos; il paroîtra incapable d'agir, & il peut tourner avec une si grande rapidité qu'on ne s'en apperçoive pas. Mais si pendant ce mouvement peu sensible, il trouve en-dessous quelque pierre qui le fasse tomber de côté, alors l'axe du mouvement de rotation qui étoit vertical, devenant à peu près parallele à l'horison, le mouvement de rotation en produira nécessairement un direct, en faisant rouler le mobile. Ainsi on verra le mouvement renaître tout-à-coup, & le boulet prendre une nouvelle force qu'on ne saura peut-être à quoi attribuer. Il est vrai que cette vîtesse ne sera pas énorme; mais l'expérience fait voir néanmoins qu'elle est capable de très-grands effets, à cause de la grande masse du corps ou de la grande pesanteur de la matiere dont il est formé.

I·I.

Nous ne pouſſons pas cette digreſſion plus loin, quoique ce n'en ſoit peut-être pas une. Nous revenons au mouvement gyratoire du corps BD de la figure 53, pour en évaluer la quantité, ou pour déterminer l'angle que font les différentes ſituations de ce corps en tournant. Lorſque le corps BD paſſe de BD en bd, l'angle de rotation eſt BRb, & il nous importe beaucoup de ſavoir de quelles circonſtances dépend la grandeur de cet angle. Tant que le point F de percuſſion eſt le même, le centre de rotation ſera toujours en R. Mais ſi la force employée à faire tourner le corps, celle qui répond au mouvement que perd le corps A eſt plus grande ou plus petite, la vîteſſe Gg ſera auſſi plus grande ou plus petite dans le même rapport; & puiſque la diſtance GR eſt conſtante, l'angle dont le corps BD changera de ſituation ſera proportionnel à Gg ou à la force employée dans le choc. Ainſi toutes les autres circonſtances étant abſolument les mêmes, la rapidité du mouvement gyratoire eſt toujours proportionnelle à la force employée à le produire.

Suppoſons après cela que nous prenions un autre point de percuſſion; qu'au lieu de frapper le corps BD en F, nous le frappions à une diſtance deux ou trois fois plus grande de G. Dans le même rapport que nous rendrons la diſtance FG plus grande, la diſtance GR deviendra plus petite, & les côtés de l'angle GRg devenant plus courts, l'angle augmentera dans le même rapport. Ainſi on voit qu'il y a deux moyens ſûrs de faire augmenter l'angle de rotation ou le mouvement gyratoire d'un corps BD. Le premier conſiſte à employer une plus grande force dans la percuſſion; l'angle GRg ſera d'autant plus grand que la ſouſ-tendante

dante Gg le fera auſſi. Nous n'avons, en ſecond lieu, qu'à appliquer cette force à une plus grande diſtance FG du centre de gravité G, du corps qu'on veut faire tourner. Car en augmentant FG, on diminue GR ; & plus on fait diminuer les côtés d'un angle dont la ſous-tendante reſte la même, plus l'angle devient grand.

Il ſuit de-là que l'angle de rotation GRg eſt en raiſon compoſée de la force employée dans la percuſſion, & de ſa diſtance au centre de gravité G. Cet angle eſt comme le produit de cette force multipliée par FG. Ainſi quoique le mobile ſoit parfaitement libre & qu'il prenne un mouvement direct Gg, il faut conſidérer le centre G comme hypomoclion ou FG comme bras de levier, & l'angle de rotation BRb eſt toujours proportionnel au moment de la force employée dans la percuſſion.

I I I.

Enfin le corps BD peut ſe trouver expoſé à l'action de pluſieurs forces à la fois, ou être choqué en même temps par pluſieurs mobiles ; & on peut demander la vîteſſe que recevra alors le centre de gravité G, & l'angle de rotation dont le mobile changera de ſituation. Il eſt d'abord évident que cet angle ſera proportionnel à la ſomme ou à la différence des momens ſelon que ces forces tendront à faire tourner le corps BD dans le même ſens ou dans différents ſens. Si ces forces ſe contrarient, il faudra toujours chercher leur moment par rapport au centre de gravité, & prendre l'excès des uns ſur les autres. L'angle de rotation ſera proportionnel alors à cet excès ; au lieu qu'il ſeroit proportionnel à la ſomme des moments, ſi les forces contribuoient enſemble à le faire augmenter.

Lorſqu'il ne s'agit pas de cet angle, mais ſimplement du tranſport Gg du centre de gravité G, il n'eſt pas néceſſaire de chercher les moments, il ne faut con-

Figure 53. fidérer que les forces ; & Gg fera proportionnél à leur fomme ou à leur différence, felon qu'elles confpireront à produire le même effet ou qu'elles tendront à en produire de contraires. Ces forces font égales entr'elles, par exemple, & elles tendent à donner des mouvements oppofés; le centre de gravité G reftera fixe, quoique ces forces égales foient appliquées à des diftances très-inégales du centre. Car cette diftance ne fait rien à la vîteffe que chaque force communique au point G, & fi l'une des forces éloigne ce centre de fa première place, l'autre force l'y reportera, ou plutôt les deux fufpendront à cet égard l'effet l'une de l'autre. Mais quoique les forces foient égales, les moments feront inégaux fi les bras de levier font différents. Ainfi il eft toujours néceffaire de diftinguer les deux actions, & de les examiner féparément, le mouvement direct & le mouvement de rotation.

I V.

Figure 55. Pour répandre plus de jour fur ce fujet, nous prendrons pour exemple, le corps BD (*fig.* 55.) qui eft frappé en même temps de deux différents côtés par les deux mobiles A & C, qui ont, avant le choc, des vîteffes égales à FI & HK. Il n'importe quelle figure ait le corps BD ; nous fuppofons feulement qu'étant en repos, il foit parfaitement libre & qu'il ne faffe d'autre difficulté à fe mouvoir que celle qui vient de fa maffe ou de fon inertie. Il prend donc tout le mouvement que perdent, dans le même fens, les corps qui le frappent. Nous fuppofons outre cela, comme dans l'autre Chapitre, que le choc fe fait fur des parties de la furface qui ne font point inclinées par rapport à la longueur BD. Si la percuffion fe faifoit avec obliquité, nous décompoferions la force, & nous ne confidérerions que la feule partie qui s'exerceroit dans le sens que nous venons de spécifier.

Le corps BD prendra par le choc la situation bd en tournant sur le point R, & les deux corps A & C qui avoient, avant le choc, des vîtesses égales à FI & à HK, n'auront plus ensuite que les vîtesses Ff & Hh, ayant perdu l'un la partie fI, & l'autre la partie hK. Le mouvement perdu du premier sera donc le produit de sa masse A par fI, & le mouvement perdu de l'autre sera égal à sa masse C multipliée par hK. Mais ces deux pertes se faisant en sens contraires, il n'y a que l'excès de l'une sur l'autre, ou la force qui y répond qui soit employée efficacement à transporter le centre de gravité G, du corps BD. Cet excès est $C \times hK - A \times fI$; c'est le mouvement réellement perdu dans un sens unique par les deux corps choquants; & il suffit donc de le diviser par la masse de BD pour avoir la vîtesse Gg du centre de gravité du corps frappé.

Si le corps C avoit beaucoup moins de masse, le mouvement $C \times hK$ qu'il perdroit dans le choc, pourroit être moindre que le mouvement $A \times fI$ que perd le corps A. Alors le centre de gravité G obéiroit à la plus grande force, & au lieu de passer de G en g, il prendroit un chemin contraire. Mais si les deux mouvements $C \times hK$ & $A \times fI$ étoient égaux, l'excès de l'un sur l'autre seroit nul, ils se contrebalanceroient exactement l'un & l'autre, & le centre de gravité G resteroit immobile; ce qui doit arriver toutes les fois que les forces employées dans la percussion sont égales, & agissent dans des sens opposés, quoique ce ne soit pas sur la même ligne.

On voit bien que nous distinguons toujours ici entre les mouvements primitifs des mobiles A & C, & la force qu'ils employent contre le corps BD. La force employée n'est toujours que le mouvement que perdent ces corps, puisqu'ils n'agissent pas par l'autre partie de leur mouvement, celle qu'ils conservent. Mais

Figure 55.

Z ij

 fi ces corps étoient infiniment petits , & s'ils agiffoient en récompenfe avec une vîteffe, pour ainfi dire, infinie ; fi on pouvoit comparer leur action , par exemple, à celle de la pefanteur qui communique toujours des degrés égaux de vîteffe , aux graves dans le temps même que leur chûte a le plus de rapidité , alors la partie Ff & Hh de la vîteffe que les corps A & C garderoient, feroit comme nulle à l'égard de leur vîteffe totale ou de celle qu'ils perdroient ; & ils employeroient donc dans ce cas tout leur mouvement ou toute leur force ; & fi les deux mouvements étoient égaux , le centre de gravité G refteroit exactement dans la même place, quoique le corps BD tournât.

Quant à l'angle de rotation , il n'eft pas, dans la difpofition repréfentée par notre figure, proportionnel à l'excès d'un moment fur l'autre, mais à la fomme de ces moments ; parce que les deux forces employées dans la percuffion , travaillent ici à faire tourner le corps BD dans le même fens. L'angle de rotation eft exactement le même, que fi le centre de gravité G reftoit en repos, pourvu que les mouvements perdus par les corps A & C fuffent toujours les mêmes. Ces mouvements nous repréfentent les forces abfolues néceffaires pour faire tourner le corps BD , & fi on les multiplie par les bras de levier FG & HG , la fomme de ces moments ou produits fera proportionnelle à l'angle de rotation du corps BD ; puifqu'elle fera égale au moment de la réfiftance que fait ce corps à tourner. Nous ne fixons ici , ni la grandeur précife de cet angle de rotation , ni les vîteffes que perdront les corps A & C, & celle Gg que prendra le centre de gravité G ; mais les principes de Méchanique ou de Dynamique que nous venons de marquer , fuffifent pour les déterminer.

TROISIEME SECTION.

De l'action des Fluides par leur choc &
par leur preſſion ſur les corps ſolides.

CHAPITRE PREMIER.

De l'action des Fluides par leur choc, & principalement de celle de l'eau & du vent.

LA petiteſſe des molécules dont les fluides ſont formés, eſt cauſe qu'ils ne communiquent dans chaque inſtant par leur choc que des degrés de mouvement imperceptibles, & que la maniere dont ils agiſſent a beaucoup de rapport à l'action de la peſanteur qui demande auſſi à être répétée pour produire un mouvement ſenſible dans les corps qu'elle meut. Toutes choſes d'ailleurs égales, l'impulſion d'un fluide eſt d'autant plus grande qu'il eſt d'une plus grande peſanteur ſpécifique. Le mercure eſt 13 ou 14 fois plus peſant que l'eau ; auſſi fait-il avec la même vîteſſe une impulſion 13 ou 14 fois plus forte que l'eau contre la même ſurface. On ſait par diverſes expériences que l'eau eſt environ 850 fois plus peſante que l'air ; auſſi l'eau fait-elle, toutes les autres circonſtances étant les mêmes, une impulſion environ 850 fois plus forte que l'air en rencontrant une ſurface. Lorſque le vent parcourt dix pieds-de-roi par ſeconde, il fait ſur un pied quarré de ſurface qu'il frappe perpendiculairement, une impulſion équivalente à la peſanteur d'environ $2\frac{1}{4}$ onces ; au lieu que l'eau de mer avec une pareille vîteſſe feroit un effort d'environ 120 livres. L'impulſion eſt différente dans le rapport des maſſes ou des peſanteurs des deux fluides.

En même temps que l'impulſion d'un fluide dépend de la peſanteur ſpécifique, il eſt évident qu'elle doit dépendre auſſi de la grandeur de la ſurface frappée. Plus la ſurface eſt grande, toutes choſes d'ailleurs égales, plus l'impulſion eſt grande, & elle l'eſt ſenſiblement dans le même rapport. Ainſi une ſurface de cent pieds quarrés recevra ſenſiblement cent fois plus d'impulſion qu'une ſurface qui ne feroit que d'un pied quarré. Cependant nous avons ſoin de dire que ce rapport n'eſt obſervé que ſenſiblement. Car les parties du fluide qui frappent les deux ſurfaces, ont plus ou moins de difficulté à ſe retirer après le choc; & cette différence peut en apporter dans l'impulſion que forment à leur tour les molécules ſuivantes. On peut encore conſidérer le choc d'un autre point de vue qui eſt même plus conforme à ce qui ſe paſſe dans la Nature. La ſurface frappée oblige les parties du fluide de ſe détourner, & elle leur fait perdre pour un temps le mouvement qu'elles avoient dans leur premiere direction; mais cette déviation ou cette perte de mouvement dans le ſens direct, n'eſt pas abſolument proportionnelle à la grandeur de la ſurface. Quoi qu'il en ſoit, la différence n'eſt pas grande; il ne s'en faut que très-peu que les impulſions ne ſuivent le rapport des ſurfaces lorſque les autres circonſtances ſont les mêmes; & nous pouvons ici regarder ce rapport comme exact.

La vîteſſe du fluide contribue encore plus à la grandeur de l'impulſion; car elle y contribue doublement. Chaque molécule qui ſe meut avec plus de vîteſſe, agit davantage, puiſqu'elle frappe plus fortement; & outre cela il ſurvient dans le même temps un plus grand nombre de molécules qui ont part à l'action. Plus les molécules ont de vîteſſes, plus elles font de réſiſtance à être détournée de leur première direction ou à perdre leur mouvement ; mais si le fluide se meut quatre ou cinq fois plus vîte, outre que chaque molécule produira quatre ou cinq fois plus d'effet, il y aura dans le même temps quatre ou cinq fois plus de molécules qui venant à la suite les unes des autres, réuniront leur action ensemble. Ainsi l'impulsion totale sera seize fois ou vingt-cinq fois plus grande ; elle augmentera comme le quarré de la vîtesse, ou comme la vîtesse multipliée par elle-même. Cette regle est mieux confirmée que toutes les autres par l'expérience ; & elle sert à expliquer les effets énormes dont les fluides sont quelquefois capables.

Lorsque le vent a peu de vîtesse, il agit très-foiblement ; mais si sa vîtesse devient très-grande, il peut produire les plus grands effets, il peut déraciner des arbres & renverser des édifices ; parce qu'à l'action de chaque particule d'air, qui est plus forte, il faut joindre l'action d'un plus grand nombre de particules qui frappent dans un temps déterminé. C'est la même chose à l'égard de l'eau qui agit presque à la maniere d'un corps solide lorsqu'elle frappe ou qu'on la frappe avec une très-grande vîtesse. Si l'eau de mer n'a qu'une vîtesse à parcourir un pied-de-roi dans une seconde, son effort n'est guere équivalent qu'à 19 onces sur une surface d'un pied quarré, au lieu que si sa vîtesse est de 50 ou 60 pieds, comme on en a quelques exemples, son effort sera 2500 ou 3600 fois plus grand, elle poussera une surface d'un pied quarré avec une force égale à 3000 livres ou 4322 livres ; ainsi si elle rencontre directement quelques corps qui lui présentent une grande superficie, il faudra qu'ils aient la plus grande force pour lui résister.

Nous joignons ici deux petites Tables qui marquent pour un certain nombre de vîtesses différentes la force des impulsions du vent & de l'eau, afin d'en épargner le calcul aux Lecteurs. La Table pour les impulsions de l'eau de mer n'est continuée que jusqu'à 25 pieds de vîtesse, au lieu que nous avons étendu celle du vent, jusqu'à cent pieds. Un pareil vent forme une vraie tempête, & la plus grande vîtesse avec laquelle les voiles sont frappées pendant qu'on navigue, n'est jamais guere que la moitié de celle-là. On voit les raisons que nous avons eues de ne calculer que les seules impulsions du vent & de l'eau.

TABLE des Impulsions du Vent sur une surface d'un pied quarré frappée perpendiculairement.

Vitesses du vent en une seconde — Pieds.	Impulsions Liv.	Onces.	Vitesses du vent en une seconde — Pieds.	Impulsions Liv.	Onces	Vitesses du vent en une seconde — Pieds.	Impulsions Liv.	Onces.	Vitesses du vent en une seconde — Pieds.	Impulsions Liv.	Onces.	Vitesses du vent en une seconde — Pieds.	Impulsion Liv.	Onc.
1	0	1/45	21	0	10	41	2	6	61	5	4	81	9	
2	0	1/10	22	0	11	42	2	8	62	5	6	82	9	
3	0	1/5	23	0	12	43	2	9	63	5	9	83	9	
4	0	1/3	24	0	13	44	2	12	64	5	11	84	9	
5	0	1/2	25	0	14	45	2	14	65	5	14	85	10	
6	0	4/5	26	0	15	46	3	0	66	6	2	86	10	
7	1	1/10	27	1	1	47	3	2	67	6	5	87	10	
8	1	1/2	28	1	2	48	3	4	68	6	9	88	10	
9	1	4/5	29	1	3	49	3	6	69	6	12	89	11	
10	2	3/4	30	1	4	50	3	8	70	6	15	90	11	
11	2	4/5	31	1	5	51	3	11	71	7	2	91	11	
12	3	1/4	32	1	7	52	3	14	72	7	5	92	11	
13	3	4/5	33	1	9	53	4	1	73	7	8	93	12	
14	4	2/5	34	1	10	54	4	3	74	7	12	94	12	
15	5		35	1	12	55	4	5	75	7	15	95	12	
16	5	3/4	36	1	13	56	4	7	76	8	3	96	13	
17	6	1/2	37	1	15	57	4	9	77	8	7	97	13	
18	7	1/2	38	2	1	58	4	12	78	8	11	98	13	
19	8	1/7	39	2	2	59	4	15	79	8	15	99	13	
20	0	9	40	2	5	60	5	1	80	9	3	100	14	

TABL…

TABLE des Impulsions de l'eau sur une surface d'un pied quarré frappée perpendiculairement.

Vitesses en une seconde.	Impulsions.		Vitesses en une seconde	Impulsions.	Vitesses en une seconde	Impulsions.	Vitesses en une seconde	Impulsions.	Vitesses en une seconde	Impulsions.
Pieds.	Liv.	on.	Pieds.	Livres	Pieds.	Livres	Pieds.	Livres	Pieds.	Livres
1	1	3	6	43	11	145	16	300	21	529
2	4	13	7	59	12	172	17	334	22	580
3	10	12	8	75	13	203	18	389	23	635
4	19	3	9	97	14	235	19	434	24	688
5	30	0	10	120	15	270	20	480	25	750

L'action du vent est très-sujette à varier, elle peut se trouver sensiblement différente, quoique la vitesse soit exactement la même. L'air est très-susceptible de dilatation & de condensation; il s'étend par la chaleur, & il se contracte par le froid; il est, outre cela, quelquefois chargé de beaucoup de particules d'eau plus ou moins visibles. Toutes ces différences doivent en apporter dans la pesanteur ou dans la masse de l'air; il se trouve une plus grande ou une moindre quantité de matiere dans le même volume, & son action doit être différente, puisque les autres conditions étant les mêmes, l'impulsion des fluides est proportionnelle à leur pesanteur. C'est beaucoup si la Table précédente marque à peu-près les efforts moyens; car cette matiere n'est pas susceptible d'expériences extrêmement exactes.

Moyens de mesurer la force actuelle du Vent.

On a imaginé divers instruments pour mesurer d'une maniere actuelle l'effort du vent. Ces instruments sont

A a

connus sous le nom d'*Anémometres*. J'en ai proposé un dans le Traité du Navire, qui est simple & d'un usage assez commode. Il est formé d'une surface plane *A B* (*fig.* 56) de la grandeur d'un quart de pied quarré ; c'est-à-dire, que nous avons donné 6 pouces de longueur à chacun de ses côtés. Cette surface est un morceau de carton, ou bien un morceau de toile de voile renfermé dans un chassis très-leger, & elle est appliquée perpendiculairement à l'extrêmité d'une verge *C D* qui entre par son autre extrêmité dans un tuyau ou canon *E F* qui sert de manche à l'instrument. On tient l'anémometre par ce tuyau lorsqu'on présente la surface au vent. L'impulsion, selon qu'elle est plus ou moins forte, fait entrer plus ou moins la verge dans le tuyau ; elle y presse un ressort à boudin qui y est renfermé ; & comme la verge est graduée, elle marque par son enfoncement la force du vent, à peu près de la même maniere qu'on a sur les pesons d'Allemagne, la pesanteur des choses qu'on veut peser. Il n'y a que cette seule différence, que dans les pesons d'Allemagne les plus grands poids font sortir du tuyau une plus grande partie de la verge, au lieu que dans notre anémometre les plus grandes impulsions du vent le font entrer davantage ; ainsi la graduation doit être dans un sens contraire.

Je pourrois me dispenser d'ajouter que, pour graduer ou diviser la verge *C D*, il faut que l'instrument soit presque entiérement construit. On le met dans une situation verticale, & on place successivement des poids plus ou moins grands, sur le plan *A B* qui se trouve alors situé horisontalement, & on marque leur pesanteur sur chaque point *D* de la verge. On peut imaginer divers moyens d'exécuter la même chose avec un seul poids qu'on fera agir plus ou moins en se servant d'un levier. Une attention qui est essentielle dans la construction de cet instrument, c'est de donner à la

Figure 56.

verge qui foutient la furface, le moins de longueur qu'il
eft poffible & de rendre le tout très-leger. On doit
augmenter un peu le poids de la verge vers fon extrêmité intérieure ; & pour diminuer le frottement, on
peut faire paffer cette verge fur un petit rouleau à fon
entrée dans le tuyau. Cet inftrument étant conftruit,
lorfqu'on l'expofe au vent, il ne prend pas une fituation conftante, il eft dans un mouvement continuel ;
ainfi il faut prendre le milieu des différents nombres
qu'il marque.

De l'impulfion des Fluides qui fe font obliquement.

ENFIN il n'a été queftion jufques ici que de l'impulfion des fluides qui frappent perpendiculairement une
furface ; mais s'ils la frappent obliquement, l'impulfion fera très-différente. Il fe fera une décompofition
de mouvement pour chaque molécule du fluide qui
n'agira que par fon mouvement relatif perpendiculaire.
Ainfi fuppofé que la direction du fluide faffe avec la
furface frappée un angle de 30 degrés, dont le finus
eft la moitié du finus total, chaque molécule n'agira
qu'avec la moitié de fon mouvement qui s'exerce felon
le fens perpendiculaire, & cette partie ne fera que la
moitié du mouvement abfolu. On fe reffouvient de ce
que nous avons dit fur la figure 9, en parlant du mouvement du corps A que nous pouvons regarder ici
comme une molécule du fluide. On nomme *angle d'incidence*, l'angle ABD que fait la direction AB avec
la furface frappée ; & il eft certain que la grandeur du
choc ou de l'impulfion eft d'autant moindre que le finus
de l'angle d'incidence ABD eft plus petit.

Mais l'obliquité du cours du fluide à l'égard de la
furface produit encore un autre effet ; la furface offre
une moindre largeur au fluide. Ainfi non-feulement,

chaque molécule fait un moindre choc, il y a aussi un moindre nombre de molécules qui contribuent au choc; & comme ces deux causes de diminution suivent le même rapport, il en résulte que les impulsions sont comme les quarrés des sinus des angles d'incidence. Si l'angle ABD que fait la direction du fluide avec la surface, est de 17 à 18 degrés, son sinus sera le tiers du sinus total, ou AD sera le tiers de AB. Par conséquent chaque molécule fera trois fois moins d'impulsion en frappant la surface; & comme cette même surface offrira au choc une largeur moindre dans le même rapport, l'impulsion, eu égard à tout, sera neuf fois plus petite. Après avoir trouvé l'impulsion pour le cas dans lequel le fluide frappe la surface perpendiculairement, il n'y aura donc en général, qu'à la diminuer dans le rapport du quarré du sinus total, au quarré du sinus d'incidence, & on aura l'effort du choc pour le cas dans lequel le fluide frappe la surface obliquement.

Si le vent ou l'eau frappe une surface, qui ait non-seulement une situation oblique par rapport à sa direction, mais que cette surface soit outre cela inclinée, l'angle d'incidence sera alors moindre non-seulement par la premiere obliquité de la surface, mais aussi par son inclinaison. Le vent, par exemple, frappe une voile située verticalement, mais cette voile est posée obliquement par rapport au cours du vent. L'impulsion que souffrira cette voile sera d'autant plus petite, que le quarré du sinus d'incidence ou de l'obliquité du vent par rapport à la base de la voile sera plus petit. Mais si la voile, outre cela, n'est pas verticale, si elle est inclinée à l'égard de l'horison, cette position particuliere fera encore diminuer l'impulsion dans le même rapport que le quarré du sinus de l'inclinaison est plus petit que le quarré du sinus total. En un mot l'angle d'incidence diminue alors par deux endroits,

& son sinus est moindre en raison composée de la raison du sinus total aux deux sinus particuliers de l'obliquité de la base de la voile, & de l'inclinaison de la voile. Il suit de-là que, pour avoir l'impulsion du fluide sur la surface, il n'y a toujours qu'à la chercher pour la surface frappée perpendiculairement, & la diminuer ensuite pour la situation doublement oblique de la surface.

CHAPITRE II.

De la maniere dont les Voiles font accélérer le mouvement du Navire, avec quelques remarques particulieres au sujet de leur courbure.

I.

LES voiles exigent une attention particuliere à cause de leur surface courbe. Elles ne doivent pas recevoir autant d'impulsion que si elles étoient parfaitement étendues & parfaitement planes, puisqu'elles sont frappées en divers endroits de leur surface avec une obliquité différente à cause de leur courbure. Mais on peut toujours substituer par la pensée à leur place, une surface plane qui souffre la même impulsion ; & outre cela, on peut les tendre réellement avec tant de soin, que la diminution que souffre le choc qu'elles reçoivent ne soit pas considérable.

L'impulsion du vent étant continuelle, doit, dans le commencement du sillage, communiquer d'instant en instant au navire de nouveaux degrés de vîtesse, précisément comme la pesanteur en communique aux graves dans leur chûte. Si l'impulsion du vent étoit équivalente à la pesanteur du navire, le sillage recevroit des degrés de vîtesse exactement égaux à ceux que prennent les graves lorsqu'ils tombent librement; mais comme l'effort du vent est beaucoup moindre, le navire reçoit aussi des degrés de vîtesse plus petits dans le même rapport.

Un exemple éclaircira ce que nous voulons dire. Supposons que l'étendue des voiles frappées perpendiculairement est de 10000 pieds quarrés, que le vaisseau pese 1200 tonneaux ou 2400000 livres; & que l'impulsion du vent sur chaque pied quarré des voiles soit de 3 livres. Alors l'effort total du vent sera de 30000 livres, & il est évident que le Navire ne prendra pas d'aussi grands degrés de vîtesse dans les premiers instants de sa marche, que les graves dans les premiers instants de leur chûte. Si l'effort du vent sur les voiles étoit de 2400000 livres, le navire prendroit exactement la même vîtesse, mais il n'est poussé que par une force de 30000 livres qui est 80 fois moindre; il doit par conséquent prendre une vîtesse 80 fois plus petite, & il parcourra aussi des espaces plus courts dans le même rapport. Au lieu de parcourir 1508 pieds dans les premieres dix secondes, il parcourra donc un peu moins de 19 pieds; & au lieu d'avoir alors une vîtesse à faire 302 pieds dans une seconde comme le marque la table du second Chapitre de la section précédente, il aura une vîtesse 80 fois plus petite, il ne fera qu'environ 3 pieds 9 pouces en une seconde.

On doit même remarquer que presque dès les commencements du sillage, l'accélération de la vîtesse ne se fera pas tout-à-fait d'une maniere si prompte. Nous négligeons la résistance de l'eau ou son impulsion sur la proue: on peut n'avoir point d'égard à cette impulsion dans les premiers instants du sillage, à cause du peu de vîtesse avec laquelle le navire va rencontrer l'eau; mais au bout de très-peu de temps la résistance

de l'eau devient confidérable, & d'un autre côté l'impulfion du vent fur les voiles va en diminuant, parce
qu'à mefure que le navire prend de la vîteffe & qu'il
fuit par rapport au vent, il fe fouftrait, pour ainfi dire,
à l'impulfion. Ainfi la force accélératrice va fans ceffe
en diminuant par deux caufes. Le vent frappe moins
les voiles comme s'il avoit moins de force, & d'un
autre côté une plus grande partie de cette impulfion
eft détruite par la réfiftance de l'eau ou par fon impulfion contre la proue ; car cette impulfion eft en déduction de celle du vent, elle en rend inutile une partie par fon oppofition.

Au bout de deux ou trois minutes de temps le
navire aura peut-être acquis une vîteffe à faire 14
ou 15 pieds par feconde ; fon fillage fera cenfé alors
très-rapide, puifque le navire fera environ 3 lieües par
heure. Mais cette grande vîteffe du vaiffeau fera peut-
être caufe que les voiles feront pouffées avec une force
deux fois moindre ; l'effort ne fera que de 15000 livres
au lieu de 30000, & peut-être que l'impulfion de l'eau
fur la proue fera alors égale à un effort de 14990 livres. Dans ce cas le Navire ne fera plus pouffé dans
le fens de fa route qu'avec une force de 10 livres, qui
eft l'excès d'un effort fur l'autre ; & comme le Vaiffeau
pefe 2400000 livres, les nouveaux degrés de vîteffe
qu'il recevra encore feront 240000 fois moindres que
ceux que la pefanteur communique aux graves dans
leur chûte. Ainfi la vîteffe du fillage ne s'accélérera
prefque plus, & elle fera parvenue fenfiblement à l'u-
niformité. C'eft ce qui arrive auffi-tôt que l'impulfion
du vent fur les voiles a affez diminué & l'impulfion
de l'eau fur la proue affez augmenté pour que les deux
foient parfaitement égales. Le vaiffeau doit alors fe
mouvoir d'une vîteffe conftante ; il avance comme s'il
n'étoit fujet à l'action d'aucune force extérieure ; le vent
ne lui communique plus de nouveaux degrés, parce

que le choc de l'eau sur la proue y met obstacle , &
d'un autre côté le choc de l'eau ne retarde point le
sillage , parce que l'impulsion du vent l'en empêche.

Comme le navire n'augmente réellement sa vîtesse
que pendant deux ou trois minutes , & que le sillage
est toujours parvenu à l'uniformité, lorsqu'on a achevé
d'orienter les voiles , nous n'examinons pas ici selon
quelle progression se fait cette accélération. Nous
avons examiné dans l'autre section les effets d'une force
accélératrice dont les changements sont proportionnels
aux espaces parcourus. Ici la force accélératrice est
l'excès de l'impulsion du vent sur celle de l'eau , &
chacune de ces impulsions est proportionnelle au quarré de la vîtesse avec laquelle se fait le choc. Nous avons
résolu ce problême dans le volume de 1745 , des Mémoires de l'Académie Royale des Sciences , & nous
pouvons y renvoyer. Toutes ces recherches , de même
qu'une infinité d'autres , sont propres à convaincre les
lecteurs que si on peut s'instruire très-aisément des vrais
principes de Méchanique & de Dynamique , il n'est
pas possible d'en faire d'application un peu compliquée
sans le secours de la Géométrie.

I I.

Au surplus nous justifierons ici ce que nous avons
dit au commencement de ce Chapitre , sur l'attention
qu'on doit avoir à tendre les voiles le plus qu'il est possible. Si ACB (*fig.* 57.) est une voile également large
dans toute sa hauteur , & qu'étant simplement arrêtée
par les deux extrêmités en A & en B , elle forme une
grande courbure , une partie de son étendue sera inutile. Nous supposons d'abord que le vent au lieu de la
frapper en plein , la frappe fort obliquement en faisant
des angles sensiblement aigus avec ses largeurs ; la courbe ACB aura pour tangentes en A & en B les droites
AD.

Figure 57.

AD & BD. Mais il est facile de démontrer que la Figure 57. voile reçoit alors précisément la même impulsion qu'une surface plane ab, qu'on déterminera en faisant chacun des deux espaces Da & Db égal à la moitié du contour ACB que forme la courbure de la voile, c'est-à-dire, que la surface plane ab équivalente à la voile, est égale à $\frac{AE}{AD} \times ACB$. Il suit de-là que lorsque la voile est très-courbe, ou qu'on a pris peu de soin pour la tendre & que AD est très-grande par rapport à AE, la surface plane ab, est beaucoup plus petite par rapport à la surface réelle de la voile, & qu'on perd par conséquent beaucoup.

Si la voile ACB, au lieu d'être frappée obliquement, est frappée en plein ou si la direction du vent est exactement perpendiculaire à ses largeurs, elle prend alors une courbure toute différente. L'air agit contre le haut & contre le bas de la voile, comme s'il n'avoit pas d'issue par les deux côtés. L'air qui frappe en haut fait effort pour se réfléchir vers le bas ; & comme celui qui frappe vers le bas, fait en même-temps effort pour se réfléchir vers le haut, il résulte du tout une compression dans la voile ; & quoique l'air puisse s'échapper par les deux côtés & qu'il s'échappe effectivement, il ne le fait cependant qu'après avoir agi sur la voile comme s'il y étoit renfermé. L'air comprimé faisant effort pour s'étendre, pousse tous les points de la voile perpendiculairement avec la même force, & il lui fait prendre la courbure d'un arc de cercle. Alors la voile fera le même effet qu'une surface plane de même largeur qui auroit AB de hauteur. Ainsi supposé que la voile ait environ 11 parties de hauteur en ligne courbe ACB, & que sa hauteur en ligne droite ne soit que de 7 parties, elle prendra la courbure d'un demi-cercle, & alors il y aura sur les 11 parties d'étendue de la voile, 4 qui seront absolument inutiles.

B b

Nous aurons un troisieme cas si une voile de même largeur par-tout est arrêtée en *A* & en *D* & prend la courbure représentée dans la figure 58. Cette voile est frappée en plein ; nous voulons dire que le vent la rencontre perpendiculairement à ses largeurs ; mais les points *A* & *D* ne répondent pas exactement l'un au-dessus de l'autre, ou ne sont pas dans la même ligne verticale. Tout le vent qui frappe sur la partie *A B* agit comme s'il y étoit renfermé ; il fait prendre à cette partie la courbure d'un arc de cercle, & elle fait exactement le même effet qu'un plan *A B* qui se-roit exposé au choc du vent. Mais quant à la partie inférieure *B D* l'impulsion qu'elle reçoit est sujette à une autre loi, parce qu'il n'y a rien au-dessus du point *A* qui mette obstacle à la retraite de l'air qui agit sur *B D*. Cet air n'agit pas par son ressort, ou ce qui re-vient au même, il n'a pas le temps de se comprimer. Si du centre *C* de l'arc *A B*, on abaisse la perpendi-culaire *C I* sur la tangente *D F* au point *D*, cette perpendiculaire rencontre le cercle *A B H* prolongé vers *H* ; & toute la voile *A B D* sera sujette à la même impulsion que si la corde *A H* étoit frappée perpen-diculairement. Nous négligeons la pesanteur des voiles en donnant ces regles, que nous nous dispensons de démontrer. Nous les rapportons afin qu'on fasse tout ce qu'il faut pour se dispenser de s'en servir, en tendant les voiles le plus qu'il est possible.

Figure 58.

CHAPITRE III.

Que la pesanteur du Navire ou de tout autre corps flottant est égale à celle du volume d'eau dont il occupe la place, & doit agir dans la même direction.

I.

LES liqueurs agissent non-seulement par leur choc, elles agissent encore toutes par leur pression ; & elles ont à ce second égard une propriété semblable à celle de l'air, laquelle caractérise tous les fluides. Lorsque les liqueurs sont pressées dans un certain sens, elles transmettent la pression, non-seulement dans le même sens, mais dans tous les sens imaginables. L'eau qui est à quelques pieds de profondeur, est pressée par tout le poids de l'eau qui est au-dessus: mais cette pression agit même horisontalement sans recevoir aucune altération ; elle s'étend sous le Navire, & elle agit contre lui, en le poussant avec autant de force que toute l'eau qui est à côté entre les mêmes plans horisontaux, est pressée par l'eau supérieure.

Nous avons une infinité d'exemples de cette propriété qu'ont les liqueurs d'agir par leur pression sans diminution de force dans tous les sens possibles. Si on pousse le piston d'une seringue pleine d'eau, & que la seringue soit bouchée, l'effort qu'on fera, s'exercera également contre toutes les parties intérieures de la surface de la seringue, & si on faisoit un trou à côté, l'eau sortiroit par cette ouverture avec la même vîtesse que par l'ouverture ordinaire. Le piston ne paroît néanmoins pousser l'eau que selon sa longueur. Mais l'eau

étant preffée dans ce fens, fait également effort pour
s'échapper dans tous les autres. L'effort fe multiplie,
pour ainfi dire , & il fe fait également de tous les côtés:
l'eau eft difpofée à refluer dans tous les fens. De même,
l'eau de la mer qui fe trouve dans une tranche horifontale renfermée à une certaine profondeur entre deux
plans horifontaux , n'eft preffée immédiatement de
haut en bas que par le poids de l'eau fupérieure ; mais
fes parties ne font pas preffées dans un certain fens,
fans agir avec une égale force dans tous les autres.
Elles fe preffent donc également dans le fens horifontal , & on reffentiroit tout l'effet de cette preffion
qui a changé de direction , fi on faifoit un trou fous la
carene du Navire. L'eau feroit effort pour y entrer
avec une force égale au poids de l'eau qui eft à côté,
& correfpondante à la grandeur du trou.

Il n'y a perfonne qui n'ait reffenti cette même force
lorfqu'il a voulu faire entrer un bâton dans l'eau. En
mettant le bâton verticalement, on reffent une réfiftance qui augmente à mefure qu'on rend l'enfoncement
plus grand. Si on plonge le bâton obliquement, on remarque encore que la force qu'on eft obligé de vaincre
agit de bas en haut felon une direction exactement
verticale. On éprouve la même réfiftance lorfqu'on
enfonce la main ou fimplement le doigt dans du vif
argent. Le doigt eft repouffé par-deffous , & il l'eft
fortement , parce que le mercure étant environ 14 fois
plus pefant que l'eau, fes parties font preffées quatorze
fois davantage à la même profondeur. La direction
qu'a toujours cette force fera que nous la défignerons,
comme nous l'avons déja fait ailleurs , fous le nom de
Pouffée verticale des liqueurs.

Il fuit de ce que nous venons de dire , qu'un Navire
ou tout autre corps qui flotte librement eft pouffé en
haut avec une force égale à fon poids. L'eau dont il occupe la place, preffoit l'eau inférieure , lorfque le

Navire n'y étoit pas; elle la poussoit, & elle en étoit repoussée. Le Navire remplit précisément la même place : il est poussé par conséquent par-dessous de bas en haut; & il faut, puisqu'il y a équilibre, que le corps flottant oppose une force égale à cet effort. Sa pesanteur fournit cet effort; mais il faut qu'elle soit exactement égale au poids de l'eau dont le corps flottant occupe la place, autrement une des deux l'emporteroit sur l'autre. Le corps flottant seroit trop poussé de bas en haut, & il sortiroit de l'eau; ou bien sa pesanteur seroit trop grande, & alors il se plongeroit davantage. Dans l'état de repos, il doit donc y avoir une égalité parfaite entre la pesanteur du Navire, & celle de l'eau qu'il déplace; il faut que la pesanteur du Navire soit exactement égale à la poussée verticale de l'eau.

Si le Navire pese cent tonneaux ou 200000 livres, il faut qu'il occupe dans l'eau de la mer un volume de presque 2778 pieds cubiques. L'eau de la mer pese un peu plus que l'eau douce; le pied cubique en pese à très-peu près 72 livres, au lieu que le pied cubique d'eau douce ne pese qu'environ 70 livres. Ainsi il faut que la grosseur de la carene ou de la partie qui doit entrer dans l'eau, réponde au poids que doit avoir le Navire. Si la carene étoit moins grosse, si elle n'avoit que 1389 pieds cubiques de solidité, elle n'occuperoit pas assez de place dans l'eau pour en être repoussée avec une force de 200000 livres de bas en haut. La poussée verticale de l'eau ne seroit alors que de 100000 livres. Il n'y auroit donc que la moitié de la pesanteur du Navire qui seroit soutenue, & l'autre partie feroit que le corps se précipiteroit vers le fonds.

On ne peut jamais, sans s'en appercevoir d'avance, tomber dans l'inconvénient de trop charger un Navire, lorsqu'il flotte librement ou qu'il est à flot. On voit jusqu'à quel point il enfonce, & on sait par cet enfoncement s'il est permis d'augmenter encore sa pesanteur.

Mais il y auroit les plus grandes précautions à prendre, & il faudroit être bien instruit de la regle que nous
expliquons, pour pouvoir charger un Navire dans un
bassin où il est à sec, & se hasarder ensuite à le mettre
à flot tout d'un coup, comme on l'a fait quelquefois.
De fausses mesures auroient alors les suites les plus funestes, on n'éviteroit le péril que par l'attention qu'on
auroit de ne pas rendre la charge trop grande, & il
faudroit aussi la distribuer de maniere qu'elle ne fût située ni trop vers l'avant ni trop vers l'arriere. Car pour
que le corps flottant agisse précisément de la même
maniere que le volume d'eau dont il tient la place, il
ne suffit pas qu'il ait exactement la même pesanteur,
il faut encore que cette pesanteur s'exerce sur la même
direction.

I I.

Figure 59.

Supposons que le corps flottant *A B D* (*fig.* 59.)
plonge dans l'eau toute la partie *E B F*, & que le volume d'eau dont il occupe la place ait son centre de
gravité en г ou que ce point soit le centre de gravité
de la partie submergée supposée homogene. Si ce corps
pese 100 tonneaux ou 200000 livres, il faut que le volume d'eau déplacée *E B F* pese 200000 livres. C'est
une premiere condition qui est absolument nécessaire,
ou une premiere loi. Mais il y en a une seconde. Il
n'est pas moins essentiel que le centre de gravité du
corps flottant soit précisément dans la même verticale
que le centre de gravité г de la partie submergée. Il
peut se trouver plus bas ou plus haut comme en *G* ;
mais pour que le corps flottant puisse remplacer à tous
égards l'eau dont il occupe le volume, il faut que sa
pesanteur qui doit être égale à celle de l'eau, ait encore
sa direction sur la même ligne. La poussée de l'eau
agit comme si elle se réunissoit en г, & elle exerce son
action selon la verticale г *H*. Mais la pesanteur du corps

flottant agiſſant ſelon GB avec une force égale & une
oppoſition parfaite, il naît de cette égalité & de cette
oppoſition un équilibre exact, & le corps flottant conſerve ſa même ſituation.

Figure 59.

Si le centre de gravité commun du corps ABD,
au lieu d'être en G, étoit ſitué à côté, s'il étoit en g
par exemple, ſoit parce qu'il manquât à ce corps d'ê-
tre homogene ou qu'on eût diſtribué ſa charge d'une
maniere irréguliere, il eſt évident qu'il ne pourroit pas
reſter un ſeul inſtant dans le même état. Il ſeroit comparable à une colonne ou à un édifice dont le centre de gravité répondroit au dehors de ſa baſe. L'eau
le pouſſeroit en haut ſelon la verticale rH, & ſa propre peſanteur travailleroit à le faire deſcendre ſelon la
ligne gb. Il ne ſerviroit de rien alors que les deux forces fuſſent égales, elles ne ſeroient pas directement
oppoſées, & elles travailleroient de concert à faire
tomber le corps ſur le côté. Concluons donc, en aſſu-
rant qu'un corps ne flotte librement ſur une liqueur,
que lorſque les deux conditions ſuivantes ſont exactement remplies. Il faut 1°. que la peſanteur du corps
flottant ſoit parfaitement égale au poids du volume
EBF de la liqueur dont il occupe le vuide. Il faut
2°. que le centre de gravité du corps flottant ſoit dans
la verticale rH ſur laquelle s'exerce la pouſſée de la
liqueur, ou il faut que le centre de gravité du corps
flottant ſoit exactement dans la même verticale que le
centre de gravité de ſa partie ſubmergée ſuppoſée homogene.

CHAPITRE IV.

Que le centre de gravité du corps qui flotte librement ne doit point être au-dessus d'une certaine hauteur : moyens de déterminer cette hauteur.

I.

CES deux conditions sont absolument nécessaires ; mais elles ne suffisent pas encore. Le centre de gravité G du corps flottant peut se trouver placé en dessus ou en dessous de celui r de la carene ou de l'espace que l'eau a été obligée d'abandonner ; mais il ne doit pas être trop haut. Si le corps flottant a, par exemple, une forme parfaitement ronde ou sphérique ABD (*fig.* 60.) son centre de gravité G ne doit pas être au-dessus du centre C de l'arc de cercle ABD ; autrement le corps ne pourroit pas se soutenir droit un seul instant. Il y a toujours en effet dans l'air, de même que dans l'eau & dans tous les autres fluides, quelque agitation qui seroit capable, en se communiquant au corps flottant, de l'éloigner un peu de son premier état, ou de le faire incliner au moins d'une quantité infiniment petite. Mais supposé que le centre de gravité de ce corps ou du Navire fût en g, la pesanteur du corps flottant tendroit à augmenter l'inclinaison, & rien ne s'y opposant, le corps ne manqueroit pas de verser : au lieu que ce ne sera pas la même chose si son centre de gravité est au-dessous du point C, s'il est en G, par exemple.

Lorsque le Navire ou le corps flottant ABD, s'incline d'une très-petite quantité, qu'il prend, si l'on veut

la

la situation représentée dans la figure 60, la partie submergée est alors *eBf*, cette partie sert de carene, & la poussée verticale de l'eau, au lieu de se réunir dans le centre r, se réunit dans le centre de gravité γ; & elle agit selon la verticale γ*C*. Mais les effets doivent être ensuite absolument différents selon que le centre de gravité du corps flottant est en dessus ou en dessous du point *C*. S'il est au dessus comme en *g*, le corps flottant doit s'incliner encore davantage, & il ne faut jamais compter dans ce cas sur sa stabilité; il faudra au contraire s'attendre à le voir verser sur le champ, parce qu'il ne se trouve toujours que trop de causes extérieures capables de commencer l'inclinaison qui sera ensuite portée à l'excès par le concours de la pesanteur du corps & de la poussée verticale de l'eau. Mais si le centre de gravité est au dessous du point *C*, s'il est en *G*, le corps flottant doit maintenir constamment son niveau; puisqu'il y a une force toujours prête à le redresser, supposé que quelque agent extérieur lui cause quelque légere inclinaison; cette force est la poussée verticale de l'eau.

Le centre *C* de l'arc *E B F* serviroit également de limite à la hauteur du centre de gravité du corps flottant, quand même ce corps seroit beaucoup plus léger & qu'il ne plongeât dans l'eau qu'une partie beaucoup plus petite que le demi-cercle, comme dans la figure 61. Tous les segments de cercle ont cette propriété exclusivement à toutes les autres figures. Le centre *C* est toujours le terme au dessous duquel il faut que le centre de gravité *G* du corps flottant soit situé, si on veut que ce corps se soutienne sans verser. Toutes les directions r *H*, γ *h*, &c. de la poussée de l'eau passant par le centre *C*, supposé que le centre de gravité se trouvât dans le point *C*, le corps n'affecteroit ensuite aucune situation particuliere. Placé de niveau, il y resteroit; & mis dans une situation inclinée,

C c

il la conferveroit de même. Il faut donc éviter le point *C*, & ne pas y placer le centre de gravité du Navire ; il faut toujours au contraire fituer ce centre confidérablement au deffous.

Nous avons donné dans notre Traité du Navire le nom de *métacentre* à ce point remarquable au-deffous duquel la fûreté de la Navigation demande qu'on mette le centre de gravité du vaiffeau. Nous employerons ici le même nom ; & comme les Navires n'ont quelquefois la forme ronde dans nul fens, nous expliquerons les moyens de déterminer le métacentre dans les folides de toutes les figures.

I I.

Méthode de déterminer le Métacentre *ou le point qui fert de limite à la plus grande hauteur du centre de gravité du Navire.*

ON voit que le problême fe réduit à confidérer le corps flottant dans la fitüation horifontale & dans une fituation inclinée très-peu différente, & à chercher en quel point fe coupent les deux directions de la pouffée verticale pour les deux fituations. Lorfque le Navire de la figure 60 conferve fon niveau, la pouffée verticale de l'eau fe réunit dans le centre de gravité г de l'efpace que la carene proprement dite occupe dans la mer ; mais pour peu que le Navire s'incline d'un côté ou de l'autre, une partie triangulaire *F C f* de fa carene fort de l'eau, & une autre partie triangulaire *E C e* fe submerge du côté oppofe. Ce font ces deux parties triangulaires qui apportent du changement à toute la partie fubmergée du Navire & à fon centre de gravité, & qui font caufe que la pouffée verticale de l'eau, au lieu de fe réunir en г, fe réunit en γ.

Figure 60. & 61.

Mais si on laisse au Navire ses mêmes largeurs, qu'on ne touche point à la grandeur ni à la figure de sa flottaison ou de sa coupe horisontale faite à fleur d'eau, & qu'on ne fasse qu'augmenter ou diminuer l'étendue de la carene ou la partie inférieure du vaisseau; il est évident que les petits triangles ECe, & FCf, quoique toujours exactement les mêmes, seront plus ou moins grands par rapport à la carene & qu'ils produiront un plus grand ou un moindre changement sur la situation des centres de gravité r & γ. Ces points étant ensuite plus ou moins éloignés l'un de l'autre, les lignes rH & γh selon lesquelles s'exercent la poussée de l'eau dans les deux cas, iront se rencontrer plus ou moins haut ; ce qui donnera plus ou moins de hauteur au métacentre C au dessus du centre de gravité G de la carene.

Lorsqu'on diminuera la solidité de la carene sans toucher à ses largeurs par en haut, les triangles ECe & FCf deviendront relativement plus grands. Ils ne seront réellement ni plus grands ni plus petits, puisque leurs dimensions dépendent des largeurs du Navire & de la quantité de l'inclinaison qu'on suppose toujours égale & comme infiniment petite; mais ils seront relativement plus grands, étant comparés à la carene entiere qu'on aura rendu plus petite. L'intervalle entre les centres de gravité r & γ deviendra donc plus grand, & le métacentre s'élevera dans le même rapport. Ce sera tout le contraire, si on augmente la solidité de la carene, les centres r & γ se rapprocheront, & le métacentre s'abaissera. Ainsi c'est une regle générale, lorsque la flottaison ou la coupe horisontale du Navire faite à la surface de l'eau est donnée, *que le métacentre est plus ou moins élevé au dessus du centre de gravité de la carene, précisément dans le même rapport que la carene est plus petite ou plus grande;* & puisqu'on connoît la situation de ce point pour le cercle ou pour la sphere, on le trouvera pour les autres figures par une simple

C c ij

analogie, auffi-tôt qu'on aura déterminé leur centre de gravité.

Si toutes les coupes de la carene du Navire faites perpendiculairement à fa longueur, ou, pour emprunter le langage des Marins, fi tous les *gabaris* étoient des demi-cercles, la carene feroit un demi-fphéroïde formé par la révolution de la courbe PEQ autour de l'axe PQ (*fig.* 62). Le métacentre feroit alors en C dans l'axe même PQ & à fleur d'eau, à caufe de la propriété de tous les demi-cercles. Ainfi il n'y auroit qu'à chercher le centre de gravité Γ du folide pour avoir ΓC; & fuppofé enfuite que la partie inférieure de la carene eût toute autre figure, il n'y auroit, conformément à ce que nous venons de voir, qu'à augmenter ou diminuer ΓC dans le même rapport que la carene $PEQB$ feroit plus petite ou plus grande que le demi-fphéroïde, & on auroit l'exacte hauteur du métacentre M au deffus du centre de gravité de la carene.

III.

Application de la Méthode précédente à un corps flottant qui auroit la figure d'un Ellipfoïde.

QUOIQUE la flottaifon des vaiffeaux ne foit pas terminée par la ligne courbe que les Géometres nomment ellipfe, & qu'elle foit ordinairement plus grande, on peut ici prendre ces deux figures l'une pour l'autre. Dans cette fuppofition le centre de gravité Γ du demi-fphéroïde $EPBQ$ eft exactement au deffous de la flottaifon $EPFQ$ ou de la furface de l'eau, des trois huitiemes de CB; & comme CB feroit égale à CE, on auroit donc $\frac{3}{8}CE$ pour la hauteur $C\Gamma$ du métacentre au deffus du centre de gravité du demi-fphéroïde.

Mais fi les gabaris ou les coupes de la carene faites

perpendiculairement à sa longueur, au lieu d'être des demi-cercles, sont auſſi des demi-ellipſes; ſi en particulier la profondeur CB de la carene eſt conſidérablement plus petite que la moitié de la plus grande largeur EF, le nouveau centre de gravité r de la carene ſera toujours exactement aux trois huitiemes de ſa profondeur. Il ſera donc moins au deſſous de la ſurface de l'eau qu'auparavant. Mais outre cela la hauteur du métacentre au-deſſus de ce centre de gravité augmentera encore dans le même rapport qu'on aura rendu la carene plus petite, en la faiſant moins profonde.

On diminue la ſolidité de la carene exactement dans le même rapport qu'on fait CB plus petite que CE ou que CF; ce qui nous donne cette analogie pour trouver la nouvelle hauteur du métacentre. La profondeur actuelle & diminuée CB eſt à CE comme $\frac{3}{8} CE$ eſt à la hauteur $\frac{3}{8} \times \frac{CE^2}{CB}$; & ſi de cette hauteur qui eſt celle de r M, nous en ôtons $\frac{3}{8} CB$ pour la quantité dont le centre de gravité actuel r de la carene eſt au deſſous de la ſurface de l'eau, nous aurons $\frac{3}{8} \times \frac{CE^2}{CB}$ — $\frac{3}{8} CB$ pour la hauteur MC du métacentre au deſſus de la ſurface de l'eau. Comme il ne s'en faut pas beaucoup que la profondeur de la carene ne ſoit égale à la moitié de ſa largeur dans la plupart des Navires, il s'enſuit que les deux termes de l'expreſſion $\frac{3}{8} \times \frac{CE^2}{CB}$ — $\frac{3}{8} CB$ de la hauteur du métacentre au deſſus de l'eau, approchent beaucoup d'être égaux, & qu'ainſi le métacentre n'eſt jamais guere élevé au deſſus du plan de la flottaiſon.

Propoſons pour exemple un Vaiſſeau, dont la plus grande largeur EF ſoit de 32 pieds & dont la profondeur CB de la carene ſoit de 14 pieds; le centre de gravité r ſeroit au-deſſous de la ſurface de l'eau de

Figure 62.

6 pieds, en suppofant que la carene eût la figure d'un demi-sphéroïde elliptique, formé par la révolution de l'ellipfe QEP autour de l'axe QP. Mais les coupes verticales de la carene faites perpendiculairement à la longueur ne font pas des cercles, elles font des ellipfes dont le demi-axe vertical CB eft plus petit que le demi-axe horifontal CE dans le rapport de 14 à 16. Ce changement eft caufe que le centre de gravité Γ de la carene n'eft au deffous de la furface de l'eau, que de $5\frac{1}{4}$ pieds. En fecond lieu la carene étant plus petite, la hauteur du métacentre au deffus du centre de gravité eft plus grande dans le même rapport; c'eft-à-dire, qu'au lieu de n'être que de 6 pieds elle fera de $6\frac{5}{7}$ pieds. Or fi on ôte de cette hauteur ΓM, les $5\frac{1}{4}$ pieds dont le centre Γ eft réellement enfoncé fous l'eau, on aura $1\frac{17}{28}$ pieds pour la quantité MC dont le métacentre M eft élevé au deffus de la furface de l'eau. C'eft ce qu'on trouvera auffi par la *formule* $MC = \frac{1}{8} \times \frac{CE^2}{BC} - \frac{1}{8}CB$.

IV.

De la hauteur du Métacentre lorfqu'il s'agit des inclinaifons qui fe font felon la longueur.

La méthode que nous venons d'employer pour déterminer la place du métacentre, peut fervir auffi à déterminer ce point pour les inclinaifons du Navire vers l'avant & vers l'arriere. Comme la carene eft beaucoup plus longue que large, le métacentre eft dans ce fecond cas beaucoup plus élevé que dans le premier. De forte qu'on pourroit porter le centre de gravité de tout le Vaiffeau à une hauteur beaucoup plus grande, fi le péril le plus preffant n'étoit attaché aux inclinaifons dans le fens de la largeur.

Lorsqu'il s'agit uniquement des inclinaisons dans l'autre sens, ou selon la longueur, il faut considérer cette longueur comme la largeur ; ainsi, au lieu de la formule que nous avons trouvée, nous aurons $MC = \frac{3}{8} \times \frac{CP^2}{CB} - \frac{1}{8} CB$; & pour $M\Gamma$, nous aurons $\frac{3}{8} \times \frac{CP^2}{CB}$, ce qui nous montre que la hauteur du métacentre au dessus du centre de gravité de la carene est plus grande dans ce cas que dans l'autre, dans le même rapport que le quarré de la longueur du Navire est plus grand que le quarré de sa largeur. Si le Navire est simplement trois fois plus long que large, le métacentre sera neuf fois plus haut pour les inclinaisons dans le sens de la longueur que pour celles qui se font selon la largeur. Si la longueur est quatre fois plus grande que la largeur, le métacentre sera seize fois plus haut, &c. Il est facile d'en appercevoir la raison physique, indépendamment de ce que nous venons de trouver par le calcul.

Figure 62.

CHAPITRE V.

De la stabilité du Navire, ou de la force avec laquelle il conserve sa situation horisontale : differents moyens de la trouver.

I.

POUR peu que le Navire s'incline, le centre de gravité de la partie submergée avance vers le même côté, & la poussée verticale de l'eau agissant sur une direction qui passe à quelque distance du centre de gravité du Navire, cette distance lui sert de bras de levier, pour travailler à rétablir la situation horisontale.

Si dans la figure 63 le point г eſt le centre de gravité du Navire & en même temps le centre de gravité de la carene ſuppoſée homogene, ou de ſa partie ſubmergée lorſque le Navire eſt dans ſa ſituation naturelle, & que lorſqu'il eſt incliné il ait γ pour centre de gravité de ſa partie alors ſubmergée, la pouſſée verticale de l'eau ſe réunira dans ce centre γ & s'exercera ſelon γ M. Le bras de levier ſera γ г, dont dépendra la hauteur du métacentre M au deſſus du centre de gravité г de la carene. M г ſera d'autant plus grande que le bras de levier γ г ſera long ; & plus ce bras de levier aura de longueur, plus la pouſſée de l'eau, quoique la même, s'oppoſera efficacement à l'inclinaiſon. Ainſi, lorſque toutes les autres circonſtances ſont les mêmes, la ſtabilité du Navire ou ſa force relative pour retourner à la ſituation horiſontale eſt plus ou moins grande dans le même rapport, que le métacentre M eſt plus ou moins élevé au deſſus du centre de gravité г de la carene, & on peut prendre, pour l'exprimer, le produit de toute la peſanteur du Navire par cette hauteur M г; puiſque le bras de levier г γ eſt toujours une certaine partie de la hauteur г M tant que l'inclinaiſon du Navire eſt d'une quantité déterminée.

Nous tirons de-là une remarque de la plus grande importance. C'eſt que la ſtabilité d'un Navire ne dépend que de la grandeur & de la figure de ſa flottaiſon, ou de ſa coupe faite à fleur d'eau. En effet, ſi le plan de la flottaiſon reſtant le même, on rend la carene par deſſous plus petite ou plus grande, & qu'on diminue ou qu'on augmente exactement dans le même rapport la peſanteur du navire, afin qu'elle réponde toujours parfaitement, comme cela eſt néceſſaire, au volume de la carene, la hauteur du métacentre M au deſſus du centre de gravité г changera proportionnellement, mais dans un rapport inverſe, comme nous l'avons vu dans le Chapitre précédent. Ainſi le produit de la

peſanteur

peſanteur du Navire par la hauteur Mr de ſon métacentre M au-deſſus de ſon centre de gravité r ſera toujours conſtant : car ce qu’on gagnera en augmentant le poids du Navire, on le perdra par la hauteur du métacentre qui diminuera ; & ce qu’on perdra au contraire ſi on diminue la peſanteur du corps flottant, on le gagnera par la hauteur du métacentre qui deviendra plus grande. C’eſt pourquoi la ſtabilité qui eſt le produit de l’une par l’autre, ou qui eſt proportionelle à ce produit, ſera toujours exactement la même; auſſi-tôt que le plan de flottaiſon ou la coupe de la carene faite à fleur d’eau ne changera pas.

Cette remarque ou ce théorême nous met en état de trouver fort aiſément la ſtabilité du Navire ou de tout autre corps flottant. La flottaiſon $QEPF$ (*fig.* 62) d’un Navire étant donnée, nous n’avons qu’à faire tourner par la penſée une de ſes moitiés autour de l’axe QP, & en former un demi-ſphéroïde. Le métacentre de ce corps dont toutes les coupes faites perpendiculairement à ſa longueur ſeront des demi-cercles, ſe trouvera exactement en C ſur ſon axe QP. On cherchera la ſolidité de ce corps, pour avoir le poids de l’eau qu’il déplaceroit; on cherchera auſſi combien ſon centre de gravité r ſeroit au-deſſous de l’axe QP, & multipliant Cr par la ſolidité du demi-ſphéroïde ou par la peſanteur de l’eau dont il occuperoit la place, on aura ſa ſtabilité, & en même temps celle de tout autre corps $QEPFB$ qui aura la même flottaiſon. Si cet autre corps eſt plus petit ou plus grand que le demi-ſphéroïde que nous avons imaginé, la hauteur Mr de ſon métacentre ſera d’un autre côté plus grande ou plus petite dans le même rapport, & par conſéquent le produit de la peſanteur du corps réel $QEPFB$ par la hauteur Mr de ſon métacentre au-deſſus du centre de gravité r de ſa carene, ſera préciſément égal à celui que nous aurons trouvé.

Figure 63.

Figure 62.

D d

Figure 63.

Il faut néanmoins faire attention que cette méthode ne fournit la ftabilité que lorfque le centre de gravité commun du Navire fe trouve exactement dans le même point que le centre de gravité de fa carene fuppofée homogene. La pefanteur du vaiffeau eft formée de celle d'un grand nombre de parties héterogenes. Certains Bâtiments font beaucoup plus chargés par en bas, & d'autres, favoir tous les Vaiffeaux proprement dits, font beaucoup plus péfants à proportion par en haut à caufe de leur artillerie. Cette différente diftribution du poids met néceffairement beaucoup de différence dans la fituation du centre de gravité commun G de tout le Navire; & il eft évident que le métacentre étant enfuite diverfement élevé au deffus de ce dernier centre, le bras de levier fe trouve plus long ou plus court, & la ftabilité plus ou moins grande dans le même rapport.

Si nous nommons P la pefanteur totale du vaiffeau, nous aurons $P \times M\Gamma$ pour fa ftabilité en fuppofant que fon centre de gravité commun concourt avec celui Γ de fa carene ou de fa partie fubmergée, fuppofée homogene. Mais fi le centre de gravité G eft fitué plus haut ou plus bas, la force relative de l'eau pour relever le Navire fera plus petite ou plus grande de tout le produit de la pefanteur P par $G\Gamma$. Ainfi la ftabilité eft en général $P \times M\Gamma \pm P \times G\Gamma$; & la méthode géométrique que nous venons d'expliquer ne nous la donne par conféquent pas toute entiere. Elle ne nous donne que le premier terme $P \times M\Gamma$, celui qui dépend uniquement de la figure de la flottaifon; mais il faut enfuite y ajouter $P \times G\Gamma$ fi le centre de gravité G du Navire eft au deffous de celui Γ de fa carene, comme nous l'avons marqué dans la figure 63; & il faut au contraire fouftraire $P \times G\Gamma$, fi le centre de gravité G eft au deffus du centre de gravité de la carene comme dans les figures 60 & 61.

I I.

Trouver la ſtabilité du Navire par l'expérience.

Nous découvrirons immédiatement la ſtabilité actuelle du Navire en mettant un poids aſſez conſidérable ſur ſon côté, & en obſervant avec préciſion l'inclinaiſon qu'il produit. Nous mettrons pour cela ſur le
bord du Vaiſſeau perpendiculairement à ſa longueur
une piece de bois *CR* (*fig.* 63), & nous ſuſpendrons
à ſon extrêmité un poids *Q* qui fera néceſſairement
pencher le Navire. L'inclinaiſon ira plus ou moins
loin; mais les choſes ne ſe trouveront dans un état
permanent que lorſqu'il y aura parfaitement équilibre
de part & d'autre de la pouſſée verticale de l'eau,
entre le poids *Q* & la peſanteur du Navire. La pouſſée
verticale de l'eau ſervira d'hypomoclion, elle ſoutiendra
la peſanteur du Vaiſſeau & celle du poids *Q*, & il faudra
que les moments de ces deux poids ſoient égaux entr'eux; c'eſt-à-dire, que le produit du poids *Q* par ſa
diſtance horiſontale *RC* au milieu du pont ou du tillac,
ſoit égal au produit de tout le poids du vaiſſeau par la
diſtance *GK* de ſon centre de gravité *G* à la verticale
v M ſur laquelle s'exerce la pouſſée de l'eau. La peſanteur *P* du Navire ſera ordinairement très-grande
par rapport au poids *Q*, mais le bras de levier *RC*
ſera plus grand que *GK* dans le même rapport.

Il eſt à propos que la piece de bois *CR* ait une lon-
geur aſſez conſidérable, afin qu'on ſoit moins ſujet à
ſe tromper en la meſurant; car dans la rigueur on ne
connoît pas le point où commence le bras de levier
que repréſente cette piece de bois. Nous prenons le milieu *H* de la largeur du Navire, faute de connoître préciſément le point *C* qui répond exactement au deſſus

Figure 63.

D d ij

du centre de gravité *v* de la partie submergée de la carene; & il est évident qu'on ne peut négliger le petit intervalle *H C* compris entre les deux points *H* & *C* que lorsque cet intervalle est comme nul par rapport à *R C*; ce qui arrive lorsque la piece de bois est très-longue, ou lorsque l'inclinaison du Navire est extrêmement petite.

Si le corps *Q* est de 1000 livres ou d'un demi-tonneau, & que le bras de levier *R C* mesuré horisontalement soit de 30 pieds, nous aurons 30000 *livres-pieds* ou 15 *tonneaux-pieds* pour le moment du poids *Q*, & ce sera aussi le moment du Navire, ou sa stabilité actuelle. Nous disons sa stabilité actuelle; car ce sera le produit de sa pesanteur par la distance de son centre de gravité *G* à la verticale *v M*, produit dont la grandeur dépend de l'inclinaison actuelle; au lieu que nous avons exprimé ci-devant la stabilité en employant un produit constant, celui de la pesanteur du Navire par la hauteur *M G* de son métacentre au dessus du centre de gravité *G*. Ainsi, après avoir trouvé le moment que nous donne immédiatement l'expérience, il faut l'augmenter dans le même rapport que *M G* est plus grande que *G K* ou dans le même rapport que le sinus total est plus grand que le sinus de l'inclinaison pour avoir le produit $P \times M v$.

On peut, pour avoir ce dernier rapport d'une maniere fort aisée, suspendre une bale de plomb ou quelqu'autre petit poids à un long fil qui soit arrêté vers le haut du mât. On remarquera à quel point répond en bas le fil à plomb, avant & après l'inclinaison du Navire, & la différence sera l'effet de l'inclinaison, par rapport à toute la longueur du fil. On se sert, par exemple, d'un fil à plomb de 50 pieds de longueur, & il s'éloigne du mât par en bas, d'un pied de plus après que le Navire s'est incliné. Il y aura le même rapport de *G K* à *G M* que d'un pied à 50; & il n'y

aura donc qu'à augmenter dans le même rapport le
moment trouvé par l'expérience. Le moment du poids
Q qui fait incliner le Navire est de 15 *tonneaux-pieds*,
& c'est aussi le moment actuel du Navire. Mais comme
nous voulons avoir une expression générale de la stabilité, qui ne soit dépendante d'aucune inclinaison particuliere, nous devons augmenter dans le rapport de
1 à 50, le moment trouvé; ce qui nous donnera 750
tonneaux-pieds ou 1500000 *livres-pieds* pour la stabilité
requise ou pour le produit du poids total du Navire
par MG.

Si on connoissoit la pesanteur du Vaisseau, & qu'on
s'en servît pour diviser la stabilité, il viendroit au quotient la hauteur MG du métacentre au dessus du centre de gravité G. Supposé, par exemple, que le Navire pese 200 tonneaux; en divisant les 750 *tonneaux-
pieds* de stabilité par 200 tonneaux, on aura $3\frac{1}{4}$ pieds
pour la hauteur MG. Mais c'est presque toujours assez
pour nous de connoître la stabilité. On saura d'avance
par son moyen si le Navire portera bien la voile, & on
en tirera d'autres inductions très-utiles.

Supposons, afin de ne pas laisser ceci sans application, que la surface des voiles soit de 5000 pieds quarrés lorsqu'elles sont frappées par le vent dans les routes
obliques, & que leur centre d'effort soit élevé de 55
pieds au dessus du centre de gravité du Navire. On
ne doit guere mettre qu'à 2 livres, l'impulsion que
fait le vent le plus fort sur chaque pied quarré de surface des voiles, vu l'obliquité du choc & les autres
causes de diminution. L'impulsion totale seroit donc
de 10000 livres ou équivalente à la pesanteur de 5
tonneaux; & si on la multiplie par 55 pieds, il viendra
275 *tonneaux-pieds* pour le moment de l'effort que fait
la voile pour renverser le Navire. Le levier auquel
l'effort du vent est appliqué lorsqu'il produit cet effet,
est un peu plus court; car ce n'est pas le centre de

Figure 63.

* *Voyez les pag.* 523 *&* 524.

gravité du Navire qui sert alors d'hypomoclion , mais un autre point que nous avons déterminé dans le Traité du Navire *. Nous négligeons ici cette différence , parce qu'elle n'est jamais fort grande.

Mais ce moment 275 *tonneaux-pieds* de l'effort du vent seroit beaucoup trop grand par rapport au moment 750 *tonneaux-pieds* de l'effort que fait la poussée verticale de l'eau pour relever le Navire. L'inclinaison d'un Navire est déja beaucoup trop grande , lorsqu'elle est de 18 à 20 degrés ; & néanmoins GK ne seroit guere alors que le tiers de GM. Il suit de-là que le plus grand moment actuel de la poussée verticale de l'eau pour rétablir la situation horisontale , est tout au plus le tiers du produit de la pesanteur du Navire par GM, produit que nous prenons pour la stabilité. Le moment actuel de l'effort de l'eau ne seroit donc que de 250 *tonneaux - pieds* , & il ne seroit pas suffisant pour s'opposer à l'effort de la voile qui seroit de 275 *tonneaux-pieds*; il s'en manqueroit même beaucoup. Ainsi il faudroit placer plus bas dans la carene les parties pesantes de la charge pour augmenter la stabilité du Navire; ou bien il faudroit diminuer l'étendue des voiles , ou diminuer leur hauteur, pour éviter l'extrême péril auquel on seroit exposé toutes les fois que le vent commenceroit à souffler avec quelque force.

Nous revenons au moyen de déterminer avec exactitude dans l'expérience que nous avons indiquée , le degré de l'inclinaison. Lorsque nous mettrons un poids sur le côté du Navire pour le faire incliner , nous choisirons le temps où la mer sera parfaitement tranquille , & qu'il régnera dans l'air un calme parfait. Il y aura néanmoins toujours quelque difficulté à savoir de combien le Navire se sera incliné , & plus l'inclinaison sera petite , comme il faut qu'elle le soit , afin qu'on puisse confondre les points H & C dans la fig. 63, plus on aura de peine à en marquer la quantité précise.

Au lieu de suspendre un fil à plomb vers le haut du mât, je crois qu'on pourroit se servir avec succès de la situation que paroît prendre, par rapport au bord du Navire qui s'incline, quelque point très-éloigné comme l'horison de la mer ou quelque autre objet; & il n'y auroit qu'à mesurer l'angle du changement en se servant de quelqu'un de ces instruments qui sont en usage en mer pour mesurer la hauteur des astres.

Lorsqu'on a une de ces lunettes, dont on se sert en Astronomie ou dans les grandes opérations de Géometrie-pratique, on pourroit l'attacher en quelque endroit du Vaisseau, & voir à quel objet éloigné elle répond successivement. Mais lorsqu'on n'a point de pareille lunette, il n'y a qu'à élever verticalement sur un des bords du Navire, une regle sur laquelle on puisse faire glisser une mire. L'Observateur se mettra ensuite sur l'autre bord du Vaisseau, il pourra se placer aisément en dehors; & il n'aura qu'à remarquer, en posant toujours son œil dans le même endroit, par quel point de la regle il voit un objet éloigné de 1000 ou 1500 toises. On posera ensuite sur le flanc du Navire le poids Q qui produira une certaine inclinaison: mais si l'Observateur retourne à son premier poste, & s'il pose son œil dans le même point, l'objet éloigné ne lui paroîtra plus par le même point de la regle, il faudra changer la mire de situation; & il y aura ensuite même rapport de la quantité verticale dont on aura changé la mire de place, à sa distance à l'Observateur que de GK à GM. Ainsi, ayant trouvé par l'expérience du poids, le moment du Vaisseau ou le produit de sa pesanteur par GK, on saura de combien il faudra augmenter ce produit pour avoir celui de la même pesanteur P du Vaisseau par GM.

CHAPITRE VI.

Remarques sur l'arrangement des parties les plus pesantes de la charge.

I.

LE Navigateur ne néglige jamais de savoir combien son Navire *tire d'eau* pardevant & parderriere, c'est-à-dire, de combien il plonge : il veut aussi en savoir le *port* ou connoître la pesanteur de la charge ; mais je crois qu'on seroit aussi très-intéressé à en connoître la stabilité, & qu'on ne devroit pas oublier de la spécifier lorsqu'il s'agit de donner quelques notions des principales qualités du Navire. La quantité dont le Navire doit plonger dans l'eau, regle la grandeur de sa charge ; on ne peut augmenter cette charge, sans qu'on s'en apperçoive sensiblement par la quantité dont le Navire plonge dans la mer, ou par le *tirant d'eau*, pour s'exprimer comme les Marins. Cette augmentation a même des limites qu'il seroit très-dangereux de passer ; & dont il est avantageux au contraire de rester considérablement éloigné.

I I.

MAIS la même charge pourroit être placée plus haut ou plus bas ; elle feroit enfoncer la carene exactement de la même quantité dans l'eau, pendant que le Navire en recevroit des propriétés très - différentes, par rapport à la Navigation. Si le Navire toujours également chargé avoit son centre de gravité trop haut, sa stabilité seroit moindre ; le second terme de son

expression

expreſſion $P \times M\Gamma \mp P \times G\Gamma$, ſeroit plus petit s'il étoit Figure 63.
poſitif, ou plus grand s'il étoit négatif. Ainſi le Navire
porteroit moins bien la voile, & il ſeroit peut-être
ſujet outre cela à d'autres inconvenients très-dignes d'attention, quoique beaucoup moins grands que le premier. Il eſt donc à propos de conſtater de temps en
temps par l'expérience la ſtabilité du Navire. Lorſqu'on
trouvera qu'elle eſt toujours la même, & que la partie
ſubmergée de la carene ne ſera ni plus grande ni plus
petite, on ſera ſûr que le centre de gravité eſt toujours
dans la même place, qu'il n'a été porté ni plus haut
ni plus bas.

I I I.

Il y a encore la durée des balancements alternatifs
du Navire pendant ſa navigation, qu'il ſeroit très-à-
propos d'obſerver & de déterminer. Le Navire ſe
jette d'un côté ſur l'autre lorſqu'il va vent en poupe :
ces balancements ſe nomment *roulis* ; ils ſe font ordinairement avec aſſez de lenteur. L'effort du vent n'y
a aucune part, au moins d'une maniere immédiate :
c'eſt au contraire, parce que les voiles ne pouſſent pas
plus le Navire vers un flanc que vers l'autre, vers la
droite que vers la gauche, ou qu'elles ne le font pas incliner, qu'il ſe laiſſe aller à toute l'agitation de la mer.
Lorſqu'on ceſſe d'aller vent en poupe, & qu'on ſuit
une route très-oblique, les voiles pouſſent le Navire
de côté, elles lui interdiſent toute oſcillation dans le
ſens latéral, & le Navire ſeulement libre de faire des
balancements ſelon ſa longueur, en fait de très - vifs,
qu'on nomme *tangage*.

I V.

Au reſte, tous ces mouvements font ſenſiblement
iſochrones entr'eux ; les grands roulis avec les roulis

E e

foibles , & les différents balancements du tangage auſſi
entr'eux. Ainſi on peut les comparer aux oſcillations
d'un pendule , dont tous les balancements grands &
petits ſont ſenſiblement de même durée. Il ſeroit cependant difficile , ou pour mieux dire, impoſſible de
faire en mer des pendules ſimples dont les oſcillations
marquaſſent la durée de ces balancements. Celle de
chaque mouvement du roulis eſt dans les petits Na-
vires de 4 ſecondes ou de $4\frac{1}{2}$ ſecondes; dans d'autres plus
grands , de 5, de 6 ou de 8 ſecondes. Mais on peut
compter combien il y a de ces mouvements dans une
minute ou dans une demi-minute; on ſaura de cette
ſorte leur exacte durée , & on verra enſuite dans la
petite Table du Chapitre IV. de la Section précédente,
la longueur qu'il faudroit donner au pendule *ſynchrone* ;
c'eſt-à-dire , au pendule dont chaque oſcillation fût
exactement de même durée que celles du Navire. On
ſe ſert de ce mot *ſynchrone* tiré du Grec, pour marquer cette égalité de durée entre pluſieurs pendules ,
de même qu'on ſe ſert du mot *iſochrone* pour marquer
l'égalité de durée des oſcillations du même pendule.

V.

La durée de chaque balancement du Navire eſt
relative à la diſtribution de ſa charge ou des parties peſantes dont ſon poids total eſt formé. Plus les parties
les plus peſantes du Navire ſont éloignées de ſon milieu ou de ſon centre de gravité , plus elles ſe refuſent
au mouvement par leur inertie , & moins les balancements du roulis & du tangage ſont rudes. Cette diſpoſition de la charge eſt à rechercher , & on ne peut
conſtater ſon état qu'en examinant la durée des oſcillations , ou en cherchant la longueur du pendule ſynchrone. Nous avons vu qu'il étoit à propos de placer
les parties peſantes de la charge le plus bas qu'il étoit

possible., afin d'augmenter la stabilité du Navire., &
de lui donner plus de force pour soutenir la voile;
mais les mouvements du roulis deviennent ordinairement plus brusques par cette transposition; le pendule
synchrone devient plus court. Si on met au contraire
plus haut les parties pesantes de la charge , la stabilité
diminue , le Navire n'a plus la même force pour conserver sa situation horisontale; il peut s'incliner beaucoup davantage & se trouver sujet à faire de grands
balancements, quoiqu'avec lenteur; outre cela, l'inconvenient de ne pas bien soutenir la voile, peut avoir
les suites les plus funestes.

Ce n'est pas la même chose lorsqu'on change moins
la situation des parties pesantes de la charge pour les
mettre plus haut ou plus bas, que pour les éloigner
du milieu du Navire vers l'une & l'autre extrêmité ou
vers l'un & l'autre flanc. La stabilité reste alors la même,
parce que le centre de gravité ne change pas de place,
& les mouvements d'oscillation du Navire sont moins
vifs, parce que les parties pesantes, portées plus loin
du centre de gravité, décrivent de plus grands arcs
dans les oscillations, & qu'elles reçoivent ce grand
mouvement avec plus de difficuté , en s'y refusant.
Nous allons, dans les Chapitres suivants, traiter cette
matiere avec plus de soin: mais nous avons été bien
aises d'indiquer ici d'avance les principaux résultats de
nos recherches, afin d'épargner à quelques-uns de nos
Lecteurs la peine de se livrer à des examens plus
compliqués.

CHAPITRE VII.

Des Oscillations auxquelles les Navires & tous les autres Corps flottants sont sujets.

I.

Que les Oscillations se font autour du centre de gravité du Corps.

NOUS avons vu dans la Section précédente, que le centre de conversion ou de rotation d'un corps est toujours situé de l'autre côté du centre de gravité par rapport au point de percussion. Lorsqu'un corps flottant est obligé de perdre sa situation horisontale par l'action d'une cause extérieure, il tend donc à tourner sur un point différent de son centre de gravité, selon l'endroit où est appliqué l'agent extérieur. Mais le corps flottant est bientôt laissé à lui-même, & après quelques mouvements irréguliers, il fera ses balancements autour de son centre de gravité. Si ABC (*fig.* 64.) représente ce corps qui plonge dans l'eau jusqu'en DE en occupant la place d'un volume d'une pesanteur égale à la sienne, & si G est son centre de gravité, & Q celui dans lequel se réunit la poussée de l'eau qui agit selon la verticale QM, il est certain que pendant que la pesanteur du corps flottant & la poussée verticale de l'eau tendront à lui faire reprendre son niveau, ces deux forces suspendront leur effet par leur égalité & leur opposition, quant au mouvement du centre de gravité, & qu'elles rendront ce point sensiblement immobile.

La pesanteur des corps est proportionnelle à leur masse de même que leur inertie ; & néanmoins on doit bien distinguer la pesanteur & l'inertie l'une de l'autre, ainsi que nous l'avons vu. Nous y sommes absolument obligés dans cette rencontre, parce que la pesanteur doit être considérée ici comme une force extérieure. Il faut aussi faire attention que le centre G peut être regardé sous deux aspects absolument différents. Il est le centre de l'inertie du corps ABC ; & nous devons ajouter que tout ce que nous avons dit dans les derniers Chapitres de la Section précédente touchant le centre de gravité, ne convenoit proprement à ce point que comme centre dans lequel l'inertie se réunissoit. Le point G en second lieu est centre de gravité, mais ce point n'est le même que le premier que par une espece d'accident, & parce que la pesanteur est distribuée précisément de la même maniere & dans la même proportion que l'inertie ou que la masse. Nous pouvons donc comparer le corps flottant de la figure 64 aux corps dont nous parlions vers la fin de la Section précédente, lesquels étoient poussés en deux différents points par deux forces égales & contraires.

La pesanteur tire le point G vers le bas & de côté, par rapport à la ligne BF, & en même temps la poussée verticale de l'eau, qui agit également tout le long de la direction QX, tire en haut le métacentre ou le point M, & tend à l'écarter de la ligne droite BF du côté opposé à la direction de la pesanteur. Si l'une de ces deux forces communiquoit donc du mouvement dans un certain sens au centre G dans lequel il faut considérer toute l'inertie comme rassemblée, l'autre force détruiroit cet effet sur le champ, en donnant un mouvement égal & contraire. Ainsi le corps flottant, en reprenant sa situation horisontale par l'action de sa pesanteur & de la poussée verticale de l'eau, doit tourner sur son centre de gravité ou d'inertie G.

Figure 64.

Quelques perfonnes qui n'avoient pas affez examiné cette matiere, ont prétendu que le corps flottant devoit plutôt tourner ou faire fes ofcillations fur le point M que nous avons nommé métacentre. Elles ne faifoient pas attention que ce point pouvoit être extrêmement élevé pour les corps d'une certaine figure, & que fi les ofcillations fe faifoient fur un pareil centre, on s'en appercevroit de la maniere la plus fenfible. Une piece de bois, qui eft taillée en deffous felon la courbure d'un arc de cercle d'un très-grand rayon, peut

Figure 65.

avoir fon centre M (*fig.* 65) élevé de plus de 60 à 80 pieds. Mais fi le fentiment que nous rejettons étoit fondé, il fuffiroit de pefer un peu fur l'extrêmité A ou l'extrêmité C; & lorfqu'on cefferoit d'agir, la piece de bois fortiroit de fa place en avançant & en reculant alternativement, peut-être, de plufieurs pieds vers L & vers N. Nos Bateaux ou nos Chaloupes nous donneroient auffi quelquefois cet étonnant fpectacle; au lieu que dans leurs ofcillations, on voit toujours leur proue & leur poupe s'élever & s'abaiffer fimplement, fans jamais avancer horifontalement vers un certain côté, pour rebrouffer enfuite chemin tout-à-coup vers l'autre.

Nous n'avons pas eu befoin de confidérer jufques ici la force centrifuge des corps ou l'effort qu'ils font pour s'éloigner du centre, autour duquel on les force de circuler. On reffent cette force lorfqu'on fait tourner une pierre dans une fronde; & on en voit quelquefois de terribles effets, lorfque les parties d'une meule qu'on fait tourner trop vîte, fe détachent avec impétuofité. Cette force n'altere en rien la pefanteur d'un corps qui tourne autour de fon centre de gravité. Elle n'augmente la pefanteur ni la diminue, au lieu que le corps flottant changeroit, pour ainfi dire, de pefanteur, & feroit obligé d'enfoncer plus ou moins dans l'eau, s'il faifoit fes balancements ou s'il tournoit fur

tout autre point ; parce que la force centrifuge qui
augmenteroit ou qui diminueroit se combineroit dif-
féremment avec la pesanteur. C'est ce qui n'arrive pas
lorsque le centre de gravité reste toujours sensiblement
dans le même endroit. Il est vrai que le corps, en s'inclinant d'un côté, occupe de ce même côté un peu
plus de place dans l'eau ; mais il en occupe en même
temps moins du côté opposé, & de cette sorte la
poussée verticale de l'eau qu'il éprouve est toujours
sensiblement égale à sa pesanteur, qui ne reçoit non
plus aucune altération.

Figure 65.

I I.

Que les Oscillations sont isochrones.

Aussi-tôt qu'on s'est assuré que le corps flottant fait ses oscillations autour de son centre de gravité,
il est facile de voir qu'elles sont de même durée ou
qu'elles sont isochrones. Car lorsque le corps flottant
est dans sa situation naturelle, la direction de la poussée
de l'eau passe exactement par le centre de gravité G
(*fig.* 64) & cette force ne fait absolument aucun effort
pour changer le niveau du corps ; mais si le solide s'incline de quelques degrés ou de quelques minutes, la
poussée de l'eau fera d'autant plus d'effort pour le redresser que l'inclinaison sera plus grande. La poussée
de l'eau aura pour bras de levier, comme nous l'avons
vu, la distance de la verticale $Q\,M$ au centre de gravité
G, & ce levier sera plus ou moins grand précisément
dans le même rapport que l'inclinaison, puisque la direction $Q\,M$ ira toujours rencontrer sensiblement la
ligne $B\,F$ dans le même point M. Ainsi le corps flottant est du nombre de ceux qui ayant été éloignés de
leur situation naturelle, font d'autant plus d'effort pour
y retourner qu'on les en a écartés davantage ; & il suit

Figure 64.

Figure 64.

de-là que ses vibrations doivent être de même durée entr'elles, comme celles du ressort des figures 39 & 40, ou comme celles d'un pendule, &c.

I I I.

Comparaison des Oscillations du corps flottant, avec celles du pendule de la figure 46.

Nous pouvons pousser encore plus loin la comparaison des balancements du corps flottant avec ceux du pendule. Les oscillations du pendule de la figure 46 dont nous avons fait mention à la fin du Chapitre VIII de la Section précédente, représentent parfaitement les balancements du corps flottant de la figure 64 : il suffit seulement de faire attention que les forces agissent dans un sens absolument contraire. Le corps flottant tourne sur son centre de gravité G, & la poussée verticale de l'eau, en agissant de bas en haut, s'exerce sur la verticale $Q X$ qui passe toujours par le métacentre M. Nous pouvons donc regarder le corps flottant comme formant un pendule renversé dont G seroit le point de suspension, dont $G M$ seroit la verge, & dont le poids moteur qui est en M agiroit précisément comme la pesanteur, mais dans une direction opposée.

Le pendule de la figure 46 a son point de suspension C entouré d'une masse $B D$ qui sans contribuer au mouvement d'une maniere active, y a part en ne recevant ce mouvement qu'avec peine. On peut aussi dire la même chose de toute la masse du corps flottant qui environne le centre de gravité G ; car toutes les parties de cette masse étant en équilibre autour de G, elles n'ont d'autre part au mouvement, que de ne le prendre qu'avec difficulté. Enfin la poussée de l'eau agissant selon $Q X$, on peut l'imaginer en M,

& elle

& elle est l'unique cause de tout le mouvement ; de même que c'est le poids P qui donne tout le mouvement au pendule de la figure 46.

Figure 64.

Ainsi nous n'avons qu'à substituer à la place du corps flottant une masse en M, (*fig.* 64) qui fasse au mouvement la même difficulté que ce corps ; & nous conformant ensuite aux réflexions faites dans le Chap. VIII. de l'autre section, nous saurons le changement qu'il faudra faire à la longueur $G\,M$ pour avoir un pendule ordinaire ou simple, dont les oscillations soient précisément de même durée que celles du corps flottant. Si nous nommons dm, les petites parties de la masse de ce corps, E leur distance au centre de gravité G, & h la hauteur MG du métacentre au dessus du centre de gravité, nous n'aurons qu'à faire cette analogie $h^2 : E^2 :: dm : \dfrac{E^2\,dm}{h^2}$, & nous aurons $\dfrac{E^2\,dm}{h^2}$ pour les petites masses qu'il faudra imaginer en M pour produire la même difficulté à se mouvoir que les petites masses dm.

Les masses substituées doivent être plus grandes ou plus petites selon que les masses réelles dm prennent plus ou moins de mouvement, & selon encore, comme on le sait, que la résistance qu'elles font à être mues est appliquée à un bras de levier plus ou moins long. Il faut, en un mot, à la place de chaque partie de matiere dm dont le corps flottant est formé, concevoir en M, la petite masse $\dfrac{E^2\,dm}{h^2}$; & si on integre, on aura $\dfrac{\int E^2\,dm}{h^2}$ pour la masse totale qui feroit en M la même résistance au mouvement que tout le solide. D'un autre côté la poussée de l'eau est toujours connue ; elle est égale à la pesanteur du corps flottant que nous nommerons P. Cette lettre P désignera la pesanteur de ce corps, si nous désignons par dm la pesanteur de ses petites parties ; mais si nous prenons P pour le

F f

Figure 64.

volume d'eau dont le corps flottant occupe la place, nous réduirons également les petites maſſes dm à des volumes d'eau équivalents. Après cela tout ſera connu dans le pendule que forme le corps flottant. Sa longueur GM eſt la hauteur du métacentre M au deſſus du centre de gravité G, & nous l'avons déſignée par h; la maſſe totale à mouvoir eſt $\frac{\int E^2\,dm}{h^2}$, & la force qui agite cette maſſe eſt P. Il n'eſt plus queſtion que de réduire ce pendule à un autre qui ſoit ſimple & dont les oſcillations ſoient de même durée.

S'il ſe trouvoit par haſard que $\int \frac{E^2\,dm}{h^2}$ fût égale à la peſanteur P, comme cela peut arriver quelquefois, il eſt bien évident que les oſcillations du corps flottant s'accorderoient parfaitement avec celles d'un pendule ſimple de même longueur que la hauteur h du métacentre au deſſus du centre de gravité. Car il y auroit alors exactement le même rapport pour le corps flottant que pour le pendule ſimple entre la maſſe à mouvoir & la force qui produit le mouvement. Mais ſi la maſſe à mouvoir eſt beaucoup plus grande ou plus petite, nous trouverons cette différence de rapport dans un pendule plus long ou plus court dont nous augmenterons ou racourcirons la longueur z, en même raiſon que $\int \frac{E^2\,dm}{h^2}$ ſera plus grande ou plus petite que P. Ainſi nous ferons cette analogie $P : \int \frac{E^2\,dm}{h^2} :: h : z = \frac{\int E^2\,dm}{h\,P}$; & nous aurons en termes parfaitement connus, $\frac{\int E^2\,dm}{h\,P}$ pour la longueur z du pendule ſimple dont les oſcillations s'accordent avec celles du corps flottant.

On voit que, pour trouver cette longueur, il faut multiplier la peſanteur dm de chaque partie du corps flottant par le quarré de ſa diſtance E au centre de gravité commun G, ou plutôt à l'axe horiſontal qu'on

concevra paſſer par ce centre : faiſant enſuite une
ſomme de ces produits, on la diviſera par la peſanteur
totale P, multipliée par la hauteur h du métacentre
au deſſus du centre de gravité actuel du ſolide ; & il
viendra au quotient la longueur du pendule qu'on vouloit découvrir.

CHAPITRE VIII.

Remarques générales ſur la méthode pré-cédente , avec l'application de cette méthode à un Navire qui auroit la forme d'un Ellipſoïde.

I.

Si le corps eſt hétérogene & formé de parties de
peſanteur très-différentes , comme cela ſe trouve dans
tous les Navires, il faudra entrer dans un grand détail
pour faire le calcul que nous venons d'indiquer. Il ſera
ſur-tout penible de trouver la valeur de $\int E^2 dm$, quoiqu'il ſuffiſe de faire l'opération pour une des moitiés
du Navire, & de doubler le réſultat, lorſqu'il s'agit
des balancements qui ſe font dans le ſens de la largeur.

Si le corps flottant peut ſe conſidérer comme homogene, le Calcul Intégral donnera beaucoup plus
aiſément la valeur de $\int E^2 dm$, & pour faciliter l'opération , on peut imaginer que ce corps n'a pas
d'abord pour centre de rotation ſon centre de gravité ,
mais qu'il tourne ſur une de ſes extrêmités ou ſur un
axe horiſontal qui y paſſe. On trouvera alors pour
$\int E^2 dm$ une valeur trop grande, car le moment du
mouvement & le mouvement même ne ſont jamais
moindres que lorſque le corps tourne ſur ſon centre

de gravité. Il fera donc queftion enfuite de déterminer l'excès du moment & de le retrancher. Cet excès eft, comme nous l'avons démontré dans le fecond livre du Traité du Navire, égal au produit de la maffe totale du corps multipliée par le quarré de la diftance du centre de gravité au point ou plutôt à l'axe autour duquel fe fait le mouvement. *

Voyez pag. 340 du Traité du Navire.

Ainfi, après qu'on aura conçu un axe horifontal qui paffe à une certaine diftance du centre de gravité du corps flottant, & qu'on aura multiplié chaque partie élementaire dm de fa maffe par le quarré de la diftance à cet axe, on employera le Calcul Intégral pour trouver tout d'un coup la fomme de tous ces produits ou moments élementaires. Cette fomme ou intégrale fera trop grande, parce que le corps ne tourne pas effectivement fur cet axe éloigné. Mais il n'y aura conformément au théorême que nous venons de rapporter, qu'à retrancher de ce moment le produit de la maffe totale M ou de la pefanteur P par le quarré de la diftance de fon centre de gravité à l'axe qu'on a imaginé; & on aura le moment exact du mouvement ou de la difficulté que fait le corps à tourner autour de fon centre de gravité.

Il eft fouvent avantageux de rapprocher nos connoiffances les unes des autres. Si on fe rapelle la méthode que nous avons indiquée vers la fin de la feconde Section, pour avoir le point de percuffion lorfque le centre de rotation d'un corps eft donné, on verra que le produit de toutes les parties d'un corps $PEQB$

Figure 62.

($fig.$ 62) par les quarrés de leurs diftances particulieres au point Q pris pour centre de rotation eft égal au produit de toute la maffe du corps multipliée par la diftance CQ de fon centre de gravité C au centre de rotation Q & par la diftance OQ du point de percuffion O au même centre de rotation. Nous aurons donc $P \times QC \times QO$ pour la valeur de $\int E^2 dm$ lorfque le

mouvement se fait autour du point Q. Mais comme nous
voulons avoir cette valeur, pour le mouvement qui se fait
autour du centre de gravité C, il faut du produit précédent, ôter $P \times QC^2$, ce qui nous donne $P \times QC \times$
$QO - P \times QC^2$ ou $P \times QC \times \overline{QO - QC} = P \times QC$
$\times CO$ pour la valeur de $\int E^2 dm$, lorsque le corps
tourne réellement autour de son centre de gravité C.

. Nous avons donc ce théorême nouveau qui peut
se trouver très-utile : *Le moment du mouvement ou de
la difficulté que fait un corps à tourner sur son centre de
gravité* C, *est toujours égal au produit de sa masse* P *multipliée par la distance* A C *de son centre de gravité* C *à un
point extérieur considéré comme centre de rotation, & par
la distance* CO *de son centre de gravité au point de percussion* O *correspondant du centre feint de rotation.* Les
Méchaniciens connoissent les centres de rotation & les
points de percussion sous divers noms, & en marquent
différentes particularités : nous n'avons qu'à profiter
de toutes ces diverses connoissances. Nous avons vu
aussi que ces deux points ont des propriétés réciproques, & qu'en quelque endroit qu'on supose le centre
de rotation, le point de percussion, ou le point par
lequel il faut que le corps soit frappé est toujours situé
de l'autre côté du centre de gravité, & que ces deux
distances multipliées l'une par l'autre forment un produit
constant. C'est ce produit qu'il faut, conformément au
théorême que nous venons d'établir, multiplier par
la masse du corps ou par sa pesanteur P pour avoir le
moment $\int E^2 dm$ de son mouvement autour de son
centre de gravité.

I I.

PRENONS pour exemple un corps qui soit, non
pas un simple sphéroïde elliptique, mais un ellipsoïde
dont les trois axes soient inégaux. Nous désignerons
par a sa demi-longueur QC, par b sa demi-largeur

Figure 62. *CE* ou *CF*, & par *c* le demi-axe vertical *CB*. Si on prend le point *Q* pour centre de rotation, ou si on imagine une ligne horizontale parallele à *EF* & qui passe par *Q*, & qu'on veuille que le corps tourne sur cette ligne, il faut le frapper ou le pousser par le point *O* qui est éloigné de l'autre côté du centre de gravité *C* de la distance $CO = \frac{1}{5}a + \frac{c^2}{5a}$. Nous multiplierons, conformément au second théorême cette distance *CO* par *CQ*, & il nous viendra le produit $\frac{1}{5}a^2 + \frac{1}{5}c^2$ qu'il ne reste qu'à multiplier par la masse du solide pour avoir le moment de son mouvement lorsqu'il se meut réellement autour de son centre de gravité *C*.

Le produit $\frac{1}{5}a^2 + \frac{1}{5}c^2$ aura la même forme généralement pour tous les corps imaginables : il n'y aura que les deux fractions ou les deux coéficients qui seront différents. Au reste, en multipliant ce produit par la solidité de tout l'ellipsoïde, nous aurons le moment du mouvement de tout le corps; mais si nous multiplions ce produit par la seule solidité *P* du demi-ellipsoïde, nous aurons le moment du mouvement de ce demi-ellipsoïde, mais toujours autour de *C* qui ne sera pas son centre de gravité. Le moment $P \times \overline{\frac{1}{5}a^2 + \frac{1}{5}c^2}$ sera donc trop grand, & pour avoir la quantité dont il faut le diminuer, nous n'avons, selon le premier théorême, qu'à multiplier la masse du demi-ellipsoïde par le quarré de la distance du point *C* à son centre de gravité particulier г. La quantité *C*г est de $\frac{3}{8}c$ ou les trois huitiemes de *CB*, lorsque le corps est un demi-ellipsoïde. Ainsi nous aurons $P \times \overline{\frac{1}{5}a^2 + \frac{1}{5}c^2 - \frac{9}{64}c^2}$ $= P \times \overline{\frac{1}{5}a^2 + \frac{19}{320}c^2}$ pour la valeur exacte de $\int E^2\,dm$ ou pour le moment du mouvement lorsque le corps tourne autour d'un axe qui passe par le centre de gravité г & qui est parallele à *EF*.

Nous avons de même $P \times \overline{\frac{1}{5} b^2 + \frac{19}{320} c^2}$ pour le Figure 62.
moment du mouvement, lorsque le corps tourne dans
le sens de la largeur, ou autour d'un axe qui passant
par le centre r est parallele à QP. Ce moment est
beaucoup plus petit que l'autre, & la raison en est bien
sensible. Dans le premier cas ou lorsque le solide tourne
sur un axe parallele à EF, les extrêmités du corps
prennent beaucoup de mouvement ; elles résistent
beaucoup à le prendre, & cette résistance se trouve
appliquée à un bras de levier très-long.

Tous les lecteurs voyent bien par quels motifs nous
cherchons ces diverses valeurs de $\int E^2 dm$ par rapport
à deux axes différents. Lorsque les balancements se
font d'un flanc à l'autre, ce qui n'arrive guere que
lorsqu'on a le vent en poupe, on a $P \times \overline{\frac{1}{5} b^2 + \frac{19}{320} c^2}$
pour la valeur de $\int E^2 dm$. Mais lorsque le vent n'est
pas favorable, & qu'il pousse les vagues contre la proue
qui s'éleve & qui retombe ensuite avec force, les balancements qui prennent alors le nom de *tangage* se
font dans le sens de la longueur du Vaisseau, & on a
dans ce cas $P \times \overline{\frac{1}{5} a^2 + \frac{12}{320} c^2}$ pour le moment du
mouvement, qui est d'autant plus grand par rapport
à l'autre que le Navire est beaucoup plus long que
large.

Enfin, conformément à la formule $z = \int \frac{E^2\, dm}{hP}$, il
faut diviser les valeurs précédentes par celle de hP qui
n'est pas la même dans le roulis que dans le tangage,
à cause de la diverse hauteur h du métacentre ; ce point
étant beaucoup plus élevé lorsqu'il s'agit des inclinaisons qui se font dans le sens de la longueur, que dans
les inclinaisons qui se font selon la largeur. Dans le
roulis le métacentre seroit en C si la carene étoit un
demi-sphéroïde, ou si toutes les coupes verticales faites
perpendiculairement à sa longueur étoient des demi-
cercles ; mais comme elles sont ici des ellipses, le

métacentre est élevé de la hauteur $\frac{3\,b^2}{8\,c}$ au dessus du centre de gravité r de la carene ; au lieu que pour les inclinaisons qui se font selon la longueur du Navire la hauteur du métacentre est $\frac{3\,a^2}{8\,c}$.

Ces recherches étant achevées, nous pouvons satisfaire à tout ce qu'exige notre formule générale. $z = \frac{\int E^2\,dm}{h\,P}$. Nous aurons $z = \dfrac{\frac{1}{5}\,b^2 + \frac{19}{320}\,c^2 \times P}{\frac{3\,b^2}{8\,c} \times P}$ ou $z = \frac{8}{15}\,c + \frac{19\,c^3}{120\,b^2}$ pour la longueur du pendule sinchrone dans le roulis ou dans les balancements qui se font d'un flanc à l'autre ; & $z = \frac{8}{15}\,c + \frac{19\,c^3}{120\,a^2}$ pour ceux du tangage ou pour les balancements qui se font de la proue à la poupe & de la poupe à la proue. On voit que cette seconde longueur est toujours beaucoup plus petite que l'autre ; qu'ainsi les balancements selon la longueur sont toujours plus vifs que ceux qui se font d'un flanc à l'autre ; & la même chose est confirmée par une expérience continuelle. S'il étoit même possible de rendre le solide $QBEFP$ infiniment long, le pendule simple dont les oscillations s'accorderoient avec celles du corps flottant dans le tangage, se réduiroit à $z = \frac{8}{15}\,c$: on n'auroit presque pour sa longueur que la moitié de la profondeur CF de la carene. Le pendule sinchrone, au contraire, pour les balancements d'un flanc à l'autre ou pour le mouvement du roulis conserveroit alors sa même longueur $z = \frac{8}{15}\,c + \frac{19\,c^3}{120\,b^2}$.

Le demi-sphéroïde représentera un très-grand nombre de Navires, si en rendant b le tiers ou le quart de a, on fait c à peu près égale à b. Nous supposerons $c = b = \frac{1}{4}\,a$; c'est-à-dire, que nous prendrons un sphéroïde elliptique à la place de l'ellipsoïde, & nous le rendrons

    Figure 62.

le rendrons quatre fois plus long que large. Nous aurons enfuite $z = \frac{83}{120} c$ pour le pendule fimple dont les ofcillations marquent par leur durée les balancemens du roulis, & $z = \frac{1043}{1920} c$ fera le pendule fimple dont les ofcillations s'accorderont avec les balancemens du tangage. Si nous ajoutons aux fuppofitions que nous venons de faire, que le Navire a 80 pieds de longueur, les balancemens du roulis feront égaux en temps aux ofcillations d'un pendule de $6 \frac{11}{12}$ pieds de longueur. Ainfi le Navire mettra un peu moins d'une feconde & demie à tomber d'un côté fur l'autre. Mais les balancemens du tangage feront encore un peu plus vifs, ils répondront à ceux d'un pendule qui n'aura que $5 \frac{83}{192}$ pieds de longueur.

Il ne faut pas omettre de remarquer que la maniere dont nos Navires font équipés, apporte beaucoup d'augmentation à la longueur de ces deux pendules. La mâture, quoiqu'elle ne pefe pas extraordinairement, prend beaucoup de mouvement dans les balancemens du Navire, elle réfifte beaucoup en le prenant, & elle fait augmenter très-confidérablement le moment $\int E^2 dm$. Les Vaiffeaux ont outre cela de l'artillerie, ils ont plufieurs ponts, beaucoup d'œuvres qu'on nomme *mortes*; tous ces poids contribuent à augmenter le même effet, ou à diminuer la promptitude des ofcillations.

Au furplus, la plupart des caufes qui rendent les balancemens du roulis plus lents, moderent beaucoup plus ces balancemens que ceux du tangage. Si le Navire plus chargé par les parties fupérieures a fon centre de gravité à la hauteur f au deffus du centre de gravité de fa carene fuppofée homogene, la hauteur du métacentre au deffus du centre de gravité du Navire ou au deffus du centre autour duquel le Navire fait fes balancemens ne fera plus $\frac{3b^2}{8c}$ mais $\frac{3b^2}{8c} - f$. Ainfi

G g

le pendule finchrone fera $z = \dfrac{\frac{1}{5} b^2 + \frac{19}{320} c^2}{\frac{3 b^2}{8 c} - f}$, & pour

peu que f foit confidérable, la longueur du pendule z en fera extrêmement augmentée. En fuppofant le Navire un demi - fphéroïde & f de 3 pieds $3\frac{3}{8}$ pouces. La hauteur du métacentre au deffus du centre de gravité, au lieu d'être de 3 pieds 9 pouces, ne fera plus que de $5\frac{1}{8}$ pouces ; elle fera huit fois plus petite. Ainfi en fuppofant que la valeur de $\int E^2 dm$ ne fouffre aucun changement, le pendule finchrone fera huit fois plus long, il fera de $55\frac{1}{3}$ pieds & les balancements du roulis feront enfuite de prefque $4\frac{1}{2}$ fecondes.

Quant aux balancements du tangage la même caufe ne changera pas fenfiblement leur durée, parce que l'élévation du métacentre au deffus du centre de gravité du Navire qui eft fort grande refte toujours à peu près la même. Ce point eft élevé de 60 pieds au deffus du centre de gravité de la partie fubmergée, & fi on en retranche 3 pieds $3\frac{3}{8}$ pouces, il refte encore plus de 56 pieds pour la valeur de h. On voit donc que le pendule

finchrone $z = \dfrac{\frac{1}{5} a^2 + \frac{19}{320} c^2}{\frac{3 a^2}{8 c} - f}$ pour les balancements

qui fe font de la proue à la poupe & de la poupe à la proue, n'augmente prefque pas de longueur.

CHAPITRE IX.

Des moyens de rendre plus lents les ba-
lancements du Navire dans le roulis
& dans le tangage.

I.

LA formule générale que nous avons trouvée dans
le Chapitre VII. pour la longueur des pendules dont
les oscillations s'accordent avec celles du Navire, nous
donne lieu de faire un grand nombre d'autres remarques & nous fournit divers moyens de modérer la
vivacité des balancements du Navire. Nous n'insiste-
rons guere ici sur ceux qui dépendent de la figure de
la carene, parce qu'ils sont en quelque maniere étrangers à notre sujet, & qu'ils ne sont pas en la disposition
du navigateur ; cependant nous en dirons ici quelque
chose.

La figure ronde de la carene, dans le sens perpendiculaire à sa longueur, lui donne la liberté de faire de
grands balancements dans le roulis sans déplacer beaucoup d'eau. Les oscillations peuvent se perpétuer plus
long-temps ; elles sont plus grandes, & par la même
raison qu'elles sont plus grandes, elles sont plus vives, puisqu'elles s'exécutent dans le même temps,
quoiqu'elles soient d'une plus grande étendue.

Il suit de-là qu'outre les autres raisons qu'on a de
ne pas faire les Navires trop ronds, on doit y être
encore attentif, afin que le Navire soit sujet à de moindres oscillations dans le roulis. La résistance que la
quille trouve de la part de l'eau, doit contribuer
beaucoup à modérer ce mouvement; & cette résis-

tance utile eft augmentée encore par celle qu'éprouvent ces parties de la carene qui n'augmentent en rien
fa capacité vers l'avant & vers l'arriere, mais qui frappent l'eau en la déplaçant lorfque le Navire s'incline
alternativement vers l'un & vers l'autre flanc.

Le Navire ne peut pas tanguer fans mouvoir auffi
beaucoup d'eau, & on peut confidérer cette eau comme fi elle augmentoit la maffe de la carene ou qu'elle
y fût jointe. Lorfque le Navire AB (*fig.* 66.) s'incline
vers la proue, une quantité confidérable d'eau qui eft
fous fa carene doit fe retirer de la proue vers la poupe,
& c'eft tout le contraire lorfqu'il fe fait un balancement dans l'autre fens. Il fuit de-là que le numéra-
teur & le dénominateur de l'expreffion $z = \dfrac{\int E^2\, dm}{h\, P}$
font réellement plus grands que fi le Navire feul rece-
voit du mouvement. Il faut dans le moment total
$\int E^2\, dm$ introduire celui du mouvement que reçoit
l'eau EFH, laquelle forme comme une même maffe
avec le Navire. En fecond lieu la maffe ou pefanteur P
eft un peu plus grande, & le Navire doit tourner fur
un point qui fera fitué un peu au deffous de fon centre
de gravité particulier.

Mais comme ces changements font peu confidérables, fur-tout le dernier qui tombe fur la hauteur h du
métacentre, le numérateur $\int E^2\, dm$ augmentera ordinairement dans un plus grand rapport que le dénominateur $h\, P$. Ainfi la longueur z du pendule finchrone fera prefque toujours réellement augmentée
& les ofcillations du tangage feront par conféquent
un peu moins vives par la réfiftance que fait l'eau à
recevoir du mouvement. Au refte, il n'y a que l'expérience qui puiffe nous apprendre jufqu'à quelle profondeur les balancements du Navire fe communiquent
dans l'eau, & on juge affez que cette profondeur doit
être différente, non-feulement felon la grandeur des

Vaisseaux, mais encore selon leurs diverses figures. Figure 66.
Lorsqu'ils ont une forme tranchante par leurs deux
extrêmités & en dessous de leur carene, l'eau est moins
frappée, & elle peut se soustraire aux coups avec plus
de facilité ; ce qui est cause qu'elle met moins d'obsí-
acle à la promptitude des oscillations du tangage.

I I.

De la distribution des parties legeres & pesantes de la charge par rapport aux mouvements du tangage & du roulis.

Nous croyons devoir nous occuper ici davantage
des moyens qu'a presque toujours le navigateur de
tempérer la vivacité des balancements de son Vaisseau. Il peut transporter vers le milieu de la carene
les parties les plus legeres de la charge & éloigner de
ce même milieu toutes les parties pesantes. Cette transposition sera cause que ces dernieres parties prendront
beaucoup plus de mouvement dans les balancements
du Navire ; elles résisteront beaucoup davantage par
leur inertie, & plus le moment de cette résistance sera
grand, plus le pendule, dont les oscillations s'accordent
avec les mouvements du Navire, acquerra de longueur, & plus le Navire employera de temps dans
chaque balancement.

La transposition dont nous parlons, peut se faire
sans apporter aucun changement au centre de gravité
du Navire ni à sa stabilité. Le pendule sinchrone
$z = \frac{\int E^2\, dm}{h\,P}$, ne deviendra plus long, si on veut, que par
la seule augmentation du numérateur $\int E^2 d\,m$. Certaines parties très-pesantes de la charge étoient, par
exemple, placées dans la carene à très-peu de distance
du centre de gravité commun, elles étoient en R_1 &

Figure 66.

R 1 (*fig. 66*); on les éloigne de part & d'autre sur la même ligne horifontale, & on les met en R 2 & R 2, à trois ou quatre fois plus de diftance de ce centre; elles contribueront enfuite neuf fois ou feize fois plus à augmenter le moment $\int E^2 dm$ du mouvement que prend le Navire dans fes balancements. Ainfi fuppofé que la maffe tranfpofée foit un peu confidérable & qu'on la porte affez loin du centre G, on produira un changement très-fenfible dans les balancements du roulis ou du tangage quant à leur promptitude.

Nous pouvons encore produire le même effet d'une autre maniere. Au lieu de travailler à augmenter la longueur du pendule finchrone par l'augmentation du numérateur de fon expreffion $\frac{\int E^2 dm}{hP}$, nous pouvons l'augmenter principalement par la diminution du dénominateur hP. Nous n'avons pour cela qu'à porter dans la cale les parties les plus pefantes de la charge un peu plus haut; ce changement peut fe faire fans rifque jufqu'à un certain point; la ftabilité hP du Navire fera un peu moindre; la pouffée verticale de l'eau fera moins d'effort pour faire revenir à fa fituation horifontale le Navire incliné, & les balancements fe feront par conféquent avec plus de lenteur. Ce fecond expédient a fon degré de bonté; mais il ne vaut pas le premier. Lorfqu'on diminue la ftabilité du Navire, on perd dans le même rapport de la force avec laquelle on foutenoit la voile. Outre cela la longueur du pendule finchrone n'augmente pas dans le même rapport qu'on fait diminuer la ftabilité; car il fe fait néceffairement un changement dans le centre de gravité du Navire, ce qui apporte quelque altération au moment même $\int E^2 dm$.

III.

Trouver le changement qu'apporte à la durée des oscillations du Navire la transposition de quelques-unes de ses parties.

Il est très-facile d'évaluer tous ces changements & d'en prévoir les effets. Je suppose qu'on a déja observé le temps qu'un Navire employe à faire chacun de ses balancements de roulis ou de tangage. Nous nous fixerons ici aux seconds ; mais c'est la même chose pour les uns que pour les autres. On fait donc la longueur du pendule sinchrone z ; on connoît aussi la stabilité du Navire, on l'a trouvée par l'expérience ou par quelqu'autre moyen. Ainsi dans l'équation $z = \frac{\int E^2\, dm}{h\,P}$, tout est connu ; nous aurons $z\,h\,P$ pour le moment $\int E^2\, dm$ du mouvement du Navire. Cela supposé nous demandons l'effet que produira la transposition d'un poids p qui étoit en R_1 & R_1 (*fig.* 66.) & que nous nous proposons de porter plus haut de la quantité f, en le mettant en R_3 & R_3.

Figure 66.

La stabilité du Navire sera ensuite moindre ; au lieu d'être $h\,P$, elle sera $h\,P - f\,p$; & il faut donc substituer cette derniere quantité à la place de $h\,P$ dans notre formule $z = \frac{\int E^2\, dm}{h\,P}$, pour avoir la nouvelle longueur du pendule sinchrone qui s'accordera avec les balancements du Navire. Mais le numérateur $\int E^2\, dm$, recevra aussi du changement : le poids p a été transporté à une plus grande distance du centre de gravité G ; & pour avoir l'augmentation que produit ce transport, il faut multiplier ce poids p par l'excès du quarré de la nouvelle distance $R_3\,G$ sur

Figure 66.

celui de la premiere diſtance $R\,1\,G$. Nous aurions par conſéquent $\int E^2\,dm + \overline{(R\,3\,G)^2 - (R\,1\,G)^2} \times p$ pour la nouvelle valeur du moment total du mouvement, ſi le Navire tournoit toujours ſur le point G. Mais le tranſport du poids p à la nouvelle hauteur f, fait monter néceſſairement le centre de gravité du Navire, de G en $G\,1$, & il faut examiner à part ce changement.

Le moment total de la peſanteur du Navire, par rapport à ſon métacentre ou par rapport à tout autre point ſuffiſamment élevé, diminue de fp; & ſi on diviſe cette différence de moment par la peſanteur totale P du Vaiſſeau qui eſt ici toujours la même, puiſqu'il ne s'agit que de la tranſpoſition de quelques poids & non pas de leur addition, il viendra $\frac{fp}{P}$ pour la petite quantité $G\,G\,1$ dont le centre de gravité G s'eſt élevé ou approché du métacentre. Ainſi le moment du mouvement ne doit plus être exprimé par $\int E^2\,dm + \overline{(R\,3\,G)^2 - (R\,1\,G)^2} \times p$. Cette expreſſion ſeroit exacte ſi le mouvement ſe faiſoit autour du premier centre de gravité G; mais comme il ſe fait autour du ſecond $G\,1$, il doit être moindre du produit de la peſanteur totale P par le quarré de $G\,G\,1 = \frac{fp}{P}$.

Nous aurons donc $\int E^2\,dm + \overline{(R\,3\,G)^2 - (R\,1\,G)^2} \times p - \frac{f^2 p^2}{P}$ pour le moment du mouvement tout réduit ou $z\,h\,P + \overline{(R\,3\,G)^2 - (R\,1\,G)^2} \times p - \frac{f^2 p^2}{P}$, en mettant $z\,h\,P$ à la place de $\int E^2\,dm$; & il nous viendra $\dfrac{z\,h\,P + \overline{(R\,3\,G)^2 - (R\,1\,G)^2} \times p - \frac{f^2 p^2}{P}}{h\,P - fp}$ pour la longueur du nouveau pendule ſinchrone, celui dont les oſcillations s'accorderont avec les balancements du Navire après la tranſpoſition faite du poids p. Cette expreſſion

expreſſion ne contient que des grandeurs connues.
D'ailleurs il ſuffira, quand on le voudra, de faire, ſur
les grandeurs particulieres & données, les opérations
que nous venons de faire d'une maniere générale.

I V.

*Trouver tous les points du Navire où
on peut tranſpoſer un poids ſans changer la promptitude des balancements
du roulis ou du tangage.*

Il ſe préſente, au ſujet des recherches précédentes,
un problême aſſez curieux à reſoudre, qui doit avoir
ſon utilité. On peut demander en quels endroits du
Navire on doit mettre un poids pour qu'il produiſe
toujours le même effet par rapport aux mouvements
du roulis ou du tangage. On prend un poids p en R
(*fig. 67.*) & on veut déterminer tous les points R_1 &   Figure 67.
R_1, ou R_2 & R_2, &c. où on peut mettre chaque
moitié de ce poids, en conſervant au pendule ſynchrone préciſément ſa même longueur. Nous nous
ſervirons toujours de P pour marquer la peſanteur totale du Navire ou ſa maſſe, parce qu'on peut exprimer l'une & l'autre par le volume d'eau dont la carene occupe la place. Nous continuerons auſſi à nommer h la hauteur du métacentre M au deſſus du centre de gravité G, nous déſignerons GR par b, c'eſt
la premiere hauteur du poids p au deſſus du centre
de gravité. Nous tranſportons, comme nous l'avons
dit, les deux moitiés de ce poids en R_1 & R_1 ou en
R_2 & R_2, & nous nommons x la quantité variable
RL dont on porte ces deux moitiés plus bas, & y
marquera leur diſtance LR_1, LR_1 à la verticale BM.

 Le poids p étant tranſporté plus bas de la quantité

H h

x, la ſtabilité du Navire en eſt augmentée, elle n'eſt plus ſimplement hP, mais $hP + px$. Tel eſt le nouveau dénominateur qu'il faut introduire dans l'expreſſion générale de $z = \frac{\int E^2\, dm}{hP}$. Outre cela lorſque le poids p étoit en R, à la hauteur $GR = b$ au deſſus du centre de gravité, il contribuoit de tout le produit $b^2 p$ dans le moment total $\int E^2\, dm$, & puiſque nous retirons ce poids du point R; ce premier changement nous donneroit $\int E^2\, dm - b^2 p$ pour le moment total du mouvement, ſi nous n'ajoutions ſur le champ les deux moitiés de ce poids en $R\mathbf{1}$ & $R\mathbf{1}$. Placées en ces nouveaux endroits, elles ſont éloignées du centre G de la diſtance $GR\mathbf{1} = \sqrt{b^2 - 2bx + x^2 + y^2}$; ainſi elles ajoutent au moment total le moment particulier $\overline{b^2 - 2bx + x^2 + y^2} \times p$, & nous aurions $\int E^2\, dm - b^2 p + b^2 p - 2bpx + px^2 + py^2$ pour la valeur exacte du moment du mouvement, s'il n'y avoit encore un autre changement à conſidérer, celui que ſouffre le centre de gravité G.

La deſcente du poids p mis plus bas de la quantité x fait deſcendre le centre de gravité G de la quantité $\frac{px}{P}$. Or ce dernier changement produit une diminution $\frac{p^2 x^2}{P}$ dans l'expreſſion du moment total; & après avoir eu égard à tout, nous aurons donc, $\int E^2\, dm - 2bpx + px^2 + py^2 - \frac{p^2 x^2}{P}$ pour ce moment total; & ſi on le diviſe par la ſtabilité $hP + px$, il nous viendra

$$\frac{\int E^2\, dm - 2bpx + px^2 + py^2 - \frac{p^2 x^2}{P}}{hP + px}$$

pour la nouvelle longueur du pendule ſynchrone.

Cette expreſſion pourra nous ſervir dans une infinité de rencontres. Un poids p étoit à une certaine hauteur b au-deſſus du centre de gravité G du vaiſſeau, & en le partageant en deux parties égales, nous les mettons

plus bas de la quantité x, en les portant chacune vers
les deux flancs du Navire ou vers la proue & la poupe de

la quantité y ; la formule $\dfrac{\int E^2\,dm - 2\,bpx + px^2 + py^2 - \frac{p^2 x^2}{P}}{hP + px}$,

Figure 67.

nous donnera la longueur qu'aura le pendule synchrone
après le changement fait. Tout est donné dans cette
formule ; car, comme nous l'avons vu ci-devant,
$\int E^2\,dm = z\,hP$, & z marque la longueur connue
qu'avoit le pendule synchrone avant le changement.

Mais nous voulons actuellement que le pendule synchrone ait toujours la même longueur, nous voulons
que la transposition du poids p n'y apporte aucune
altération. Il faut donc que nous rendions $z = \dfrac{\int E^2\,dm}{hP}$

égale à $\dfrac{\int E^2\,dm - 2\,bpx + px^2 + py^2 - \frac{p^2 x^2}{P}}{hP + px}$. Nous

tirerons de cette équation, cette autre, $hP\int E^2\,dm$
$- 2\,bhPpx + hPpx^2 + hPpy^2 - hp^2 x^2 = hP\int E^2\,dm$
$+ px\int E^2\,dm$ qu'on réduit, en mettant $z\,hP$ à la placé
de $\int E^2\,dm$, & en effaçant les termes qui se détruisent, à $\overline{P - p} \times x^2 - 2\,b\,Px + Py^2 = z\,Px$, & à
$\dfrac{P}{P-p}\,y^2 = \dfrac{P}{P-p} \times \overline{2\,b + z} \times x - x^2$.

Cette derniere équation appartient à l'ellipse ;
comme le voient tous les Lecteurs qui ont quelque
connoissance des lieux Géometriques. L'axe vertical
de cette ligne courbe est égal à $\dfrac{P}{P-p} \times \overline{2\,b+z}$, & l'axe
horisontal qui est le petit, est à l'autre comme $\sqrt{P-p}$
à $\sqrt{p}$ ou comme $\sqrt{P^2 - Pp}$ à P. Pour en avoir le centre, nous n'avons toujours qu'à porter au dessous du
centre de gravité G la moitié GF de la longueur z
qu'avoit, avant la transposition, le pendule synchrone,
& augmenter RF dans le même rapport que P est plus
grand que $P - p$, & l'extrêmité inferieure de cette
ligne sera le centre requis de l'ellipse.

H h ij

Figure 67.

La ligne $R\,R1\,R2$ eſt une ellipſe lorſque le poids p qu'on tranſpoſe eſt conſidérable ; mais ſi ce poids eſt extrêmement petit par rapport à la peſanteur P de tout le Navire, notre équation ſe réduira à $y^2 = \overline{2b + z} \times x - x^2$, & dans ce cas particulier le lieu de tous les points R, $R1$, $R2$, &c. deviendra un cercle dont $b + \frac{1}{2}z$ ſera le rayon. Ainſi il n'y aura alors qu'à rendre au deſſous du centre de gravité G la ligne $G\,F$ égale à la moitié du pendule ſynchrone, & prenant le point F pour centre de tous les cercles concentriques $R\,R1\,R2, r\,r1\,r2$, &c. il ſera indifférent, après avoir ôté le poids p du point ſupérieur R ou r, de le mettre ſur tous les autres points du même cercle, ou même de le diſtribuer en une infinité de parties ſur toute la circonférence. En $R1$ & $R1$, il produira le même effet qu'en R, & ce ſera encore la même choſe en $R2$ & $R2$. Mais il ne faut pas le faire paſſer ſur un cercle intérieur. Si on portoit en $R2$ le poids p qui étoit en $r1$, on rendroit les balancements du Navire plus vifs, car le pendule ſynchrone deviendroit plus court.

Il ſuit de-là, qu'il ne faut pas, dans l'intention de rendre les oſcillations du roulis plus lentes, tranſporter dans la cale, des poids ou des canons, par exemple, qui ſeroient en $r1$: on produiroit un effet tout contraire. Car le point F étant au deſſous de la carene dans tous les Navires ordinaires, on ne pourroit, en ôtant les poids qui ſont en $r1$, les mettre en bas que ſur la circonférence de quelque cercle intérieur, & les oſcillations ſeroient enſuite plus promptes. C'eſt ce qu'on a ſouvent expérimenté, & nous en apercevons actuellement la raiſon d'une maniere diſtincte.

CHAPITRE X.

De l'étendue des balancements du Navire, comparée avec leur promptitude.

En parlant de la promptitude des oscillations, nous avons toujours entendu la durée plus ou moins courte des oscillations, & jamais la vîtesse absolue avec laquelle elles se faisoient. Cependant une oscillation lente quant à la durée, produira une très-grande vîtesse au moins vers le milieu de l'espace parcouru, si cet espace est fort grand. On ne gagnera rien, par exemple, à rendre les oscillations deux ou trois fois plus lentes, si les arcs parcourus deviennent cinq ou six fois plus grands. Cela n'empêchera pas que la vîtesse ne soit ensuite double ou triple, & cette augmentation de rapidité doit avoir ses inconveniens. Le Navigateur attentif sent ce qui le gêne davantage; il remarque ce qu'il y a de trop nuisible dans les mouvements de son vaisseau. Mais l'art nautique ne sera parfait que lorsqu'il fournira des moyens aussi sûrs qu'il est possible d'en trouver, de remédier à chaque défaut.

I.

Il s'agit ici de considérer principalement l'étendue des oscillations, puisque nous sommes déja en état de déterminer la longueur du pendule synchrone dont les balancements s'accordent avec ceux du Vaisseau. Nous aurons pour cela recours à un théorème fort simple qui nous servira de lemme ou de principe, & dont l'application se fera dans le cas présent avec la plus grande facilité. Si un fluide, dont la vîtesse est extrême, frappe

tout à coup un pendule avec une force capable de le
foutenir en repos à une certaine diftance de la ligne
verticale, le mouvement que le fluide communiquera
au poids ira en accélérant jufqu'à ce point où le pendule pourroit être foutenu en repos. Le corps continuera à fe mouvoir en perdant de fa vîteffe, jufqu'à
ce que le pendule foit parvenu à une diftance double
de la premiere, il reviendra enfuite fur fes pas jufqu'à
la ligne verticale, où il recommencera une nouvelle
ofcillation; & chacun de ces balancements fera de la
même durée que fi le pendule n'étoit mû que par fon
unique pefanteur, & qu'il ofcillât de part & d'autre
de la ligne verticale.

Figure 41. CP (*fig.* 41) eft un pendule dont C eft le point de
fufpenfion, & P eft le globe fufpendu qui eft expofé à
l'action d'un fluide dont la vîteffe eft comme infinie.
Cette action feroit capable de foutenir le pendule à la
diftance PB de la ligne verticale, fi on plaçoit ce pendule dans la fituation CB en l'y tenant quelque temps
en repos. Cela fuppofé, le fluide fera parcourir au
pendule l'arc PK double de PB. Le pendule étant
arrivé en K retournera en P pour y reprendre un mouvement dans le premier fens; & toutes ces ofcillations
feront de même durée que fi le pendule ofcilloit librement. Il n'importe que le fluide ait plus ou moins
de force, lorfque fa force fera plus grande; il donnera
aux ofcillations une plus grande étendue PK; mais il
imprimera en même temps au pendule P plus de vîteffe
dans le même rapport; & de cette forte il n'y aura rien
de changé dans la durée des ofcillations.

Ce théorême n'eft vrai qu'en fuppofant que le
fluide pouffe toujours également le mobile P felon
l'arc que décrit ce corps. Alors l'action du fluide &
celle de la pefanteur étant réunie, la ligne CB eft la
direction compofée des deux forces; cette ligne marque donc enfuite, pour ainfi dire, la fituation naturelle

du pendule ; elle devient la ligne verticale, & le point   Figure 41.
B devient le point le plus bas de l'arc. Ainsi le pendule doit osciller de part & d'autre de ce point & de
la ligne CB ; mais l'action du fluide se faisant toujours
perpendiculairement au fil CP ou CK, la force de la
pesanteur naturelle n'est ni augmentée ni diminuée,
il n'y a que sa direction qui soit altérée. C'est pourquoi
la durée des oscillations est toujours la même , pourvu
qu'on prenne l'arc parcouru PK pour une oscillation
simple entiere & non pas pour une demi-oscillation.

Si le pendule, lorsqu'il est frappé par le fluide, se
trouve en p sans avoir encore pris de mouvement, il
ira vers B en augmentant sa vîtesse jusqu'à ce point.
Sa vîtesse ira ensuite en diminuant jusqu'en k qui sera
autant éloigné du point B qu'en étoit éloigné le point
p de l'autre côté , & les oscillations de p en k, & de
k en p seront encore isochrones & de même durée que
les précédentes. En effet, ce pendule est exactement
dans le même cas qu'un pendule ordinaire de même
longueur, avec cette seule différence que la direction
de la force qui tient lieu de pesanteur & qui cause
les vibrations, tombe sur CB & sur les paralleles à cette
ligne.

I I.

Nous pouvons maintenant appliquer d'une maniere
très-naturelle ce lemme au mouvement du Navire qui
est frappé par une vague. Le Vaisseau de la figure 68   Figure 68.
est frappé aux environs de la flottaison ou précisément
au point D. Comme le choc se fait au dessus du centre
de gravité G, & que sa direction DZ passe au dessus de
ce point, le Navire, en s'inclinant, tournera sur un centre
de rotation qui sera situé plus bas. Le centre de gravité G cédera un peu en même temps au choc de la
vague ; mais comme nous n'avons besoin de considérer
ici que la seule inclinaison du Navire , nous ne sommes

point obligés d'avoir égard à la vîteſſe que prend ho-riſontalement le centre de gravité G, vîteſſe au ſur-plus qui doit être très-petite, & qui ne peut diminuer que très-peu celle avec laquelle la vague continue à agir contre le flanc du Navire.

Nous regardons donc le mouvement de rotation, comme s'il ſe faiſoit uniquement autour du centre de gravité G. Or ſi la vague a aſſez de force pour entre-tenir le Navire dans une inclinaiſon de quatre ou cinq degrés, en le ſuppoſant retenu par ſon centre de gra-vité, l'action de cette vague par ſa continuité produira une inclinaiſon de 8 ou 10 degrés; mais il n'y aura que la grandeur de cette inclinaiſon qui dépendra de la force de la vague : car quant à la durée de l'oſcilla-tion elle ſera la même que dans les cas où le Navire eſt ſujet à un roulis parfaitement libre.

La même choſe doit arriver à un Navire dans le tangage. Le Navire de la figure 66 fait, par exemple, ſes balancements ordinaires ſelon ſa longueur en 2 ſecondes, & ſa proue eſt frappée avec force par une vague qui ſeroit capable, dans le repos du Navire, de la ſoutenir à trois ou quatre pieds de hauteur. Il faut regarder cette ſituation inclinée du Navire vers la poupe, comme la ſituation naturelle, pendant l'action de la vague que nous ſuppoſons agir avec une force conſtante. Ainſi la proue au lieu de ne s'élever que de 3 ou 4 pieds, s'élevera de 6 ou de 8, mais il ne faudra toujours que 2 ſecondes pour ce mouvement. La vî-teſſe que prend chaque point du Navire eſt par con-ſequent proportionnelle à tout l'eſpace parcouru, & pourvu que toutes les autres circonſtances reſtent les mêmes, ces vîteſſes ſeront proportionnelles à la force de la vague.

Il eſt vrai que la vague ceſſe bien-tôt d'agir, & qu'elle ne frappe que par repriſes. Si cette ceſſation arrive lorſque la proue étoit parvenue à ſa plus grande hauteur,

la proue

la proue ne mettra qu'une feule feconde à parcourir
en defcendant tout le chemin qu'elle avoit fait en
montant: car le retour à la fituation horifontale ne
fera alors qu'une demi ofcillation. Ainfi la vîteffe de
la chûte fera précifément double de celle du premier
mouvement ; & on voit bien qu'il doit s'introduire
beaucoup d'irregularités entre ces vîteffes felon que les
intervalles entre les vagues s'accordent ou ne s'accordent pas avec la durée naturelle des ofcillations du
Navire, ou felon que la proue eft frappée au commencement ou au milieu d'un balancement.

Il n'y a pas ordinairement un accord parfait entre
les chocs des vagues & les balancements du Navire ;
cela eft caufe que les vagues qui fuccédent aux premieres
troublent les balancements que celles-ci avoient excités,
& que les ofcillations deviennent irrégulieres & moins
grandes. Mais le Navire peut paffer dans d'autres mers
ou naviguer dans des temps où l'intervalle entre le
choc des vagues fera différent. Si cet intervalle fe
trouve un multiple exaɛt de la durée des balancements
naturels du tangage, les ofcillations deviendront alors
les plus grandes qu'il fera poffible, & elles feront parfaitement régulieres. Il arrivera encore quelque chofe
de femblable fi les intervalles entre les chocs, fans
être des multiples exaɛts de la durée des ofcillations
du Navire, ont avec elle un rapport qui puiffe être
exprimé par de très-petits nombres ou qui marque
quelque efpece de confonnance.

CHAPITRE XI.

Du changement que cause à l'étendue des balancements du Navire, la transposition de quelques parties de sa charge.

I.

IL n'est pas difficile de marquer l'effet que doit produire la transposition de quelques parties de la charge, à l'égard de l'étendue des oscillations du Navire. S'il s'agit du tangage, le Navire tendra toujours à reprendre son niveau sensiblement avec la même force ; c'est une remarque que nous avons déja eu occasion de faire. Qu'on transporte dans la figure 66 les parties R_1, R_1, en R_2, R_2 ou en R_3, R_3, le métacentre qui est fort élevé par rapport aux balancements qui se font selon la longueur du Navire, aura toujours sensiblement la même hauteur au-dessus du centre de gravité G. La poussée de l'eau sera la même, puisque la pesanteur du Navire ne reçoit aucun changement, & que la diverse distribution de la charge n'empêche pas que la carene n'ait toujours la même partie submergée.

Le choc des vagues sur la proue agira aussi toujours de la même maniere : il ne produira toujours d'effet sensible que par la partie qui s'exerce dans le sens vertical, & cet effort relatif aura toujours pour bras de levier la moitié de la longueur du Vaisseau. Ainsi de quelque maniere qu'on arrange la charge, pourvu que la poupe & la proue n'enfoncent dans l'eau que de la quantité ordinaire, les mêmes vagues doivent produire les mêmes inclinaisons ou donner aux balancements

du Navire sensiblement la même étendue; puisque
l'inclinaison entiere, dans le plus grand balancement,
est à peu près double de celle qu'il faudroit que le Navire conservât en repos, pour qu'il y eût continuellement équilibre entre les deux efforts.

Mais si le divers arrangement des parties pesantes de
la charge ne fait rien à l'égard de l'étendue des balancements dans le tangage ou des vibrations selon la longueur, il fait toujours beaucoup à l'égard de la promptitude des oscillations, comme nous l'avons vu dans le
Chapitre IX. En éloignant les parties pesantes vers
les extrêmités du Navire, on les met dans la néces-
sité de prendre un grand mouvement; & la résistance
qu'elles font à le recevoir, est appliquée à un long
bras de levier. Le moment de leur résistance augmente
comme le quarré de leur distance au centre de gravité,
& le pendule synchrone devient plus long. Ainsi il y
a de l'avantage à éloigner du milieu du Navire, les
parties pesantes de sa charge. On ne change rien dans
l'étendue des balancements ; mais comme ils se font
ensuite avec plus de lenteur, la proue & la poupe
s'élevent & s'abaissent moins vîte.

I I.

Les vagues agissent d'une maniere très-différentes
dans le roulis. Les directions de leur effort approchent
plus d'être horifontales , parce que les flancs de la
carene sont presque verticaux dans l'endroit le plus
large , & outre cela le métacentre est très-peu élevé,
lorsqu'il s'agit de la stabilité du Navire dans le sens de
la largeur. Cependant si on se contente de mettre les
parties les plus pesantes de la charge à une plus grande
distance du milieu , mais en les laissant toujours sur la
même ligne horifontale, il arrivera précisément la même
chose qu'à l'égard du tangage. Qu'on mette en R_1, R_1

(*fig.* 67) des poids qui étoient en L , le centre de gravité sera toujours dans la même place & la stabilité du Navire n'aura souffert aucun changement. La vague qui viendra frapper le Navire en D produira donc toujours la même inclinaison, & les balancements qui en seront une suite seront de même étendue. Mais malgré cela on aura gagné à éloigner du centre de gravité G les parties pesantes de la charge ; car le pendule synchrone sera plus long , le Navire prendra avec plus de lenteur l'inclinaison causée par le choc de la vague, & tous les mouvements subsequents du roulis seront moins vifs.

<h3 style="text-align:center">I I I.</h3>

Mais supposons qu'on transporte un poids, en le prenant dans quelque point R , & en le plaçant en R_1 & R_1 , ou en R_2 & R_2 , sur la circonférence de la même ellipse ou du même cercle qui a la propriété de conserver au pendule synchrone sa même longueur , alors il faut distinguer trois divers cas selon que la direction du choc de l'eau sur le flanc du Navire passe au dessus ou au dessous du métacentre M , ou passe exactement par ce point.

1°. Si le métacentre est à une hauteur considérable où si toutes les parties de la surface de la carene aux environs de la flottaison sont assez verticales pour que la direction du choc de l'eau soit presque horisontale comme DZ , & qu'elle passe au dessous de M comme dans la figure 67, nous aurons le premier cas dans lequel il y a du désavantage à placer un poids plus bas sur les points de la courbe $R_2 R R_2$. Il est vrai que lorsqu'on met plus bas le poids qu'on prend en R, on fait nécessairement descendre le centre de gravité G & qu'on fait augmenter la stabilité du Navire. Le métacentre se trouve ensuite plus élevé par rapport au

centre de gravité G defcendu en g, & la pouffée Figure 67.
verticale de l'eau travaille donc avec un plus grand
bras de levier à relever ou redreffer le Navire lorfqu'il
s'eft incliné.

Mais fi la ftabilité du Navire augmente dans le rapport de MG à Mg, le moment du choc de l'eau augmente dans un plus grand rapport. Ce choc qui
s'exerce fur la direction DZ & qui agiffoit auparavant
avec le bras de levier ZG, agit enfuite avec le levier Zg, & il eft évident que ce levier eft plus augmenté à proportion que celui de la pouffée de l'eau,
puifque la même quantité Gg ajoutée à GZ & à GM
produit plus de changement par rapport à la premiere
de ces lignes que par rapport à la feconde. Or il fuit
de-là que la même vague produira une plus grande
inclinaifon au Navire, lorfque fon centre de gravité
fera en g que lorfqu'il fera en G, & il faut donc que
la vîteffe du balancement foit plus grande, puifque la
durée de l'ofcillation fera toujours la même. Ce feroit
encore pis fi, le poids pris en R, on le tranfportoit fur
quelque ellipfe intérieure. Car outre que les ofcillations
feroient plus grandes, elles fe feroient encore dans
un temps plus court.

2°. Nous confidérerons comme fecond cas celui dans
lequel la direction DZ de l'impulfion que fait la vague
paffe exactement par le métacentre M comme dans
la figure 68. Quelque tranfpofition qu'on faffe alors à Figure 68.
la charge, l'étendue de chaque ofcillation fera la même;
parce que fi en faifant paffer le centre de gravité du
Navire de G en g on fait augmenter la ftabilité, on
fait augmenter auffi précifément dans le même rapport
le bras de levier avec lequel agit le choc de l'eau pour
faire incliner le Navire. Ainfi, il n'y a jamais d'autre
variété dans ce fecond cas, que celle qui vient de la
longueur du pendule fynchrone felon qu'on tranfporte
les poids fur des circonférences extérieures ou inté-

Figure 68.

rieures d'ellipfes ou de cercles. Mais qu'on tranfporte un poids R en R_1 & R_1 fur la même ligne courbe, les balancements du Navire feront exactement de la même étendue & de la même durée : d'où il fuit que leur vîteffe ne recevra aucun changement.

Figure 69.

3°. Enfin nous avons pour troifieme cas le paffage de la direction DZ de l'impulfion de la vague au deffus du métacentre M comme dans la figure 69. Il fera avantageux dans cette troifieme difpofition de porter les parties les plus pefantes de la charge le plus bas qu'on pourra fur la même ellipfe ou fur le même cercle. Le paffage de la direction DZ au deffus du métacentre peut venir de ce que ce point eft fitué très-bas ou de ce que les parties de la furface de la carene vers la flottaifon font fort inclinées en dehors. Les flancs vers le milieu peuvent être prefque à plomb, mais que la fituation inclinée de la furface vers l'avant & vers l'arriere, donne à la direction DZ qui refulte de toutes les impulfions faites fur tout un côté, la fituation que marque la figure. Mais enfin fi la direction DZ paffe en deffus du métacentre M, & que nous prenions un poids en R pour le mettre en R_1 & R_1, ou que nous le prenions dans ces derniers points pour le porter plus bas fur la même ligne courbe, nous ferons augmenter la ftabilité du Navire dans un plus grand rapport que n'augmentera le moment du choc des vagues : car le centre de gravité du Vaiffeau defcendant de G en g, le bras de levier MG augmentera plus en devenant Mg que le bras de levier ZG en devenant Zg. Ainfi les vagues auront relativement moins de force, & elles produiront de moindres inclinaifons.

Mais l'avantage cefferoit encore dans ce troifieme cas fi l'on portoit fur quelque cercle trop intérieur le poids qu'on déplace. Il eft vrai, qu'en faifant defcendre le centre de gravité, on feroit toujours plus augmenter à proportion la force relative de la pouffée de

l'eau, que celle de la vague qui frappe en D; & il eſt Figure 69.
vrai encore que la premiere inclinaiſon cauſée par le
choc immédiat étant moindre, le Navire décriroit de
moindres arcs dans les balancements ſuivants. Mais
d'un autre côté il les parcourroit en moins de temps,
puiſque les poids portés ſur des ellipſes intérieures rendent le pendule ſynchrone plus court; & ſi le temps
reçoit plus de diminution que l'eſpace parcouru, la
vîteſſe doit néceſſairement ſe trouver plus grande.
Ceci montre qu'il faut toujours éviter dans la tranſpoſition des parties peſantes de la charge, de les placer
ſur des lignes courbes intérieures, & qu'il faut au contraire les porter ſur les courbes extérieures le plus qu'il
eſt poſſible, ou les éloigner du milieu de la carene
vers les extrêmités des lignes droites horiſontales $R_2 R_2$.

Au ſurplus, nous croyons qu'il n'eſt pas néceſſaire
de pouſſer plus loin ces remarques. On a maintenant
l'explication de divers effets ſinguliers qu'on avoit
quelquefois obſervés avec étonnement, parce qu'on les
voyoit varier d'un Navire à l'autre, ſans en appercevoir
la cauſe. Une choſe nous paroît néanmoins manquer
encore à ces recherches. Les parties de l'arriere & de
l'avant ne ſont point égales entr'elles dans nos vaiſſeaux; & il eſt bon d'examiner combien cette inégalité
peut influer ſur le tangage.

CHAPITRE XII.

Des oscillations auxquelles les corps flottants sont sujets lorsqu'ils sont d'une figure irréguliere.

IL n'y a rien à changer dans les solutions précédentes lorsque les deux moitiés du corps flottant sont parfaitement égales dans le sens qu'il se balance; mais ces problêmes deviennent beaucoup plus difficiles, lorsque le centre de gravité de ce corps ne se trouve pas dans la verticale du centre de gravité de sa flottaison ou de sa coupe faite horisontalement à fleur d'eau; ce qui doit arriver très-souvent lorsque le corps n'est pas simmétrique par ses deux extrêmités. La figure 70 nous en représente un avec cette espece d'irrégularité: lorsque ce corps flotte librement en repos, son centre de gravité G est nécessairement au dessous ou au dessus du centre de gravité de sa partie submergée DBE; mais le centre G & le centre F de la flottaison DE ne sont pas dans la même verticale, à cause de l'irrégularité de la figure.

Lorsqu'un pareil solide fait des oscillations, il se trouve de l'incompatibilité entre les différentes loix auxquelles nous avions regardé comme assujetis, tous les corps qui flottent. Si le centre G est immobile les diverses situations que prendra le plan DE de flottaison ne se couperont point dans son centre de gravité F, & si ce plan se coupe dans tout autre point, le corps flottant cessera d'occuper une égale place dans la liqueur, & il sera poussé de bas en haut avec des forces différentes. Le centre de gravité d'une surface plane a effectivement cette propriété, qui lui appartient

tient d'une maniere exclufive, qu'il faut que le plan tourne fur ce point ou plutôt fur un diametre qui y paffe, pour que les deux folides ou efpeces d'onglets que forment les deux parties de la furface par leur mouvement foient égaux entr'eux. Le plan DE tournant fur fon centre de gravité F, l'onglet ou folide $DFd\,i$ fera égal à l'onglet ou folide $EFe\,i$, & ce ne fera pas la même chofe fi le plan tourne fur tout autre point.

Il eft vrai que cette propriété n'a exactement lieu que lorfque la groffeur du corps flottant eft la même au deffus & au deffous de fa flottaifon; mais comme il ne s'agit ici que d'inclinaifons très-petites, la propofition eft fenfiblement vraie. Ainfi pour que le corps flottant, en s'inclinant, occupât toujours la place d'un égal volume d'eau, il faudroit que les différentes fituations que prend le plan de flottaifon DE fe coupaffent en F; mais on voit bien que dans cette hypothefe le centre de gravité G du corps flottant monteroit ou defcendroit : il s'approcheroit ou s'éloigneroit de la furface de l'eau de la quantité $i\,1\,i\,2$, fi après que $d\,1\,e\,1$ s'eft trouvée dans la furface de l'eau, $d\,2\,e\,2$ s'y trouvoit à fon tour. Le corps ABC auroit donc un mouvement réel vers le haut & vers le bas, & ce qui eft impoffible en Phyfique, ce mouvement ne feroit produit par aucune caufe, puifque la folidité de la partie fubmergée étant la même, il n'y auroit de la part de l'eau aucun excès ou diminution de force qui fût capable d'un pareil effet.

Il fe trouveroit un femblable inconvenient, fi les plans de flottaifons fe coupoient dans le point I, précifément au deffus du centre de gravité G. Car dans cette fuppofition le centre de gravité G feroit immobile, il ne monteroit ni ne defcendroit, quoiqu'il y eût pourtant une force réelle qui travaillât à le faire defcendre & à le faire monter dans chaque balan-

K k

cement ; l'onglet qui entreroit dans l'eau d'un côté ne feroit jamais égal à celui qui fortiroit du côté oppofé. D'où il s'enfuivroit que l'efpace occupé par le corps flottant dans la liqueur deviendroit alternativement plus grand & plus petit ; ce qui produiroit néceffairement un mouvement dans le fens vertical, en troublant le repos du centre de gravité G. On peut de la même maniere donner l'exclufion aux balancements qui fe feroient autour de tous les autres points comme H compris entre F & I.

Suppofé que les balancements fe fiffent fur le point intermédiaire H, le centre de gravité G defcendroit en G_2 lorfque le corps flottant s'inclineroit vers E ; & il s'éleveroit au contraire en G_2, lorfque l'inclinaifon fe feroit vers l'autre extrêmité. Mais comment ces mouvements feroient-ils poffibles, pendant que les onglets DHD_2 & DHD_1 qui entreroient dans l'eau & qui en fortiroient vers l'extrêmité D feroient beaucoup plus grands que les onglets oppofés EHE_2 & EHE_1 ? Le folide commenceroit à defcendre de G_1 en G_2, pendant qu'il feroit pouffé en haut avec le plus de force, & au contraire, il commenceroit à monter de G_2 en G_1 lorfque la pouffée verticale de l'eau auroit fouffert le plus de diminution.

On ne remarquera pas les mêmes inconveniens, fi le point H dans lequel les plans de flottaifon fe coupent, fe trouve en dehors de l'intervalle FI. Toutes les fois que le point H fera au-delà de la verticale GM vers l'extrêmité E, l'inclinaifon vers cette même extrêmité fera toujours que le corps flottant occupera moins de place dans la liqueur, mais en même temps le centre de gravité G s'élevera. Ainfi à la fin d'une ofcillation dans ce fens, le corps flottant doit retourner, pour ainfi dire, fur fes pas & doit defcendre, puifqu'il n'eft plus foutenu avec affez de force de la part de la liqueur. Que le centre de gravité G foit au

contraire defcendu , autant qu'il eſt poſſible , pendant Figure 70.
que l'interſection *H* des plans de flottaiſon eſt toujours en dehors de la verticale *GI* vers le point *E*, le
corps flottant ſe ſera incliné vers *D* , il occupera un
plus grand eſpace dans la liqueur , & ſe trouvant pouſſé
en en-haut avec plus de force , la deſcente de ſon centre
de gravité ſera immédiatement ſuivie d'un mouvement
dans l'autre ſens. On peut voir avec la même facilité
que le point d'interſection *H* peut ſe trouver auſſi en
dehors de l'intervalle *FI* vers l'extrêmité *D*. Mais il
s'agit maintenant de déterminer l'exacte ſituation de ce
point.

Nous devons conſidérer pour cela , non ſeulement
les deux différents mouvements du ſolide, mais auſſi
les forces qui cauſent ces mouvements. Il faut principalement qu'ils ſe faſſent dans le même temps: car
s'ils n'étoient pas exactement ſimultanés, ils ſe trou-
bleroient l'un l'autre , & ne ſe perpétueroient pas.
Il faut qu'ils s'accordent pour ne pas ſe détruire ; &
la néceſſité de cet accord fait que les plans de flot-
taiſons ſe coupent en quelque point *H* qui doit être
en dehors de l'intervalle *FI*, comme nous l'avons vû.

Pour reſoudre donc le problême, nous n'avons qu'à
faire enſorte que les deux mouvements s'accordent
parfaitement. Je nomme *P* la peſanteur du corps
flottant; *S* l'étendue de ſa coupe de flottaiſon *DE* ,
a la diſtance *FE* du centre *F* à l'extrêmité *E* ; *f* la
diſtance de la verticale *GM* au même point *E* ; *dm*
chacune des petites parties de la maſſe du corps flottant & *E* leur diſtance au centre de gravité *G*. Enfin
je nomme *h* la hauteur *MG* du métacentre au deſſus
du centre de gravité *G* ; *x* la diſtance du point *H* au
point *E* ; *i* la petite hauteur verticale $E2E1$, & *z* la
longueur du pendule ſimple dont les oſcillations s'accordent avec celles du corps flottant.

S'il s'agiſſoit d'une recherche purement géométri-

K k ij

que, nous pourrions regarder d'abord $EH = x$ comme abfolument indéterminée, & nous nous repoferions fur la généralité du calcul algébrique, du foin d'en fixer la grandeur. Mais nous avons vu que le point H devoit être en dehors de FI ou que EH devoit être moindre que EI, lorfque ces deux points font du même côté par rapport à F, pour qu'il n'y eût pas d'incompatibilité phyfique entre les deux mouvements du folide. C'eft à quoi il faut avoir égard dans un problême de Méchanique ou de Dynamique. Car il eft encore plus dangereux d'y violer les loix du mouvement, que d'introduire des contradictions entre les données d'un problême de Géométrie. Dans ce fecond cas on s'apperçoit du mécompte par le calcul, en parvenant à des valeurs imaginaires; au lieu qu'en Méchanique, le calcul fondé fur quelque fuppofition fauffe, refteroit prefque toujours défectueux & rien n'aideroit à le corriger. Il fuit de cette remarque, dont les applications font très-étendues, que comme nous fuppofons le point H vers E par rapport au centre de gravité F du plan de flottaifon, nous devons défigner HI par $f - x$. Nous trouverons enfuite l'efpace $G_2 G_1$ décrit par le centre de gravité du corps, en faifant cette analogie; $HE = x : E_2 E_1 = i : : HI = f - x : I_2 I_1 = \dfrac{if - ix}{x}$ qui eft auffi l'expreffion de $G_2 G_1$; & fi nous en prenons la moitié, nous aurons $\dfrac{if - ix}{2x}$ pour le petit efpace que parcourt le centre de gravité G en montant ou en defcendant pendant une demi-ofcillation. Nous trouverons auffi Hh_2 par cette autre analogie; $HE = x : EE_2 = \frac{1}{2} i : : FH = a - x : Hh_2 = \dfrac{ai - ix}{2x}$.

Multipliant après cela cette petite ligne par la furface connue S du plan de flottaifon, il nous viendra $\dfrac{aiS - ixS}{2x}$ pour la quantité dont le corps flottant plonge

trop ou trop peu dans l'eau à la fin de chaque inclinaiſon; & nous pourrons prendre cette quantité pour
l'expreſſion de la force qui fait monter ou deſcendre le
centre de gravité G, ſi nous prenons en même temps
toute la partie ſubmergée DBE pour l'expreſſion de
la peſanteur P, ou pour la maſſe à mouvoir. Ainſi
nous aurons la force $\frac{aiS - ixS}{2x}$ qui meut la maſſe P,
& qui pendant un demi-balancement lui fait parcourir
le petit eſpace vertical $\frac{if - ix}{2x}$. Cette force $\frac{aiS - ixS}{2x}$
eſt variable; mais nous avons ici ſa plus grande va-
leur qui eſt à l'extrêmité de chaque balancement dans
un ſens ou dans l'autre.

Il nous faut maintenant paſſer au mouvement de
rotation. Toutes les petites parties dm de matiere dont
le corps flottant eſt formé prennent un mouvement
qui eſt proportionel au produit de leur maſſe multipliée
par leur diſtance E au centre de gravité & le moment
de leur réſiſtance au mouvement eſt $E^2 dm$. Le moment total eſt $\int E^2 dm$ auquel doit être égal celui de
la maſſe que nous ſubſtituerons en M pour nous conformer à la maniere dont nous avons déja conſidéré ce
problême dans un cas plus particulier. Cette maſſe
prend un mouvement qu'on trouve en la multipliant
par h, & le moment eſt la même maſſe multipliée par
h^2. Ainſi la maſſe que nous ſubſtituons par la penſée
en M pour faire la même réſiſtance relative au mou-
vement que le corps flottant, doit être égale à $\frac{\int E^2 dm}{h^2}$.

D'un autre côté nous pouvons toujours conſidérer,
comme dans le chapitre VII. la pouſſée qui produit
le mouvement d'oſcillation comme réunie en M.
Ainſi en recourant à la comparaiſon d'un pendule,
nous avons la force P qui travaille à mouvoir la maſſe
$\frac{\int E^2 dm}{h^2}$. La force & la maſſe ſont appliquées à l'extrêmité du pendule GM qui eſt renverſé, dont h eſt

la longueur & dont nous regardons le point G comme le point de ſuſpenſion. Mais comme la force & la maſſe n'ont pas ici peut-être le même rapport que dans un pendule ſimple dont h ſeroit la longueur, & qui ſeroit animé naturellement par la peſanteur, il faut faire une réduction à la longueur h pour avoir celle du pendule ſynchrone naturel. Nous la trouverons comme dans le Chapitre cité par cette analogie; P eſt à $\frac{\int E^2 dm}{h^2}$ comme h eſt à $z = \frac{\int E^2 dm}{h P}$. On voit bien que l'irrégularité du corps flottant n'apporte aucune différence dans la forme de cette expreſſion, & que pourvu que nous connoiſſions les quantités qui compoſent le ſecond membre, nous aurons le premier ou la longueur du pendule ſimple dont les oſcillations s'accordent avec celles du corps flottant.

Mais nous devons examiner ici quelque choſe de plus. Nous avons cherché la force qui, à la fin de chaque petit mouvement vertical du centre de gravité G, fait renaître un mouvement vertical en ſens contraire, & nous voulons que ces mouvements ſoient parfaitement ſimultanés avec ceux de rotation ou de vibration autour du centre de gravité. Ainſi après avoir cherché la maſſe $\frac{\int E^2 dm}{h^2}$ qui étant ſubſtituée en M fait la même difficulté à recevoir ce mouvement, il faut que nous trouvions la quantité préciſe de la force qui agit contre cette maſſe à la fin de chaque petit arc horiſontal parcouru par le point M. Nous chercherons d'abord la moitié de ce petit arc en faiſant cette analogie, $HE = x$ eſt à $EE\,1 = \frac{1}{2}i$ comme $GM = h$ eſt à $\frac{hi}{2x}$; & nous remarquerons que ce même petit arc parcouru, pour ainſi dire, horiſontalement, par le point M dans le temps d'une demi-oſcillation, exprime auſſi par rapport à toute la hauteur $GM = h$, la force relative avec laquelle agit la pouſſée verticale de l'eau pour produire ce mouvement ou pour rétablir la situation horifontale du corps flottant. Nous aurons donc cette analogie ; $GM = h$ eſt à la moitié du petit arc horifontal $\frac{hi}{2x}$ parcouru par le point M, comme P eſt à la petite force $\frac{iP}{2x}$ qui s'exerce efficacement contre la maſſe $\frac{\int E^2 dm}{h^2}$. Ainſi nous avons $\frac{iP}{2x}$ pour la petite force: la maſſe qu'elle meut eſt $\frac{\int E^2 dm}{h^2}$ & le petit eſpace parcouru eſt $\frac{hi}{2x}$.

Il ne nous faut plus que comparer les deux mouvements qui doivent s'accorder ou qui doivent être ſimultanés pour ne pas ſe détruire, celui qui ſe fait en arc de cercle, & celui que nous avions examiné le premier, qui ſe fait dans le ſens vertical. Il ſuffit pour qu'ils s'accordent parfaitement, qu'il y ait une proportion exacte entre les deux forces & les deux mouvements communiqués. Mais au lieu de prendre les produits des maſſes par les vîteſſes pour avoir les quantités de mouvement, nous pouvons multiplier les maſſes par les petits eſpaces parcourus, puiſqu'ils ſont en même rapport que les vîteſſes à cauſe de l'iſochroniſme. Nous aurons donc $\frac{Pif - Pix}{2x}$ produit de P par le petit eſpace vertical $G2G = \frac{if - ix}{2x}$ pour l'effet de la force $\frac{aiS - ixS}{2x}$; & nous aurons en même temps $\frac{hi}{2x} \int \frac{E^2 dm}{h^2}$ produit de la maſſe ſubſtituée par la penſée en M multipliée par le petit arc $\frac{hi}{2x}$ pour l'effet de la force $\frac{iP}{2x}$; & il s'enſuivra de l'accord de ces mouvements, cette proportion ; $\frac{aiS - ixS}{2x} : \frac{Pif - Pix}{2x} :: \frac{iP}{2x} : \frac{hi}{2x} \int \frac{E^2 dm}{h^2}$ qui nous donne l'équation $\frac{aS - xS}{h} = \frac{P^2 f - P^2 x}{\int E^2 dm}$ laquelle nous marque la relation qu'il y a entre x ou HE & les autres quantités S, P, f, &c. il ne nous reſteroit

Figure 70.

donc rien à trouver pour connoître abfolument x, fi la hauteur h du métacentre au-deffus du centre de gravité G étoit connue, au lieu qu'elle ne l'eft pas. C'eft ce qui nous manque auffi pour pouvoir faire ufage de la formule $Q = \dfrac{\int E^2\, dm}{h\, P}$ trouvée ci-devant pour la longueur du pendule fynchrone.

CHAPITRE XIII.

Suite du Chapitre précédent. Déterminer le métacentre lorfqu'un corps flottant irrégulier fait des ofcillations.

EN effet, lorfque nous avons déterminé le métacentre, nous avons fuppofé que la partie fubmergée du corps flottant étoit toujours la même, ou que la partie qui entroit dans l'eau d'un côté, étoit égale à celle qui fortoit de l'eau de l'autre côté dans les inclinaifons. Ainfi notre folution étoit bonne pour le cas particulier auquel nous nous bornions, mais on ne peut pas l'appliquer dans la rencontre préfente. Si

Figure 71.

pendant que le corps $A B C$ (*fig.* 71.) s'incline, fes plans de flottaifons fe coupent en quelque point H, le centre de gravité de la partie fubmergée $D B E$ ne changera pas de place de la même quantité que fi ces plans fe coupoient en F, & les verticales $G_2 M$ & $G_1 M$ dans lefquelles s'exerce la pouffée de l'eau, porteront par conféquent le métacentre M à une autre hauteur par leur interfection.

Figure 72.

Je repréfente par la figure 72 la coupe du corps flottant faite à fleur d'eau lorfque le corps eft dans fa fituation horifontale. Le point F eft le centre de gravité de cette furface, & FE eft la ligne que nous avons

avons nommée a. Nous avons indiqué la diftance HE
par x; ainfi FH fera $a - x$; & fi nommant r les parties variables FR, de FL en commençant au centre
F, nous nommons y les ordonnées TR & u les ordonnées RS; nous aurons en prenant QQ pour nou-
vel axe, $a + y - x$ pour les ordonnées TV, & $u + x - a$ pour les ordonnées VS; & fi nous fuppofons
un fecond plan qui coupe le premier dans l'axe QQ
en faifant un angle infiniment petit $EHE\tiny1$ dont
la foutendente $EE\tiny1$ foit égale à i, nous aurons
$\frac{i}{2x} \times \overline{u + x - a}^2$ pour l'aire des petits triangles rectangles $VSS\tiny1$ & $\int \frac{i\,dr}{2x} \times \overline{u + x - a}^2$ pour la folidité de
l'efpece d'onglet $QEE\tiny1 Q$ formé de tous ces triangles
élémentaires. Nous aurons de même $\int \frac{i\,dr}{2x} \times \overline{a + y - x}^2$
pour la folidité de l'onglet oppofé $QDD\tiny1 Q$.

Mais nous n'avons pas fimplement befoin de connoître la folidité de ces corps qui repréfentent les
parties de la carene qui entrent dans l'eau & qui en
fortent par les balancements alternatifs ; il faut que
nous ayons leur centre de gravité. Ce centre étant

cherché par les regles ordinaires, on a $\dfrac{\int \frac{dr}{3x} \times \overline{u + x - a}^3}{\int \frac{dr}{2x} \times \overline{u + x - a}^2}$

pour la diftance du centre de gravité $\gamma 2$ au point H;
& fi nous y ajoutons $HI = f - x$, il nous viendra

$\dfrac{\int \frac{dr}{3x} \times \overline{u + x - a}^3}{\int \frac{dr}{2x} \times \overline{u + x - a}^2} + f - x$ pour la diftance $I\gamma 2$. Nous

ajoutons HI; parce que, comme nous l'avons vu, le point
H n'eft pas placé par rapport au point I, comme il l'eft
dans notre figure : il eft réellement plus voifin du point
E que le point I. Les mêmes regles nous donneront

$\dfrac{\int \frac{dr}{3x} \times \overline{a + y - x}^3}{\int \frac{dr}{2x} \times \overline{a + y - x}^2}$ pour la diftance de l'autre centre

Ll

de gravité $\gamma 1$ au point H, & si nous en ôtons HI,

nous aurons $\dfrac{\int \frac{dr}{3x} \times \overline{a + y - x}^3}{\int \frac{dr}{2x} \times \overline{a + y - x}^2} + x - f$ pour la dis-

tance du centre de gravité $\gamma 1$ au point I.

Ces préliminaires étant supposés, nous jettons derechef les yeux sur la figure 71. Nous venons de trouver l'expression générale de la situation des centres de gravité $\gamma 1$ & $\gamma 2$, & nous avons trouvé outre cela la solidité des deux parties qui sont sujettes à sortir de l'eau & à y rentrer. Le point O est le centre de gravité de la partie de la carene qui est continuellement submergée; & il est évident que pour trouver combien le centre de gravité $G 1$ est plus avancé vers E que le centre O à mesurer dans le sens horifontal, nous n'aurons qu'à faire cette analogie; la solidité P de toute la partie submergée est à la solidité $\int \frac{idr}{2x} \times \overline{u + x - a}^2$

de l'onglet $E 1 H E 2$ comme $I\gamma^2 = \dfrac{\int \frac{dr}{2x} \times \overline{u + x - a}^3}{\int \frac{dr}{2x} \times \overline{u + x - a}^2}$

$+ f - x$ est à la distance de $G 1$ au point O réduite à

l'horifon; on trouve $\dfrac{\int \frac{idr}{3x} \times \overline{u + x - a}^3 + \overline{f - x} \times \int \frac{idr}{2x} \times \overline{u + x - a}^2}{P}$

pour cette distance, & on aura de même

$\dfrac{\int \frac{idr}{3x} \times \overline{a + y - x}^3 + \overline{x - f} \times \int \frac{idr}{2x} \times \overline{a + y - x}^2}{P}$ pour la distance

du centre $G 2$ au point O, aussi réduite à l'horifon. Ainsi la distance horifontale d'un centre à l'autre sera

$\dfrac{\int \frac{idr}{3x} \times \overline{u + x - a}^3 + \int \frac{idr}{3x} \times \overline{a + y - x}^3 + \overline{f - x} \times \int \frac{idr}{2x} \times \overline{u + x - a}^2 - \int \frac{idr}{2x} \times \overline{a + y - x}^2}{P};$

& il ne nous reste plus pour avoir $G 1 M = h$ qu'à faire cette analogie: $E 1 E 2 = i$ est à $H E 2 = x$.

comme la distance $G_1 G_2$ que nous venons de trouver est à $G_1 M$. Il vient $G_1 M\ (=h)=$

$$\frac{\int\frac{dr}{3}\times\overline{u+x-a}^3+\int\frac{dr}{3}\times\overline{a+y-x}^3+\overline{f-x}\times\int\frac{1}{2}dr\times\overline{u+x-a}^2-\int\frac{1}{2}dr\times\overline{a+y-x}^2}{P}$$

équation qui nous marque absolument la relation de h à x, puisque nous sommes censés connoître la nature du plan de flottaison & avoir les valeurs de u & de y en r.

Cette valeur de h se réduit aisément à une expression beaucoup plus simple par l'affirmation & la négation des mêmes quantités, lorsqu'on éleve chaque terme à la puissance indiquée par son exposant. On aura $h=$

$$\frac{\frac{1}{3}\int dr(u^3+y^3)+\overline{\frac{1}{2}f+\frac{1}{2}x-a}\int dr(u^2-y^2)}{P}+\frac{\overline{a-x}\times\overline{a-f}\int dr(u+y)}{P};$$

expression de h dont le second terme s'évanouit, parce que les deux intégrales $\int dr\times u^2$ & $\int dr\times y^2$ sont égales entr'elles, l'une & l'autre étant proportionnelle aux onglets $d_1 F d_2$ & $e_1 F e_2$ qui seroient separés par le centre de gravité F du plan de flottaison. De plus l'intégrale $\int dr(u+y)$ exprime la surface connue S de ce

même plan. Ainsi nous aurons $\dfrac{\frac{1}{3}\int dr(u^3+y^3)+\overline{a-x}\times\overline{a-f}\times S}{P}$

pour la hauteur du métacentre au dessus du centre de gravité de la carene ; & si le centre de gravité de ce corps considéré comme hétérogene est au dessous de l'autre centre de la quantité k qu'il est toujours possible

de connoître, nous aurons $h=\dfrac{\frac{1}{3}\int dr(u^3+y^3)+\overline{a-x}\times\overline{a-f}\times S+kP}{P}$

pour la hauteur du métacentre au dessus du centre de gravité actuel du corps flottant.

Si la ligne LL (*fig.* 72) coupe la surface en deux parties parfaitement égales, les u & les y seront égales, & notre valeur de h deviendra encore un peu plus sim-

ple. On aura $h=\dfrac{2\int y^3 dr}{3P}+\dfrac{\overline{a-f}\times\overline{a-x}\times S}{P}+k$ qui se

réduit à $h=\dfrac{2\int y^3 dr}{3P}+k$ lorsque la coupe de flottaison

étant parfaitement symmétrique, le centre de gravité

Figure 71.

Figure 72.

du corps flottant se trouve exactement au dessous du point F. C'est ce qui s'accorde avec les résultats que donne la méthode expliquée dans le Chap. IV.

Mais maintenant que nous connoissons la relation qu'il y a entre h & x, & que nous voyons même que l'équation qui l'exprime généralement est toujours simple, quelle que soit la figure du plan de flottaison, nous n'aurons plus qu'à combiner cette équation avec celle $\dfrac{aS-Sx}{h} = \dfrac{P^2 f - P^2 x}{\int E^2 dm}$, à laquelle nous nous sommes arrêtés à la fin du Chapitre précédent. Nous ne cherchons ici que les deux inconnues h & x; & nous avons deux équations qui en marquent la relation; nous n'avons besoin de rien de plus. Il ne nous viendra qu'une équation du second degré à résoudre pour avoir en termes absolument connus la valeur de x ou la distance de l'extrêmité E au point H dans lequel les plans de flottaison se coupent pendant les oscillations du solide. Cette équation est

Figure 70. & 71.

$$x^2 \left. \begin{array}{l} +\dfrac{\int E^2 dm}{a-f\times P} \\[2mm] -\dfrac{\int dr(u^3+y^3)}{3a-3f\times S} \\[2mm] -a-f \\[2mm] -\dfrac{kP}{a-f\times S} \end{array} \right\} x = \begin{array}{l} +\dfrac{a\int E^2 dm}{a-f\times P} \\[2mm] -\dfrac{f\int dr(u^3+y^3)}{3a-3f\times S} \\[2mm] -af \\[2mm] -\dfrac{kPf}{a-f\times S}. \end{array}$$

Si on en tire les deux valeurs de EH ou de x, l'une qui doit être plus grande que EF & l'autre plus petite que EI ou négative, nous n'aurons qu'à en rétrogradant, les introduire dans l'équation $h = \dfrac{\frac{1}{3}\int dr(u^3+y^3) + \overline{a-f}\times\overline{a-x}\times S + kP}{P}$ pour avoir la hauteur du métacentre M au dessus du centre de gravité du corps flottant; & cette hauteur étant trouvée, rien ne nous empêchera de faire usage de la petite ormule $z = \frac{\int E^2\, dm}{h P}$ qui marque la longueur du pendule ynchrone.

Quoique le corps flottant ait une forme irréguliere, son centre de gravité G peut se trouver quelquefois exactement dans la même verticale que le centre de gravité F de sa coupe faite à fleur d'eau. Alors $E I = f$ seroit égale à $E F = a$, on auroit $a - f = 0$; & les termes de notre équation générale du second degré, qui sont divisés par $a - f$, devenant infinis par rapport aux autres, le tout se réduiroit à $\left(+ \frac{\int E^2\, dm}{P} - \frac{\int d r (u^3 + y^3)}{3 S} - \frac{k P}{S} \right) x = \frac{- \int \int d r (u^3 + y^3)}{3 S} + \frac{a \int E^2\, dm}{P} - \frac{k f P}{S}$. Mettant ensuite a à la place de f dans le second membre & dégageant x, on trouveroit $x = a$; ce qui nous apprend que l'irrégularité du solide n'empêche pas que ses plans de flottaison ne se coupent dans leur centre de gravité F pendant les balancements, pourvu que le centre de gravité du corps soit exactement dans la même verticale que le point F.

CHAPITRE XIV.

Applications de la méthode précédente à quelques corps particuliers lorsqu'ils se balancent selon leur longueur.

J'AI eu la curiosité de faire entiérement pour quelques figures très-irrégulieres, les calculs dont nous venons de parler; & afin de ne pas manquer de terme de comparaison, j'ai considéré d'abord un corps flottant homogene formé en parallélipipede rectangle. Si nous nommons $2 a$ sa longueur, b sa largeur & c sa profondeur, nous aurons $2\,abc$ pour fa folidité ou fa pefanteur P, la furface S fera $2\,ab$, la hauteur h du métacentre au deſſus du centre de gravité de la carene dans lequel nous fuppofons que fe trouve le centre de gravité actuel du folide, fera $\frac{a^2}{3c}$. L'intégrale $\int E^2 \times dm$ fera $\frac{2}{3}a^3\,bc + \frac{1}{6}abc^3$, & la longueur du pendule fynchrone $z = \frac{\int E^2 \times dm}{hP}$ fera $\frac{c^3}{4a^2} + c$.

Pour fixer encore davantage nos idées, nous fuppoferons que le parallélipipede rectangle dont il s'agit, a 80 pieds de longueur & 10 de profondeur; le métacentre fe trouvera élevé de $53\frac{1}{3}$ pieds au deſſus du centre de gravité du folide, & le pendule fynchrone aura $10\frac{1}{32}$ pieds de longueur. Nous avons déja eu occafion de remarquer que le pendule fynchrone pour les corps flottants fort longs qui fe balancent d'une extrêmité vers l'autre, étoit toujours très-court.

Ce pendule deviendroit à la fin égal à la profondeur de la carene fi on allongeoit de plus en plus le parallélipipede rectangle; c'eſt-à-dire, qu'il ne feroit que de 10 pieds. Chaque balancement fera donc toujours très-vif; il fe fera en moins de 2 fecondes, malgré les grands efpaces que parcourront quelquefois les deux extrêmités du corps en montant & en defcendant. Mais ces mouvements deviendront encore bien plus rudes, fi on diminue la folidité des deux extrêmités du corps par deſſous, ou fi, pour parler en termes de Marine, on leur donne de grandes *façons*. En effet la folidité ou la maſſe qu'on retranchera, fera celle en partie qui prenoit le plus de mouvement dans les ofcillations, & qui en réfiſtant le plus par fon inertie, étoit la plus propre à modérer la vîteſſe des balancements. C'eſt par cette raifon que le tangage, quoique très-vif dans le parallélipipede rectangle, l'eſt pourtant beaucoup moins que dans l'ellipfoïde, dont les principales dimenfions font les mêmes. Voyez l'Article II. du Chapitre VIII.

Si le deſſous de la carene eſt terminé par deux plans
inclinés qui forment un angle obtus en ſe rencontrant
en bas vers le milieu de la longueur, & que continuant
à nommer $2a$ la baſe de ce triangle iſoſcéle renverſé
ou la longueur du bâtiment, nous déſignions toujours
ſa profondeur ou hauteur par c, le corps flottant aura
deux fois moins de ſolidité ou de maſſe qu'auparavant;
ainſi le métacentre ſera deux fois plus élevé, nous
aurons $\frac{2a^2}{3c}$ pour ſa hauteur. L'intégrale $\int E^2 \times dm$,
en ſuppoſant que le mouvement ſe fît ſur la pointe de
l'angle qui eſt en bas, ſeroit $\frac{1}{6}a^3bc + \frac{9}{18}abc^3$; mais
le mouvement ſe faiſant autour du centre de gravité,
l'intégrale $\int E^2 \times dm$ eſt moindre, & il faut, pour en avoir
la vraie valeur, retrancher le produit de la ſolidité abc
du corps par le quarré $\frac{4}{9}c^2$ de la diſtance du ſommet
du triangle à ſon centre de gravité. Nous aurons donc
$\frac{1}{6}a^3bc + \frac{1}{18}abc^3$ pour la valeur de $\int E^2 \times dm$, & nous
trouverons enſuite $\frac{c^3}{12a^2} + \frac{1}{4}c$ pour celle z du pendule
ſynchrone. Suppoſé que le corps ait 80 pieds de lon-
gueur & 10 de profondeur, ce pendule ſera de $2\frac{53}{96}$ pieds
ou preſque de 2 pieds 7 pouces. Ainſi les balancements d'un pareil bâtiment ſe feroient en moins d'une
ſeconde, & leur rapidité ſeroit extrême; ce qui viendroit, comme nous l'avons dit, des diminutions faites
aux deux extrêmités du ſolide par deſſous, puiſque le
pendule ſynchrone pour le parallélipipede rectangle
eſt preſque quatre fois plus long.

Si nous voulons maintenant prendre quelque notion
du changement qu'apporte à la vîteſſe des oſcillations
l'irrégularité du corps, nous n'avons qu'à lui laiſſer
toujours la figure triangulaire, mais en faire un triangle
rectangle en E (*fig.* 70); & il faudra enſuite avoir recours à notre ſolution générale. Nommant toujours
$2a$ la longueur DE, b la largeur du ſolide & c ſa
profondeur ou la longueur du côté vertical du triangle

Figure 70.

on aura $\frac{1}{3} a^3 b c + \frac{1}{2} a b c^3$ pour la valeur de $\int E^2 \times d m$, en supposant que le mouvement se fasse sur l'angle ou sur l'arrête d'en bas de la carene ; mais il faut en retrancher le produit $\frac{4}{9} a^3 b c + \frac{4}{9} a b c^3$ pour avoir la vraie valeur, celle qu'a l'intégrale, lorsque le mouvement se fait autour du centre de gravité ; c'est-à-dire, qu'on aura $\int E^2 \times d m = \frac{2}{9} a^3 b c + \frac{1}{18} a b c^3$. Enfin si on cherche x en résolvant l'équation du second degré à laquelle nous sommes parvenus à la fin du Chapitre précédent, on aura $x = a - \frac{c}{12 a} \pm \sqrt{\frac{1}{3} a^2 + \frac{c^4}{144 a^2}}$, & si on introduit cette valeur dans l'expression générale de la hauteur $h = \dfrac{\frac{1}{2} \int d r\, (u^3 + y^3) + \overline{a - f} \times \overline{a - x} \times S + k P}{P}$; en faisant les autres substitutions, on aura $h = \frac{2 a^2}{3 c} + \frac{1}{18} c \mp \frac{2 a}{3 c} \sqrt{\frac{1}{3} a^2 + \frac{c^4}{144 a^2}}$; & enfin $z = \left(\dfrac{\int E^2 \times d m}{h P} \right) = \dfrac{4 a^2 c + c^3}{12 a^2 + c^2 \mp 12 a \sqrt{\frac{1}{3} a^2 + \frac{c^4}{144 a^2}}}$.

Ces formules étant appliquées au bâtiment dont la longueur est de 80 pieds & la profondeur de 10, on trouveroit que les deux valeurs de x font d'environ $16 \frac{7}{10}$ pieds & de $62 \frac{9}{10}$ pieds. Ainsi ce bâtiment est sujet à se balancer sur deux divers points qui font à deux différentes distances du milieu de sa longueur. Un de ces points est éloigné du milieu d'environ $23 \frac{3}{10}$ pieds, vers l'extrêmité la plus grosse ; & l'autre qui est vers l'autre extrêmité est à $22 \frac{9}{10}$ pieds du milieu. Le bâtiment adoptera dans ses oscillations l'un ou l'autre de ces points selon la maniere dont sa situation naturelle aura été altérée par la cause extérieure du dérangement. Le métacentre aura aussi deux différentes hauteurs selon que le corps se balancera sur le point le plus voisin de sa grosse extrêmité ou sur l'autre. Dans le premier cas, le métacentre sera élevé d'environ $168 \frac{4}{5}$ pieds,

$68\frac{4}{5}$ pieds , & dans l'autre , il ne fera élevé que d'environ $45\frac{64}{100}$ pieds. Enfin le pendule fynchrone fera pour le premier cas d'environ $2\frac{14}{100}$ pieds & les balancements feront donc extrêmement vifs. Ce ne fera pas tout-à-fait la même chofe, fi les plans de flottaifon fe coupent dans l'autre point ou vers l'extrêmité la moins groffe : le pendule fynchrone aura alors $7\frac{9}{10}$ pieds de longueur.

Non-feulement les ofcillations deviennent très-promptes lorfqu'on diminue la folidité du corps flottant en-deffous par fes deux extrêmités, ces ofcillations acquierent prefque toujours outre cela plus d'étendue ; ce qui en augmente encore la vîteffe. Les vagues ou les ondes qui frappent l'extrêmité du corps, s'engagent en-deffous & pouffent en haut avec une plus grande partie de leur force ; ce qui fait que la première ofcillation eft plus grande, & que les autres s'enfuivent. Nous devons encore ajoûter que lorfque l'extrêmité du corps après s'être élevée, retombe avec violence pour reprendre un niveau dans lequel elle ne refte pas, l'eau ne forme pas fi-tôt un obftacle à fon mouvement, & cette extrêmité doit donc fe plonger davantage. Le cas eft tout différent, fi on diminue les extrêmités du corps flottant par les côtés, ou fi on fe contente fimplement de les retrécir, en leur laiffant les mêmes largeurs par en bas que par en haut. On diminue, il eft vrai, le numérateur de la fraction $\frac{\int E^2\,dm}{hP}$ qui exprime la longueur z du pendule fynchrone, mais on diminue auffi fenfiblement le dénominateur hP dans le même rapport ; ainfi le pendule fynchrone refte à peu près de même longueur, & outre cela les balancements ne font pas fi grands.

Enfin il ne paroît pas que l'inégalité entre les deux extrêmités du folide apporte de différence confidérable à la vivacité des ofcillations, pourvu néanmoins,

M m

nous le répétons, que l'inégalité ne vienne pas de ce qu'une des extrêmités a souffert des diminutions par deſſous. Il ſuffit toujours pour que les oſcillations ſoient ſenſiblement de même durée que les deux extrêmités du ſolide ſoient également profondes, ou que chacune ſoit également large par en bas que par en haut, & il n'importe pas que l'une ſoit plus étroite que l'autre. On ne peut guere imaginer de figure plus irréguliere, quant à l'égalité entre les deux extrêmités, qu'un corps dont toutes les tranches horiſontales ſeroient des triangles iſoſcelles égaux. L'angle du ſommet de ces triangles qui ſera très-aigu, ſi l'on veut, tiendra lieu de proue; le côté oppoſé ſera la poupe, & la carene entiere ſera un corps priſmatique triangulaire terminé par trois plans verticaux. Si nous nommons a la longueur de ce corps triangulaire ou la longueur de ſa quille, b ſa plus grande largeur ou celle de ſa poupe, & c ſa profondeur qui ſera donc égale par tout, on aura $\frac{1}{2}abc$ pour ſa ſolidité ou pour ſa peſanteur P. Son métacentre ſera élevé au deſſus de ſon centre de gtavité de la hauteur $h = \frac{a^2}{18c}$; la valeur de $\int E^2\, dm$ ſera $\frac{1}{16}a^3bc + \frac{1}{24}abc^3$, & la longueur du pendule qui repréſentera par ſes oſcillations celles du corps flottant dans le ſens de ſa longueur ſera $z = c + \frac{3c^3}{2a^2}$. Si ce bâtiment ſingulier eſt long de 80 pieds & a 10 pieds de profondeur, le pendule ſynchrone ſera de 10 pieds preſque 3 pouces; ce qui ne differe pas ſenſiblement de la longueur du pendule ſynchrone que nous avons déja trouvée pour le corps flottant formé en parallélipipede rectangle, qui, avec 80 pieds de longueur, en avoit 10 de profondeur.

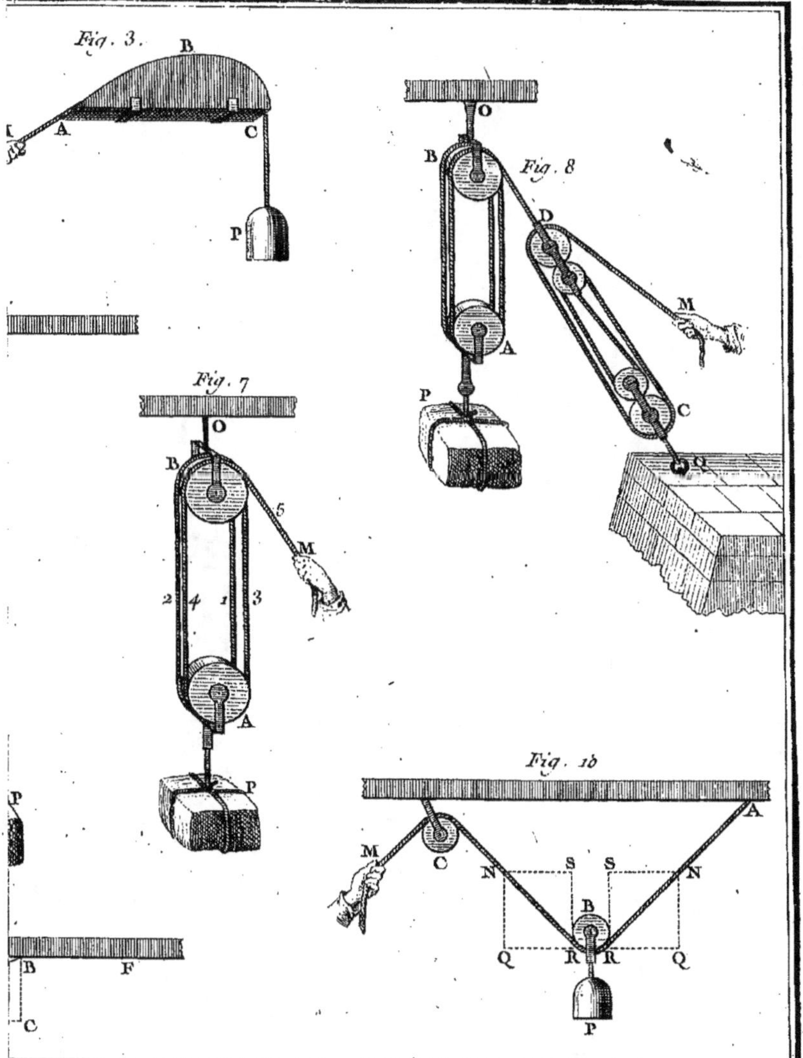
Fig. 3.
B
A
C
P
Fig. 8.
O
B
D
M
A
P
C
Q
Fig. 7.
O
B
N
M
5
2 4 1 3
A
P
P
B F
C
Fig. 10.
A
M
C
N S S N
B
Q R R Q
P

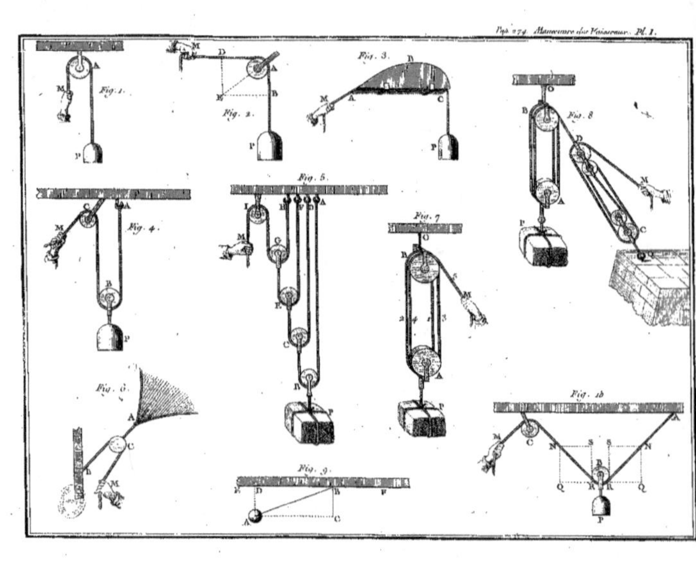

Pag. 274. Manœuvre des Vaisseaux. Pl. 1.
Fig. 1.
Fig. 2.
Fig. 3.
Fig. 4.
Fig. 5.
Fig. 6.
Fig. 7.
Fig. 8.
Fig. 9.
Fig. 10.

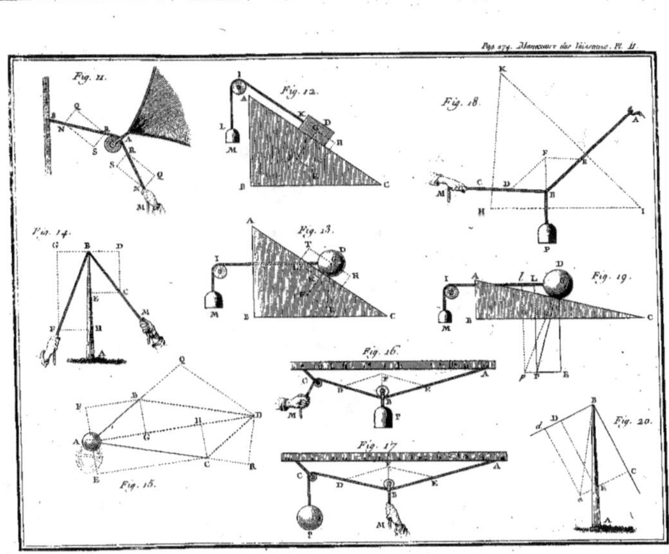

Fig. 11.
Fig. 12.
Fig. 18.
Fig. 14.
Fig. 13.
Fig. 19.
Fig. 16.
Fig. 15.
Fig. 17.
Fig. 20.

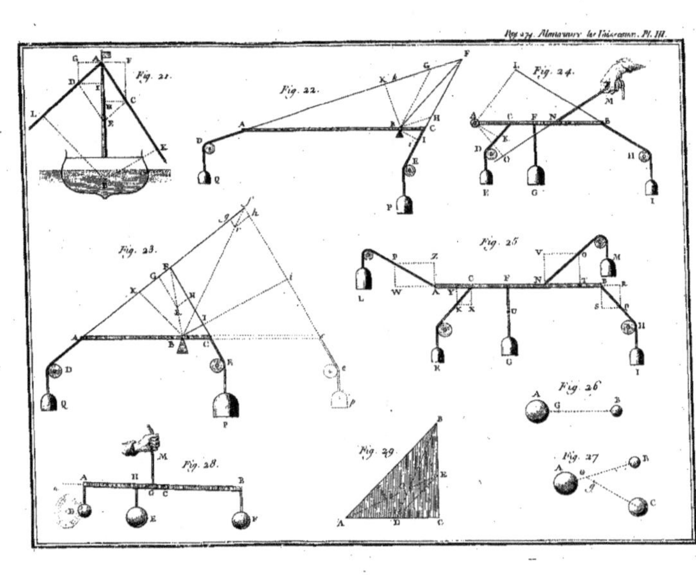
Pag. 274. Almanach de Physique. Pl. III.
Fig. 21.
Fig. 22.
Fig. 24.
Fig. 23.
Fig. 25.
Fig. 26.
Fig. 28.
Fig. 29.
Fig. 27.

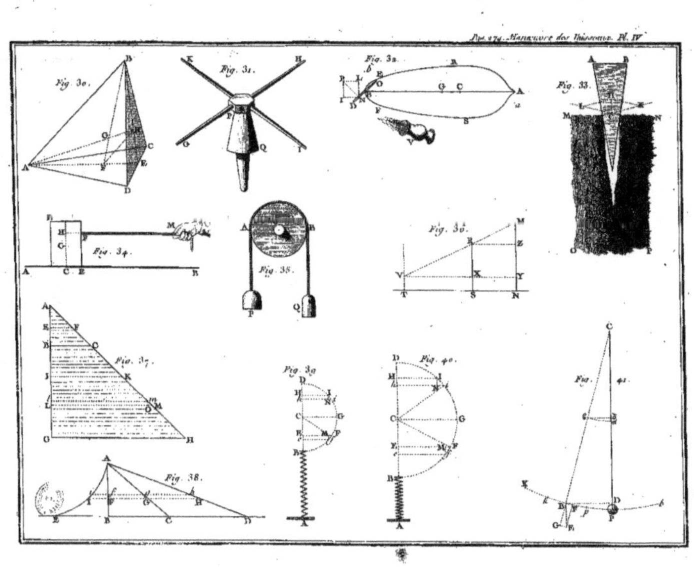
Pag. 274. Manœuvre des Vaisseaux. Pl. IV.
Fig. 30.
Fig. 31.
Fig. 32.
Fig. 33.
Fig. 34.
Fig. 35.
Fig. 36.
Fig. 37.
Fig. 38.
Fig. 39.
Fig. 40.
Fig. 41.

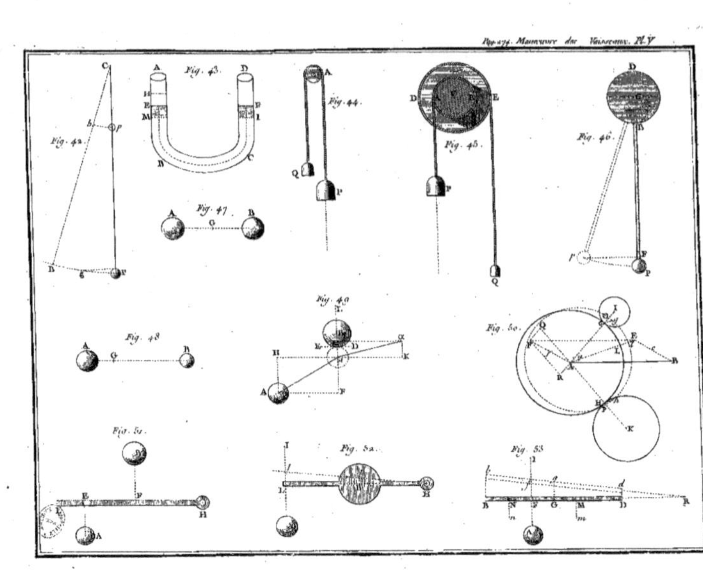

Fig. 42.
Fig. 43.
Fig. 44.
Fig. 45.
Fig. 46.
Fig. 47.
Fig. 48.
Fig. 49.
Fig. 50.
Fig. 51.
Fig. 52.
Fig. 53.

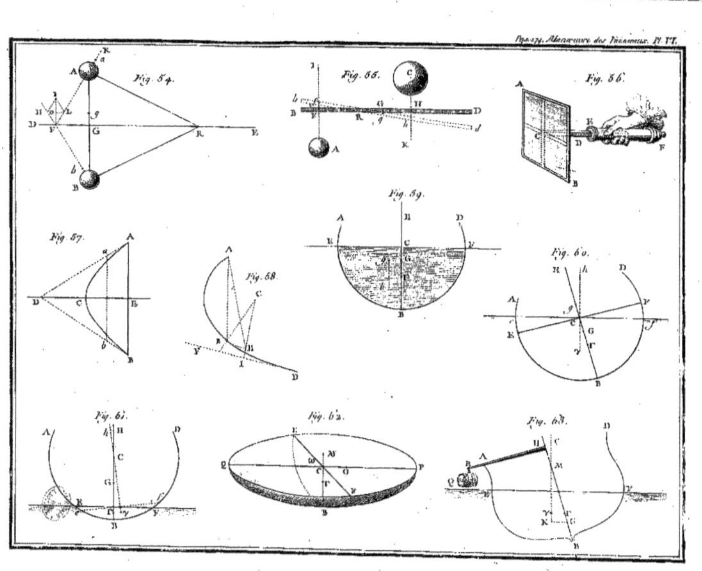

Fig. 54.
Fig. 55.
Fig. 56.
Fig. 57.
Fig. 58.
Fig. 59.
Fig. 60.
Fig. 61.
Fig. 62.
Fig. 63.

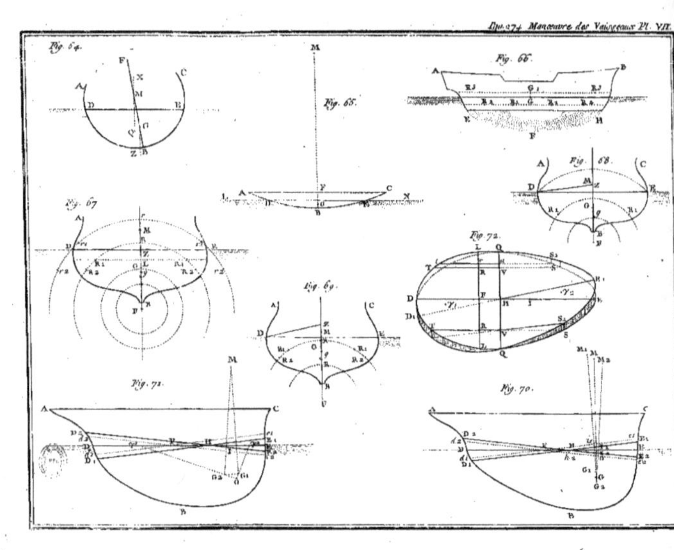

Fig. 64.
Fig. 65.
Fig. 66.
Fig. 67.
Fig. 68.
Fig. 69.
Fig. 70.
Fig. 71.
Fig. 72.

LIVRE SECOND.

*Des mouvements d'évolution ou de rotation
du Navire.*

PREMIERE SECTION.

Faire tourner le Navire en toutes fortes de
fens par le moyen de fon Gouvernail
& de fes Voiles.

Nous nous occuperons dans ce Livre des moyens
de donner au Vaiffeau les mouvements d'évolution ou
de tournoyement néceffaires, lorfqu'on veut changer de
route ou qu'on a quelques autres raifons de faire prendre
au Navire une autre direction. On fe fert pour cela par
préférence du gouvernail, à caufe de la promptitude avec
laquelle il agit. C'eft pourquoi nous commencerons nos
explications par l'ufage de cet inftrument, dont nous avons
déja décrit la fituation dans le Chap. VII. de la premiere
Section de l'autre livre. On éprouvera continuellement
dans la fuite l'utilité des regles de Méchanique & de
Dynamique, que nous avons données : elles nous dirigeront dans toutes les recherches que nous entreprendrons.

Mm ij

CHAPITRE PREMIER.

De l'usage du Gouvernail pour faire tourner le Navire.

LE Navigateur est toujours censé regarder vers la proue pendant qu'il est situé lui-même vers la poupe, & c'est par rapport à cette situation qu'on désigne le sens des différents mouvements, particuliérement de ceux d'é-volution. Ainsi faire tourner un Vaisseau vers un certain côté, c'est présenter ou faire avancer la proue ou l'avant du Navire vers ce même côté. Il faut se ressouvenir aussi qu'on nomme *stribord* en termes de Marine le côté droit, & *bas-bord* le côté gauche. Ces deux expressions sont généralement adoptées, & nous ne pouvons mieux faire que de nous en servir. Au lieu de dire que le Navire tourne vers la droite ou vers la gauche, on dit donc qu'il tourne vers *stribord* ou vers *bas-bord.* Lorsqu'on employe pour cela le gouvernail, il faut, par le moyen de cet instrument, faire tourner la poupe vers le côté opposé ; ce qui ne manque pas de produire le mouvement de tournoyement ou de rotation qu'on vouloit imprimer.

Figure 73.   Supposons que AB (*fig.* 73.) soit la quille du Vaisseau ou cette longue piece de bois qui est au dessous de la carene, & que BD soit la largeur du gouvernail. Si le Navire se meut avec vîtesse dans la direction de la quille en allant de B vers A, l'eau rencontrera le gouvernail comme si elle avoit un mouvement contraire, ou si elle alloit de A vers B selon des directions paralleles à la quille. Mais on sçait qu'elle ne poussera pas le gouvernail selon les mêmes lignes : un fluide ou tout autre corps qui frappe obliquement une surface ne la pousse, comme nous l'avons vu, que par la partie de son mouvement qui s'exerce selon la perpendiculaire.

Ainsi le gouvernail sera poussé selon NP avec une force   Figure 73.
qui dépendra de la vîtesse du sillage , & qui sera comme
cette vîtesse multipliée par elle-même. Si le Navire va
deux ou trois fois plus vîte , l'impulsion sera quatre fois
ou neuf fois plus forte. Nous parlons de l'impulsion absolue qui est néanmoins toujours très-foible , si on la compare à toute la pesanteur du Vaisseau. Mais cette force
agit avec un très-grand bras de levier ; si on prolonge sa
direction NP, elle passera en R à une très-grande distance du centre de gravité G. Ainsi le moment de l'impulsion de l'eau sur le gouvernail est très-fort, & il n'est
pas étonnant qu'il communique un mouvement considérable de rotation au Navire. Cet effort jettera l'extrêmité
B de la poupe vers le point b , la proue passera en même
temps de A en a, & l'angle de rotation ou de *conversion*
sera BCb ou ACa.

Il est évident que , toutes choses étant d'ailleurs égales,
le gouvernail doit avoir une certaine situation pour produire le plus grand effet possible. Si on l'écartoit davantage du prolongement de la quille , ou si on fermoit un
peu l'angle obtus DBA , il est certain que le gouvernail
seroit ensuite frappé par l'eau avec plus de force , puisqu'il
recevroit le choc de l'eau plus perpendiculairement. Mais
dans ce cas, la direction NP de l'impulsion ou de l'effort passeroit ensuite à une moindre distance du centre de
gravité G, l'effort seroit appliqué à un bras de levier moins
long GR, & il pourroit arriver que le moment de l'impulsion ou la force relative qu'a le choc de l'eau pour faire
tourner le Navire , reçût plus de diminution par l'accour-
cissement du bras de levier , que d'augmentation par le plus
grand choc de l'eau.

Si d'un autre côté on augmentoit trop la distance GR
de la direction du choc de l'eau au centre de gravité du
Navire, ou si on vouloit que cette force fût située encore
plus avantageusement pour faire tourner le Navire , on y
réussiroit en ouvrant davantage l'angle obtus DBA.
Alors la distance GR deviendroit plus grande ; mais le

Figure 73.

gouvernail frappé trop obliquement, & ne préfentant que peu fa largeur au choc de l'eau, ne recevroit que peu d'impulfion abfolue, ce qui diminueroit également l'effet. On gagneroit, il eft vrai, par la plus grande longueur du bras de levier; mais on perdroit davantage d'un autre côté par la diminution du choc même.

Il eft bon de remarquer qu'on n'eft pas aftreint à confidérer l'action du gouvernail de la maniere que nous venons de le faire. Au lieu d'avoir égard à la direction RNP felon laquelle elle s'exerce, nous pouvons décompofer cette force, examiner la direction de chaque effort particulier, & voir de quelle action il eft capable. Le gouvernail recevant une impulfion qui s'exerce felon la perpendiculaire NP, il eft pouffé, non-feulement dans le fens de la longueur du Navire, mais auffi dans le fens latéral perpendiculaire à la quille. Suppofé que NP repréfente toujours la grandeur de l'impulfion abfolue, & qu'on forme autour de NP prife pour diagonale, le rectangle IL dont les côtés foient paralleles & perpendiculaires à la quille, nous aurons dans NI la partie de la force qui agit dans le fens contraire à la route, ou qui pouffe en arriere. Il eft facile de voir que cette partie ne contribue que très-peu à faire tourner le Navire; car fi on prolonge IN, pour avoir la diftance de fa direction au centre de gravité G, on reconnoîtra que le bras de levier GV auquel la force eft comme appliquée eft à peu-près égal à la moitié de la largeur du gouvernail, & eft toujours un peu moindre. Ainfi la force NI eft fituée trop peu avantageufement pour produire un mouvement de rotation fenfible; fon moment eft trop foible.

Mais ce ne fera pas la même chofe de l'autre force relative NL qui agit dans le fens perpendiculaire à la longueur du Navire. Si la premiere partie NI eft comme inutile, la feconde NL doit être capable d'un grand effet, parce qu'elle eft appliquée à une grande diftance du centre de gravité G, ou qu'elle agit avec un bras de levier très-long qui eft GQ. Cette longueur du levier fupplée au

peu de force de l'impulsion relative NL. Au reste cette Figure 73.
maniere de considérer l'action du gouvernail doit revenir
parfaitement à la premiere dans laquelle on examine l'impulsion absolue NP de l'eau sans la décomposer.

Tous les Auteurs qui ont traité ce sujet, ont négligé
l'effort partial NI, de même que le petit changement que
souffre le bras de levier GQ auquel l'effort latéral NL
est appliqué; & ils ont trouvé que le gouvernail devoit
faire, avec le prolongement de la quille, un angle d'environ
$54^{\mathrm{d}}. 44^{\mathrm{m}}$. ou que l'angle obtus DBA devoit être d'environ
$125^{\mathrm{d}}. 16^{\mathrm{m}}$. Lorsqu'on fait attention à tout, on trouve
encore à très-peu près la même chose; de sorte que les
omissions dans lesquelles on étoit tombé, n'empêchent
pas que la détermination précédente n'ait à cet égard
l'exactitude nécessaire pour la pratique.

Que l'angle le plus avantageux du Gouvernail & de la Quille n'est pas de $54^{\mathrm{d}}.44^{\mathrm{m}}$. & qu'il est sensiblement moindre.

Mais une autre considération est peut-être plus importante, & nous donne lieu de croire que l'angle du gouvernail & du prolongement de la quille, doit être sensiblement diminué. L'eau, pendant le mouvement du sillage,
doit venir frapper le bas du gouvernail avec la direction
qu'elle a prise en bas, en glissant contre la quille. Mais
le Navire ayant en haut de grandes largeurs, l'eau ne doit
pas y avoir la même direction qu'en bas, elle doit s'as-
sujetir à suivre le contour de la carene; & si sa direction
avoit une obliquité de 30 degrés par rapport à la quille,
il faudroit, comme nous le ferons voir dans la suite, réduire à 38 ou 39 degrés l'angle du gouvernail & du prolongement de la quille. Il est vrai que chaque point inférieur demanderoit une autre situation de la part du gouvernail, parce que la direction du fluide y seroit différente. Mais, en prenant une espece de milieu, il faudroit
toujours diminuer au moins de 7 à 8 degrés l'angle qu'on

 avoit regardé comme le plus avantageux , ou augmenter de la même quantité l'angle obtus DBA.

Il eſt très-digne de remarque qu'une difficulté que les Marins ont trouvée dans l'exécution , les ait empêchés de ſe conformer à la détermination dont il s'agit , & leur ait fait éviter une faute , mais en tombant un peu dans un inconvénient contraire. On fait tourner le gouvernail par le moyen de la barre ou du timon , qui eſt attaché au haut & qui s'introduit dans le Navire par la poupe. Mais comme on a voulu que les Matelots ſoutinſſent avec moins de peine l'effort que fait l'eau ſur cet inſtrument , on a donné beaucoup de longueur à la barre , & ſi on ne la rendoit pas réellement trop longue , il en réſulteroit un deſavantage conſidérable auquel on ne penſoit pas. Le timon ou la barre a moins de jeu , parce que ſon extrêmité ſe trouve arrêtée par l'un ou l'autre flanc du Navire , & on ne donne guere jamais au gouvernail qu'une obliquité de 30 degrés par rapport à la quille.

Il eſt très-facile de s'aſſurer que cet angle eſt trop petit ; mais qu'il ne faudroit pas non plus l'augmenter juſqu'à 54ᵈ. 44ᵐ. Si on diminuoit la longueur de la barre ſeulement d'une cinquieme ou ſixieme partie , il faudroit enſuite , il eſt vrai , employer plus de force pour faire tourner le gouvernail , puiſqu'on agiroit avec un levier moins long. Mais dans les occaſions critiques , en portant la barre juſqu'à toucher le bord du Navire , on rendroit l'angle du gouvernail avec le prolongement de la quille d'environ 45 degrés , & la force de cet inſtrument , pour faire tourner le Vaiſſeau , augmenteroit à peu-près dans le rapport de 216 à 353 ou de 3 à 5 ; ce qui ſeroit quelquefois de la plus grande importance , principalement pour les grands Vaiſſeaux , dont tous les mouvements ſe font avec lenteur.

La figure 73 marque la ſituation que doit avoir le gouvernail pour faire tourner le Vaiſſeau vers la droite ou vers ſtribord. On a pouſſé comme dans la figure 32 la barre vers la gauche ou vers bas-bord ; le gouvernail s'eſt

tourné

tourné du côté oppofé; l'eau par fon choc a pouffé en même Figure 73.
temps la poupe vers la gauche ou vers bas-bord, & le
Navire tournant fur le point C, qui eft un peu en avant
du centre de gravité G, la proue a avancé vers la droite
comme on le fouhaitoit. Si on vouloit au contraire que
le Navire tournât vers la gauche, ou prît une fituation oppofée à celle que repréfente la figure, il n'y auroit qu'à
mouvoir la barre dans un autre fens. En un mot, pour
faire tourner la proue du Navire vers un côté, il faut
toujours pouffer le gouvernail vers le même côté ou porter
la barre vers l'autre.

On doit cependant faire attention que ce feroit tout le
contraire fi le Navire reculoit, comme cela arrive quelquefois. Le gouvernail n'agit en aucune maniere lorfque
le Vaiffeau & la mer font dans un parfait repos. Quelquefois un courant tranfporte un Navire qui n'a aucun autre
mouvement. Alors le gouvernail ceffe encore d'être frappé;
& il eft donc également incapable d'action dans ce cas.
Car il eft trop pefant, & il n'a pas affez de largeur pour
qu'on puiffe en attendre le même effet que d'une rame
qui par fon agitation particuliere dans la mer, reçoit un
choc confidérable. Plus le Navire a de mouvement par
rapport à la mer, plus l'action du gouvernail eft grande.
Mais fi le Navire recule, & s'il a un mouvement réel par
rapport à l'eau, le gouvernail fera frappé par fa face oppofée. Au lieu d'être pouffé de N vers P comme dans
la figure 73, il fera pouffé de N vers R; & la poupe étant
tranfportée dans le même fens, la proue fe détournera
dans un fens contraire, & vers le côté où on aura mis la barre.

De la partie de l'effort du Gouvernail
qui nuit au fillage.

IL nous refte une remarque à faire fur l'ufage ordinaire
du gouvernail: c'eft qu'une partie de l'effort que fait cet
inftrument eft nuifible au fillage, & peut caufer une diminution fenfible dans la vîteffe de la navigation. Lorfque

N n

Figure 73.

le gouvernail fait un angle de 45 degrés avec le prolongement de la quille, il ne reçoit que la moitié de l'impulsion qu'il recevroit s'il étoit frappé perpendiculairement. D'où il suit que sa surface se réduit à une étendue deux fois moindre. Mais il se fait encore une autre réduction ; puisque tout l'effort NP n'est pas contraire au sillage, & qu'il n'y a que la partie NI qui y soit opposée, & qui est plus petite que NP dans le même rapport que le sinus de 45 degrés est plus petit que le sinus total. Tout consideré, si la surface du gouvernail est d'environ 80 pieds quarrés comme dans les plus grands Vaisseaux, elle se réduira d'abord à 40 pieds & ensuite à 28 ou 29, c'est-à-dire, que le gouvernail sera exposé dans le sens de la quille à un effort NI qui sera équivalent à l'impulsion que recevroit une surface plane de 28 à 29 pieds quarrés exposés perpendiculairement au choc.

Un pareil effort est très-digne d'attention lorsqu'il s'agit du sillage. La forme tranchante de la proue fait que sa surface n'est peut-être pas équivalente dans nos plus grands Vaisseaux en fait d'impulsion, à un plan vertical de 150 pieds quarrés. On voit donc que la difficulté que la proue éprouve à fendre l'eau, peut se trouver augmentée d'une cinquieme ou sixieme partie, par les 28 ou 29 pieds quarrés auxquels se réduit la surface du gouvernail. L'inconvenient seroit encore plus grand si on éloignoit davantage la barre de la direction de la quille, & si on portoit l'angle jusqu'à $54^d\ 44^m$; il suit de-là qu'on ne doit se servir du gouvernail que le moins qu'on peut, quoiqu'on soit obligé dans la Marine d'en faire un usage continuel & non-interrompu.

CHAPITRE II.

Dénombrement des Voiles & des principaux cordages qui servent à les orienter.

ON peut faire tourner le Vaisseau également par le moyen des voiles, & même on y réussit dans les rencontres où le gouvernail est absolument inutile. Si le Navire est en repos, ou s'il est emporté par un courant qui lui communique toute sa vîtesse, le gouvernail, ainsi que nous l'avons déja vu, cesse de servir, au lieu que les voiles peuvent alors agir avec force. C'est dans cette vue qu'on a multiplié les mâts, & qu'on a eu soin d'en mettre vers les deux extrêmités du Navire. Il y en a ordinairement quatre principaux. Le *grand-mât* situé vers le milieu de la longueur du Vaisseau; le mât de *Misaine* placé vers l'extrêmité de la quille en avant; le mât de *Beaupré*, qui, au lieu d'être vertical comme les autres, est incliné sur la proue & sort du Navire. Enfin le mât *d'Artimon*, qui est moins haut & moins gros que les autres, & qui est situé vers la poupe.

Comme la pluralité des mâts & des voiles est extrêmement utile à la navigation, il faut que nous y fassions une expresse attention. La figure 74. nous représente un Vaisseau que nous rapportons à sa flottaison ou à la coupe de sa carene faite à fleur-d'eau : *E F* nous marque sa *Grand-voile* qui répond à peu près au milieu du Vaisseau. La seconde voile qui est également du nombre des inférieures est en *G H* vers la proue; & c'est la *Misaine*, autrement nommée le *Bourcet* par quelques Auteurs. Cette voile & la grande se nomment les deux *Pacfis* ou les deux basses-voiles. Une troisieme inférieure est soutenue en *I K* au dessus de la surface de la mer, & on la nomme *Civadiere*; elle appartient à ce mât incliné sur la proue qu'on nomme

N n ij

 le beaupré. Enfin la quatrieme des voiles inférieures, mais qui ne se trouve pas dans tous les Navires, est appliquée en *L M* vers l'arriere, & on la nomme *l'Artimon.* Elle a presque toujours une forme triangulaire ; & en général les voiles qui ont cette figure se nomment *Latines,* parce-que les Italiens en ont introduit l'usage.

Au dessus de ces quatre voiles inférieures, l'*Artimon LM,* la *Grand-voile E F,* la *Misaine* ou le *Bourcet G H* & la *Civadiere I K,* il y en a d'autres dont il nous importe également de savoir les noms. La grand-voile est sur-montée par deux autres voiles moins grandes, l'une se nomme le *grand hunier* & l'autre le *grand perroquet.* Elles sont soutenues par des mâts élevés au dessus du grand. C'est la même chose à l'égard du second mât qui est situé vers l'avant : il soutient la misaine ; & au dessus se trouvent deux autres voiles, le *petit hunier* & le *petit perroquet.* Au dessus de la civadiere, il y a aussi très-souvent une autre voile ; mais on ne manque jamais d'en mettre une au dessus de l'artimon *L M,* & on la nomme le *perroquet de fougue.*

Toutes ces voiles sont accompagnées d'un grand nom-bre de cordages : les uns servent à soutenir les mâts ou les différentes parties de la mâture ; les autres sont destinées à orienter les voiles, les manier ou leur donner diffé-rentes situations. L'explication de tous ces cordages n'en-tre pas également dans le plan que nous nous sommes pro-posé ; il nous suffit de dire un mot de ceux qui servent à la manœuvre des voiles.

On plie les voiles très-promptement par le moyen des *Cargues* qui sont des cordages sur lesquels il suffit de peser, pour obliger toutes les parties inférieures de la voile à s'é-lever vers la vergue, cette piece de bois qui est en travers du mât & qui soutient la voile par en haut. Ces cordages qu'on nomme cargues sont appliqués au bas de la voile & à ses bords, & ils vont passer en haut sur des poulies qui tiennent à la vergue, pour retomber en bas dans le Vaisseau. Cette disposition rend l'usage des cargues très-

facile. On cargue la voile en l'obligeant de fe plier. Mais   Figure 74.
fi on lâche au contraire les cargues, la pefanteur des parties
inférieures de la voile la fait tomber , la voile fe développe.

Les angles inférieurs des voiles fe nomment leurs *points* ,
& on y applique dans les voiles inférieures deux cordages
qui fervent à tirer chaque angle ou chaque point vers l'a-
vant ou vers l'arriere. Le cordage qui fe rend vers l'arriere
fe nomme *l'écoute* ; & lorfqu'on s'en fert pour tirer réellement un des angles de la voile vers l'arriere , on dit qu'on
la *borde*. Ainfi dans la figure 74 , la grand-voile *E F* &
la mifaine *G H* font bordées du côté de bas-bord ; c'eft-à-
dire, qu'en les difpofant obliquement par rapport à la longueur du Navire, on les a tirées du côté gauche vers l'arriere. Il a fallu pour cela lâcher l'autre cordage qui eft
arrêté au même angle de la voile & qui fe rend vers l'a-
vant du Navire. Ce fecond cordage fe nomme *l'écouet* ou
l'amure. Toutes les fois qu'on tire fur l'un, il faut néceffairement lâcher l'autre ou lui permettre de s'allonger. Du
côté droit du Navire ou du côté de ftribord , on a tiré
les angles inférieurs des voiles vers l'avant ; on s'eft fervi
pour cela de l'écouet ou de l'amure , & cette opération fe
nomme *amurer la voile*.

Ainfi les voiles de notre Navire font amurées du côté
de ftribord ou du côté droit, & elles font bordées du côté
de bas-bord ou du côté gauche. Ce n'eft toujours que tendre les voiles ; mais les Marins ont diftingué l'une de l'autre , ces deux manieres d'étendre les voiles , en les tirant
vers l'avant ou vers l'arriere, & ils ont donné deux différents noms à ces deux opérations, de même qu'aux deux
différents cordages dont ils fe fervent alors. *Border* la voile,
c'eft tirer un de fes angles vers l'arriere du Vaiffeau, & on
fe fert pour cela de l'écoute : *amurer* la voile, c'eft tirer
l'autre angle inférieur vers l'avant.

Il ne fuffit pas, pour orienter une voile, de tirer fur ces
cordages & de porter un de fes angles inférieurs vers l'arriere & l'autre vers l'avant, il faut encore donner dans le

Figure 74.

même temps à la vergue ou à cette piece de bois qui foutient la voile par en haut une fituation convenable. Il part de chaque extrêmité des vergues, des cordages qui vont vers l'arriere du Navire & qui font deftinés à mouvoir les vergues horifontalement. Ces cordages fe nomment *bras* ; & lorfqu'on s'en fert pour tranfporter les extrêmités *E* & *G* des vergues vers l'arriere du Navire, on dit qu'on les *braffe*. Les voiles ou les vergues du Navire de la figure 74, font donc *braffées* du côté de bas-bord ou du côté gauche. C'eft de ce côté du Navire qu'on a, par le moyen des bras, fait mouvoir les vergues en allant vers la poupe.

Nos lecteurs jugent affez qu'on ne donne aux voiles, par rapport à la longueur du Navire, la difpofition oblique que repréfente la figure, qu'afin qu'elles reçoivent le vent qui vient de côté. Le vent eft cenfé venir ici du côté droit ou du côté de ftribord. C'eft pourquoi les voiles font amurées du même côté & bordées de l'autre. Si on étoit affez mal-à-droit pour faire autrement, les voiles ne recevroient pas l'impulfion du vent, ou bien elles feroient frappées par leur furface antérieure, & elles produiroient un effet tout contraire au fillage en faifant tourner le Vaiffeau. Mais pour donner encore plus au vent la facilité d'agir, on fe fert des *boulines*. Ces manœuvres font appliquées à chaque côté des voiles, & on les tire vers la proue du côté expofé au vent ; ce qui empêche les voiles de fe courber ou de s'intercepter elles-mêmes une partie du choc qu'elles doivent recevoir. On n'eft pas continuellement obligé d'avoir recours aux boulines, mais il faut néceffairement s'en fervir lorfqu'on veut dans fa navigation préfenter la proue vers le vent, *pincer* le vent, le *ferrer* ou fingler au *plus près*. On dit auffi alors qu'on va à *la bouline*, parce qu'on ne peut pas fe difpenfer de faire ufage de ces cordages lorfqu'on veut dans une route aller en quelque maniere contre le vent ou en approcher beaucoup la proue.

Pour mieux fixer l'imagination de quelques lecteurs, nous mettrons ici fous leurs yeux la repréfentation d'une baffe voile, lorfqu'elle eft difpofée pour recevoir le vent de côté.

Le mât dans la figure 75 eſt repréſenté par *A B*, la vergue
eſt *CD* qui ſoutient la voile par en haut. Ce ſont les angles *E* & *F* qui ſe nomment les points, à chacun deſquels
ſont appliqués l'écoute & l'écouet. Le point *F* a été porté
vers l'avant du Navire par le moyen de l'écouet ou de l'a-
mure *FI*; la voile eſt amurée en cet endroit, & elle a été
amurée du côté droit ou de ſtribord. Quant à l'autre angle
E, il a été tiré par le moyen de l'écoute *GE* vers l'arriere
du Navire; ainſi la voile eſt bordée du côté gauche ou de
bas-bord. On a braſſé en même temps du côté de bas-
bord : c'eſt-à-dire, qu'on a tiré vers l'arriere l'extrêmité *C*
de la vergue par le moyen du cordage *CK* qui eſt le bras.
Enfin pour empêcher la voile de ſe courber du côté que
vient le vent, ce qui ſeroit cauſe qu'une de ſes parties
ôteroit l'utilité de l'autre en l'empêchant d'être frappée,
la bouline *LMN* ſert à tirer vers l'avant du Navire un
des côtés de la voile. L'autre côté a auſſi ſa bouline,
mais elle ne ſert pas dans cette rencontre. Nous n'avons
pas repréſenté les cargues dans cette figure : il eſt aſſez facile
d'imaginer comment elles ſervent à faire remonter les parties inférieures de la voile promptement en haut vers la
vergue. La voile pliée enſuite & qui n'offre plus ſa ſurface
au vent eſt dite *carguée*.

CHAPITRE III.

De l'équilibre qu'il faut mettre entre les Voiles de la proue & de la poupe pour que le Navire ne tourne pas.

Nous paſſons derechef à la conſidération de la figure
74. Suppoſé que toutes les voiles ſoient diſpoſées ou orientées comme elles ſont repréſentées ici, le Navire marche
néceſſairement de côté en avançant plus vers la gauche que
vers la droite à cauſe de la maniere dont il eſt pouſſé par

le vent. L'un des côtés de la carene étant plus exposé au choc de l'eau, la réfiftance que fait le fluide s'exerce felon une direction *O P*. Le Navire va frapper l'eau; c'eft précifément la même chofe que fi l'eau venoit le frapper; & elle le frapperoit obliquement, puifque le mouvement du fillage ne fe fait pas exactement felon la quille. Mais pendant que le Navire eft repouffé par l'eau felon *O P*, il faut que les voiles de la proue & de la poupe fe contrebalancent réciproquement & foient dans un parfait équilibre de part & d'autre de la direction *O P*. Si cet équilibre ne fubfiftoit pas, ou fi les voiles de la proue étoient relativement plus fortes ou plus foibles que celles de la poupe, le Navire tourneroit & ne fuivroit pas conftamment la même route.

Notre Vaiffeau marche felon la route *CR*, quoiqu'il foit pouffé par le vent felon une direction exactement contraire à *O P*. En marchant fur *CR* il n'eft pas repouffé par l'eau felon cette ligne. Nous avons vu ci-devant qu'il falloit mettre une grande diftinction entre la direction d'un fluide & la ligne felon laquelle la furface qu'il frappe eft pouffée. Les marins nomment angle de *la dérive* l'angle *ACR* que fait la quille ou axe de la carene avec la route *CR* que fuit le Navire qui fe meut obliquement. Le mouvement fe faifant felon *CR*, la proue eft repouffée par l'eau felon *O P*. Cette derniere ligne ou direction réfulte de toutes les perpendiculaires felon lefquelles chaque partie de la proue eft pouffée. Mais cela fuppofé, il faut que les voiles foient en équilibre de part & d'autre de *O P*, ou pour mieux dire, il faut que l'effort total des voiles foit exactement égal à l'effort abfolu de l'eau fur la proue felon *O P*, & que ces deux forces agiffent précifément fur la même ligne, mais en fens contraire. En effet, fi ces forces contraires n'étoient pas exactement égales, le Navire perdroit l'uniformité de fon mouvement; il recevroit quelques nouveaux degrés de mouvement, ou il en perdroit, par l'action de l'une ou de l'autre de ces deux forces.

Il n'importe lorsque les efforts du vent & de l'eau font
exactement égaux & contraires, que leur direction *O P*
paſſe à une grande diſtance du centre de gravité *C* du
Navire. Tout effort dont la direction ne paſſe pas le centre de gravité d'un corps, tend à le faire tourner : mais ici
les deux efforts ſuſpendent l'effet l'un de l'autre ; ils s'a-
néantiſſent réciproquement & leurs moments ſont égaux.
Ainſi il ne doit y avoir aucun mouvement de rotation
auſſi-tôt que l'équilibre ſubſiſte entre les voiles de proue
& de la poupe, ou que la direction de leur effort commun
tombe exactement ſur la direction *O P* du choc de l'eau,
& qu'il y a égalité entre les deux impulſions totales.

Lorſque le Navire a exactement vent en poupe, ou
qu'il ſingle vent arriere, la plus grande partie de ſes voiles
lui devient inutile ; mais s'il n'y a plus alors d'équilibre
entre les unes & les autres, il y en a au moins toujours
entre les deux moitiés de chaque voile. On ne ſe ſert pas
ordinairement alors des voiles de la poupe, parce qu'elles
couvriroient celles de la proue qui ſont préférables ; par
la même raiſon, qu'on réuſſit plus aiſément à mouvoir
d'un mouvement uniforme un corps d'une certaine longueur, en le tirant par ſon extrêmité antérieure qu'en le
pouſſant par ſon extrêmité poſtérieure. On cargue donc
la grand-voile *E F* (*fig.* 76) afin de laiſſer le vent agir ſur
la mizaine *G H*; mais on ſe ſert du grand hunier & du
grand perroquet qui ſont au deſſus de la grand-voile. On
ſe ſert outre cela très-ſouvent de la civadiere *I K*, afin
qu'elle reçoive le vent qui paſſe ſous la miſaine & qui ſe
perdroit.

Le Navire ne tend pas plus alors à avancer d'un côté
que de l'autre, du côté de ſtribord que de bas-bord, il ſuit
la direction de ſa quille ; il avance ſelon *C R* ſans être ſujet
à aucune dérive ; l'angle *A C R* diſparoît. La figure réguliere
de la proue eſt cauſe auſſi qu'elle eſt repouſſée ſelon la
même ligne, & que l'effort de l'eau eſt directement contraire à l'effort du vent. Mais il faut toujours, pour que le
Navire ſingle d'un mouvement uniforme, que les deux

Q o

Figure 74.

Figure 76.

 efforts foient parfaitement égaux ; autrement ils ne fuf-
pendroient pas réciproquement l'effet l'un de l'autre.

Cependant il ne faut pas prendre dans la derniere rigueur ce que nous difons de l'équilibre entre les efforts
du vent & de l'eau. Tout le monde fait combien le vent
eft variable, les girouettes font dans un mouvement prefque
continuel ; & il ne faut pas imaginer qu'on puiffe trouver
plus de régularité dans l'agitation des flots qui frappent le
Navire. Ainfi l'équilibre dont nous parlons n'eft exact que
pendant des inftants très-courts, qui font fans ceffe inter-
rompus. En effet, les timoniers ou les matelots qui font à
la barre du gouvernail font dans un travail continuel pour
trouver un état dans lequel ils ne fauroient fixer leur Vaiffeau. Suppofé qu'on fe foit écarté de la vraie route vers
ftribord, on fe fert du gouvernail pour faire revenir le
Navire vers bas-bord, & on y réuffit. Mais le mouvement
qu'on imprime, porte toujours le Navire trop loin ; & il
faut fe fervir encore du gouvernail pour produire un *élan*
dans l'autre fens. C'eft continuellement la même chofe.
Le Navire, au lieu de tracer par fon fillage une ligne
droite, décrit un affemblage de petites lignes qui, en fe
fuivant, font toujours des angles les unes avec les autres.

Lorfque le défaut d'équilibre entre les voiles de l'avant
& de l'arriere fe fait fentir continuellement dans le même
fens, ou que le Vaiffeau tend toujours à fe jetter vers un
certain côté, on juge affez qu'il faut expofer alors au vent
quelque nouvelle voile, ou qu'il faut en changer la diftribution. On pourroit avoir recours au gouvernail ; mais
l'ufage de cet inftrument feroit alors tout à fait nuifible :
il retarderoit la marche par la partie de l'effort qui agit
dans le fens de la quille. L'inconvenient eft incomparablement moindre lorfque la difpofition des voiles eft parfaite, & que l'équilibre n'eft troublé que par l'inconftance
du vent & des vagues. Il faut néceffairement alors avoir
recours au remede prompt que fournit le gouvernail.
Mais en faifant paffer fans ceffe cet inftrument d'un côté
à l'autre, il eft fans action une partie du temps. Dailleurs

il n'eſt pas néceſſaire de lui faire faire un ſi grand angle avec la quille.

CHAPITRE IV.

De la maniere de faire tourner le Vaiſſeau par le moyen de ſes voiles.

PUISQUE l'équilibre entre l'effort du vent ſur les voiles & l'impulſion de l'eau ſur la proue entretient ſeul l'uniformité du ſillage ſur la même ligne, il eſt évident qu'on fera tourner le Navire de quel côté on voudra, en troublant ſimplement cet équilibre. S'il s'agit de faire enſorte que le Vaiſſeau de la figure 74 préſente davantage ſa proue au vent, ou qu'il *vienne au vent* ou *au lof*, comme s'expliquent les Marins, on peut produire ce mouvement, comme nous l'avons vû, par le moyen du gouvernail, en pouſſant la barre du côté oppoſé à celui vers lequel on veut que le Navire tourne. Mais ſuppoſé que le Navire n'obéïſſe pas à ſon gouvernail, il n'y aura qu'à carguer ou ferrer quelques-unes des voiles de la proue; & alors, s'il n'y a aucun obſtacle, celles de la poupe agiſſant comme les poids d'une balance dont on a déchargé un des baſſins, elles pouſſeront la poupe ſous le vent; c'eſt ici vers bas-bord; & par conſéquent la proue ne manquera pas de ſe tourner davantage vers le vent ou vers ſtribord.

Si on veut au contraire que le Navire préſente moins ſa proue au vent, ou qu'il *arrive*, pour parler en termes de Manœuvre, il n'y aura qu'à mettre la barre du gouvernail du côté d'où vient le vent; c'eſt-à-dire, qu'il faudra la mettre ici du côté de ſtribord ou du côté droit. La poupe ſera pouſſée par le gouvernail vers le même côté; & par conſéquent la proue ſe tournera vers la gauche ou vers bas-bord. Pour produire ce même mouvement avec plus de force, il n'y aura qu'à carguer les voiles de la

Figure 74.

O o ij

poupe, l'effort total du vent ne tombera plus ensuite sur la direction PO, mais sur une autre direction plus voisine de la proue, & les voiles de l'avant prévalant dans cet effort, pousseront cette partie du Vaisseau sous le vent ou le feront tourner vers la gauche ou vers bas-bord.

Ainsi on voit en général que les voiles de la poupe servent à faire *venir* le Navire *au vent* ou *au lof* ; au lieu que les voiles de l'avant produisent un effet contraire en jettant la proue sous le vent, & en faisant *arriver* le Navire, dont la route forme ensuite un plus grand angle avec la direction du vent. Cependant le succès de ces deux différentes manœuvres ou évolutions n'est pas également prompt ni infaillible. On est ordinairement bien plus sûr de réussir à faire venir le Navire au vent qu'on n'est sûr de le faire tourner dans l'autre sens ou de le faire *arriver*. Lorsqu'on cargue les voiles de la proue tout-à-coup, les autres voiles jettent la poupe sous le vent, & elles sont aidées par la hauteur de l'arriere du Vaisseau, qui fait aussi la fonction de voile. Outre cela le choc de l'eau sur la carene, contribue puissamment à produire le même effet, en agissant selon OP & en poussant la proue vers le vent. Le moment de cet effort est d'autant plus grand que la direction OP passe à une distance considérable du centre de gravité C du Navire. Ainsi le Navire doit venir au vent ou au lof avec une extrême facilité. On peut le comparer alors à un levier ou une verge inflexible qu'on pousse de différents côtés par ses deux extrémités. Le vent jette la poupe d'un côté & l'effort de l'eau pousse la proue de l'autre, en contribuant au même mouvement.

Mais ce n'est pas la même chose lorsqu'on veut faire tourner le Navire dans un sens contraire ou qu'on veut le faire *arriver*. On cargue les voiles de l'arriere, afin que les voiles de l'avant devenues comme plus fortes, procurent le mouvement de rotation en faisant *abattre* la proue ou en la jettant sous le vent. Mais l'effort de l'eau selon OP s'y oppose ; l'eau pousse la proue vers le vent avec une très-grande force absolue, puisque l'impulsion de l'eau

fur la proue eft feule égale à l'impulfion du vent fur toutes
les voiles lorfque le Navire fingle d'un mouvement uniforme. Il fuit de-là que le mouvement de rotation, dont
il s'agit, doit s'opérer ordinairement avec lenteur, puifque
ce n'eft pas ici le cas où deux forces travaillent à produire
le même effet, mais celui où il faut que l'une furmonte
l'obftacle que forme l'autre. Quoi qu'il en foit, la fuppref-
fion des voiles de la poupe eft caufe que le Navire ne fingle
plus fi vîte ; & l'effort de l'eau contre la proue felon OP,
diminuant, par cette même raifon les voiles de la proue
dont l'effort ne diminue pas, doivent à la fin l'emporter.

On voit affez que la facilité qu'a le Navire à venir au
vent, & la difficulté qu'on éprouve à le faire tourner dans
un fens contraire ou à le faire arriver lorfqu'on fuit une
route oblique, dépend entiérement de la figure de la carene & principalement de ce que la direction OP du choc
de l'eau fur la proue paffe toujours en avant du centre de
gravité C. Comme cette confidération eft de la plus grande
importance, nous croyons devoir nous en occuper ici un
peu davantage.

Suppofons qu'on cargue ou qu'on *amene* à la fois &
très-promptement toutes les voiles du Navire que nous
avons fous les yeux, celui de la figure 74, on fera ceffer
prefque fur le champ toute l'impulfion du vent, mais on
n'éteindra pas pour cela toute la vîteffe du fillage. Le
Navire continuera à fuivre la route CR pendant les premiers inftants, & fa carene fera toujours repouffée par le
choc de l'eau felon la direction OP. Mais cet effort, qui
eft très-grand, doit néceffairement faire tourner le Navire,
puifque fa direction ne paffe point par le centre de gravité
C, & que rien ne s'oppofe à fon action. Le Vaiffeau, en
tournant, préfentera donc fa proue au vent ; c'eft-à-dire,
qu'il fe tournera du côté oppofé à celui vers lequel il
dérivoit.

Il n'y auroit qu'un moyen d'éviter cet effet ou d'empêcher le Navire de venir au vent en carguant toutes fes
voiles à la fois. Il n'y auroit qu'à employer beaucoup de

temps à cette opération. Car à mesure qu'on diminueroit de leur étendue à toutes proportionnellement, le Navire perdroit de la vîtesse de son sillage, quoiqu'il suivît toujours la même route *CR*. L'impulsion de l'eau selon *OP* contre la proue deviendroit donc continuellement moindre, & les efforts du vent & de l'eau seroient toujours sensiblement égaux; ce qui les rendroit l'un & l'autre incapables d'action pour imprimer quelque mouvement de rotation au Navire. Enfin lorsqu'au bout d'un certain temps, le vent ne pousseroit plus le Vaisseau, parce que toutes ses voiles seroient serrées, le choc de l'eau sur la proue seroit aussi devenu nul; & le Navire resteroit par conséquent en repos sans avoir tourné.

Ceci montre qu'il faut mettre de la distinction dans la promptitude avec laquelle on exécute différentes manœuvres. Toutes les fois qu'on n'a pas à combattre l'effort de l'eau contre la proue selon la ligne oblique *OP*, on ne sauroit agir avec trop de célérité. Si on a au contraire contre soi cet effort de l'eau, on gagne presque toujours à opérer moins vîte, parce qu'on donne à cet effort le temps de souffrir une diminution considérable. Mais il y a une infinité de rencontres dans lesquelles il faut que les évolutions se fassent avec promptitude. Il arrive une infinité d'accidents lorsqu'un Navire n'obéit pas assez vîte & qu'on veut le faire tourner en éloignant sa proue du vent. On a donc été obligé de multiplier les voiles de la proue, afin de pouvoir les opposer dans l'occasion à cet effort de l'eau qu'on a trop souvent à contrarier.

On est peut-être disposé à penser que c'est la direction *OP* du choc de l'eau qui fait la séparation des voiles de la proue & de la poupe; au lieu que c'est réellement le centre de gravité *C* du Vaisseau. En effet, une force quelconque ne tend à faire tourner un corps que lorsque sa direction ne passe pas par le centre de gravité de ce corps; & on sait aussi que le sens, selon lequel se fait le mouvement de rotation, est toujours déterminé par le côté vers lequel est située la direction de la force mouvante. Il

n'importe qu'une voile soit située d'un côté ou de l'autre Figure 74.
de la direction OP, elle travaillera toujours à faire arriver
le Navire ou à pousser la proue sous le vent , pourvu
qu'elle soit située en avant du centre de gravité C ; &
elle produira réellement cet effet si son effort relatif ou
son moment, par rapport au centre C, est plus grand que
le moment de l'impulsion de l'eau selon OP. Supposons
pour un instant qu'une voile est située en Z à quatre fois
moins de distance du centre de gravité C que la voile GH,
& que d'un autre côté cette même voile qui est située en
Z, & qui agit selon ZY, soit cinq fois plus grande que
la voile GH qui agit selon TX. Dans ce cas la premiere
voile auroit plus de force relative que la seconde pour
faire tourner le Navire ; mais pour savoir si le Navire
obéiroit à l'effort de cette voile ou à l'effort de l'eau qui
s'exerce selon OP, & qui tend à produire un mouvement
de rotation contraire, il faudroit voir lequel des deux efforts a plus de moment ou de force relative ; il faudroit
multiplier chaque effort par la distance de sa direction au
centre C.

Le grand mât est toujours arboré fort près du centre
de gravité du Navire ; & comme la charge se distribue
quelquefois dans la cale d'une maniere fort irréguliere,
on ne sait pas souvent si la grand-voile fait la fonction
de voile de proue ou de poupe, & il est même très-possible qu'elle en change. C'est ce qui peut arriver lorsqu'un
Navire qui est très-chargé vers l'arriere, se trouve ensuite
chargé beaucoup plus vers l'avant. Ces deux différentes
distributions de la charge font passer le centre de gravité
de l'arriere à l'avant; & ce point peut prendre une situation différente par rapport au grand mât. Ce changement
n'est pas subit; au lieu que nous en avons d'autres qui le
font. La grand-voile EH appartient à la poupe dans
notre figure ; mais si on larguoit l'écoute ou le cordage
qui retient l'angle d'en bas de la voile sous le vent , la
partie de la voile qui est du côté droit ou à stribord seroit
ensuite moins exposée au vent, en se courbant davantage,

Figure 74.

ou en devenant parallele au vent ; & l'autre partie, celle qui eſt ſous le vent, pourroit recevoir au contraire une plus forte impulſion, parce qu'elle ſeroit frappée plus perpendiculairement ; mais il pourroit arriver encore que ſa direction paſſât enſuite en avant du centre de gravité *C* : ainſi elle ceſſeroit alors de faire la fonction de voile de poupe, & elle contribueroit à pouſſer la proue ſous le vent, ou à faire arriver le Navire.

Que les voiles de la Proue & de la Poupe peuvent avoir auſſi des uſages tout contraires à ceux qu'on vient de leur attribuer.

Nous avons encore quelques remarques aſſez importantes à joindre aux précédentes. Les voiles de la proue & de la poupe ne ſont pas aſtreintes aux uſages que nous leur avons aſſignés juſques ici, & on peut dans une infinité de cas, quand on le veut, produire par leur moyen

Figure 77.

des effets tout contraires. Le Navire de la figure 77 reçoit le vent qui vient du côté droit ou de ſtribord, & qui vient auſſi de l'arriere, & on veut que la miſaine *G H* ſerve à faire venir ce Navire au vent. Il n'y a qu'à la diſpoſer comme le marque la figure, & il n'y aura pour cela qu'à la border & la braſſer, non pas ſous le vent comme à l'ordinaire, mais du côté du vent : c'eſt-à-dire, que par le moyen de l'écoute & du bras, il faudra tirer d'une certaine quantité le bas & le haut de la voile *G H* vers l'arriere du côté du vent, qui eſt ici ſtribord. Cette voile agira en partie enſuite ſelon le ſens de la quille & ſelon le ſens perpendiculaire à la longueur du Vaiſſeau, mais cette derniere force, qui eſt repréſentée par *M L* travaillera à produire l'effet ſouhaité. Il eſt très-aiſé d'évaluer cette force. Si on connoît l'étendue de la voile avec la vîteſſe du vent, on aura l'effort abſolu *M P* ; & il ne reſtera plus qu'à le décompoſer pour avoir *M L* qu'on multipliera par le bras de levier *C M*.

Lorſque le vent vient du côté de la proue, on peut également

lement

lement se servir de la misaine pour faire venir davantage
le Navire au vent ou pour l'obliger à diriger encore plus
sa proue vers le vent. La figure 78 nous met sous les
yeux cette disposition. La voile au lieu d'être frappée par
sa surface postérieure, comme elle l'est ordinairement, est
frappée par sa surface antérieure. Le vent *n'est pas dans
la voile*, si nous adoptons la maniere de parler des marins, mais la *voile est sur le mât ;* au lieu de s'éloigner du
mât en s'enflant par l'action du vent, elle s'appuie ou
s'applique sur le mât. Elle est poussée selon MP ; & de
cet effort absolu, il y a la partie ML qui agissant perpendiculairement à la quille avec le bras de levier MC,
travaille à faire tourner le Navire & à l'obliger de présenter encore sa proue plus au vent.

La misaine est également sur le mât dans la figure 79 ;
mais elle travaille par son effort relatif ML à faire arriver
le Navire ou à jetter sa proue sous le vent. L'artimon
dans la figure 80, tend aussi à produire le même mouvement de rotation pendant qu'il est frappé par le vent
VM. Il agit selon la perpendiculaire MP, & il y a la
partie ML de son effort qui tend à faire venir la poupe
au vent, & à faire tomber par conséquent la proue sous
le vent. Cette voile, si elle étoit seule, feroit aussi aller
le Navire un peu en arriere, & dans ce cas le gouvernail
BD situé comme il est, favoriseroit le mouvement de rotation produit par la voile.

Regles pour orienter une voile de maniere qu'elle produise le plus grand effet possible en faisant tourner un Vaisseau.

Enfin il est bien facile de juger qu'il y a une situation
précise à donner à chaque voile, pour qu'elle produise
le plus grand effet possible. En attendant que nous en
donnions dans la suite la démonstration, nous indiquerons
ici une regle sûre dont on pourra se servir. Nous voulons

P p

qu'une voile (*fig.* 77, 78, 80) faſſe le plus grand effort pour faire tourner le Navire *AB*. L'effort relatif qu'il s'agit de rendre le plus grand, doit s'exercer ſelon la perpendiculaire *ML* à la longueur du Navire. Les pavillons & les girouettes nous indiquent la direction *VM* du vent; ainſi nous connoiſſons toujours l'angle *VML* que fait le vent avec la perpendiculaire *ML* à la longueur du Navire, & il ne s'agit que de diviſer cet angle de la maniere la plus avantageuſe par la voile. C'eſt ce que nous exécuterons en rendant la tangente de l'angle d'incidence apparent *VMH* ou *VMF* du vent ſur la voile, double de la tangente de l'angle *HML* ou *FML*; ou bien nous prendrons le tiers du ſinus de l'angle total *VML* & nous aurons le ſinus de l'excès de l'angle d'incidence ſur l'angle *HML* ou *FML* que doit faire la voile avec la perpendiculaire *ML* à la longueur du Navire.

On pourra décider preſque à vue d'œil, ſi on ſe conforme aſſez à l'une ou l'autre de ces deux regles. On meſurera les deux angles *VMH* & *HML* (*fig.* 77, 78,) ou *VMF* & *FML* (*fig.* 80) & on verra ſi la tangente du premier eſt double de celle du ſecond, ou ſi l'excès de l'un ſur l'autre, a pour ſinus le tiers du ſinus de l'angle total *VML*. Suppoſé que le premier ſoit de 50 degrés, il faut que l'autre ſoit d'environ 30¼ degrés. Si l'angle d'incidence eſt de 45 degrés, il faut que la voile ſoit éloignée de la perpendiculaire à la quille d'environ 26½ degrés; & pour tous les angles plus petits, il ſuffira que l'angle d'incidence apparent du vent, ſoit à peu-près double de l'autre angle : c'eſt-à-dire, que l'angle d'incidence ſera à peu-près les deux tiers de l'angle *VML*. A meſure que le Navire tournera, l'angle *VML* changera; mais lorſqu'on s'appercevra du changement, il n'y aura, par le moyen des écoutes & des bras, qu'à changer auſſi un peu la ſituation de la voile. Nous joignons ici deux petites tables qu'on pourra conſulter. La premiere ſe rapporte aux diſpoſitions repréſentées dans les figures 74 & 79, & la ſeconde répond aux diſpoſitions des figures 77, 78 & 80.

TABLE des dispositions les plus avantageuses d'une voile pour pousser sous le vent.		
Angles du vent & de la quille.	Angles de la voile & de la quille.	Angles d'incidence du vent sur la voile.
Degrés.	Degrés. Minutes.	Degrés. Minutes.
0	54 44	54 44
2½	53 7	55 37
5	52 10	57 10
7½	50 53	58 23
10	49 36	59 36
12½	48 14	60 44
15	46 53	61 53
17½	45 32	63 2
20	44 8	64 8
22½	42 43	65 13
25	41 18	66 18
27½	39 51	67 21
30	38 23	68 23
32½	36 53	69 23
35	35 25	70 25
37½	33 55	71 25
40	32 22	72 22
42½	30 51	73 21
45	29 18	74 18
47½	27 45	75 15
50	26 11	76 11
52½	24 55	77 5
55	23 0	78 0
57½	21 24	78 54
60	19 48	79 48
62½	18 21	80 41
65	16 32	81 32
67½	14 55	82 25
70	13 16	83 16
72½	11 37	84 7
75	9 59	84 59
77½	8 20	85 50
80	6 40	86 40
82½	5 0	87 30
85	3 20	88 20
87½	1 40	89 10
90	0 0	90 0

TABLE des dispositions les plus avantageuses d'une voile pour porter au vent.		
Angles du vent & de la quille.	Angles de la voile & de la quille.	Angles d'incidence du vent sur la voile.
Degrés.	Degrés. Minutes.	Degrés. Minutes.
0	54 44	54 44
2½	55 57	53 27
5	57 10	52 10
7½	58 23	50 53
10	59 35	49 35
12½	60 45	48 15
15	61 54	46 54
17½	63 1	45 31
20	64 7	44 7
22½	65 13	42 43
25	66 17	41 17
27½	67 22	39 52
30	68 23	38 23
32½	69 25	36 55
35	70 25	35 25
37½	71 25	33 55
40	72 24	32 24
42½	73 22	30 52
45	74 19	29 19
47½	75 15	27 45
50	76 11	26 11
52½	77 6	24 36
55	78 0	23 0
57½	78 54	21 24
60	79 48	19 48
62½	80 40	18 10
65	81 33	16 33
67½	82 25	14 55
70	83 16	13 16
72½	84 7	11 37
75	84 58	9 58
77½	85 49	8 19
80	86 39	6 39
82½	87 30	5 0
85	88 20	3 20
87½	89 10	1 40
90	90 0	0 0

CHAPITRE V.

Faire revirer un Navire, ou le faire passer d'une route du plus près à l'autre route du plus près.

LA manœuvre qui paroît la plus difficile à exécuter & qu'on répete néanmoins très-souvent, c'est lorsqu'ayant le vent en partie contraire & d'un certain côté, on veut suivre une autre route en présentant au vent l'autre flanc du Vaisseau. La figure 81 nous donne l'idée d'un Navire qui va *au plus près*, dont les voiles sont amurées à stribord ou du côté droit, & bordées du côté gauche ou de basbord. On se souvient que les voiles sont amurées par celui de leurs angles inférieurs qu'on fait avancer vers la proue, & qu'elles sont au contraire bordées par celui de leurs angles, qu'on fait approcher de la poupe, en tirant sur l'écoute. Le Navire représenté par notre figure single *au plus près*. Car si on diminuoit davantage l'angle VSA que fait sa quille avec la direction du vent, il marcheroit moins vîte & ne feroit point tant de progrès vers le vent, & même le vent pourroit prendre sur les voiles ou frapper leur surface antérieure.

Nous avons déja vu que le Navire ne suit pas dans cet état la direction de son axe ou de sa longueur, & que sa route CR fait avec sa quille un angle ACR que les Marins nomment angle de la dérive. On a souvent des raisons particulieres d'embrasser cette route; mais on la suit aussi le plus souvent, parce qu'on ne peut pas singler directement contre le vent. Il faudroit faire quelquefois la route SV pour se rendre à l'endroit où on veut aborder; & dans l'impossibilité où l'on est de suivre cette route, on marche selon CR; mais après avoir tenu cette direction un certain temps, on en change, on présente au vent le côté

de bas-bord ou le flanc gauche du Navire comme dans la
figure 83. On fuit une route également oblique par rapport à la direction du vent, mais d'un côté différent : &
il eft évident que ces deux routes à la fuite l'une de l'autre, font équivalentes à une feule qu'on auroit faite felon
SV dans un fens tout à fait contraire au vent.

Lorfqu'on veut changer la difpofition de la figure 81,
en celle de la figure 83, ou celle-ci en l'autre, on peut
le faire, ou *revirer* de bord de deux manieres différentes.
On peut paffer par l'état moyen repréfenté dans la figure
82, en tournant la proue vers le vent, ou bien paffer par
l'état moyen repréfenté dans la figure 84, en tournant la
poupe vers le vent. La voie la plus courte eft la premiere,
& elle fe nomme *revirer vent devant*. L'autre manœuvre
n'eft pas moins utile dans certaines rencontres : on revire
vent arriere en paffant par l'état moyen de la figure 84. Il
faudra que nous l'expliquions avec autant de foin que la
premiere.

Revirer vent devant.

On porte d'abord la barre du gouvernail du côté du
vent afin de faire *arriver* un peu le Navire (*fig.* 81) on
cargue même quelquefois l'artimon pour faciliter ce premier mouvement ; mais le plus fouvent on s'en difpenfe
parce qu'on réuffit à rendre cette voile inutile pour quelques inftants en la mettant dans la direction du vent. Le
Navire en éloignant fa proue du vent, accélere beaucoup
la vîteffe de fon fillage, ou prend plus *d'erre* pour parler
comme les Marins. Cette augmentation de mouvement
devient de la plus grande utilité, dans l'inftant critique de
l'évolution, ou lorfqu'on *pare à virer*, en commandant aux
Matelots de fe tenir prêts. On porte tout à coup la barre
fous le vent, afin que le gouvernail faffe venir de rechef le
Navire au vent, on fait fervir l'artimon, on borde la grand-
voile, & afin de diminuer la force qu'a la mifaine pour
faire arriver le Navire ou pour l'empêcher de venir au vent,
on lâche ou largue ordinairement fes boulines, ou ces

Figure 83.

Figure 81.

cordages qui tirent son bord vers la proue du côté du vent. En larguant ces cordages la voile se courbe davantage & est frappée avec moins de force.

Le Vaisseau reprend donc d'une maniere accélérée la situation représentée dans la figure 81; mais il n'y reste pas. Son mouvement de rotation le porte plus loin, & tout contribue à augmenter ce mouvement. Comme le Navire a acquis une grande vîtesse selon sa quille, son gouvernail situé comme dans la figure 82, agit très-puissamment. L'effort oblique de l'eau sur la proue & le flanc du Navire selon *O P* est aussi très-grand. Ainsi le mouvement de rotation doit s'accélérer, & le Navire doit présenter sa proue de plus en plus au vent.

Bien-tôt les voiles reçoivent le vent par leur surface antérieure; elles *fasient*, c'est-à-dire, que le vent les frappe un peu par devant, & c'est ce qui se fait d'autant plutôt qu'on a eu soin, comme nous l'avons dit, de larguer les boulines du côté du vent. Mais l'impulsion du vent sur la surface antérieure des voiles augmente encore le mouvement de rotation. Le vaisseau prend donc la situation que nous voyons dans la figure 82; il présente sa proue tout à fait au vent, & il s'écarte ensuite de cette direction en continuant à tourner dans le même sens. Alors il est temps de penser à donner aux voiles la nouvelle disposition qu'elles doivent avoir, & il s'agit aussi de ralentir la force qui fait tourner le Navire.

Si l'évolution se fait lentement, les voiles disposées comme dans la figure 82, feront reculer le Navire, & il aura fallu donner une situation contraire au gouvernail pour aider au mouvement de rotation. Mais dans ce cas, le Navire étant parvenu à la situation représentée dans la figure 82, & l'ayant passée, il faudra remettre le gouvernail dans la situation *B D* afin qu'il modére la force avec laquelle le Navire tourne. Ce sera tout le contraire, si l'évolution s'est faite assez promptement pour que le Navire ait conservé quelque vîtesse vers l'avant, il aura fallu laisser au gouvernail sa premiere situation, & il

faudra après cela la changer pour ralentir le mouvement
de rotation. Mais ce qui eſt toujours néceſſaire, lorſque le
Navire a tourné un peu plus que ne le repréſente la figure
82, c'eſt de décharger promptement les voiles ou de faire
enſorte que le vent ceſſe de les pouſſer vers leur mât.

On commence par orienter les voiles de l'arriere ; on
diſpoſe l'artimon, & on largue l'écoute de la grand-voile
pendant qu'on tire ſur l'écouet pour amurer cette voile
ſur le côté même du Navire où elle étoit auparavant bordée. Le point *E* de cette voile étoit vers la poupe, comme
on le voit dans les figures 81 & 82, & on le porte vers
la proue, comme il eſt repréſenté dans la figure 83. En
même temps qu'on oriente la grand-voile, on oriente le
grand-hunier ; & on diſpoſe de même la miſaine & le petit-
hunier. On a ordinairement beſoin de toutes ces voiles
pour *revirer vent devant*, principalement ſi la mer eſt agitée. Il faut remarquer auſſi que la célérité eſt indiſpenſable
dans cette rencontre, parce que l'évolution dont il s'agit
ne réuſſit que par le grand mouvement de rotation qu'on
imprime au Vaiſſeau & dont il faut profiter.

Revirer vent arriere.

Lorsque l'équipage eſt trop foible, ou lorſqu'on eſt
gêné par quelqu'autre circonſtance, au lieu de *revirer vent
devant*, on *revire vent arriere* ; dans le paſſage d'un état à
l'autre, on ne préſente pas au vent l'avant de ſon vaiſſeau,
mais l'arriere. L'état moyen n'eſt plus repréſenté par la
figure 82, mais par la figure 84 ; & il s'agit de donner au
Navire de la figure 83 la diſpoſition de la figure 81.

On met pour cela la barre à arriver ; on la met du côté
du vent, & on cargue l'artimon. Si le Navire n'obéiſſoit
pas, on mettroit la miſaine ſur le mât à peu-près comme
dans la figure 79, & on la rétabliroit dans ſa premiere
ſituation, auſſi-tôt que le Navire arriveroit. La proue s'é-
loignant du vent, on donnera aux voiles du grand mât
& du mât de miſaine une ſituation plus perpendiculaire à

Figures 83,
84 & 81.

la quille. On larguera donc les écoutes, & on brassera du côté du vent, c'est-à-dire, que par le moyen des bras, on tirera vers la poupe les extrêmités *E* & *G* des vergues. Enfin lorsque le Navire aura fait la moitié de son évolution, sa longueur se trouvera située selon la direction du vent, & ses voiles seront tout-à-fait perpendiculaires à la quille comme dans la figure 84. Mais le mouvement de rotation qu'il aura acquis fera passer sa proue de l'autre côté de la direction du vent ; & ce mouvement qui a une vraie force pour se conserver, sera entretenu par le gouvernail dont on n'aura pas changé la situation par rapport au Vaisseau.

Aussi-tôt que le Navire cessera d'être dirigé comme dans la figure 84, & qu'il commencera à se trouver plus proche de la situation de la figure 81 qu'on veut qu'il prenne, que de celle de la figure 83 qu'il vient de quitter, on se servira de l'artimon pour pousser encore plus la poupe sous le vent & la proue vers le vent. On continuera à brasser les voiles sous le vent, en leur donnant peu à peu la disposition représentée dans la figure 81. Mais bien-tôt après, il faudra penser à détruire le mouvement de rotation, ou empêcher le Navire de venir trop au vent. C'est pourquoi on carguera l'artimon, & on mettra la barre du gouvernail à arriver.

Cette précaution est si essentielle, qu'il ne faut jamais manquer de la prendre de bonne heure, en faisant ensorte, s'il est possible, que tout le mouvement de rotation se trouve éteint lorsque le Navire prend la situation de la figure 81. Si le Navire en y parvenant continuoit encore à tourner ou à venir au vent, la misaine *G H* se trouvant sur le mât & frappée par sa partie antérieure, le mouvement de rotation augmenteroit, puisque la voile produiroit le même effet que dans la figure 78, & que le choc de l'eau sur la proue ne s'y opposeroit pas, ou s'y opposeroit très-peu. Ce ne seroit pas ici le cas en effet où l'effort de la misaine est contrarié fortement par le choc de l'eau sur la proue & sur la carene, parce que le sillage est très-rapide : le
mouvement

mouvement de rotation ne s'accélere pas affez pour exciter
une réfiftance extrême de la part de l'eau. Les Marins
difent que leur Vaiffeau *fait chapelle* lorfqu'ils font expofés
à l'accident dont nous parlons, & ils ont bien raifon de
le craindre. On peut faire plus d'un demi-tour au-delà de
la difpofition à laquelle on vouloit s'arrêter ; & outre la
perte de temps, outre qu'il faut recommencer l'évolution
une feconde fois, on n'eft pas exempt de péril, fi on eft
dans le voifinage de quelque écueil ou même de quelque
vaiffeau fur lequel on peut tomber.

Figures 83, 84 & 81.

Pour éviter ces accidents, ou pour ne pas *faire chapelle*,
il faut auffi-tôt qu'on s'apperçoit que le vent va frapper
les voiles par devant ou par leur furface antérieure, pouffer la barre au vent, afin que le gouvernail étant porté fous
le vent, faffe arriver le Navire. On carguera en même
temps l'artimon *LM* (*fig.* 81), & enfin on braffera du
côté du vent les voiles de la proue : on ne fe contentera
pas de les rendre perpendiculaires à la quille, mais on tirera encore davantage vers la poupe l'extrêmité *H* de leurs
vergues. Elles feront enfuite difpofées comme dans la figure 79 ; leur effort jettera la proue fous le vent ; & pour
rendre l'effet plus prompt & plus infaillible, on pourra fe
conformer aux regles dont nous avons parlé à la fin du
Chapitre précédent.

CHAPITRE VI.

Se mettre en panne ou côté à travers , &
fe mettre à la cape.

QUELQUEFOIS les Marins donnent à leurs voiles
un ufage tout contraire à ceux dont nous venons de nous
occuper. Au lieu de s'en fervir pour faire quelque évolution, ils s'en fervent pour refter, pour ainfi dire, dans
la même place, lorfqu'ils veulent attendre quelqu'autre
Navire, ou qu'ils ont quelque raifon particuliere de ne

pas s'éloigner de l'endroit où ils sont. Ils mettent alors leur Navire *en panne* ou *côté à travers*. Ils en présentent au vent un des flancs ; & en même temps ils font en sorte, par la contrariété qu'ils mettent entre les efforts des voiles, que le Navire reste comme en repos.

Figures 85 & 86.

Les figures 85 & 86 nous mettent sous les yeux deux de ces différentes dispositions. Le flanc du Navire est tourné directement vers le vent, ou bien il reçoit le vent un peu plus du côté de la proue, afin de rendre un peu plus grand l'effort des voiles de misaine qui sont frappées par leur surface antérieure, ou qui sont *sur le mât*, selon l'expression des Marins. Dans la figure 85 le Navire recule ordinairement un peu , parce que les voiles *E F* & *G H* poussent plus fortement vers l'arriere que l'artimon *L M* ne pousse vers l'avant. On est néanmoins toujours maître, en augmentant ou en diminuant un peu l'obliquité de quelqu'une des voiles , de rendre la compensation plus parfaite entre leurs efforts ; mais comme il n'importe pas que le Navire ne change pas absolument de place, pourvu qu'il n'en change que peu, on doit être beaucoup plus attentif à introduire l'équilibre entre les voiles , en tant qu'elles travaillent à faire tourner le Navire ; & pour entretenir cet équilibre ou pour le réparer , on se sert du gouvernail.

Nous avons supposé dans la figure 85 que le Navire reculoit un peu , & que l'effort des voiles de la proue étant plus grand, le Navire avoit aussi de la disposition à arriver ou à écarter sa proue du vent. L'eau , en frappant le gouvernail *B D* , travaille dans ce cas à jetter la poupe sous le vent, & à imprimer un mouvement en sens contraire à la proue ; ce qui est capable de tenir le Vaisseau sensiblement dans la même situation.

Il est plus ordinaire que les voiles disposées comme dans la figure 86, fassent avancer un peu le Navire. Elles font outre cela un grand effort pour le faire arriver , ou pour jetter la proue sous le vent. Ainsi il faudra presque toujours porter la barre du même côté , afin que le gou-

vernail *B D* aide l'artimon *L M* à détruire le mouvement
de rotation que produiroient les autres voiles. On ne se
sert ordinairement que du hunier dans ces occasions ; &
quelquefois, au lieu de mettre le vent dans le grand hunier, on met cette voile sur le mât : on fait ensorte que
le vent frappe sur sa surface antérieure, & on donne en
même temps une disposition toute contraire au petit hunier *G H*, en le faisant servir. Enfin le Navigateur trouve
toujours aisément dans la multitude de ses voiles & dans
l'usage de son gouvernail, des moyens sûrs de remplir les
deux objets qu'il doit avoir en vue, lorsqu'il se met en
panne. Il faut qu'il fasse en sorte que les efforts relatifs
des voiles se détruisent à peu près dans la direction de la
quille, & qu'à l'égard des autres efforts relatifs qui sont
perpendiculaires à la quille & qui ne peuvent pas s'anéantir, ils soient en équilibre, & hors d'état par cette raison
de faire tourner le Navire.

Se mettre à la cape.

ON ne peut pas toujours se mettre en panne quand on
a des motifs pour rester sensiblement dans la même place.
Si le vent étoit tout-à-fait impétueux on exposeroit les
mâts à se rompre, & on auroit encore de plus grands
risques à courir, puisque l'effort relatif des voiles qui est
perpendiculaire à la quille, pourroit faire verser le Navire.
Supposé cependant qu'on soit proche de terre, ou qu'on
veuille absolument rester dans le parage où l'on se trouve ;
il faut pouvoir rendre le sillage comme nul. On se met
alors à la cape.

On serre toutes les voiles excepté les basses, & on serre
même quelquefois la grand-voile : on met ensuite la
misaine très-obliquement par rapport à la quille, & on
reçoit aussi le vent très-obliquement. Le Navire disposé
de cette maniere, précisément comme si on vouloit
courir au plus près, n'avance que très-peu ; la foiblesse de
l'effort du vent sur la voile y contribue ; la dérive est outre

cela très-grande, car l'impulsion du vent sur le flanc du Navire devient alors très-considérable par rapport à celle qui se fait sur la misaine, & cette impulsion sur le flanc du Vaisseau, agit à peu-près selon une direction perpendiculaire à la quille. Ainsi le Navire présente une des moitiés de sa carene au choc de l'eau, au lieu de présenter sa proue ; & il ne peut faire alors que très-peu de chemin. C'est ce qui arrive lorsqu'on est à la cape.

CHAPITRE VII.

Trouver la situation qu'il faut donner à une voile & à toute autre surface frappée par un fluide, pour qu'elle pousse le plus qu'il est possible selon une certaine direction.

Nous avons donné une regle pour orienter une voile de maniere qu'elle produise le plus grand effet possible : il nous reste à en justifier la bonté. Dans les figures 77, 78, 79, &c. la direction du vent est VM, celle avec laquelle le Navire est frappé malgré son mouvement, & nous voulons que la voile pousse le plus qu'il est possible selon ML qui est perpendiculaire à la longueur du Navire. C'est encore le même problême lorsqu'on se sert du gouvernail. La direction de l'eau est donnée, puisqu'elle est parallele ou à la quille ou à la partie du flanc de la carene qui se termine à la poupe ; & il s'agit de faire ensorte que l'impulsion relative perpendiculaire à la quille, soit la plus grande qu'il est possible ou forme un *maximum*, si nous empruntons le langage des Géometres.

L'effort absolu d'un fluide sur une surface est proportionnel au quarré du sinus de l'angle d'incidence : mais ce n'est pas cet effort absolu que nous voulons rendre le plus

Figures 77, 78, &c.

grand qu'il eſt poſſible, c'eſt ſimplement ſa partie qui agit perpendiculairement à la longueur du Navire. Ainſi il faut décompoſer l'effort abſolu, & nous n'avons pour cela qu'à faire une ſimple analogie. L'effort abſolu MP (*fig.* 77, 78 &c.) eſt comme le quarré du ſinus d'incidence VMH du vent ſur la voile; & nous dirons: Le ſinus total eſt à MP ou au quarré du ſinus de l'angle d'incidence du fluide, comme le ſinus de l'angle MPL ou de l'angle LMH eſt à ML. Plus le quarré du ſinus de l'angle d'incidence VMH ſera grand, plus l'impulſion abſolue MP ſera forte; mais plus le ſinus de l'angle MPL ou de l'angle HML ſera grand auſſi, plus l'effort relatif ou partial ML ſera grand par rapport à MP. Ainſi nous aurons ML égal ou proportionel au produit du quarré du ſinus de l'angle d'incidence VMH par le ſinus de l'angle HML formé par la ſurface frappée & par la direction ML ſelon laquelle il faut que l'action ſoit la plus grande.

L'effort deviendroit abſolument nul ſi, au lieu de donner à la voile une ſituation moyenne, on la plaçoit exactement ſur MV (*fig.* 77) ou ſur ML. Si on mettoit la voile ſur MV, elle ceſſeroit d'être frappée par le vent, & ſi on lui donnoit la ſituation ML, tout ſon effort ſe faiſant perpendiculairement, il n'y en auroit aucune partie qui s'exerçât ſelon ML. Il s'agit donc de découvrir ſelon quel rapport nous devons partager l'angle VML par la voile.

Suppoſons pour cela que VM (*fig.* 87) ſoit la direction du fluide, que ML ſoit la ligne ſur laquelle tombe l'effort relatif qui doit être un *maximum*, & que MH marque la ſituation de la ſurface frappée, nous tracerons l'arc de cercle LHV du point M comme centre, & abaiſſant du point H les perpendiculaires HR, HS ſur les lignes VM & ML, nous aurons $HR^2 \times HS$ pour l'effort relatif ſelon ML que nous voulons rendre un plus grand. Si nous donnons enſuite à la ſurface MH la poſition Mh qui diffère infiniment peu de la premiere, le ſinus d'incidence RH deviendra rh & augmentera de la petite quantité Oh,

Figures 77, 78, &c.

Figure 87.

 ce qui fera augmenter son quarré de deux rectangles de
RH par Oh; car nous pouvons négliger le petit quarré
de Oh.

D'un autre côté le sinus HS diminuera de la petite
partie HI en devenant hs. Mais les deux sinus HR & HS
changeant en sens contraires, nous ne pouvons juger du
changement de l'effort $HR^2 \times HS$ qu'en examinant si le
quarré de HR augmente plus ou moins à proportion que
HS ne diminue. Supposé que le quarré augmente plus
à proportion, ce sera une marque qu'il est encore avantageux d'augmenter l'angle d'incidence VMH. Si au contraire le quarré HR^2 souffre moins de changement à proportion en excès que HS en défaut, on gagnera à diminuer l'angle d'incidence. Enfin, il n'y aura rien à changer
& on aura trouvé la disposition la plus avantageuse de la
surface MH, si le quarré RH^2 augmente précisément
dans le même rapport que diminue le sinus HS de l'autre
angle : car les deux dispositions seront ensuite absolument
équivalentes, & on ne gagneroit rien à changer la situation
de la voile dans un sens ou dans l'autre.

Ainsi le problême sera résolu, si on fait ensorte que HS
soit à IH comme HR^2 est à $2Oh \times HR$, ou comme HR
est à $2Oh$ ou comme $\frac{1}{2}HR$ est à Oh. Mais, si à la place du
rapport de HS à IH, on met celui qui lui est égal de
HY à Hh, & qu'à la place du rapport de $\frac{1}{2}HR$ à Oh,
on mette celui de $\frac{1}{2}HT$ à Hh, il s'ensuivra que HY
& $\frac{1}{2}HT$ ont le même rapport à Hh, & que par conséquent HY & $\frac{1}{2}HT$ sont égales. La regle que nous avons
donnée ci-devant est donc démontrée. La tangente HT
de l'angle d'incidence du fluide sur la surface MH est
double de la tangente HY de l'angle que fait la même
surface avec la direction ML, lorsque l'effort relatif du
fluide selon cette direction, est le plus grand qu'il est
possible. Sachant cette regle, nous pouvons attribuer
successivement différentes grandeurs à un de ces angles ;
& si nous cherchons l'autre en mettant le rapport de 2 à 1
entre les deux tangentes, nous pourrons en former une

Table conforme à celles qu'on a vues à la fin du Chap. IV. Figure 87.

Au furplus, il n'eft pas difficile de réfoudre le problême d'une maniere abfolument directe, & de partager un angle donné VML en deux parties, qui foient telles qu'il y ait un certain rapport entre les tangentes de fes deux angles partiaux. Nous voulons que la tangente HT foit deux fois plus grande que la tangente HY, ou en général qu'elle foit plus grande le nombre de fois n. Nous fuppoferons l'angle HMZ égal à l'angle HML, & nous aurons l'angle TMZ pour la différence des deux angles partiaux LMH & HMV. D'un autre côté, fi nous prenons HY pour l'unité, nous aurons n pour HT; $n+1$ pour TY, & $n-1$ pour TZ. Enfin dans le triangle TMY, il y a même rapport de TY que nous repréfentons par $n+1$ au finus de l'angle entier TMY, que de MT au finus de l'angle Y; mais il y a auffi même rapport dans le triangle TMZ, de TZ que nous défignons par $n-1$ au finus de l'angle TMZ, que de MT au finus de l'angle Z qui eft égal à l'angle Y. Ainfi il y a même rapport de TY à TZ ou de $n+1$ à $n-1$, que du finus de l'angle entier TMY au finus de la différence TMZ des deux angles partiaux TMH & HMY. Pour trouver donc le finus de l'angle TMZ, il n'y a toujours qu'à prendre la partie $\frac{n-1}{n+1}$ du finus de l'angle donné TMY.

Dans le cas particulier que nous examinons, les trois parties de TY font égales entr'elles, & TY eft 3 fi TZ eft 1. D'où il fuit qu'il n'y a qu'à prendre le tiers du finus de l'angle VML pour avoir le finus de l'angle TMZ. Suppofé que l'angle total fût droit comme cela arrive pour le gouvernail lorfque le fluide fe meut parallélement à la quille, on trouvera que l'angle TMZ eft d'environ 19^d. 28^m. d'où on conclud que l'angle d'incidence ou que l'angle que fait le gouvernail avec le prolongement de la quille doit être de 54^d. 44^m. Le calcul n'a pas été plus difficile pour toutes les autres directions du fluide; & c'eft de cette forte que nous avons conftruit les deux petites tables que nous avons données.

CHAPITRE VIII.

Suite du Chapitre précédent. Déterminer la situation la plus avantageuse d'une voile pour faire tourner le Navire, lorsque le centre d'effort de cette voile est sujet à changer de place.

LE problême devient un peu plus difficile lorsque le centre d'effort de la surface est sujet à changer de place, comme cela arrive à l'égard du gouvernail en considérant les choses à la rigueur. La figure 88 nous représente aussi une voile dont le centre d'effort qui est en D se meut lorsqu'on change la voile de situation. L'impulsion s'exerce selon le prolongement de la perpendiculaire FD, & la droite QK répond exactement au dessous dans le plan horisontal qui coupe la carene à fleur d'eau. AB est une partie de la longueur du Navire, & C est son centre de gravité. De ce centre nous abaissons une perpendiculaire CP sur la droite QK selon laquelle agit la voile : cette perpendiculaire, lorsqu'il s'agit du mouvement de rotation du Navire, est le bras du levier auquel nous devons considérer comme appliqué l'effort absolu de la voile ; & il est évident que ce bras de levier CP change de longueur lorsqu'on rend plus grand ou plus petit l'angle BME que fait la voile avec la quille.

Nous pourrions décomposer l'effort absolu qui s'exerce selon QK pour avoir la partie qui agissant selon la perpendiculaire à la quille travaille seule à faire tourner le Navire, & dans ce cas il faudroit avoir égard au bras de levier particulier auquel cet effort relatif seroit appliqué. Mais, ce qui revient absolument au même, nous ne décomposons point l'effort absolu, & nous le considérons

comme

comme agiffant avec le bras de levier CP : la différence
des leviers compenfe parfaitement la différence qui fe
trouve entre l'effort abfolu & les efforts relatifs dont il eft
compofé.

Cela fuppofé, fi nous changeons l'obliquité de la bafe
ME de la voile par rapport à la quille AB, le bras de
levier CP deviendra plus ou moins long. Il eft ici formé
de CN, & de NP qui eft d'une longueur conftante &
qui eft égale à la demi-largeur MK de la voile ; au lieu
que CN dans le triangle CNM rectangle en N, eft
proportionnelle au co-finus de l'angle C égal à l'angle que
fait la voile avec la quille. Si le centre de gravité du Navire étoit en c, le bras de levier feroit cp, & il feroit
alors égal à l'excès de $np = MK$ fur nc. Dans ce fecond
cas, il diminueroit à mefure qu'on rendroit plus aigu
l'angle de la voile & de la quille, puifque cn qui feroit
alors à retrancher de pn croîtroit. C'eft ce changement
de longueurs auquel le levier eft ici toujours fujet, qui
eft caufe que la folution expliquée dans le Chapitre précédent, ne peut pas s'appliquer à la voile de la figure 88.

Nous nous bornerons, afin de moins partager notre
attention, à examiner le feul cas dans lequel le centre de
gravité du Navire eft en C, de l'autre côté du mât par
rapport à la voile. Lorfque nous diminuons l'angle BME,
nous faifons donc augmenter la longueur du bras de levier
CP : car CN qui eft alors à ajouter à NP approche davantage d'être égale à la diftance CM du mât au centre
de gravité C du Vaiffeau, diftance que nous prenons pour
finus total. Mais fuppofé que la voile foit déja dans la difpofition la plus avantageufe pour faire tourner le Navire,
& que nous la changions infiniment peu d'état en diminuant l'angle BME, il faut néceffairement que le quarré
du finus de l'angle d'incidence VME du vent fur la voile
diminue précifément dans le même rapport que le bras de
levier CP augmente de longueur. En effet fi le bras de
levier augmentoit dans un plus grand rapport, il y auroit
un avantage réel à le faire croître, puifqu'on perdroit moins

Figure 88.

fur le quarré du finus de l'angle d'incidence. Si au contraire le bras de levier augmentoit dans un moindre rapport, il n'y auroit qu'à le faire diminuer, & on gagneroit davantage de la part du quarré du finus d'incidence. Mais que les deux changements fur le bras de levier & fur le quarré du finus de l'angle d'incidence fe faffent exactement dans le même rapport & en fens contraire, il n'y aura rien à gagner lorfqu'on changera l'angle BME; ainfi la voile aura la difpofition la plus avantageufe.

Après avoir tiré la droite AB dans la figure 89 pour repréfenter la quille, du point M pris pour centre & avec un rayon égal à la diftance du mât au centre de gravité du Navire, nous décrivons l'arc de cercle LHQ : c'eft-à-dire que MH de la figure 89 fera égale à MC de la figure 88. La ligne ML (*fig.* 89.) eft perpendiculaire à la quille, & la droite EM prolongée jufqu'en H nous marque la fituation de la voile. Ainfi la droite RH qui eft le co-finus de l'angle que fait la voile avec la quille fera égale à CN de la figure 88, & fi nous tirons ZT dont la diftance MZ ou RK à ML foit égale à MK de la premiere de ces deux figures, nous aurons KH pour la longueur du bras de levier, & kh fera celle du levier pour une difpofition Me de voile infiniment voifine de la premiere. La différence de ces longueurs eft Oh; & c'eft donc fur ce petit changement qu'il faut régler celui du quarré du finus d'incidence du vent; puifque ces deux changements doivent être exactement proportionnels & fe faire en fens contraires.

Si VM (*fig.* 89.) eft la direction du vent & VME l'angle d'incidence, nous aurons HS pour fon finus, & hs fera le finus de l'autre angle d'incidence infiniment peu différent. La petite partie dont different ces deux finus eft IH; & les deux quarrés different entr'eux de $2IH \times SH$. Mais au lieu du rapport de SH^2 à fa diminution $2IH \times SH$, nous pouvons prendre le rapport de SH à $2IH$ ou celui de $\frac{1}{2}SH$ à IH; & puifque ce rapport doit être le même que celui de KH à Oh qui exprime le petit chan-

gement de longueur du levier, nous aurons cette propor- Figure 89.
tion, $KH : Oh :: \frac{1}{2} SH : IH$. Nous pouvons d'ailleurs
mettre à la place du premier rapport, celui de TH à Hh
qui lui eſt égal ; & à la place du ſecond rapport $\frac{1}{2} SH$ à IH,
nous pouvons ſubſtituer celui de $\frac{1}{2} HY$ à Hh. On aura
donc $TH : Hh :: \frac{1}{2} HY : Hh$. D'où il faut conclure que
TH eſt égale à $\frac{1}{2} HY$, & que HY eſt double de TH.

Ainſi, il eſt extrêmement facile, toutes les fois que la
diſpoſition de la voile EM eſt donnée par rapport à la
quille, de déterminer pour quelle direction VM du vent,
cette diſpoſition eſt la plus avantageuſe, lorſqu'il s'agit
de faire tourner le Navire. Ayant décrit (*fig.* 89) un
cercle d'un rayon MH égal à l'intervalle compris entre
le mât & le centre de gravité du Navire, on n'a qu'à tirer
au point H la tangente HT qu'on prolongera juſqu'à ce
qu'elle rencontre la droite ZK qui eſt perpendiculaire à
la quille, & qui eſt éloignée du point M de la diſtance MZ
égale à la demi-largeur de la voile ou plutôt à MK de
la figure 88. Il ne reſtera plus enſuite qu'à faire HY
double de HT, & tirer VMY : on aura l'angle d'incidence convenable VME, & on connoîtra la direction
VM qu'il faut que ſuive le vent pour que le moment
de ſon effort ſoit un *maximum*. Rien n'empêche après
cela de faire la même opération pour un grand nombre de
différentes diſpoſitions de la voile, & de former une table
de tous les réſultats. Au reſte, nous laiſſons aux lecteurs à
diſcuter les autres cas dans leſquels il s'agit ſimplement de
tranſporter MZ dans un ſens contraire, & de donner auſſi
quelquefois à la direction UD dans la figure 88 une ſituation
différente par rapport à la perpendiculaire FD à la voile.

Trouver la diſpoſition la plus avantageuſe d'une voile pour faire tourner le Vaiſ- ſeau, lorſque cette voile eſt inclinée.

Le problême le plus compliqué qui ſe préſente ſur ce
ſujet, c'eſt lorſque la voile qu'il s'agit d'orienter eſt mobile

R r ij

fur un axe incliné. On a dans la Marine plufieurs de ces voiles : l'artimon eft foutenu par une vergue inclinée, & plufieurs autres voiles, au lieu d'être fufpendues à des vergues, le font à de gros cordages qu'on nomme étais, lefquels partant du haut des mâts, & venant fe fixer vers la proue, font, avec l'horifon, un angle de 40 ou 45 degrés. Toutes ces voiles font triangulaires & difpofées à peu-près comme dans la figure 90.

Figure 90.   *A B* eft la quille ou une ligne exactement horifontale qui répond au-deffus ; & *A H* eft un de ces cordages qu'on nomme étais & auxquels on applique quelquefois des voiles triangulaires comme *HAI*. Si on portoit le point *I* en *E* & qu'on l'y arrêtât, cette voile fe trouveroit parfaitement parallele à la quille, & elle feroit dans la fituation la plus avantageufe pour pouffer le Navire de côté & pour le faire tourner, fuppofé que le vent eût une direction perpendiculaire à la quille. Mais fi le vent foufle du côté de la poupe, on pourra, en donnant de l'obliquité à la voile & en la bordant en *I*, gagner par la grandeur de l'impulfion & avec excès, ce qu'on perd du côté de l'obliquité de l'effort par rapport à la quille.

Nous prenons le point *F* pour le centre d'effort ; l'impulfion s'exercera fur le prolongement de *M F* qui eft perpendiculaire à la furface de la voile, & elle fe décompofera en divers fens. Si *MF* repréfente l'effort abfolu, nous aurons *K F* pour l'effort relatif dans le fens vertical qui tend à foulever la proue. Pendant ce même temps-là la voile agira dans le fens horifontal avec toute la force repréfentée par *M K* ; & c'eft cette derniere force qui travaillera à faire tourner le Navire avec un bras de levier qu'on formera en abaiffant du centre de gravité *C* du Vaiffeau, une perpendiculaire *CQ* fur *MK*. Ainfi le problême fe réduit à faire un *maximum* du produit de la force qui s'exerce felon *MK*, multipliée par *CQ*.

Nous pouvons encore, fi nous le voulons, faire une nouvelle décompofition de la force qui agit felon *MK*. Nous n'avons, au point *R*, où *KM* coupe la quille, qu'à

distinguer deux forces relatives horifontales ; l'une qui agit
felon ER & qui ne tend qu'à faire avancer le Navire ,
l'autre qui s'exerce perpendiculairement à la quille felon
NR & qui travaille à le faire tourner. Mais cette derniere
agit avec le bras de levier CR, & elle a exactement le
même moment que toute la force horifontale qui agit avec
le bras de levier CQ.

Il fera au refte très-facile, en regardant comme donné
l'angle IAB que fait la bafe de la voile avec la quille,
de trouver les valeurs de toutes les lignes que nous venons
de fpécifier. Lorfque nous difons que IA eft la bafe de
notre voile, nous n'entendons pas que fon côté inférieur
vienne jufqu'en IA, nous voulons fimplement dire que
la furface de cette voile fuppofée plane, étant prolongée, coupe le plan horifontal $IAMB$ dans la ligne IA.
Le triangle IEA eft rectangle en E ; & fi nommant a la
ligne AE que nous prenons pour finus total , nous défignons par q le finus de l'angle IAC, nous aurons
$\frac{aq}{\sqrt{a^2-q^2}}$ pour l'expreffion de EI qui eft la tangente du
même angle. Suppofé , après cela, qu'on porte le point I
plus loin fur la ligne EI, la droite DI pourra toujours
être conçue perpendiculaire au cordage AH & paffer par
le centre d'effort F. Cette même ligne fera l'hypothénufe
du triangle rectangle DEI dont le côté DE eft conftant ,
& l'autre côté EI a pour valeur $\frac{aq}{\sqrt{a^2-q^2}}$. De ID, on
ôtera DF qui eft invariable , on aura IF qui fervira à
trouver FL & FK.

On confidérera auffi que le triangle IFM eft rectangle
en F, & qu'il eft femblable au triangle DEI rectangle en
E. Ainfi on trouvera aifément FM & IM dont les valeurs
ferviront à chercher celles de ML & enfuite de MK.
On cherchera après cela ER qui étant ajoutée à CE
donnera CR ; & faifant attention que le triangle CQR
rectangle en Q eft femblable au triangle MER ou au
triangle MLK, on trouvera CQ qui eft la longueur du
bras de levier.

Figure 9.

On voit évidemment que dans toutes ces valeurs il n'y aura d'autre variable que q sinus de l'angle que fait la base de la voile avec la quille. Il n'y aura non plus que cette seule variable dans le sinus de l'angle que la voile fait avec l'horison. Comme cette voile est perpendiculaire à FM & que FK est verticale, l'inclinaison de la voile ou l'angle qu'elle fait avec l'horison, est égal à l'angle KFM ; & continuant à prendre a pour sinus total, nous aurons donc $a \times \frac{MK}{MF}$ pour le sinus de cet angle, & $a^2 \times \frac{MK^2}{MF^2}$ pour son quarré. La grandeur de l'impulsion est proportionelle à ce quarré ; mais ce n'est pas toute cette force qui tend à faire tourner le Navire, c'est simplement sa partie qui s'exerce dans MK. Pour trouver cette partie nous ferons cette proportion, $MF : MK :: a^2 \times \frac{MK^2}{MF^2} : a^2 \times \frac{MK^3}{MF^3}$; & multipliant ce dernier terme par le bras de levier CQ, il nous viendra $\frac{a^2 \times MK^3 \times CQ}{MF^3}$ pour le moment avec lequel la voile travaille à faire tourner le Navire, en tant que son effort ne dépend que de sa situation, & non pas de la direction du vent.

Toutes ces choses étant supposées, si nous nommons z le sinus de l'angle VAI que fait le vent avec la base de la voile, il faudra que nous multipliïons le moment que nous venons de trouver par le quarré z^2 du sinus de l'angle VAI. Car l'impulsion d'un fluide sur une surface inclinée est proportionnelle au quarré du sinus de l'inclinaison multiplié par le quarré du sinus de l'obliquité du fluide par rapport à la base de la même surface. * C'est

donc $\frac{a^2 \times MK^3 \times CQ \times z^2}{MF^3}$ qu'il faut rendre un *maximum* ; mais pour cela il faut qu'il y ait même rapport de la premiere partie $\frac{a^2 \times MK^3 \times CQ}{MF^3}$ à sa différentielle $d\left(\frac{a^2 \times MK^3 \times CQ}{MF^3}\right)$, que de la seconde partie ou du second facteur z^2 à sa différentielle $2z\,dz$. C'est-à-dire qu'il faut que

$$\frac{d\left(\dfrac{a^2 \times MK^3 \times CQ}{MF^3}\right)}{\dfrac{a^2 \times MK^3 \times CQ}{MF^3}} = -\frac{2z\,dz}{z^2} = -\frac{2\,dz}{z}.$$

Nous avons déja remarqué que la valeur de $\dfrac{a^2 \times MK^3 \times CQ}{MF^3}$ n'eſt formée que de conſtantes mêlées avec la variable q; elle eſt une fonction de q; & nous pouvons par conſéquent exprimer le premier membre de notre équation différentielle d'une maniere générale, par $\dfrac{dq}{Q}$, ce qui nous donnera $\dfrac{dq}{Q} = \dfrac{2\,dz}{z}$.

Mais nous avons encore une condition à énoncer. Lorſqu'on fait croître le ſinus q, l'angle BAI formé par la baſe de la voile & par la quille augmente du petit angle $\dfrac{dq}{\sqrt{a^2-q^2}}$ qui eſt meſuré par le petit arc $\dfrac{a\,dq}{\sqrt{a^2-q^2}}$ qui correſpond à la petite variation dq du ſinus q. Dans ce même temps l'angle VAI de la direction du vent & de la baſe de la voile doit augmenter de la même quantité, puiſque la direction VA eſt conſtante, ou que l'angle VAB eſt invariable, & que l'angle VAI dont z eſt le ſinus ne change que par l'augmentation de l'angle BAI. Nous aurons donc $\dfrac{dq}{\sqrt{a^2-q^2}} = \dfrac{dz}{\sqrt{a^2-z^2}}$, & ſi nous diviſons cette ſeconde équation par la premiere, il nous viendra $\dfrac{Q}{\sqrt{a^2-q^2}} = \dfrac{z}{2\sqrt{a^2-z^2}}$ ou $\dfrac{az}{\sqrt{a^2-z^2}} = \dfrac{2aQ}{\sqrt{a^2-q^2}}$ qui ne contient plus de différentielle, & qui nous marquant en grandeurs connues la valeur de $\dfrac{az}{\sqrt{a^2-z^2}}$, réſoud parfaitement le problême.

On voit ſans doute que z étant le ſinus de l'angle VAI, l'expreſſion $\dfrac{az}{\sqrt{a^2-z^2}}$ indique la tangente de cet angle, & qu'ainſi nous trouverons par la formule $\dfrac{az}{\sqrt{a^2-z^2}} = \dfrac{2aQ}{\sqrt{a^2-q^2}}$, autant de différents angles VAI que nous attribuerons de différentes grandeurs à l'angle BAI. Pour chaque valeur de q ou de l'angle BAI, nous trouverons une valeur correſpondante de l'angle d'incidence, & il n'y aura qu'à raſſembler dans une table tous ces angles correſpondants.

J'ai, pour abréger le calcul, négligé le changement de

Figure 90. place du centre d'effort F; & nommant b la tangente de l'inclinaison de l'etai AH, par rapport à l'horison, j'ai eu $\dfrac{b}{\sqrt{a^2+q^2}}$ pour la valeur de $\dfrac{MK}{MF}$ & $\dfrac{3a^2qdq+b^2qdq-2q^3dq}{b^2+q^2 \times a^2-q^2}$ pour celle de $\dfrac{dq}{Q} = \dfrac{2dz}{z}$; & divisant cette équation par l'autre $\dfrac{dq}{\sqrt{a^2-q^2}} = \dfrac{dz}{\sqrt{a^2-z^2}}$, il m'est venu $\dfrac{az}{\sqrt{a^2-z^2}} = \dfrac{2ab^2+2aq^2 \times \sqrt{a^2-q^2}}{3a^2q+b^2q-2q^3}$ qui marque d'une maniere très-simple, la relation du sinus q de l'angle BAI de la voile & de la quille, & de la tangente de l'angle d'incidence VAI du vent par rapport à la base de la voile.

Cette solution, quoique particuliere, est encore très-générale. Si on rend infinie la tangente b de l'angle BAH ou si on rend exactement vertical l'axe AH, on doit retomber dans la premiere des solutions du Chapitre précédent. Il vient en effet, $\dfrac{az}{\sqrt{a^2-z^2}} = \dfrac{2ab^2 \sqrt{a^2-q}}{b^2q} = \dfrac{2a\sqrt{a^2-q^2}}{q}$; ce qui nous apprendroit, si nous ne le savions déja, qu'une voile située verticalement, ne pousse le plus qu'il est possible selon une direction perpendiculaire à la quille ou selon toute autre ligne donnée, que lorsqu'elle partage l'angle formé par la direction du vent & par cette ligne en deux angles partiaux, dont le premier ait sa tangente double de celle du second.

TABLE des dispositions les plus avantageuses des voiles d'étais & des focs pour faire tourner le Navire.

Angles du vent & de la quille.		Angles de la base de la voile & de la quille		Angles d'incidence du vent sur la voile.		Angles du vent & de la quille.		Angles de la base de la voile & de la quille.		Angles d'incidence du vent sur la voile.	
Deg.	Min.	Deg.	Min.	Deg.	Min.	Deg.	Min.	Deg.	Min.	Deg.	Min.
90	0	0	0	90	0	33	41	22	30	56	11
82	29	2	30	85	1	29	14	25	0	54	14
75	11	5	0	80	11	25	1	27	30	52	31
68	6	7	30	75	36	21	3	30	0	51	3
61	22	10	0	71	22	17	15	32	30	49	45
55	2	12	30	67	32	13	38	35	0	48	38
49	7	15	0	64	7	10	8	37	30	47	38
43	36	17	30	61	6	6	42	40	0	46	42
38	28	20	0	58	28	3	20	42	30	45	50
						0	0	45	0	45	0

Lorsque

Lorſque le vent vient de la poupe, la voile doit être
bordée comme dans la figure 90; mais ſi le vent venoit de
la proue, il faudroit que la voile fût bordée dans un ſens
contraire: nous voulons dire, qu'il faudroit porter le point
I ſur le flanc du Navire qui eſt expoſé au vent, & ce ſeroit donc alors la ſurface antérieure de la voile qui ſeroit
ſujette à l'impulſion. Nous avons ſuppoſé l'inclinaiſon de
l'étai *A H* de 45 degrés.

CHAPITRE IX.

De la ſituation la plus avantageuſe du Gouvernail, lorſque ſes diverſes parties ſont frappées par l'eau ſelon différentes directions.

NOUS nous ſommes engagés ci-devant à examiner
avec plus de ſoin l'action du gouvernail, en conſidérant
les diverſes directions que l'eau peut tenir en le venant
frapper. Nous avons vu que ce fluide s'aſſujettiſſoit à ſuivre
les contours de la poupe, & qu'ainſi il n'avoit pas pour
directions des paralleles à la quille, lorſqu'il rencontroit
le gouvernail. La vîteſſe pourroit auſſi être inégale en
haut & en bas, puiſqu'elle dépend de la rapidité du ſillage,
& outre cela de l'effort que fait le fluide pour remplir l'eſpece de vuide que le Navire laiſſeroit derriere lui, ſi le
fluide n'alloit l'occuper ſur le champ. Le phyſique dont
cette matiere eſt compliquée demanderoit à être éclairci
par des expériences auxquelles j'ai penſé pluſieurs fois,
mais que je n'ai pas eu occaſion de faire. En attendant,
il ſe préſente ici un nouveau problême à réſoudre.

Nous ſuppoſons donc que la figure 91 repréſente l'ex-
trêmité de la poupe & que *A B H G* eſt le gouvernail.
L'eau frappe en bas ſa ſurface, en ſuivant des directions

parallelles à la quille *D A*, au lieu qu'en haut le fluide a
pour directions des parallelles à *E B*. Si nous nous imaginons que *E D F* est une coupe verticale de la carene faite
perpendiculairement à la quille, très-près de l'extrêmité
de la poupe, les lignes *D E* & *D F* seront sensiblement
droites ; mais l'angle *E D F* sera plus ou moins ouvert à
diverses distances de l'étambot *A B*, & il se réduira à rien,
ou ce qui revient au même, il deviendra infiniment petit
en *A B*. Ces suppositions n'empêchent pas que toutes les
lignes horifontales, comme *I L* tracées sur la surface de la
poupe dans la petite portion de l'arriere que nous confidérons, ne foient exactement droites. La surface sera
courbe, & néanmoins comme les Géometres peuvent le
démontrer aifément, elle sera formée de lignes droites
dans deux divers sens ; dans le sens horifontal, lorfqu'on
la coupera par des plans parallelles à l'horifon, & dans le
fens vertical lorfqu'on la coupera dans le sens perpendiculaire à la quille.

Il fuit encore de-là que les tangentes des angles *L I K*
qui marquent l'obliquité du fluide par rapport à la quille,
croiffent en progreffion arithmétique, à mefure qu'on confidere des points plus élevés du gouvernail. En effet, fi
on prend pour finus total la ligne *I K* qui répond exactement au-deffus de la quille *A D*, on aura la demi-largeur
K L de la carene au point *K* pour tangente de l'angle *L I K*;
& il est évident que *K L* est continuellement proportionnelle à *D K* ou à *A I*. En bas, la demi-largeur de la carene est nulle dans la coupe *E D F*, & en haut elle devient
C E. Nous défignons cette plus grande demi-largeur par *e* ;
nous nommerons *a* le finus total & *z* les demi-largeurs
intermédiaires *K L* qui font les tangentes des angles *L I K* ;
ou nous prendrons plutôt *z* pour les finus de ces angles,
afin de rendre nos calculs plus fimples, & de mettre en
même temps plus de conformité entre notre figure, &
celle de la poupe des Navires. Les lignes *D E* deviendront un peu courbes, & elles tourneront leur concavité
endehors. Ce changement ne fera aucun mal ; la lettre a

Figure 91.

Figure 92.

désignera aussi toujours les hauteurs AI qui sont proportionnelles aux KL : car nous pouvons confondre ici diverses quantités qui sont dans le même rapport les unes que les autres. Nous nommerons enfin s le sinus de l'angle GAX, que le gouvernail fait avec le prolongement de la quille.

L'angle d'incidence du fluide sur le gouvernail est formé en chaque endroit de l'angle que le gouvernail fait avec la quille, & de celui que la quille fait avec la direction du fluide. Si la figure 92 est une coupe de la carene, faite parallélement à l'horison à une certaine hauteur audessus de la quille, l'angle d'incidence sera NOI qui est la somme de l'angle NOS égal à l'angle LIK dont z est le sinus, & de l'angle SOI égal à l'angle GAX dont le sinus est s. Ainsi, nous aurons selon les éléments de la Trigonométrie,

$$\frac{s\sqrt{a^2 - z^2} + z\sqrt{a^2 - s^2}}{a}$$ pour le sinus de l'angle d'incidence ; & si nous l'élevons au quarré, il nous viendra

$$a^2 s^2 - 2 z^2 s^2 + a^2 z^2 + 2 z s \sqrt{a^2 - z^2} \sqrt{a^2 - s^2}$$ pour l'expression du choc absolu OP de l'eau fait au point O. Nous supposons que les vîtesses du fluide sont par-tout égales ; & outre cela nous négligeons de diviser par a^2, de même que nous pouvons négliger toutes les autres quantités constantes qui ne changent point le rapport entre les impulsions que nous voulons comparer. Le choc se fait avec la même incidence sur tout le petit rectangle élémentaire Mi de la surface du gouvernail ; & si nous supposons que toutes les largeurs MI sont égales, il nous suffira de multiplier le quarré du sinus d'incidence par la petite hauteur Ii qui est proportionnelle à dz & que nous pouvons exprimer par conséquent par cette différentielle. Nous aurons donc $a^2 s^2 dz - 2 z^2 s^2 dz +$

$a^2 z^2 dz + 2 s z dz \sqrt{a^2 - z^2} \sqrt{a^2 - s^2}$ pour l'impulsion absolue de l'eau sur la petite portion élémentaire Mi du gouvernail. Cette impulsion est indiquée par OP (*fig.* 92) & il ne nous reste qu'à la décomposer en OR & en OQ pour connoître la force relative qui travaille à faire tourner le Navire.   S s ij

Nous favons déja que nous pouvons négliger la partie QR, de même que nous pouvons nous difpenfer d'avoir égard au changement de bras de levier auquel l'effort OQ eft appliqué. Nous trouverons ce dernier effort par cette analogie ; le finus total a eft à $OP = a^2 s^2 dz - 2 s^2 z^2 dz + a^2 z^2 dz + 2 s z dz \sqrt{a^2 - z^2} \sqrt{a^2 - s^2}$, comme le finus $\sqrt{a^2 - s^2}$ de l'angle OPQ eft à $a^2 s^2 dz \sqrt{a^2 - s^2} - 2 s^2 z^2 dz \sqrt{a^2 - s^2} + a^2 z^2 dz \sqrt{a^2 - s^2} + 2 a^2 s z dz \sqrt{a^2 - z^2} - 2 s^3 z dz \sqrt{a^2 - z^2}$ pour l'expreffion de OQ. Mais cette expreffion n'eft que pour la petite furface Mi, & il faut l'intégrer pour avoir l'impulfion fur toute la furface du gouvernail.

Il n'y a actuellement ici de variable que z qui augmente à mefure qu'on examine des points plus hauts de la carene. L'intégrale eft $a^2 s^2 z \sqrt{a^2 - s^2} - \frac{2}{3} s^2 z^3 \sqrt{a^2 - s^2} + \frac{2}{3} a^2 z^3 \sqrt{a^2 - s^2} - \frac{2}{3} a^2 s \times \overline{a^2 - z^2}^{\frac{3}{2}} + \frac{1}{3} s^3 \times \overline{a^2 - z^2}^{\frac{3}{2}}$; mais en faifant $z = 0$, on reconnoît que cette expreffion n'eft pas complete, & qu'il faut y ajouter $+ \frac{2}{3} a^5 s - \frac{1}{3} a^3 s^3$; ce qui nous donne $a^2 s^2 z \sqrt{a^2 - s^2} - \frac{2}{3} s^2 z^3 \sqrt{a^2 - s^2} + \frac{1}{3} a^2 z^3 \sqrt{a^2 - s^2} - \frac{2}{3} a^2 s \times \overline{a^2 - z^2}^{\frac{3}{2}} + \frac{2}{3} s^3 \times \overline{a^2 - z^2}^{\frac{3}{2}} + \frac{2}{3} a^5 s - \frac{1}{3} a^3 s^3$ pour l'impulfion relative felon OQ que reçoit chaque partie fenfible du gouvernail à commencer d'en bas. Nous n'avons qu'à faire $z = e = CE$; & nous aurons pour tout le gouvernail l'impulfion relative,
$$a^2 e s^2 \sqrt{a^2 - s^2} - \frac{2}{3} e^3 s^2 \sqrt{a^2 - s^2} + \frac{1}{3} a^2 e^3 \sqrt{a^2 - s^2} - \frac{2}{3} a^2 s \times \overline{a^2 - e^2}^{\frac{3}{2}} + \frac{2}{3} s^3 \times \overline{a^2 - e^2}^{\frac{3}{2}} + \frac{2}{3} a^5 s - \frac{2}{3} a^3 s^3$$
qui produit feule le mouvement de rotation du Navire.

Il s'agit maintenant de faire de cette impulfion un *maximum* en rendant s variable ou en faifant augmenter ou diminuer l'angle que le gouvernail fait avec la quille. Nous prenons pour cela la différentielle de cette impulfion, & nous l'égalons à zéro. La différentielle eft
$$2 a^2 e s ds \sqrt{a^2 - s^2} - \frac{a^2 e s^3 ds}{\sqrt{a^2 - s^2}} - \frac{4}{3} e^3 s ds \sqrt{a^2 - s^2} +$$

$$\frac{2e^{3}s^{3}ds}{3\sqrt{a^{2}-s^{2}}} - \tfrac{1}{3}a^{2}ds \times \overline{a^{2}-e^{2}}^{\frac{3}{2}} + 2s^{2}ds \times \overline{a^{2}-e^{2}}^{\frac{3}{2}} +$$

$\tfrac{2}{3}a^{5}ds - 2a^{3}s^{2}ds$; & si après y avoir fait quelques légeres réductions, on l'égale à zéro, on aura $\dfrac{2e^{3}-3a^{2}e}{\sqrt{a^{2}-s^{2}}}$

$$\times s^{3} + \frac{2a^{4}e-\frac{5}{3}a^{2}e^{3}}{\sqrt{a^{2}-s^{2}}} \times s + \overline{a^{2}-3s^{2}} \times \tfrac{2}{3}a^{2} - \tfrac{2}{3}\times\overline{a^{2}-e^{2}}^{\frac{3}{2}} = 0$$

qui contient la solution du Problême.

Tout est connu dans cette équation, en exceptant s que nous voulons découvrir. On aura la grandeur de CE en examinant l'angle EBF (*fig. 91.*) par lequel se termine la poupe à fleur d'eau ou dans le plan de sa flottaison. Si on suppose que cet angle est de 60 degrés, comme il l'est effectivement dans plusieurs Navires, on aura $e=\tfrac{1}{2}a$, & introduisant cette valeur dans notre équation, elle de-viendra à très-peu près $\dfrac{\frac{19}{24}a^{2}s-\frac{5}{4}s^{3}}{\sqrt{a^{2}-s^{2}}} + \tfrac{7}{30}a^{2} - \tfrac{7}{10}s^{2} = 0.$

Nous disons à très-peu près ; parce que nous nous sommes permis quelques négligences dans la réduction des frac-tions. On jugera peut-être qu'il vaut autant laisser cette équation sous cette forme pour la résoudre par approxi-mation. On trouvera enfin que l'angle du gouvernail avec le prolongement de la quille doit être d'environ $46\tfrac{2}{3}$ degrés pour produire le plus grand effet possible. Ainsi nous n'avions pas tort d'assurer dans le premier Chapitre de cette section, qu'il falloit diminuer de la grandeur as-signée à cet angle par les Géometres ; mais qu'il ne fal-loit pas pour cela le rendre aussi petit qu'on le fait toujours actuellement dans la Marine.

SECONDE SECTION.

Sur le plus ou le moins de facilité qu'ont les Navires à recevoir le mouvement de rotation ou à bien gouverner.

APRÉS avoir traité des moyens qu'on employe en mer pour faire tourner les Vaisseaux, il est naturel que nous examinions les circonstances de ce mouvement, & que nous voyions s'il est possible d'augmenter la facilité ou la promptitude avec laquelle le Navire doit le recevoir.

CHAPITRE PREMIER.

Que les temps employés à faire les mêmes évolutions par différents Vaisseaux, font comme les longueurs de ces Vaisseaux.

LES instruments ou les moyens dont on se sert pour faire tourner les grands Vaisseaux ont plus de force que ceux qu'on employe pour faire tourner les petits ; mais la difficulté que les grands Vaisseaux font à recevoir le mouvement de rotation, est encore plus grande dans un plus grand rapport. On regle ordinairement la largeur du gouvernail sur la largeur du Navire. Si un Vaisseau est deux fois plus long, deux fois plus large, deux fois plus profond, on donne deux fois plus de largeur à son gouvernail. Cet instrument enfonce aussi deux fois plus dans l'eau, & il est appliqué à un bras de levier deux fois plus long. Ainsi il a un moment huit fois plus grand pour faire tourner le Vaisseau dont les dimensions simples sont deux fois plus grandes. Mais la difficulté que la grande masse apporte à se mouvoir seroit 32 fois plus grande dans le grand Vaisseau que dans le petit, s'ils tournoient du même nombre de degrés ; & il suit de là que le grand Vaisseau, lorsqu'il obéit à son gouvernail, ne doit changer de situation que d'un angle quatre fois moindre dans le même temps.

On n'a, pour s'en convaincre, qu'à concevoir les deux Navires divisés en un égal nombre de tranches verticales perpendiculaires à leur longueur. Ces tranches, puisque la carene est deux fois plus large & deux fois plus profonde dans le grand Navire, auront quatre fois plus de surface, & elles seront outre cela deux fois plus épaisses. Ainsi elles auront huit fois plus de solidité ; ce qui répond déja au moment ou à l'effort relatif huit fois plus grand du gouvernail. Mais ce n'est pas là tout ce qu'il faut compter pour avoir la résistance que le grand Vaisseau oppose au mouvement qu'on veut lui imprimer. Ses tranches sont deux fois plus éloignées de son centre de gravité, puisque ces distances sont proportionnelles aux autres dimensions simples des Navires. En supposant donc que l'évolution est du même nombre de degrés ou de minutes, les parties du grand Vaisseau auront à parcourir des arcs deux fois plus grands ; & cette plus grande vîtesse multipliée par la masse de chaque tranche qui est huit fois plus grande, donnera 16 fois plus de mouvement. L'inertie s'exerceroit par conséquent 16 fois davantage ; & comme elle est appliquée à un bras de levier deux fois plus long, ou qu'elle est placée deux fois plus avantageusement pour résister, le moment de la résistance seroit 32 fois plus grand ; & il seroit donc quatre fois plus fort à proportion que l'agent considéré avec son levier particulier. Or la nature n'a ici qu'un seul moyen de mettre l'équilibre ou l'égalité entre les deux moments. Il faut que le grand Vaisseau, au lieu de faire dans le même temps un angle de rotation aussi grand que le petit Navire, fasse un angle de rotation quatre fois moindre.

Nous devons dire la même chose des voiles : car leurs

largeurs & leurs hauteurs font à peu près proportionnelles dans tous nos Navires ; & fi on multiplie la grandeur de leurs furfaces par le bras de levier, qui eft auffi plus long à peu près dans le même rapport, on verra que l'effort relatif que font les voiles pour faire tourner le Navire, ou que leur moment par rapport au centre de gravité commun, eft comme le cube de la longueur du Navire, ou comme cette longueur élevée à la troifieme puiffance. Ce moment feroit 27 fois plus grand dans un Navire trois fois plus long & trois fois plus large ; & il feroit 64 fois plus grand dans un Navire dont les dimenfions fimples feroient quatre fois plus grandes. Mais fi l'effort des voiles pour faire tourner le Navire, augmente dans un fi grand rapport, le moment de la réfiftance que fait le Vaiffeau feroit encore bien plus grand, fuppofé que l'évolution fût du même nombre de degrés, puifqu'outre que la quantité de la maffe à mouvoir fuit le rapport des cubes, cette plus grande maffe auroit de plus grands arcs à décrire, & que fa réfiftance eft appliquée à un bras de levier plus long. Tout compté, le moment feroit comme la cinquieme puiffance de la longueur du Navire, ou trop grand dans le rapport du quarré de la longueur. Or l'équilibre ne peut naître entre les deux moments que par la diminution de l'angle de rotation, qui, en donnant moins de vîteffe aux parties de la maffe, excitera moins leur inertie ou leur réfiftance. Ainfi cet angle doit fuivre la raifon inverfe du quarré de la longueur du Vaiffeau.

Si le grand Navire eft 3 ou 4 fois plus long, il ne fera dans un temps donné qu'un angle de rotation 9 fois ou 16 fois plus petit ; mais cet angle obfervera les loix de l'accélération, puifque la vîteffe acquife dans les premiers inftants ne fe perd pas, & qu'elle va toujours en augmentant. Ainfi pour que le grand Vaiffeau parvienne à un angle de rotation auffi grand que l'autre Navire, il lui faudra fimplement 3 fois ou 4 fois plus de temps ; & ce fera toujours fenfiblement la même chofe : les temps que les Vaiffeaux de différentes grandeurs, mais femblables, employeront à faire la même évolution, feront comme les longueurs de ces Navires.   Cette

Cette différence est justifiée par une expérience journaliere, on voit fréquemment qu'un petit Navire circule autour d'un grand, pendant que celui-ci reste comme immobile malgré l'action de toutes les forces qu'on employe pour le faire tourner. S'il ne faut que 4 ou 5 minutes à une corvette d'environ 60 pieds de longueur pour faire une certaine évolution, il faudra 10 ou 15 minutes pour faire la même évolution, dans nos plus grands Vaisseaux qui sont deux ou trois fois plus longs. Cet inconvenient contribue beaucoup à augmenter le péril auquel les plus grands Vaisseaux sont exposés proche des côtes. Ils trouvent peu de Ports propres à les recevoir; souvent il n'y a pas assez d'eau pour eux à une certaine distance de terre; & ce qui n'est pas quelquefois un moindre mal, ils ne changent pas assez vîte de direction, ils ne tournent pas assez promptement, lorsqu'il s'agit d'éviter quelque danger. Si on consentoit à rendre la barre du gouvernail plus courte d'une cinquieme ou sixieme partie dans les plus grands Vaisseaux, le mal cesseroit en partie : car on seroit maître ensuite de donner au gouvernail dans les rencontres pressantes une situation plus avantageuse, & on y gagneroit environ le quart du temps qu'on perd actuellement à imprimer le mouvement de rotation.

Au reste ce désavantage des gros Vaisseaux tient à d'autres propriétés qui sont réellement avantageuses. D'un gros temps, un grand Vaisseau n'est que peu agité par le choc des vagues, & il est tranquille pendant qu'un petit Navire reçoit toute l'agitation de la mer. Un grand Vaisseau est moins sujet, comme on l'a vu, au roulis & au tangage, ces balancements dont nous avons parlé, qui se font dans le sens de la largeur & dans le sens de la longueur. Cela vient de ce qu'une grande masse prend toujours plus difficilement de la vîtesse, & de ce que le volume du corps contribue encore souvent à augmenter cette difficulté par l'augmentation qu'il apporte à ses bras de leviers. C'est aussi par les mêmes raisons que les grands Vaisseaux obéissent difficilement au gouvernail & aux voi-

T t *

les lorſqu'il s'agit de changer de directions. Mais puiſqu'ils ont l'avantage de rouler & de tanguer peu, & qu'ils portent cette propriété à un très-haut degré, on eſt autoriſé à en ſacrifier une petite partie, lorſqu'on les conſtruit ou même lorſqu'on arrange leur charge ; & le Navigateur peut mettre toute ſon attention à faire enſorte qu'ils gouvernent moins lentement.

CHAPITRE II.

Moyen de calculer le temps employé par un Vaiſſeau à tourner d'une certaine quantité.

LES principes que nous avons établis dans la ſeconde Section du Livre précédent nous mettent en état de faire aiſément ce calcul. Nous avons vu qu'un Navire, ou que tout autre corps pouſſé par un point différent de ſon centre de gravité, prenoit néanmoins tout le mouvement employé réellement à le pouſſer. Il faut conſidérer le Vaiſſeau comme parfaitement libre ; car l'eau ne fait de réſiſtance ſenſible qu'à une grande vîteſſe, & elle ne réſiſte pas à un mouvement qui ne fait que commencer. D'ailleurs le mouvement n'eſt ici altéré par l'intervention d'aucun levier, & il eſt exprimé par la vîteſſe que prend le centre de gravité. Ainſi, s'il étoit poſſible de pouſſer le Navire de côté avec une force équivalente à toute ſa peſanteur, ſon centre de gravité prendroit la même vîteſſe, qu'un corps qui tombe librement vers la terre par l'action de ſa peſanteur ; mais comme la force employée à pouſſer le Navire eſt toujours très-petite en comparaiſon de ſa peſanteur, ſon centre de gravité doit faire auſſi moins de chemin dans le même rapport.

Repréſentons-nous un des plus grands Vaiſſeaux qui peſe 3600 tonneaux ou 7200000 livres, & conſidérons-le lorfqu'il fait plus de deux lieues par heure, & lorfque fon gouvernail fitué obliquement avec un angle de 45 degrés, pouffe la poupe de côté avec une force d'environ 3000 liv. Cette force, au lieu d'être égale à la pefanteur totale du Vaiffeau, n'en eft qu'environ la 2400ᵉ partie; & il fuit de-là que le centre de gravité du Vaiffeau, au lieu de prendre cette grande vîteffe avec laquelle nous voyons les corps fe précipiter vers la terre, n'en prendra que la 2400ᵉ partie. Si on veut connoître la grandeur de l'effet dans une demi-minute ou 30 fecondes, on trouvera dans la petite Table inférée dans le fecond Chapitre de la feconde Section du Livre précédent, qu'un corps qui tombe librement defcend de 13575 pieds dans les 30 premieres fecondes; mais puifque le Vaiffeau eft expofé à une force 2400 fois plus foible à proportion de fa maffe, il ne doit, en cédant à l'effort de fon gouvernail, avancer de côté que de la 2400ᵉ partie de 13575 pieds; & par conféquent fon centre de gravité ne fera qu'environ $5\frac{5}{8}$ pieds. C'eft-là un des effets de l'action du gouvernail.

Si la figure 73 repréfente le Vaiffeau dont il s'agit, & que l'effort latéral $N L$ que fait le gouvernail en pouffant de côté foit 2400 fois plus foible que la pefanteur du Navire, le centre de gravité G paffera en g & parcourra donc en une demi-minute le petit efpace Gg qui ne fera que de $5\frac{5}{8}$ pieds. Nous n'aurons toujours, pour découvrir la grandeur de cet efpace, qu'à faire cette fimple analogie, la pefanteur totale du Navire eft à l'efpace parcouru par un corps qui tombe librement par l'effet de fa pefanteur, comme la force qui pouffe le Navire de côté fera à Gg.

Mais nous avons après cela le mouvement de rotation ou le mouvement gyratoire à confidérer. Ce mouvement dépend du point C qui refte immobile ou qui fert de centre de converfion; & nous avons vu dans le premier Livre* que ce point eft toujours fitué de l'autre côté du centre de gravité G, par rapport à l'agent qui travaille à produire le mouvement. Si toute la maffe du Navire fe réduifoit à la groffeur de fa quille, le point C fur lequel fe feroit le

Voyez le Chap. XIII. de la feconde Section.

 mouvement de rotation par l'action du gouvernail, feroit éloigné du centre de gravité G de la fixieme partie de toute la longueur *AB*. Suppofé que le Vaiffeau eût la figure d'un parallélipipede rectangle quatre fois plus long que large, le centre de converfion *C* feroit un peu plus loin du centre de gravité *G*, il feroit à la diftance *CG* qui auroit le même rapport à toute la longueur *AB* que 17 à 96.

Mais ce n'eft pas la même chofe lorfqu'on fait fouffrir quelque diminution à la groffeur du Navire par fes deux extrêmités. Si on lui donne la figure d'un fphéroïde elliptique quatre fois plus long que large, l'intervalle *CG* entre les deux centres ne fera plus que la $9\frac{7}{17}^{e}$ partie de toute la longueur *AB*; c'eft-à-dire, que lorfqu'il s'agit de l'effet du gouvernail, l'efpace *CG* eft à la longueur du Navire comme 17 à 160. Si on pouvoit diminuer encore plus la groffeur du Navire par l'avant & par l'arriere, qu'on pût les réduire, par exemple, à des angles rectilignes d'environ 28 degrés 58 minutes, ou qu'on pût donner à tout le corps du Navire la forme d'un rhombe dont une diagonale fût quadruple de l'autre, l'intervalle *CG* feroit encore moindre, il ne feroit plus enfuite à *AB* que comme 7 à 128, ou il n'en feroit qu'une $18\frac{2}{7}^{e}$ partie.

Il eft évident que, toutes chofes d'ailleurs égales, on ne fauroit rendre l'intervalle *GC* trop petit, pour que le Navire gouverne mieux ou qu'il obéiffe plus promptement au gouvernail. Car *GC* étant plus petit, l'angle de rotation *GCg* qui eft foutenu par l'efpace *Gg* parcouru par le centre de gravité *G*, fera d'autant plus grand que *GC* fera moindre. C'eft ce que nous avons montré dans le premier Livre, & ce que nous fommes obligés de remettre fous les yeux des lecteurs. Il eft d'ailleurs de la plus grande importance de favoir que le centre *C* de converfion des corps dépend extrêmement de leur figure, & que ce centre peut changer beaucoup de place par la diverfe forme du folide, quoique le centre de gravité refte exactement dans le même point.

Si en conséquence de la forme du Vaisseau, l'intervalle Figure 73.
GC est la 9e partie de toute la longueur AB, il sera
d'environ 20 pieds dans l'exemple que nous nous sommes
proposé. Nous connoîtrons après cela les deux côtés Gg
& GC du triangle rectangle gGC, autant qu'il est nécessaire. Le premier Gg est de $5\frac{1}{8}$ pieds, & le second
GC sera de 20 pieds. Il n'y aura donc qu'à résoudre le
triangle par le moyen d'une figure ou par le calcul pour
avoir l'angle de rotation BCb. On le trouvera de 15 degrés
51 minutes, & ce sera la quantité dont le Vaisseau tourne
ou change de direction en 30 secondes par l'action de son
gouvernail.

Le Vaisseau parcourra cet angle d'un mouvement accéléré, à cause de l'accélération du centre de gravité G le
long de Gg. Dans un temps plus long ou plus court, il
parcourra des angles qui seront comme les quarrés des
temps. Ainsi dans le quart de la demi-minute ou en $7\frac{1}{2}$
secondes, il changera seize fois moins de direction, &
il ne parcourra par conséquent qu'environ un degré dans
les premieres $7\frac{1}{2}$ secondes. Si le temps est au contraire
deux ou trois fois plus long que celui pour lequel nous
avons fait notre premier calcul, le Navire changera quatre
fois ou neuf fois plus de situation. Il tournera donc d'environ 64 degrés en une minute entiere. Mais cette détermination est beaucoup moins exacte que les premieres par
plusieurs causes. Le gouvernail, dans les grandes évolutions, cesse d'être frappé avec la même force : de plus,
les degrés de mouvement ajoutés à ceux qu'a déja reçu le
Navire, ne forment plus une somme dans laquelle rien
ne se perde. Le centre de conversion C change de place ;
& enfin lorsque le mouvement de rotation est grand, les
extrêmités du Navire éprouvent une assez grande résistance
de la part de l'eau en la choquant. Ainsi le mouvement
gyratoire du Navire ne doit suivre la loi assignée, que
lorsqu'il s'agit de petits angles. Alors dans un temps double, le Navire change assez exactement quatre fois plus
de direction ; dans un temps triple, il en change neuf fois
plus, &c.

Figure 73.

. Nous pouvons nous fervir de la même méthode pour découvrir l'effet d'une voile par rapport au mouvement de rotation. Cette voile fera parcourir de côté au centre de gravité G du Navire un efpace Gg qui fera également proportionnel à l'effort qu'elle fera dans le fens perpendiculaire à la quille. Mais il y aura de la différence à l'égard du centre de converfion ou de rotation. Comme la voile fera à une moindre diftance du centre de gravité G que le gouvernail, le centre de rotation fera plus loin dans le même rapport, & toujours du côté oppofé à la voile à l'égard du centre de gravité. Ainfi, fuppofé qu'on fe ferve de l'artimon, le centre de converfion C ou le point qui refte immobile pendant le mouvement de rotation, fera fimplement plus éloigné du centre de gravité G. Mais fi on fe fert de la mifaine ou de fon hunier, le centre de converfion fera vers la poupe ; & il fera d'autant plus éloigné du centre de gravité G que le mât de mifaine fera plus près de ce dernier centre.

Suppofons qu'on fe ferve effectivement des voiles du mât de mifaine M, & qu'elles ne foient éloignées du centre de gravité G que de 60 pieds, au lieu que le gouvernail en étoit éloigné de 90 ; le centre de converfion c fera en arriere du centre de gravité G, & l'intervalle Gc fera d'autant plus grand que les voiles de mifaine font plus proche du centre de gravité G. L'intervalle GC étoit de 20 pieds lorfqu'il s'agiffoit du gouvernail ; & il fera donc de 30 pieds dans le fens contraire pour les voiles de mifaine. Mais il ne fuffit pas de connoître Gc, il faut que nous fachions la quantité Gg dont le centre de gravité G du Vaiffeau eft tranfporté de côté.

Les voiles du mât de mifaine ont à peu-près 7000 pieds quarrés de furface, & fi le vent fait un effort de 2 livres fur chaque pied quarré felon le fens perpendiculaire à la quille, l'effort total fera d'environ 14000 livres ou égal à environ une 590ᵐᵉ partie de la pefanteur du Vaiffeau. Dans une demi-minute de temps le centre de gravité G fera donc mû de prefque 23 pieds qui eft la 590ᵐᵉ partie de

la chûte naturelle (13575 pieds) d'un grave en une demi-
minute. Or cette grandeur de Gg apportera plus d'augmentation à l'angle de rotation ou au changement de direction du Navire, que le plus grand intervalle Gc n'y
apportera de diminution. Nous ferons cette analogie : les
30 pieds de Gc sont au sinus total, comme les 23 pieds
de Gg seront à la tangente de l'angle de rotation Gcg qui
se trouvera de cette sorte d'environ $37\frac{1}{2}$ degrés.

Expression Algébrique de l'angle de rotation du Navire.

AVANT de terminer ce Chapitre, nous donnerons une
formule générale de l'angle de rotation, laquelle pourra
servir dans quelques rencontres. Nous nommerons a la
distance BG du centre de gravité du Navire à l'extrêmité
B de sa poupe, c l'intervalle GC entre le centre de gravité & le centre de conversion, lorsque le Navire est
poussé par l'extrêmité de l'arriere, b la distance BM de
cette même extrêmité au point M, où est appliqué l'agent
qui cause le mouvement de rotation, f la force absolue
de cet agent, P la pesanteur du Vaisseau, & t le nombre de secondes pour lequel on veut avoir l'angle de conversion. Nous aurons d'abord $15\frac{1}{12}t^2$ pour la chûte libre
d'un grave exprimée en pieds-de-roi pendant le temps t.
Mais l'espace Gg parcouru par le centre de gravité du
Navire doit être plus petit que $15\frac{1}{12}t^2$, dans le même
rapport que f est moindre que P. Nous aurons donc $\frac{15\frac{1}{12}t^2 f}{P}$
pour l'expression générale de Gg.

Nous avons désigné par c l'intervalle GC entre les centres de gravité & de conversion pour le cas où le Navire
est poussé par le point B qui est éloigné du centre de
gravité G de la distance a; Mais lorsque le Navire est poussé
par le poinr M, qui est éloigné du centre de gravité de
la distance $MG = b - a$, l'intervalle entre les centres de
gravité & de conversion doit être plus petit ou plus grand

 en raison inverse de BG & de MG. Nous aurons donc $\frac{ac}{b-a}$ pour la distance actuelle du centre de conversion c au centre de gravité G; & il ne nous reste plus pour avoir la grandeur de l'angle de conversion Gcg qu'à prendre $\frac{ac}{b-a}$ pour rayon, & chercher l'angle auquel répond $Gg = \frac{15\frac{1}{12}t^2 f}{P}$ pris pour tangente.

On peut faire encore mieux, on peut prendre Gg pour un arc de cercle, & le chercher à proportion du rayon qui est égal à très-peu-près à 3438 minutes. La génération du mouvement étant une fois faite, nous pouvons faire abstraction du mouvement de G, & le point c décrira ensuite autour de G un arc de cercle exactement égal à Gg. Nous sommes par conséquent autorisés à faire cette analogie; l'intervalle $\frac{ac}{b-a}$ entre les centres de gravité & de conversion est à 3438 minutes, valeur du rayon ou du sinus total, comme $\frac{15\frac{1}{12}t^2 f}{P}$ valeur de Gg sera à l'angle Gcg qu'on trouve égal à $\frac{51856 \times t^2 f \times \overline{b-a}}{acP}$.

Nous aurons donc la *formule* $\frac{51856 \times t^2 f \times \overline{b-a}}{acP}$ pour la valeur de l'angle de rotation exprimée en minutes pour le nombre de secondes de temps t. Il suffira d'y introduire les valeurs de f & de P, indiquées en livres ou en tonneaux, & les valeurs de $BG = a$, de $GC = c$ & de $BM = b$, énoncées en pieds-de-roi. Si on cherche l'effet que peut produire une des voiles de la proue située en M, b sera plus grande que a & l'angle de conversion se trouvera positif, quoiqu'il se fasse dans un sens contraire à celui que représente la figure 73. Si l'agent exerçoit sa force sur le Navire en le poussant par son centre de gravité, l'angle de rotation deviendroit nul. Les Lecteurs en savent la raison; le centre de conversion se trouveroit à une distance infinie, & le Navire en changeant de place resteroit toujours parallele à lui-même; il ne tourneroit pas. Enfin, si on vouloit avoir l'effet d'une voile de la
poupe

poupe ou l'effet du gouvernail, l'angle se trouveroit négatif ; c'est-à-dire, qu'il seroit tel que l'exprime la fig. 73.
Nous pourrions nous dispenser d'ajouter qu'il faut faire $b = o$
pour le gouvernail. Mais nous ne saurions trop avertir que
notre formule n'est d'une exactitude suffisante que pour
les angles très-petits.

Figure 73.

CHAPITRE III.

Déterminer par l'expérience le centre de gravité du Navire, & le point sur lequel se fait le mouvement de rotation.

Une chose nous seroit très-avantageuse ; ce seroit
d'avoir quelque moyen commode de déterminer les
points de la longueur du Navire où se trouvent le centre
de gravité & le centre de conversion. Nous avons donné
dans la premiere & seconde section du livre précédent
des moyens de calculer la situation de ces centres. Mais
outre que ces calculs sont très-longs & très-rebutants , on
seroit sujet à tomber dans des erreurs considérables par le
grand nombre d'omissions qu'on pourroit commettre. Il
vaudroit donc bien mieux pouvoir parvenir aux mêmes déterminations par le moyen de quelques expériences assez
directes. Si on en faisoit l'application sur différents Navires pendant qu'ils sont encore dans le port , on jugeroit
de leurs bonnes ou mauvaises qualités , par rapport à leur
maniere de gouverner lorsqu'ils seroient en mer. On en
tireroit des lumieres qui éclaireroient les Constructeurs, &
on en tireroit aussi quelquefois une utilité plus prochaine ,
en apprenant les changements qu'il seroit à propos de
faire à la distribution de la charge, & des autres parties
qu'on a la liberté de changer de place dans le Vaisseau.

Nous avons souhaité qu'on constatât en mer pour chaque Navire l'état dans lequel on remarque qu'il navigue

le mieux. On examineroit avant cela à terre de combien de tonneaux ce Navire eſt chargé ; le volume d'eau qu'occupe toute ſa carene ; la quantité dont il plonge par la proue & par la poupe ; la hauteur de ſon centre de gravité ; l'inclinaiſon que lui cauſe un certain poids placé à une certaine diſtance de ſon milieu vers un côté ; le nombre de ſecondes qu'il met à faire chacune des oſcillations du roulis lorſqu'elles ſont parfaitement libres. Toutes ces recherches contribueroient à perfectionner la partie méchanique de l'Art Nautique. Mais il faudroit joindre à toutes les recherches précédentes l'examen de la propriété que doit avoir le Navire de tourner avec facilité ou de bien gouverner par le moyen du gouvernail & des voiles. C'eſt ce qui m'a fait penſer qu'on pourroit employer avec ſuccès les pratiques ſuivantes.

Premier moyen de déterminer le point ſur lequel le Navire tourne lorſqu'il eſt pouſſé par ſon gouvernail , & de trouver le centre de gravité du Navire , &c.

Il faudroit choiſir dans un port quelque endroit où la mer fût parfaitement tranquille & où il ne fît point de vent. Lorſqu'il y a un baſſin, on le préféreroit ; & on attendroit quelqu'un de ces beaux jours dans leſquels il regne un calme parfait. On laiſſeroit le Vaiſſeau *A B* (*fig. 93.*) parfaitement libre, ou s'il étoit toujours retenu par quelques cordages, on les rendroit aſſez lâches pour qu'ils ne miſſent point d'obſtacles au mouvement qu'on veut lui imprimer. Un autre cordage *B L Q* feroit appliqué à l'extrêmité *B* de la poupe , il paſſeroit ſur la poulie *L*, qui feroit ſoutenue d'une maniere parfaitement fixe ſur le bord du quai ou de quelque ponton qu'on auroit rendu ſtable, & ce cordage ſoutiendroit un poids *Q* d'une peſanteur connue & aſſez conſidérable. Le Navire eſt en repos, & le poids *Q* qui eſt ſoutenu par quelque cordage n'agit point

Figure 93.

encore ; mais on l'abandonne tout-à-coup à sa pesanteur , Figure 93.
il tire la poupe vers le quai , & il fait tourner le Navire.
Si on faisoit durer l'expérience trop de temps , ce mouvement de rotation deviendroit trop grand , & le cordage
BL cesseroit d'être assez exactement perpendiculaire à la
longueur du Navire. Il suffiroit apparemment de donner
une minute ou une demi-minute au Navire pour tourner
& au corps Q pour descendre ; & il n'y auroit qu'à observer à la fin de ce temps le changement de situation de l'un
& l'autre corps.

On pourroit dans un bassin mesurer la distance de la
poupe & de la proue à certains points qu'on prendroit pour
termes ; mais il seroit plus simple de voir par le moyen du
cordage même BLQ ou d'un fil placé à côté, de combien
la poupe s'approche de la poulie L , pendant la demi-minute
ou les 30 secondes qu'on donne de durée à l'expérience.
En même temps que la poupe B s'approcheroit du quai ,
la proue A s'en éloigneroit , & il suffiroit, pour mesurer ce
mouvement, d'une simple ficelle AF qui étant arrêtée à quelque point A de la proue, s'étendroit sur le quai jusqu'en
F , & il y auroit à cette extrêmité quelque pierre peu grosse
qui feroit autant de chemin que la proue , mais qui ayant
peu de grosseur ne formeroit pas un obstacle sensible au
mouvement de rotation du Navire.

Le tout pourroit s'exécuter de mille manieres différentes que nous laissons à imaginer aux lecteurs. Connoissant
la quantité dont le Navire s'est approché de terre par sa
poupe & éloigné par sa proue pendant le temps de la demi-
minute , on les ajoutera ensemble , & comparant leur
somme à la longueur du Vaisseau , on aura l'angle de rotation. La figure 94 nous représente ce mouvement. Le Figure 94.
Navire avoit d'abord la situation AB ; mais pendant que
sa poupe a passé de B en $2B$, sa proue a parcouru l'espace
$A\,2A$. Nous ajoutons donc $B\,2B$ & $A\,2A$ que nous
ont données nos changements de longueurs de nos ficelles
appliquées à la proue & à la poupe. Cette somme est
$F\,2A$; & il ne nous reste plus qu'à faire cette analogie :

V v ij

la ligne $2BF$ qui eft parallele & égale à la longueur du Navire eft au finus total comme $F2A$ eft à la tangente de l'angle $F2B2A$ dont le Navire a changé de directions en paffant de la fituation AB à la fituation $2A2B$.

On pourra quelquefois découvrir cet angle par un autre moyen qui fera fufceptible d'une plus grande précifion. Si on met des mires ou pinnules dans le Vaiffeau à une affez grande diftance les unes des autres, fi on en met une, par exemple, vers la poupe & l'autre vers la proue, & que vifant par ces pinnules on remarque quelque point très-éloigné à terre qui réponde dans leur direction, il n'y aura qu'à voir à la fin de l'expérience, c'eft-à-dire à la fin d'une minute ou d'une demi-minute, fur quel autre point font dirigées les mires ou pinnules; & on mefurera enfuite avec les inftruments qui font en ufage dans le Pilotage, l'angle que comprennent les deux points éloignés, en les obfervant du Vaiffeau & du centre de converfion qu'on connoît toujours à peu près d'avance. Au lieu de pinnules, on pourra fe fervir d'une lunette : mais encore une fois nous laiffons à l'obfervateur à choifir les moyens qu'il employera, & à entrer par lui-même dans un certain détail de réflexions qui foient capables de lui fuggérer plufieurs expédients.

L'expérience étant faite, on la répétera en faifant agir le poids Q (*fig. 93.*) fur quelqu'autre point D du Navire affez confidérablement éloigné du premier point B. La puiffance étant dans ce fecond cas appliquée à une diftance beaucoup moindre du centre de gravité G du Navire, le centre de converfion en fera plus éloigné de l'autre côté dans le même rapport, & fi le poids Q eft toujours le même & qu'on ne faffe toujours durer l'expérience que le même temps, l'angle de rotation fera beaucoup plus petit. On déterminera cet angle avec le même foin dans cette feconde expérience que dans la premiere ; & il n'y aura plus qu'une fimple analogie à faire pour découvrir le centre de gravité G du Navire. La différence des deux angles de rotation trouvés par les deux expériences, fera à BD,

comme le plus grand des deux angles de rotation fera à
B G ou comme le plus petit fera à *D G.*

  L'analogie précédente eſt fondée ſur ce que nous avons
fait voir dans la ſeconde Section du premier Livre * que
la grandeur de l'angle de rotation eſt proportionnelle au
moment de l'agent qui produit le mouvement gyratoire.
L'eſpace *G g* que parcourt le centre de gravité du Navire
(*fig. 94.*) eſt proportionnel à l'action abſolue de l'agent,
& cet eſpace eſt le même dans nos deux expériences,
puiſque nous avons employé le même poids *Q*, & que
nous avons donné aux deux expériences la même durée.
L'angle de rotation eſt donc ici plus ou moins grand par
la ſeule raiſon que le point *C* ou *c* ſur lequel le Navire
tourne eſt plus ou moins éloigné du centre de gravité *G.*
Si l'intervalle *G c* eſt deux ou trois fois plus grand que
G C, l'angle de rotation ſera ſenſiblement deux ou trois
fois plus petit. Mais puiſque *G C* & *G c* ſont en même
raiſon que *G D* & *G B*, les deux angles de rotation qui
ſont en raiſon inverſe de *G C* & de *G c*, ſont en raiſon
directe des deux diſtances *B G* & *D G* de l'agent au centre
de gravité *G.* Ainſi on peut comparer les angles de rotation
à ces diſtances, pendant qu'on compare la différence des
angles à la différence *B D* des diſtances.

  Quant au centre de converſion, une ſeule des expériences ſuffit pour le déterminer. *B 2 B* (*fig. 94.*) eſt l'eſpace
qu'a parcouru la poupe dans la premiere expérience, &
F 2 A eſt la ſomme des eſpaces parcourus par la proue &
par la poupe. Nous pouvons donc faire cette analogie :
la ſomme *F 2 A* des deux mouvements eſt à toute la longueur 2 *B F* du Navire, comme l'eſpace *B 2 B* parcouru
par la poupe ſera à *B C*, diſtance de la poupe au point *C*
ſur lequel le Navire a tourné.

  Le mouvement de rotation ſe fait ſur le point *C*, parce-
que la force qui le produit agit en *B* à l'extrêmité de la
poupe. Mais c'eſt la même choſe que ſi on avoit le centre de rotation pour tous les autres points auxquels l'agent
peut ſe trouver appliqué ; puiſque *G C* & *G c* ſont nécef-

Figure 93.
& 94.

* Chap. XIV.

fairement en raifon réciproque de GB & de GD, & que le produit $DG \times Gc$ eft conftant pour chaque Navire. Nous le répétons, parce qu'il faut y faire une attention continuelle lorfqu'il s'agit des mouvements d'évolution. Si prenant pour diametre l'intervalle compris entre les points B ou D où eft appliqué chaque agent & le centre de converfion correfpondant C ou c, on décrit des demi-cercles BEC, DEc; tous ces demi-cercles fe couperont dans le point E qui eft à l'extrêmité de la perpendiculaire GE élevée au centre de gravité G. Tous les produits dont nous parlions feront égaux entr'eux & au quarré de GE.

Mais pour revenir à nos expériences, elles nous feront connoître auffi la pefanteur du Navire, mais d'une maniere, il eft vrai, qui ne doit pas être extrêmement exacte, parce qu'on déduit cette pefanteur de celle du poids Q, & que les erreurs d'une détermination font toujours d'autant plus confidérables, qu'on fe fert d'une petite quantité pour en découvrir une plus grande. Quoi qu'il en foit, on trouvera l'efpace Gg par cette fimple analogie; le finus total eft à la tangente de l'angle de rotation, ou la longueur $2BF$ du Navire eft à $2AF$, comme GC eft à Gg. Après cela il n'y aura plus qu'à voir combien cet efpace parcouru par le centre de gravité du Navire eft de fois moindre que l'efpace parcouru par un grave, lorfqu'il tombe librement par l'action de fa pefanteur dans le même temps, & on faura combien la pefanteur du Navire eft de fois plus grande que celle du poids Q.

L'efpace Gg s'eft, par exemple, trouvé de 5 pieds pendant une demi-minute, & il eft par conféquent la 2715me. partie de la chûte libre d'un corps qui tombe de 13575 pieds dans le même temps. C'eft une marque que les deux corps actuellement mûs, le Vaiffeau & le poids Q pefent 2715 fois plus enfemble que le poids Q qui produit ici tout le mouvement. L'efpace Gg n'eft fi petit que parce que les deux corps à mouvoir forment une très-grande maſſe ; mais il ſuit de-là que le Vaiſſeau peſe ſeul 2714 fois plus que le corps Q ; & ſi ce corps peſe 500 livres ou un quart de tonneau, la peſanteur du Vaiſſeau ſera d'un peu plus de 678 tonneaux. En un mot, nous faiſons cette analogie ; l'eſpace Gg eſt à 13575 pieds moins Gg, comme la peſanteur du poids Q eſt à celle du Vaiſſeau.

Figures 93 & 94.

Second moyen de déterminer par l'expérience le centre de rotation & le centre de gravité du Navire.

LE ſecond moyen que nous avons à propoſer a beaucoup de rapport avec le premier, mais nous le croyons plus ſûr & plus facile à mettre en exécution, quoiqu'il demande enſuite dans le cabinet un peu plus de calculs. Au lieu de laiſſer le Navire parfaitement libre, nous le fixons par un point M (_fig._ 95). Nous tendons, par exemple, du bas M du mât de miſaine trois différents cordages qui vont ſe rendre audehors du Navire à trois points qui réſiſtent aſſez. Le Navire dont AB eſt la longueur, ne pourra enſuite tourner que ſur le point M, & pour produire ce mouvement, nous ferons agir un poids Q ſelon une direction BL perpendiculaire à la longueur du Navire. Nous nommerons p la peſanteur connue du poids Q, & b la diſtance BM qui ſert de bras de levier à ce poids. Nous déſignerons par x la diſtance inconnue GM du centre de gravité G au point M ; & nous nous rappellerons l'expreſſion $\int E^2 \, dm$ qui marque le produit de chaque partie dm de la maſſe du Navire, multipliée par le quarré de ſa diſtance E au centre de gravité G.

Figure 95.

Nous ſuppoſerons, pour un moment, que le centre de gravité G eſt déja connu, & que le Navire étant arrêté par ce point, il s'agit d'évaluer le mouvement que lui donnera le poids Q. Chaque partie de la maſſe du Navire s'oppoſe moins par ſon inertie à ce mouvement, que ſi elle étoit en B. Ces parties de matiere ſituées dans tous les autres points prennent moins de vîtesse, elles ont de moindres arcs à décrire, & outre cela la résistance que fait ce mouvement est appliquée à un bras de levier moins long. Ainsi pour savoir la masse qu'il faut substituer en B pour qu'elle fasse précisément la même résistance au mouvement que tout le corps du Navire lorsqu'il tourne autour de G, il faut pour chaque grain dm de matiere en substituer en B un autre qui soit d'autant plus petit que le quarré E^2 de sa distance au centre G est plus petit que le quarré de BG. C'est-à-dire, que pour chaque grain dm de matiere, il faut en mettre un autre qui ne soit que $\frac{E^2 dm}{BG^2}$; & pour la masse entiere du Vaisseau, il faut par conséquent placer en B une masse $\frac{\int E^2 dm}{BG^2}$. Cette masse sera beaucoup plus petite que celle du Vaisseau, & en même temps beaucoup plus grande que celle du poids Q. Au reste, il nous sera très-facile de la connoître, dans la supposition que nous faisons que le Navire tourne autour de G.

Nous n'aurions, en effet, qu'à observer le mouvement du Vaisseau pendant une minute ou plutôt une demi-minute. Le point B passeroit en b, nous mesurerions Bb, & examinant combien cet espace est plus court que ceux que les graves parcourent en tombant par l'action libre de leur pesanteur, nous saurions combien la masse qu'il faut imaginer en B pour tenir lieu de celle du Navire, est plus grande que celle du poids Q. Si l'espace Bb est deux ou trois mille fois moindre que l'espace parcouru librement par les graves, ce sera une marque que la masse $\frac{\int E^2 dm}{BG^2}$ est deux ou trois mille fois plus pesante que Q, ou, pour parler plus exactement, qu'elle est plus pesante 1999 ou 2999 fois. La pesanteur p du poids Q est connue; nous aurons donc la masse $\frac{\int E^2 dm}{BG^2}$; & si nous la multiplions par BG^2, il nous viendra le moment $\int E^2 dm$ de la résistance que fait le Navire à tourner autour de son centre de gravité. Moment qui est comme nous l'avons vu

dans

dans la troifieme Section du premier livre * égal au produit   * Chap. VIII.
de la pefanteur ou de la maffe entiere du Navire multipliée
par les diftances du point de percuffion & du centre de
converfion au centre de gravité. Ce moment $\int E^2\, dm$, fi   Figure 95.
on nomme P la pefanteur du Navire de la figure 93 ou
94, eft égal à $P \times BG \times GC$ ou à $P \times DG \times Gc$. Voyez
fur cela le Chapitre cité.

Mais le centre de gravité G du Navire n'eft pas connu,
& fa détermination fait ici un des objets de nos recherches. Je fixe le Navire par des cordages qui fe rendent
vers le bas M de fon mât de mifaine ou à quelqu'autre
point; & je fais tourner ce Navire par le moyen d'un
poids Q dont p exprime la pefanteur; j'obferve la grandeur de l'efpace Bb parcouru par le point B dans un
certain temps, & comparant cet efpace à celui que parcourt un grave en tombant librement, je vois combien
la maffe qu'il faut imaginer en B eft plus grande que le
poids Q. Je nomme $h + 1$ l'expofant de ce rapport; je
veux dire que $h + 1$ marque combien de fois l'efpace Bb
eft plus petit que l'efpace que parcourt un grave en defcendant librement; & multipliant par h la pefanteur p
nous aurons hp pour la maffe qu'il faut imaginer en B pour
tenir lieu de celle du Navire. Cette maffe prendroit en B
d'autant plus de vîteffe que le rayon b ou BM de l'arc
qu'elle décriroit feroit plus grand, & il faut encore
multiplier par b ou par BM, parce que cette longueur
fert de bras de levier auquel eft appliquée la réfiftance que
fait le mouvement bhp. Nous avons donc $b^2 hp$ pour le
moment du mouvement ou pour le moment de la réfiftance, lequel doit être égal au moment de la réfiftance
que le Navire fait à tourner fur le point M. Mais ce
dernier moment n'eft plus fimplement $\int E^2 dm$, il eft
$\int E^2 dm + P x^2$, puifque le Navire au lieu de tourner
fur fon centre de gravité G tourne fur un point M qui en
eft éloigné de la diftance x. Le moment du mouvement
ou de la réfiftance en eft augmenté, du produit de toute
la maffe P par le quarré de x^2 felon ce que nous avons

X x

* Voyez vers le commence-ment du Chap. VIII de la troi-sieme Sect. du prem. Livre.

Figure 95.

dit ci - devant *. Nous aurons donc l'équation $b^2 h p = \int E^2 dm + P x^2$, dans laquelle il y a deux inconnues $\int E^2 dm$ & x. Ainsi nous avons besoin d'une autre équation pour pouvoir résoudre le problême.

Nous l'obtiendrons cette autre équation, en rendant le Navire fixe sur quelque autre point m au tour duquel nous le ferons tourner. Si nous prenons ce second point m plus loin du centre de gravité que le point M, de la distance $Mm = e$, le Navire fera plus de difficulté à tourner, & le moment de sa résistance sera $\int E^2 dm + P x^2 + 2 P e x + P e^2$. Mais notre seconde expérience doit nous donner ce moment. Le Navire résistant davantage à tourner, l'extrêmité B parcourra un espace Bb qui sera moindre, & il n'y aura qu'à voir combien cet espace est contenu de fois dans celui que parcourroit le poids Q s'il tomboit librement. Nous chercherons ce dernier espace dans la Table du Chapitre II. de la seconde Section de l'autre Livre, & nous marquerons par $H + 1$ le nombre de fois qu'il contiendra Bb. Nous aurons donc, si le poids Q est toujours le même & appliqué dans le même point B, la quantité Hp pour la masse qu'il faut imaginer en B & qui feroit la même résistance au mouvement que le Navire. Cette même masse, nous la multiplions par le quarré $b^2 + 2be + e^2$ de $Bm = b + e$, pour avoir non-seulement son mouvement, mais le moment de son mouvement ou de sa résistance. Il nous viendra $\overline{b^2 + 2be + e^2} \times Hp$ qui est égal au moment $\int E^2 dm + P x^2 + 2 P e x + P e^2$ de la résistance que fait le Navire à se mouvoir sur le point m. Ainsi nous aurons l'équation $\overline{b^2 + 2be + e^2} \times Hp = \int E^2 dm + P x^2 + 2 P e x + P e^2$; & comme nous avons maintenant autant d'équations que d'inconnues, le problême ne présente plus aucune difficulté.

La premiere équation est $b^2 hp = \int E^2 dm + P x^2$; & si on se sert du premier membre pour le substituer dans la seconde équation à la place de $\int E^2 dm + P x^2$, on aura $b^2 Hp + 2be Hp + e^2 Hp = b^2 hp + 2 P e x + e^2 P$ dont

on tire $x = \dfrac{b^2 p \times \overline{H-h} + 2 b e Hp + e^2 \times \overline{Hp-P}}{2 e P}$, *formule* qui Figure 95.
nous donne en grandeurs entiérement connues la diftance
$GM = x$ du centre de gravité G au point M fur lequel
on a d'abord fait tourner le Navire.

La valeur de x étant trouvée, nous l'introduirons dans
notre premiere équation $b^2 h p = \int E^2 dm + P x^2$ ou
$\int E^2 dm = P x^2 - b^2 h p$; & nous aurons $\int E^2 dm =$
$\dfrac{\left(b^2 p \times \overline{H-h} + 2 b e Hp + e^2 \times \overline{Hp-P}\right)^2}{4 e^2 P} - b^2 h p$ pour le moment de la réfiftance que fait le Navire à tourner autour
de fon centre de gravité. Il nous eft de la plus grande importance de connoître ce moment, parce que, comme
nous l'avons déja dit plufieurs fois, il eft égal à la pefanteur P du Vaiffeau multipliée par la diftance de fon centre de gravité à ces points réciproques fur l'un defquels
le Navire tourne toujours lorfqu'on le pouffe par l'autre.

Ainfi, divifant ce moment par la pefanteur P du
Vaiffeau, nous aurons d'une maniere connue,
$\left(\dfrac{b^2 p \times \overline{H-h} + 2 b e Hp + e^2 \times \overline{Hp-P}}{2 e P}\right)^2 - \dfrac{b^2 h p}{P}$ pour le produit de ces deux diftances l'une par l'autre, pour le pro-
duit de BG par GC ou de DG par Gc dans les figures
93 & 94.

Il faut bien remarquer que $\int E^2 dm$ a différentes valeurs felon le fens dans lequel fe fait le mouvement. Lorfqu'il s'agit du roulis, le moment $\int E^2 dm$ eft bien moindre que lorfqu'il s'agit du tangage. Mais nous croyons que
ce moment eft à peu-près le même dans le tangage &
dans le mouvement de rotation dont nous nous occu-
pons actuellement; car la longueur du Navire qui contribue le plus à leur augmentation, a également part dans
les deux.

CHAPITRE IV.

Trouver le changement qu'apporte à la facilité qu'a le Navire de tourner ou de gouverner, l'addition d'un nouveau poids.

Figures 93 & 94.

QUOIQU'ON puisse faire sur des Navires tout armés les expériences que nous venons de proposer, on aura cependant beaucoup plus d'occasion de les employer sur des Navires qui ne seront équipés qu'en partie. Les nouveaux poids qu'on ajoutera à la charge apporteront du changement au centre de gravité *G* & au centre de conversion *C*, mais ce fera toujours beaucoup que d'avoir trouvé immédiatement ces deux centres pour un certain état du Navire, on se sera épargné un détail immense, & il coûtera ensuite beaucoup moins à appliquer les regles générales que nous avons indiquées dans la premiere & la seconde Section du Livre précédent, pour trouver l'un & l'autre centre.

Le point *C* étant le centre de conversion ou de rotation lorsque le Navire est poussé par l'extrêmité *B* de sa poupe, nous pourrions chercher tous les moments par rapport au premier de ces points, & il semble que le calcul en seroit plus naturel. Mais comme les centres de conversion & les points par lesquels le Navire est poussé jouissent d'une propriété réciproque, que le point *C* est le centre de conversion lorsqu'on pousse le Navire par le point *B*, & que le point *B* est à son tour le centre de conversion lorsqu'on pousse le Navire par le point *C*, on peut feindre, pendant le calcul, que le Navire est poussé par le point *C* & qu'il tourne par conséquent sur le point *B*. En conséquence de cette supposition tous les moments qu'on calculera seront positifs, & on sera dispensé de partager son

attention pour les diftinguer. On prendra donc le point B Figures 93 & 94.
pour terme, & ayant trouvé par l'expérience BG & BC,
on multipliera la premiere de ces diftances par la pefanteur qu'avoit d'abord le Navire, & on aura immédiatement
fon moment, auquel il n'y aura plus qu'à joindre chaque
poids particulier ajouté depuis à la charge, multiplié par
fa diftance au point B, mefurée parallélement à la quille;
& divifant cette fomme par la pefanteur du Navire augmentée de tous fes poids, on aura au quotient la diftance
du point B au nouveau centre de gravité commun G.

Les parties pefantes ajoutées au Vaiffeau feront auffi
changer le point C. Pour déterminer fa nouvelle place,
on multipliera d'abord la premiere pefanteur P du Navire
par BG & par BC, & on ajoutera à ce produit celui
de chaque nouveau poids par le quarré de fa diftance abfolue au point B. Nous difons la diftance abfolue, parce
que les poids pouvant être mis vers les flancs du Vaiffeau,
leur diftance au point B ou à la ligne verticale de ce point,
fera un peu plus grande que fi on la mefuroit dans le fens
parallele à la quille. Enfin la fomme de tous ces produits
ou moments étant trouvée, on la divifera par le moment
de la pefanteur totale ou par le produit de la pefanteur
du Navire avec fon augmentation multipliée par la diftance
de fon centre de gravité au point B; & la divifion donnera
la diftance BC du point B au nouveau point C. Ainfi on
aura le centre de converfion pour le cas dans lequel le
Navire eft pouffé par l'extrêmité de fa poupe; & c'eft,
conformément à ce qu'on fait, avoir ce centre pour tous
les autres cas.

Le calcul précédent fera d'ufage lorfqu'on ajoutera à la
charge un grand nombre de différents poids; mais fi on
n'en ajoute qu'un feul, il fera encore plus facile d'en
prévoir l'effet. Une chofe d'abord bonne à favoir, c'eft que
tout nouveau poids placé dans le centre de converfion,
ne change en rien la facilité avec laquelle le Navire gouverne ou eft difpofé à tourner.

Suppofé qu'on introduife en C un poids égal à la centieme partie de la pefanteur du Navire, ce nouveau poids ayant lui-même fon centre de gravité & fon centre de converfion en *C*, ne modifiera aucunement le centre de converfion *C* du Navire, & le mouvement de rotation fe fera toujours fur le point *C*. Il eft vrai que le Navire que nous fuppofons toujours expofé à l'action de la même puiffance, étant devenu plus pefant d'une centieme partie, fon centre de gravité parcourra de côté un efpace *Gg* moindre d'une centieme partie : mais l'angle de rotation *G Cg* reftera toujours de la même grandeur, parce que fi *Gg* diminue d'une centieme partie, le centre de gravité *G* commun s'approche auffi précifément d'une centieme partie du point *C* à caufe du nouveau poids qu'on y a ajouté. Ainfi le rapport entre les deux côtés *Gg* & *GC* refte toujours le même, & par conféquent l'angle *G Cg* ne doit pas changer.

Il n'eft pas difficile de s'affurer que c'eft la même chofe fi on ajoute le nouveau poids dans le centre de gravité *G* du Navire. Ce centre reftera toujours dans le même endroit de la longueur *B A* ; mais le centre de converfion changera de place ; & il fe rapprochera du centre de gravité précifément dans le même rapport que l'efpace *Gg* parcouru de côté par le centre *G* pendant le mouvement de rotation, fera plus petit. Ainfi l'angle de converfion fera encore le même. Pour favorifer l'action du gouvernail ou d'une voile, il ne faut donc mettre le nouveau poids ni dans le centre de gravité ni dans le centre de converfion. Mais il n'y a qu'à placer ce poids entre ces deux points ; & fi on veut qu'il produife le plus grand effet poffible, il n'y a qu'à le mettre précifément au milieu de l'intervalle. Nous allons en donner la démonftration, en réfolvant le Problême fuivant.

Déterminer l'endroit où il faut placer un poids qu'on ajoute à la charge pour qu'il favorise, le plus qu'il est possible, l'action d'une certaine voile dans le mouvement de rotation du Navire.

Proposons-nous le Navire dont BA (*fig. 96.*) est la longueur ou la quille, dont G est le centre de gravité, & qui tourne sur le point C lorsqu'il est poussé de côté par la voile située en M. Nous avons un nouveau poids à introduire dans ce Vaisseau, & nous voulons savoir en quel point R il faut le mettre pour qu'il favorise le plus qu'il est possible l'action de la puissance M lorsqu'il s'agit de faire tourner le Navire. Il est évident que le point R où nous devons placer le poids est celui qui en faisant changer de place les centres C & G, rend l'intervalle GC le plus petit. Car toutes choses étant d'ailleurs égales, l'angle de rotation GCg sera d'autant plus grand que GC sera moindre ; & si nous réussissons à rendre cet intervalle un *minimum*, nous rendrons l'avantage de bien gouverner un *maximum* lorsqu'on se servira de la voile M.

Figure 96.

Nous nommerons P la pesanteur particuliere du Navire, a la distance GM de la voile au centre de gravité G du Navire avant l'addition du nouveau poids, c l'intervalle GC entre les deux centres de gravité & de rotation, p le nouveau poids que nous avons à ajouter à la charge, & z la distance inconnue RM à laquelle il faut le placer du point M. L'addition du nouveau poids fera changer le moment de la pesanteur du Navire par rapport au point M ; & au lieu d'avoir aP, nous aurons $aP + pz$ qui étant divisée par la somme $P + p$ des poids, nous donnera $\frac{aP + pz}{P + p}$ pour la nouvelle valeur de MG.

Le moment du mouvement par rapport au point M cessera aussi d'être, $a \times \overline{a + c} \times P$ ou $MG \times MC \times P$; il fera $\overline{a^2 + ac} \times P + p z^2$, puifqu'il faut ajouter le produit de p par le quarré z^2 de fa diftance au point M ; & fi nous divifons la fomme par le moment $aP + p z$ des poids,

il nous viendra $\dfrac{\overline{a^2 + ac} \times P + p z^2}{aP + p z}$ pour la nouvelle valeur de MC. Mais pour que l'intervalle CG qui eft l'excès de MC fur MG, foit un *minimum*, il faut que la différentielle de la nouvelle valeur de MG foit égale à celle de MC & dans le même fens, lorfqu'on rend z variable ou qu'on fait changer le poids p de place : car alors la différentielle de CG fera nulle ; ce qui rendra CG un *minimum* ou un *maximum*. Ainfi nous n'avons qu'à différentier $\dfrac{aP + p z}{P + p}$ & $\dfrac{\overline{a^2 + ac} \times P + p z^2}{aP + p z}$, & égaler les deux différentielles.

La premiere eft $\dfrac{p\, dz}{P + p}$, & la feconde

$$\frac{2\, aPp z\, dz + p^2 z^2 dz - \overline{a^2 - ac} \times Pp\, dz}{\overline{aP + p z}^2} \;;\; \text{ce qui nous donne } \frac{p\, dz}{P + p}$$

$$= \frac{2\, aPp z\, dz + p^2 z^2 dz - \overline{a^2 - ac} \times Pp\, dz}{\overline{aP + p z}^2}, \text{ dont on déduit } z^2 +$$

$$\frac{2\, aP}{p} z = \frac{2\, P + p}{p} \times a^2 + \frac{P + p}{p} \times ac \;\&\; z = -\frac{aP}{p} \pm$$

$$\sqrt{\frac{P^2 + 2\, Pp + p^2}{p^2} \times a^2 + \frac{P + p}{p} \times ac} \quad \text{qui s'abrege très-}$$

aifément en ufant d'une certaine approximation très-connue des Calculateurs ; & il eft permis de s'en fervir, parce que le premier terme qui eft fous le figne radical eft très-grand en comparaifon du fecond. Après avoir pris la racine quarrée $\dfrac{P + p}{p} \times a$ de ce premier terme, on peut donc divifer le fecond par le double de $\dfrac{P + p}{p} \times a$, & on aura $z = -\dfrac{aP}{p} \pm \dfrac{P + p}{p} \times a + \tfrac{1}{2} c$. Mais il faut remarquer que fi les deux valeurs de z fatisfont en quelque façon au problême, on ne peut cependant guere employer la racine négative, parce qu'elle indique prefque toujours un point trop éloigné de M au-delà de A. Quant à l'autre racine, elle eft $z = a + \tfrac{1}{2} c$, & il eft facile de s'affurer

qu'elle

qu'elle fait de GC non pas un *maximum*, mais un *minimum*.

Ainsi, pour placer le plus avantageufement qu'il eft poffible un poids p, afin qu'il réfifte moins au mouvement de rotation ou qu'il favorife davantage l'action d'une puiffance qui pouffe en M le Navire de côté, il ne faut mettre ce poids ni vers l'extrêmité de la proue ni vers l'extrêmité de la poupe, mais en R au milieu de l'intervalle GC qui fe trouve entre les centres de gravité & de rotation, avant qu'on ait introduit le nouveau poids. En rempliffant cette condition, l'intervalle GC recevra un changement qui le rendra un *minimum*; ce qui doit néceffairement faire un *maximum* de l'angle de rotation GCg. Mais ce qui eft très-digne d'attention, il y a pour chaque voile M un point unique R où il faut placer le nouveau poids; & lorfqu'on voudra donc corriger par l'expédient qu'indique notre calcul le défaut d'un Navire qui ne gouverne pas bien, il faudra examiner quel eft le mouvement auquel le Navire obéit plus difficilement. Si ce font les voiles de la proue qui manquent de force, on s'attachera à augmenter la pefanteur du Navire en arriere de fon centre de gravité; & on fera tout le contraire s'il s'agit d'aider à l'action des voiles de la poupe. On fe fouviendra outre cela que l'efpace dans lequel il faut mettre le nouveau poids, a des limites fort étroites : car il faut fituer ce poids entre le centre de gravité & le centre de converfion, & au milieu de ces deux centres s'il eft poffible.

Si au lieu d'augmenter la pefanteur du Vaiffeau, on la diminuoit en retranchant un poids p, notre folution auroit encore fon application, mais dans un fens abfolument oppofé. Le point R eft le plus avantageux pour placer un nouveau poids, & c'eft par la même raifon le point dont il faut le moins l'ôter. Notre formule $z = -\frac{aP}{p} + \frac{P+p}{p} a + \frac{1}{2} c$ y eft entiérement conforme; lorfqu'on y rend p négatif, on a $z = a + \frac{1}{2} c$ & $z = \frac{2P-p}{p} a - \frac{1}{2} c$. On peut fe difpenfer d'avoir égard à la feconde racine, parce qu'elle porte le poids p trop loin; mais la premiere $z =$

$a + \frac{1}{2} c$ rend GC un *maximum*, lorsqu'on retranche quelque poids ; & elle rend donc en même temps l'angle de
rotation un *minimum*.

Ainsi il faut se ressouvenir de ne point diminuer la pesanteur du Navire aux environs de R si on ne veut pas
préjudicier à la maniere dont le Vaisseau obéit à l'action
de la voile M. Mais ce sera tout le contraire si on souftrait
le poids p de dehors l'espace GC, & on ne sauroit même
aller le prendre trop loin du point R. Plus on ira le chercher loin vers les extrêmités du Navire, plus on apportera
de diminution à la résistance que produit le mouvement
de rotation, puisque le poids p avoit un grand arc à décrire & que la difficulté qu'il faisoit à prendre ce mouvement étoit appliquée à un très-grand bras de levier ou à
une très-grande distance du centre de gravité G.

CHAPITRE V.

*Augmenter, le plus qu'il est possible, par la
transposition de quelques-unes des parties
pesantes du Navire, la facilité avec laquelle il gouverne.*

NOUS avons comme résolu d'avance cet autre problême qui concerne la transposition la plus avantageuse
des parties pesantes qu'on peut changer de place dans le
Vaisseau. Transposer un poids, c'est l'ôter d'un certain
endroit pour le mettre dans un autre. Nous savons le point
précis où il peut produire le meilleur effet, & nous savons
aussi de quels endroits il est à propos de l'ôter. Nous sommes donc en état de favoriser l'action de quelle voile nous
voudrons. S'il s'agit d'aider l'action des voiles de la proue,
il faut principalement diminuer la pesanteur de la proue ;
de même que pour favoriser l'action de l'artimon, il faut

principalement aller chercher des poids vers la poupe. Cette feule fouftraction des poids qu'on prendra le plus loin qu'on pourra du point R , produira un bon effet ; mais fi ces mêmes poids qu'on retire de l'une ou l'autre extrêmité du Navire , font enfuite portés au milieu du centre de gravité & du centre de converfion depuis que ces points ont reçu le premier changement , l'effet fera encore plus avantageux ; parce que la tranfpofition fera comme l'addition d'un nouveau poids ; & nous avons vu qu'il falloit toujours fituer ce nouveau poids au milieu de l'intervalle des deux centres.

Mais fi on excepte ce point R qui jouit d'une propriété unique à l'égard de chaque voile , on peut tranfpofer dans une infinité de points les parties pefantes , fans rien changer à la facilité avec laquelle le Navire obéit au mouvement de rotation qu'on veut lui imprimer. Il nous eft utile de connoître le *lieu* $ELeL$ de tous ces points qui font capables du même effet : la ligne courbe qu'ils formeront fervira de limite , & féparera les difpofitions avantageufes de celles qui ne le feront pas ; ainfi il eft de notre intérêt d'en chercher la nature. Suppofons qu'on a ajouté au Navire de la figure 96 un poids p en E , & que cette addition ayant produit quelque changement fur le centre de gravité & fur le centre de converfion , le premier de ces points eft en G & le fecond en C lorfqu'on fe fert de la voile M pour faire tourner le Navire. Nous nommerons P la pefanteur totale , y compris le poids p ; nous continuerons à défigner MG par a ; GC par c , & nous nommerons e la diftance EM , pendant que nous indiquerons les co-ordonnées EH & HL de la courbe $EFeF$ que nous voulons découvrir , par x & y.

Prenant le point M pour hypomoclion fictice , le moment du mouvement ou de fa réfiftance fera $MG \times MC$

$\times P = \overline{a^2 + ac} \times P$; mais fi nous partageons le poids p en deux parties égales , & que nous les tranfportions en L & en L , le moment de leur mouvement qui étoit pe^2

Figure 96.

Y y ij

lorfque le poids étoit en E, fera $p \times ML^2 = p \times \overline{AH^2 + HL^2}$ ou fera égal à $p \times \overline{e^2 - 2ex + x^2 + y^2}$. Ainſi la tranſpoſition des deux moitiés de p apportera au moment total, le changement $- 2epx + px^2 + py^2$; & ce moment fera enſuite $\overline{a^2 + ac} \times P - 2epx + px^2 + py^2$. Il faut, comme on fait, le diviſer par le moment de la peſanteur totale ou plutôt par la quantité du mouvement qui ne fera plus aP mais $aP - px$, parce que le petit corps p a été rapproché du centre de gravité G, à meſurer le long de la quille, de la quantité $EH = x$. Nous aurons donc $\dfrac{\overline{a^2 + ac} \times P - 2epx + px^2 + py^2}{aP - px}$ pour la diſtance MC après le changement produit par la tranſpoſition.

Il eſt encore plus facile de trouver la nouvelle valeur de MG. Le moment de la peſanteur étoit aP; mais il a diminué de px par le tranſport du poids p de E en L & en L. Ainſi après le changement, il eſt $aP - px$, & comme la peſanteur P n'a pas changé, nous aurons $\dfrac{aP - px}{P}$ pour la nouvelle valeur de GM.

Les changements que reçoivent ces lignes CM, & GM font inévitables lorſqu'on change de place le poids p. Cette tranſpoſition fait néceſſairement augmenter ou diminuer les deux diſtances CM & GM. Mais nous aurons rempli notre objet, & le mouvement de rotation fera abſolument le même, ſi les deux changements font exactement égaux, ou ſi en ôtant $GM = \dfrac{aP - px}{P}$, de $CM = \dfrac{\overline{a^2 + ac} \times P - 2epx + px^2 + py^2}{aP - px}$, il nous reſte toujours la même quantité c pour l'intervalle GC. Car il n'importe que les centres G & C changent de place pourvu que l'intervalle qu'il y a entr'eux ſoit toujours le même; l'angle de rotation GCg ne recevra aucune altération. Nous aurons donc $\dfrac{\overline{a^2 + ac} \times P - 2epx + px^2 + py^2}{aP - px} - \dfrac{aP + px}{P} = c$, pour l'équation qui exprime la nature de la courbe $EF_{\delta}F$.

Il n'eſt pas difficile de voir que cette équation ſe réduit à

$\frac{P}{P-p} y^2 = \overline{\frac{P}{P-p} \times \overline{2e - c - 2a - x} \times x}$ qui appartient
en général à une ellipse, & qui se réduit au cercle aus-
sitôt que le poids p est extrêmement petit, par rapport au
poids total P du Vaisseau. Dans ce dernier cas qui doit
avoir lieu très-souvent, l'équation de la courbe $EF\varepsilon F$
devient $y^2 = \overline{2e - 2a - c - x} \times x$, & il est évident
qu'elle appartient alors à un cercle dont le diametre $E\varepsilon$
est $2e - 2a - c$, double de $ER = (EM - MR) = e$
$- a - \frac{1}{2}c$. Ainsi ce cercle a pour centre le point R
milieu de CG; & il suit de-là que lorsque les poids qu'on
veut transporter sont très-petits & qu'on les prend en E,
il n'importe en quels endroits on les mette, pourvu qu'on
les place de part & d'autre de la quille en L & en L,
ou en F & en F, &c. toujours à une égale distance du
point R où ils favoriseroient, le plus qu'il seroit possible,
l'action de la voile M. Lorsque le poids p qu'on enleve du
point E est d'une grandeur comparable à P, la courbe
$EF\varepsilon F$ n'est plus un cercle mais une ellipse. Son grand
axe $E\varepsilon$ est à ER, comme $2P$ est à $P-p$; & à l'égard
du petit axe FF il est au grand, comme $\sqrt{P^2 - Pp}$
est à P.

Il résulte de tout ce que nous venons de voir que
c'est toujours au-dedans de l'ellipse ou du cercle dont la
circonférence passe par les centres C & G qu'il faut
ajouter les nouveaux poids, pour que le Navire reçoive
plus aisément le mouvement de rotation qu'une puissance
appliquée en M travaille à lui communiquer. Sur la circonférence du cercle qui a CG pour diametre, l'addition
des nouveaux poids est absolument indifférente, & en
dehors elle est nuisible. Si au lieu d'ajouter de nouveaux
poids, on les retranche, ce sera tout le contraire. La
soustraction des poids faite en dehors du cercle qui passe
par les points C & G sera avantageuse, & elle sera nuisible si on les ôte de l'intérieur du cercle dont CG est
le diametre. Nous parlons de cercle ou d'ellipse; mais
les Lecteurs voyent assez qu'il faut concevoir, au lieu de

ces lignes courbes, des furfaces cilindriques qui s'étendent verticalement jufqu'au fond du Navire. Il faut imaginer aufli une ligne verticale ou une efpece d'axe , qui en paffant par le point R, jouit dans toute fa longueur de la même propriété que ce point R dans lequel réfident le *maximum* & le *minimum.*

De l'effet que produit la tranfpofition des parties pefantes de la charge à l'égard du Gouvernail.

IL nous refte à examiner l'effet de la tranfpofition à l'égard du gouvernail. Plufieurs des remarques que nous venons de faire y font applicables ; mais il y a une attention qu'il faut avoir ici de plus , qui change totalement les réfultats. Il eft toujours vrai que pour favorifer l'action du gouvernail , on peut prendre vers la proue les parties pefantes qu'on veut tranfpofer, mais, au lieu de les mettre vers le milieu de l'efpace GC (*Fig. 93* & *94*), il faut les porter jufques vers la poupe. Cette grande tranfpofition ne produit prefque point de changement dans la fituation refpective des centres de gravité & de converfion, parce que ces poids fe trouvent à peu-près fur une de ces ellipfes ou circonférences de cercles dont nous venons de marquer les propriétés. Le mouvement de rotation feroit donc toujours le même s'il n'arrivoit aucun autre changement ; mais le Navire s'incline beaucoup plus vers la poupe dont on a fait augmenter la pefanteur par la tranfpofition des poids , & le gouvernail offrant enfuite beaucoup plus de furface au choc de l'eau, il agit avec une force abfolue fenfiblement plus grande.

Afin de prendre une connoiffance plus parfaite de toutes ces chofes , nous confidérerons un Navire de 600 tonneaux de poids total, dont BA (*fig. 93*) eft la longueur ; & nous fuppoferons que fon centre de gravité G eft éloigné de l'extrêmité B de fa poupe de 50 pieds, pendant que l'intervalle GC entre le centre de gravité G

& le centre de rotation C est de 10 pieds. Nous supposerons de plus qu'on prenne 20 tonneaux vers la proue à
40 pieds de distance du centre de gravité, & qu'on les
porte de l'autre côté à la même distance vers la poupe.

Il est très-facile de s'assurer par les moyens de calcul
déja expliqués que cette transposition, au lieu de faire
diminuer l'intervalle GC, le fera augmenter. Il est vrai
qu'elle le feroit réellement diminuer si on plaçoit au milieu de G & de C les 20 tonneaux pris vers l'avant ; car
le centre de conversion se trouveroit ensuite à $57\frac{264}{293}$ pieds
de l'extrêmité B de la poupe, & s'en seroit approché
de $2\frac{19}{293}$ pieds ; au lieu que le centre de gravité ne se feroit approché du même point B que de $1\frac{1}{6}$ pieds, se
trouvant ensuite à $48\frac{1}{6}$ pieds de distance de B. Mais lorsqu'on fait passer les 20 tonneaux pris vers l'avant jusqu'à 40
pieds vers l'arriere, le centre de gravité G s'approche de la
poupe de $2\frac{1}{3}$ pieds & le centre de conversion C s'en approche de moins, il ne s'en approche que de $2\frac{18}{71}$ pieds. Ainsi
GC devient un peu plus grand ; au lieu de n'être que de
10 pieds, il sera ensuite de $10\frac{88}{213}$ pieds ; & le Navire par
cette cause deviendra moins obéissant à son gouvernail,
à peu-près dans le rapport de 24 à 23 ; c'est-à-dire, que
si toutes les autres circonstances étoient exactement les
mêmes, les angles de rotation seroient ensuite plus petits d'environ une 24me partie.

Les 20 tonneaux transposés font augmenter l'intervalle
GC, parce qu'on les porte trop loin vers la poupe, ou
qu'on les éloigne trop du milieu de l'intervalle GC. On
les prend à 35 pieds de ce point, & conformément à ce
que nous avons vu à la fin de l'article précédent, il ne
faudroit les changer de place que de $72\frac{21}{29}$ pieds, pour
que GC restât toujours de la même grandeur ; c'est ce
que nous trouvons par cette analogie indiquée plus haut ;
580 tonneaux $= P - p$ est à 1200 tonn. $= 2P$, comme
35 pieds, premiere distance du poids p au point R est à
$72\frac{21}{29}$ pieds qui est le grand axe Ee de l'ellipse $EFe\ F$
(*fig. 96*) sur la circonférence de laquelle on peut distri-

buer le poids *p* fans qu'il produife de changement à l'intervalle *G C.* Mais comme nous tranfpofons ce poids à 80 pieds de fa premiere place, nous le mettons confidérablement au dehors de l'ellipfe, & il fait augmenter *G C* d'environ une 24ᵐᵉ partie.

Cependant la tranfpofition fe trouve avantageufe; parce qu'elle produit un autre effet qui corrige avec excès les mauvaifes fuites du premier. Elle fait que le Navire étant plus chargé par l'arriere, prend une autre flottaifon en s'inclinant vers la poupe; ce qui augmente l'impulfion de l'eau fur le gouvernail, dans le même rapport que la furface qu'il expofe au choc fe trouve plus grande. Le tranfport des 20 tonneaux fait autant plonger la poupe que le feroit un nouveau poids de 40 tonneaux qu'on mettroit à 40 pieds de diftance du centre de gravité; car 20 tonneaux ôtés d'un côté & mis enfuite de l'autre font 40 tonneaux de différence, & le moment de ce poids eft 1600.

Il faut néceffairement fe rappeller après cela ce que nous avons dit dans le livre précédent touchant les propriétés du métacentre & les inclinaifons du Navire produites par le changement du centre de gravité. Le moment 1600 doit être égal à celui de la pouffée verticale de l'eau, qui travaille à rétablir la fituation horifontale du Navire. La pouffée verticale de l'eau eft ici de 600 tonneaux, & fi nous fuppofons que fon bras de levier foit *x*, favoir le petit intervalle compris entre la verticale fur laquelle s'exerce la pouffée de l'eau & le centre de gravité du navire pendant l'inclinaifon, nous aurons $1600 = P \times x$ dans le cas de l'équilibre, & $x = 2\frac{2}{3}$ pieds. Ainfi prenant la hauteur du métacentre au deffus du centre de gravité pour finus total, nous aurons $2\frac{2}{3}$ pieds pour le finus de l'inclinaifon du Navire, & nous faurons donc de combien la poupe fe plonge par la tranfpofition des 20 tonneaux, en faifant cette analogie : la hauteur du métacentre eft à $2\frac{2}{3}$ pieds, comme *B G* ou la demi-longueur du Navire eft à un quatrieme terme qui fera

l'excès

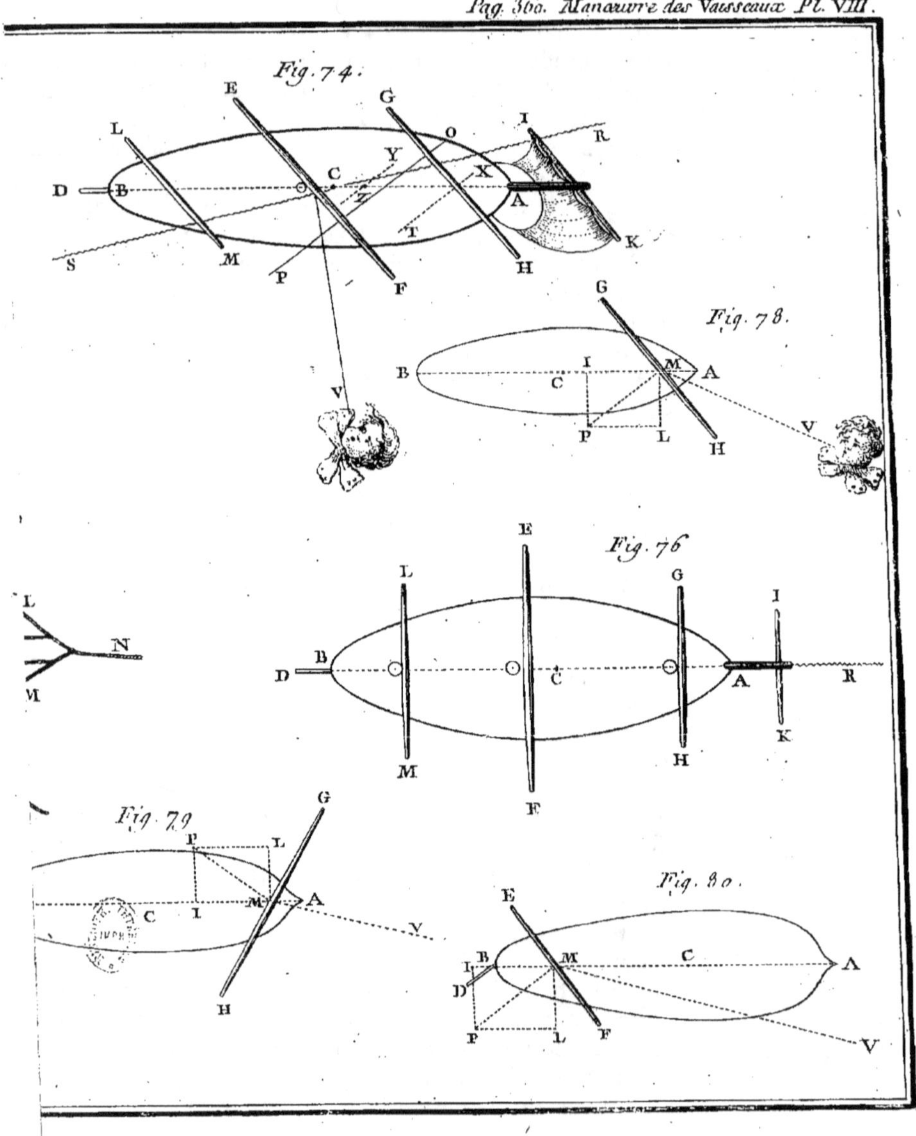
Fig. 74.
Fig. 78.
Fig. 76.
Fig. 79.
Fig. 80.

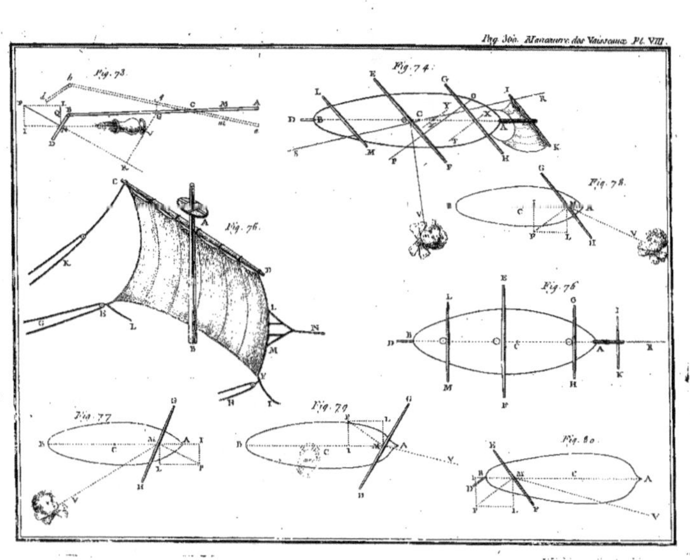

Fig. 73.
Fig. 74.
Fig. 75.
Fig. 76.
Fig. 77.
Fig. 79.
Fig. 80.

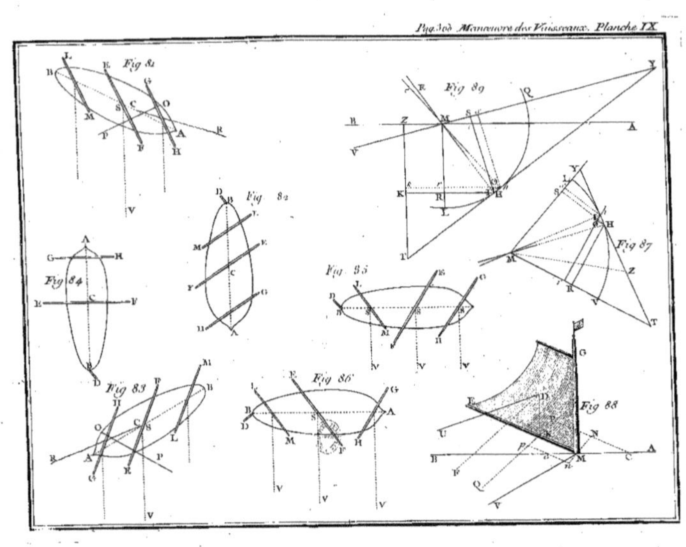

Pag.303 Manœuvre des Vaisseaux. Planche IX.
Fig 81
Fig 82
Fig 83
Fig 84
Fig 85
Fig 86
Fig 87
Fig 88
Fig 89

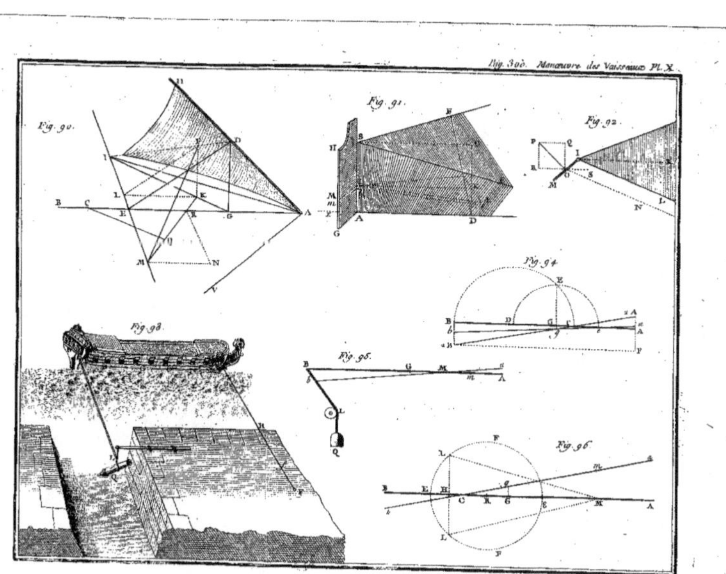

Fig. 390. Manœuvre des Vaisseaux Pl. X.
Fig. 90.
Fig. 91.
Fig. 92.
Fig. 93.
Fig. 94.
Fig. 95.
Fig. 96.

excès de l'enfoncement de la poupe.

On se souvient combien le métacentre est élevé lors-qu'il s'agit des inclinaisons vers la proue & vers la poupe. Ce point sera peut-être élevé de 100 pieds. Nous avons donné dans le Livre précédent des moyens assez simples pour déterminer sa hauteur au-dessus du centre de gravité de la carene, & nous avons aussi indiqué des expériences qui font propres à la découvrir. Si on la suppose donc de 100 pieds, nous aurons cette proportion : 100 pieds font 2 ½ pieds comme la demi-longueur du Navire 50 ou 55 pieds font à environ 1 ⅓ pied pour la quantité dont la poupe se plonge de plus dans la mer. Il fuit de-là que le gouvernail, qui n'entroit dans l'eau que de 7 à 8 pieds y entrera après le nouvel enfoncemenr de la poupe, d'environ 1 ½ pied de plus ; ce qui doit apporter une augmentation fenfible dans l'impulfion ou l'action du gouvernail. L'augmentation de l'intervalle entre les centres de gravité & de rotation doit retarder d'environ une 24.me partie, comme nous l'avons vu, les mouvements d'évolution produits par cet inftrument. Mais le gouvernail agit avec une force augmentée d'une 6.me ou 7.me partie & eu égard à tout, le mouvement de rotation fera accéléré d'une huitieme ou neuvieme partie. Nous devons ajouter que cette augmentation eft très-confidérable, & qu'elle eft capable de faire réuffir diverfes manœuvres qui euffent manqué. On apperçoit dans l'action du gouvernail des différences qui doivent être encore plus petites, de même que dans l'action des voiles, lorfqu'il s'agit des mouvements d'évolution. On eft quelquefois en doute, fi le Navire en tournant, atteindra un certain terme. Il fuffit alors très-fouvent que le mouvement foit porté un peu plus loin par la premiere force, pour que le Navire foit enfuite fujet à l'action d'une autre puiffance, qui, en agiffant à fon tour, rend l'effet infaillible.

❈

LIVRE TROISIEME.

De la disposition la plus avantageuse des voiles pour suivre une route avec vîtesse, ou en satisfaisant à quelqu'autre condition.

L ORSQU'ON veut passer d'un endroit à un autre, ou qu'on veut suivre une route proposée, il arrive qu'on a le vent contraire aussi souvent qu'on l'a favorable. Il faut savoir s'en servir dans toutes les rencontres & tirer de son effort l'effet le plus avantageux. Mais quelquefois la route n'est pas donnée : au lieu de vouloir se rendre à un point déterminé, il s'agit de choisir entre toutes les directions celle qui fait qu'on s'éloigne le plus d'une certaine ligne, &c. Nous allons expliquer toutes ces choses dans ce troisieme Livre, & comme cette matiere est très-étendue, nous la partagerons en plusieurs Sections.

PREMIERE SECTION,

Qui contient plusieurs remarques ou regles générales de Manœuvre, avec la maniere particuliere d'orienter la voile lorsqu'il n'y en a qu'une dans les Navires dont on peut négliger la dérive.

CHAPITRE PREMIER.

De la distinction entre les deux directions du vent, la réelle & l'apparente, avec la maniere de distinguer en mer les objets qu'on a au vent, & ceux qu'on a sous le vent.

IL nous a suffi jusqu'à présent d'avoir égard à la seule direction du vent indiquée en mer par les girouettes & les pavillons du Navire qui est en mouvement ; mais il nous faudra très-souvent dans la suite avoir égard à la différence qu'il y a presque toujours entre cette direction & la réelle. La premiere est toujours connue , au lieu que rien ne manifeste la seconde, & on ne peut réussir à la découvrir que par un circuit assez long.

Si *VC* (*fig.* 97.) est la direction réelle du vent qui fait suivre au Navire *AB* la route *CI*, & que pendant que ce Navire parcourt l'espace *CI* les molécules d'air, dont le vent est composé, parcourent l'espace *CM*, ces particules d'air s'éloigneront du Vaisseau de la quantité *IM* & selon la direction *IM*. Ces particules d'air environnoient

Figure 97.

Z z ij

Figure 97.

le Vaisseau lorsqu'il étoit en *C*; mais elles parviendront en *M* lorsque le Navire parviendra en *I*. Ainsi *I M* sera leur mouvement relatif. Elles n'auront que ce mouvement par rapport au Navire; & les girouettes en prenant une situation qui les mette à couvert de toute impulsion, se dirigeront selon cette ligne, & l'indiqueront comme si elle étoit la vraie direction du vent. L'air se meut réellement selon *V C*; mais son action est la même que si le Navire étoit en repos & que le vent eût *I M* pour direction & pour vîtesse. Le Pilote trompé ne voit que *I M* & ses paralleles *u C*; il commet donc sur la direction du vent une erreur égale à l'angle *V C u*. Il se tromperoit aussi beaucoup s'il croyoit que la fuite du Navire par rapport au vent ne cause aucune diminution à l'impulsion, & qu'il en ressent toute la force.

L'angle *V C u* formé par les deux directions du vent, la réelle & l'apparente, est quelquefois très-considérable: car la vîtesse *C I* du Navire est une partie sensible de celle *C M* du vent. Souvent un Navire fait deux ou trois lieues par heure, & on est sûr que ce sillage se fait presque toujours avec un vent qui parcourroit au plus 9 ou 10 lieues dans une heure. On en ressent toute la force lorsqu'on réussit à arrêter le Navire. On sait outre cela par plusieurs expériences, qu'un vent qui parcourt 50 pieds par seconde est très-fort, & cependant il ne fait guere que 10 lieues marines dans une heure. Nous avons donc tout lieu de croire que la vîtesse *C I* du Navire est à peu près le quart de la vîtesse *C M* du vent, & qu'elle en est quelquefois le tiers dans les bons voiliers, lorsqu'ils ne prennent pas le vent trop de côté. L'angle *C M I*, ou *V C u* dont on se trompe ou dont les deux directions du vent, la réelle & l'apparente, différent l'une de l'autre, est alors de 18 ou 20 degrés.

Figures 97 & 98.

Le Navire de la figure 97 présente le flanc gauche ou de bas-bord au vent; mais si en changeant de bord, il présentoit au vent le flanc droit ou de stribord, comme dans la figure 98, en courant une route dont l'obliquité

Figures 97 & 98.

fût la même, quoique dans un sens contraire, le mouvement du sillage jetteroit le Marin à l'égard de la direction du vent, dans une illusion aussi grande, mais dans le sens opposé. Les girouettes donneroient IM ou uC pour la direction du vent, quoiqu'elle fût réellement VM. On se tromperoit par conséquent toujours de 18 ou 20 degrés ; mais comme ce feroit d'un autre côté, on feroit tenté de croire qu'il feroit arrivé un changement de 36 ou 40 degrés dans la direction du vent, quoiqu'elle fût réellement toujours la même.

Ce n'est pas simplement le changement de route qui contribue à faire paroître au Marin le vent encore plus variable qu'il n'est effectivement, c'est l'augmentation ou la diminution de la vîtesse du sillage. Si on force de voiles, si on en déploye un plus grand nombre ou qu'on les étende davantage, on parcourra un plus grand espace CI dans le même temps, & il est évident que l'angle M qui est la différence des deux directions du vent deviendra plus grand. Cet angle au contraire diminuera, si le Navire single moins vîte, & il se réduira même à rien, comme nous l'avons déja insinué, si le Navire ne fait aucun chemin. Car on sera alors précisément dans le même cas, que lorsqu'on est à terre où les girouettes indiquent toujours la vraie direction du vent aussi-tôt qu'elles sont parfaitement mobiles.

Nous devons ajouter que la direction réelle est plus proche de la poupe que la direction apparente : car l'erreur causée par le sillage est toujours dans le même sens, & elle fait paroître la direction du vent plus voisine de la proue. Lorsqu'on single au plus près, on gagne donc au vent toujours un peu moins réellement qu'en apparence, à cause de la situation de la direction apparente du vent ; & par la même raison, lorsqu'on croit avoir le vent presque en poupe, on l'a toujours encore plus en poupe qu'on ne pense.

Diftinguer lorfqu'on eft en mer & qu'on fait route, les objets qu'on a au vent & ceux qui font fous le vent.

NOUS donnerons divers moyens dans le Chapitre fui-vant, de découvrir la direction réelle du vent. Il fera enfuite facile de diftinguer entre les objets ceux qui *font au vent*, de ceux qui *font fous le vent*; & on y réuffira avec une exactitude à laquelle on n'a pas dû prétendre ordi-nairement dans la Marine. La comparaifon du vent avec un large fleuve eft fi naturelle, qu'elle fe préfente d'elle-même. Plufieurs Bateaux montent ou defcendent une riviere ; on dit qu'ils font au-deffus ou au-deffous, les uns par rapport aux autres, lorfqu'ils font plus ou moins avancés felon le fens dans lequel le fleuve coule. On tire alors par la penfée une perpendiculaire au fil de l'eau ou au courant, & c'eft cette perpendiculaire qui fépare le *deffus* & le *deffous*, ou qui fert de limite entre l'*amont* & l'*aval*, pour parler comme les Mariniers qui navigent fur les rivieres. On doit faire la même chofe à l'égard du vent; mais il eft évident, qu'au lieu de tirer la perpendicu-laire à la direction apparente, il faut la tirer à la direc-tion réelle ou abfolue.

Figure 99.   Ainfi le Navire *A B* de la figure 99 qui eft pouffé par le vent *V C* eft *au vent* par rapport au Navire *E*; & il n'eft ni *au vent*, ni *fous le vent* par rapport aux Navires *G* & *F*, mais il eft *fous le vent* par rapport au Navire *H*. On ne confidere point ici la route que fuit chaque Na-vire ; on n'a égard qu'à la quantité dont il eft plus ou moins proche de l'origine du vent. Le vent, conformé-ment à ce que nous difions, eft comme un fleuve dont *V C M* & une infinité de paralleles font les directions : nous tirons par le centre *C* du Vaiffeau *A B* une perpen-diculaire *G F* à ces lignes, & cette perpendiculaire fait à l'égard du Vaiffeau *A B* la féparation de tous les points de la furface de la mer qui font *au deffus du vent* & *au deſſous*. Ces expreſſions ont un ſens exaɛt dans la penſée des Marins. Tout ce qui eſt du côté de l'origine du vent par rapport à *GF* eſt au vent, & tout ce qui eſt de l'autre côté, eſt cenſé plus bas & ſous le vent. Si on excepte le Navire *E* tous les autres de la figure 99 ſont au vent par rapport au cap ou pointe de terre *P*; mais le Navire *E* eſt ſous le vent par rapport à ce même cap.

Cette diſtinɛtion indique une poſition avantageuſe ou déſavantageuſe dont les conſéquences ſont infinies dans la pratique de la Navigation. S'il s'agit d'éviter un Navire ennemi ou de l'attaquer, le deſſus & le deſſous du vent décident ſouvent du ſuccès de l'entrepriſe. De même lorſqu'on navigue proche d'une côte vers laquelle on eſt jetté par le vent, le ſort du Navigateur dépend quelquefois totalement de la ſituation d'un cap qu'il découvre au loin devant lui. Si ce cap eſt ſous le vent, on l'évitera avec facilité; au lieu qu'on a tout à craindre ſi ce cap eſt au vent & qu'on n'ait point de port au deſſous pour ſe retirer. Le Navire *E* ſe trouve dans cette fâcheuſe circonſtance; il ſuit la route *E i:* mais le cap *P* étant trop au vent, le naufrage eſt preſque certain, & il vaudroit ſouvent mieux aller rencontrer la côte par une route perpendiculaire, en choiſiſſant quelque ance ou crique où on allât s'échouer, que de continuer à courir ſelon la direɛtion *E i*.

Nous ne devons pas manquer de conſidérer ici combien nos Marins ſe trompent lorſqu'ils tirent par la penſée la perpendiculaire *g f* au vent apparent *u C* pour juger des objets qu'ils ont au vent & ſous le vent. La direɛtion *u C* eſt variable, dans le temps même que le vent ne ſouffre abſolument aucun changement. Cette direɛtion *u C* ſera différente ſi le Navire ſingle plus ou moins vîte, & elle changera encore davantage, lorſque le Navire changera de bord, ou lorſqu'au lieu de porter l'amure à ſtribord, il la portera à bas-bord. Dans tous ces cas, ſi on ſe regle mal à propos ſur la perpendiculaire *g f* à la direɛtion apparente *u C* ou *IM*, on s'imaginera dans le

Vaiſſeau *AB* que le Navire *G* eſt ſous le vent quoiqu'il n'y ſoit pas ; & on croira de même, en ſe trompant, que le Navire *F* eſt au vent.

Par une erreur également groſſiere, le Vaiſſeau *F* qui fait la route *FK* & qui regarde *KN* ou *u2F* comme la direction réelle du vent, croira qu'il eſt ſous le vent par rapport au Navire *C*. Car en tirant du point *F* une perpendiculaire à *KN*, elle paſſera au-deſſous de *C*. Ainſi dans chacun des deux Navires *C* & *F*, ſi on n'y diſtingue pas la direction apparente du vent, de la direction réelle, on ſe croira réciproquement ſous le vent par rapport à l'autre, quoique la choſe ſoit abſolument impoſſible, puiſqu'un Navire ne peut pas être au vent d'un autre, à moins que celui-ci ne ſoit ſous le vent du premier. Il faut donc toujours ſe reſſouvenir que les girouettes ne donnent en mer que la direction reſpective du vent, la direction ſelon laquelle les particules d'air s'éloignent du Navire qui ſe meut lui-même ; & qu'il eſt à propos de rectifier cette direction apparente du vent, pour avoir la direction réelle.

CHAPITRE II.

Moyens de découvrir la direction réelle du Vent lorſqu'on eſt en mer.

Nous tirons de quelques-unes des remarques que nous venons de faire, différents moyens de déterminer la grandeur de l'angle *M* que forment l'une avec l'autre les deux directions du vent, la réelle & l'apparente ; ce qui nous mettra ſouvent à portée de juger de la grandeur de ce même angle par eſtimation.

Premier Moyen.

Si après avoir couru une certaine route pendant que les voiles ſont amurées d'un certain côté, on les amure
tout-à-coup

tout-à-coup de l'autre, en leur donnant précifément la même obliquité par rapport à la quille, & en recevant auffi le vent avec le même angle d'incidence; on n'aura qu'à examiner avec foin la direction des girouettes, & on remarquera fûrement qu'elle a changé. Le Vaiffeau, en fe tranfportant vers deux différents côtés par rapport à la direction réelle du vent, altérera par fon mouvement cette direction en deux divers fens, & les girouettes indiqueront des directions différentes. Les erreurs feront en fens contraires; ainfi la différence totale fera double de chaque altération particuliere, & il n'y aura donc qu'à prendre la moitié de cette différence pour favoir combien la direction réelle differe de chacune des directions apparentes. Dans la premiere route, le vent paroiffoit, par exemple, venir du S S O, & dans la feconde du S S E; la différence de ces deux directions apparentes indiquées par les girouettes, eft de 45 degrés. Il faut en conclure que l'erreur a été chaque fois de $22\frac{1}{2}$ degrés, & que le vent venoit réellement du Sud.

Second moyen de déterminer en mer la direction réelle du Vent.

U N autre moyen, mais moins exact que le précédent, de découvrir l'angle que font entr'elles les deux directions du vent, la réelle & l'apparente, c'eft de laiffer les voiles orientées de la même maniere, mais d'en augmenter ou d'en diminuer le nombre. Si on ferre une partie des voiles, & qu'après avoir finglé avec la vîteffe CI qui a donné au vent la direction apparente IM ou u 1 C (*fig.* 100.) on ne marche plus qu'avec la vîteffe Ci qui eft beaucoup plus petite, la direction apparente fera enfuite iM ou u 2 C, & elle fera un angle beaucoup plus petit avec la direction réelle ou abfolue VM. Cela fuppofé, on obfervera les deux directions apparentes, & on mefurera avec le loch ou par quelqu'autre des moyens que fournit le Pilotage, les vîteffes CI & Ci du fillage. La lieue ma-

Figure 100.

A a a

rine étant de 2850 toises ou de 17100 pieds, on saura combien le Navire fait à proportion dans une minute & dans une seconde ; la différence des deux vîtesses donnera iI ; & si on trace en petit sur un carton ou sur quelqu'autre plan un triangle semblable à celui que forment sur la mer les deux directions apparentes iM & IM du vent, avec la différence iI des vîtesses du Navire ; qu'on tire ensuite la droite CM, la figure apprendra le rapport qu'il y a entre la vîtesse absolue du vent & celle du Navire, & fera aussi voir de combien est l'écart des deux directions apparentes IM & iM par rapport à la réelle CM.

Comme il ne s'agit ordinairement que d'une détermination approchée ou grossiere dans toutes ces recherches, & que les angles en M ne sont pas extrêmement grands, on pourra presque toûjours, en les confondant avec leur sinus, supposer qu'ils sont proportionnels aux vîtesses CI & Ci du sillage qui leur servent de soutendantes. Ainsi il n'y aura qu'à faire cette analogie : la différence Ii des deux vîtesses du sillage est à l'angle observé IMi ou $u1Cu2$ entre les deux directions apparentes du vent, comme une des vîtesses du Navire, la plus grande CI ou la moindre Ci, est à l'angle CMI ou CMi formé par la direction apparente du vent & par la direction réelle.

Le Vaisseau faisoit, par exemple, $2\frac{1}{2}$ lieues par heure, & le vent apparent étoit le SSE : on serre presque toutes les voiles, on ne fait plus que trois quarts de lieues par heure sur la même route, & le vent se trouve approché en apparence de 15 degrés du Sud. Nous dirons : Ii ou 7 quarts de lieue, différence des deux sillages, est à l'angle IMi qui est de 15 degrés, comme $2\frac{1}{2}$ lieues ou 10 quarts de lieues valeur de CI, sont à un peu moins de $21\frac{1}{2}$ degrés pour l'angle CMI ou pour l'écart de la premiere direction apparente de vent, par rapport à la direction réelle VM. Il sera très-facile de rendre ce calcul plus exact quand on le voudra ; mais on pourra s'en dispenser souvent. Une précaution qu'il est bon de prendre, c'est de répéter plu-

Figure 100.

fieurs fois les mêmes expériences, afin de reconnoître fi
le vent n'a point changé réellement de direction pendant
le cours de l'opération : ce qui arrivera quelquefois, &
ce qui pourroit tromper l'obfervateur.

Troifieme moyen de connoître la direction réelle du Vent.

Nous avons encore à propofer un moyen de découvrir la différence entre les deux directions du vent, & il
nous paroît qu'on peut y avoir recours dans tous les cas
ordinaires, pourvu qu'on foit muni d'un anémometre ou
de cet inftrument que nous avons décrit dans le premier
Livre *, pour mefurer la force du vent.

Voyez le premier Chap. de la troifieme Section.

Il n'y aura qu'à fe placer avec cet inftrument fur la
poupe ou en quelqu'autre endroit du Navire qui foit très-
expofé au vent ; on verra en y préfentant perpendiculairement la petite voile ou furface qui eft d'un quart de pied
quarré, de combien de livres, ou plutôt d'onces, eft l'impulfion ; & fi on en prend le quatruple, afin d'avoir l'effort
fur un pied quarré entier, la petite Table qui eft inférée
dans le Chapitre cité, donnera la vîteffe du vent. Suppofé
que l'impulfion fût d'une livre & un quart, elle feroit de
5 livres fur un pied quarré, & le vent, felon la petite Table,
parcourroit environ $59\frac{1}{2}$ pieds par feconde.

Si on faifoit cette expérience à terre, on obtiendroit la
vîteffe abfolue du vent ; mais lorfqu'on eft fur un Navire,
au lieu de découvrir la vîteffe réelle, on ne trouve que la
vîteffe apparente ou relative, puifque le vent, au lieu de
frapper l'anémometre avec toute fa force, ne le frappe
qu'avec le furplus de fa vîteffe fur celle du Navire, ou pour
parler plus exactement, il ne frappe l'inftrument qu'avec
la vîteffe relative ou apparente IM. Mais dans le triangle
CIM (*fig.* 97 & 98.) on connoîtra enfuite les deux côtés
CI & IM avec l'angle compris I, & il n'y aura qu'à
réfoudre le triangle. La vîteffe du fillage donnera CI ; on
aura IM par l'ufage de l'anémometre, & quant à l'angle

Figures 97 & 98.

I on le connoîtra en comparant la route avec la direction qu'indiquent les girouettes. Ainsi il n'y aura qu'à appliquer le calcul trigonométrique au triangle *CIM*, ou le réſoudre par le moyen d'une figure en le traçant en petit, & on aura non-ſeulement la vraie vîteſſe du vent, mais auſſi ſa direction réelle ou abſolue.

Propoſons-nous pour exemple un Navire qui faſſe 2 lieues $= 2 \times 17100$ pieds par heure, ou $9\frac{1}{2}$ pieds par ſeconde, & ſuppoſons que notre anémometre nous donne 8 onces pour l'impulſion du vent ſur chaque quart de pied quarré de ſurface expoſé perpendiculairement, cette impulſion répond à environ $37\frac{2}{3}$ pieds de vîteſſe. Ainſi *CI* fera de $9\frac{1}{2}$ pieds & *IM* de $37\frac{1}{3}$ pieds. Si outre cela l'angle que fait la route avec la direction apparente du vent, eſt de 50 degrés, ſupplément de l'angle *CIM*, on trouvera, en réſolvant le triangle *CIM*, que l'angle *M* que font entr'elles les deux directions du vent, la réelle & l'apparente, eſt d'environ $9\frac{1}{2}$ degrés, & que le côté *CM* qui repréſente la vîteſſe réelle du vent eſt de 44 pieds.

CHAPITRE III.

Lemme important & général pour la ſolution des Problêmes de Manœuvre, & moyen d'orienter la voile dans les Navires exempts de dérive, lorſqu'on fait une route donnée avec une ſeule voile.

NOUS avons vu que la route & les deux directions du vent, la réelle & l'apparente, formoient un triangle dont les trois côtés repréſentoient le rapport des trois vîteſſes, la vîteſſe abſolue du vent, celle du ſillage & la vîteſſe apparente du vent. Cette remarque nous conduit à

une autre qui fera extrêmement importante dans la fuite. *Figure 97.*
Toutes les fois qu'il s'agit de rendre la vîteffe du fillage la plus grande qu'il eft poffible & que la route eft donnée, on peut regarder comme conftante la vîteffe apparente du vent.

Pour nous convaincre de cette vérité qui eft très-digne d'attention, nous n'avons qu'à fuppofer qu'en fuivant toujours dans la figure 97 la route CI qui eft donnée, on change un peu la difpofition des voiles en les orientant plus ou moins obliquement. Si la vîteffe CI augmente, c'eft une marque qu'on n'avoit pas faifi la difpofition la plus avantageufe. Si au contraire CI diminue, il faudra préférer la premiere difpofition, mais on pourra encore en préférer une troifieme en faifant un changement contraire à celui qu'on a fait. Il eft donc clair qu'on n'eft fûr d'avoir rencontré la difpofition la plus parfaite des voiles que lorfqu'en la changeant infiniment peu on ne produit aucun changement fur CI. Alors CI fera un *maximum*, comme le favent les Géometres ; c'eft-à-dire, que cette ligne fera la plus grande qu'il fera poffible. Mais fi la vîteffe CI du fillage ne reçoit aucun changement, la vîteffe & la direction apparente IM du vent ne changeront pas non plus, puifque la route CI fait un angle donné avec la direction réelle CM du vent.

Reconnoître dans un Navire exempt de dérive si la voile eft bien difpofée pour faire une route donnée.

Il fuit de ce principe que le Problême dont nous comptons nous occuper, fe rapporte à celui que nous avons réfolu dans le Chapitre VI. de la premiere Section du Livre qui précede. Il faudra feulement faire attention que la ligne felon laquelle nous voulons que la voile pouffe davantage le Navire, n'eft pas, dans le Problême préfent, une perpendiculaire à la quille, mais qu'elle tombe fur la quille même, puifque nous ne voulons pas imprimer un mouvement de rotation, mais pouffer felon la direction de fon axe le Navire qui eft exempt de dérive.

Nous n'avons donc qu'à faire enforte que l'angle d'incidence apparent ait fa tangente double de la tangente de l'angle formé par la voile & par la quille felon laquelle il eft néceffaire que l'action foit la plus grande qu'il eft poffible. La vîteffe du Vaiffeau ne rend pas ici variables la direction & la vîteffe apparentes du vent ; puifque l'une & l'autre perdent leur variabilité lorfque la vîteffe du fillage eft un *maximum* ou la plus grande qu'il eft poffible. Il eft vrai que la vîteffe du vent n'eft toujours qu'apparente ou relative, mais il n'en eft pas moins certain que c'eft avec cette vîteffe & avec cette direction que le vent frappe la voile. Cette vîteffe & cette direction font comme actuelles ; ce qui nous autorife à appliquer au cas préfent les recherches contenues dans le Chapitre que nous avons cité.

Ainfi lorfque nous fommes en mer & que nous faifons une route CI dans un Navire dont nous pouvons négliger la dérive, nous avons un moyen très-facile de reconnoître fi notre voile eft bien orientée. La voile partage l'angle uCI en deux parties ; la premiere partie eft l'angle d'incidence apparent du vent fur la voile, & la feconde eft l'angle formé par la voile & par la route ou par la quille. Nous n'avons qu'à voir fi la tangente du premier angle eft double de celle du fecond.

Nous pourrons, après avoir mefuré ces deux angles, chercher leur tangente dans les tables, ou les tracer fur une figure ; on pourra auffi très-fouvent comparer ces tangentes à vue d'œil ; fi on imagine une perpendiculaire AH abaiffée de l'extrêmité A de la proue fur la voile FE (*fig.* 101) & qu'on la prolonge par la penfée jufqu'à la rencontre L de la direction apparente uC du vent, il faudra que la partie LH de cette perpendiculaire foit double de l'autre HA. Quand même on ne fe conformeroit à cette pratique que groffiérement, on en retireroit de l'utilité : on fera maître de l'obferver plus ou moins rigoureufement, & on aura toujours une regle, au lieu qu'on n'en avoit pas.

Mais il faut bien remarquer que cette regle qui nous Figure 101. fait connoître si nous avons bien disposé la voile après que nous avons achevé de l'orienter, n'est pas propre à nous apprendre d'avance la disposition à laquelle nous devons nous arrêter. En effet, on se tromperoit quelquefois très-considérablement si sur la mesure de l'angle uCA on vouloit régler la grandeur précise des deux autres angles ; car si la voile étoit d'abord fort éloignée de la disposition parfaite, la vîtesse CI du sillage augmenteroit, ce qui feroit changer la vîtesse & la direction apparente IM du vent : ainsi l'angle uCA ne seroit plus le même, & la détermination fondée sur la premiere grandeur de cet angle seroit manqué.

Calcul & usages de la premiere Table qui est à la fin de ce Traité, avec différentes remarques.

La limitation de notre regle vient de ce qu'elle n'a d'application immédiate qu'à l'égard de la direction apparente du vent ; mais nous pouvons par le moyen d'une Table très-facile à construire, en étendre l'utilité. Si nous supposons donné l'angle uCA de la route & de la direction apparente du vent, nous venons de voir quelles sont les conditions qui rendent parfaite la disposition de la voile. Nous chercherons sur ce fondement l'angle d'incidence apparent ; attribuant ensuite une certaine vîtesse apparente au vent, nous calculerons l'impulsion que recevra la voile, & nous en conclurons la vîtesse CI du sillage. La vîtesse apparente attribuée au vent ne sera autre chose que IM ; & si en résolvant le triangle CIM nous cherchons CM & l'angle ICM, nous aurons la direction absolue & la vîtesse absolue du vent, qui conviendront aux suppositions que nous aurons faites. La premiere Table qu'on trouvera à la fin de ce Livre a été calculée de cette sorte.

Nous avons marqué dans les premieres colonnes les

angles de la voile & de la quille & les angles d'incidence, parce que nous penfons qu'on fe bornera fouvent à la fimple comparaifon de ces angles. Ce font en effet ceux qui fe correfpondent généralement dans tous les Navires dont on peut négliger la dérive, au lieu que les autres angles de même que les autres conditions de la difpofition parfaite, varient felon que le Navire eft bon ou mauvais voilier. Pour rendre néanmoins la Table plus complette, & donner quelque idée de la progreffion que fuivent les vîteffes du Navire & les angles M que les deux directions du vent forment l'une avec l'autre, nous avons cru devoir faire entiérement les calculs pour deux Navires de qualités très-différentes quant à la marche.

Lorfqu'on attribue au vent une certaine vîteffe relative ou apparente fur $u\,C$, cette vîteffe, quoique la même, peut produire plus ou moins d'effet fur le fillage, le rendre plus ou moins rapide, à caufe des divers rapports qu'il y a entre la furface des voiles & celle de la proue. Nous avons donc voulu que notre Table fervît pour deux différents Navires : nous avons toujours réduit à 400 la vîteffe réelle ou abfolue du vent ; mais nous avons fuppofé qu'un des Navires ne prenoit que la huitieme partie de cette vîteffe dans la route directe, au lieu que l'autre en prenoit le quart. Ces différentes fuppofitions ont introduit divers rapports entre $C\,I$ & $I\,M$ & ont fait changer l'angle M. Notre Table étant calculée, fi on nous propofe de fuivre une certaine route, on nous donnera l'angle qu'elle doit faire avec la direction réelle du vent ; nous chercherons cet angle dans la cinquieme colomne ou dans la neuvieme, & nous trouverons dans les autres toutes les quantités que nous avons intérêt de connoître.

Si on jette les yeux fur la fuite des nombres que contiennent la feptieme & la derniere colonne, on verra que la vîteffe du fillage diminue extrêmement dans les routes très-obliques. Toutes les fois que la proue eft tournée vers le vent, il faut rendre l'angle de la voile & de la quille beaucoup plus petit, l'angle d'incidence doit être

auffi

auſſi moindre. Ainſi l'impulſion du vent eſt beaucoup plus
foible ; mais outre cela il y a une moindre partie de cette
force qui pouſſe dans le ſens de la quille & qui eſt utile
au ſillage, puiſque la plus grande partie de l'effort ſe
fait preſque perpendiculairement à la longueur du Navire.
Le concours de toutes ces circonſtances eſt cauſe que,
lorſque le Navire ſingle *au plus près*, il prend à peine les
quatre dixiemes de la vîteſſe qu'il reçoit dans la route
directe. Les dernieres diſpoſitions de notre Table marquent ces routes du plus près ; & ſi on rendoit encore
plus petit l'angle que fait la route avec la direction du
vent, la vîteſſe diminueroit encore par des degrés plus
ſubits.

La Table, de même que les principes ſur leſquels elle
eſt fondée, a également ſon application lorſque le Navire a pluſieurs voiles, pourvu qu'elles ne s'embarraſſent
point les unes les autres, ou que celles de la poupe ne
couvrent point en partie celles de la proue. Dans toutes
les routes d'une certaine obliquité le vent frappe ſur toutes les voiles : mais dans ce cas c'eſt la même choſe, quant
à l'impulſion, que ſi le Navire n'avoit qu'une voile, mais
beaucoup plus grande. Ainſi on peut alors avoir recours
à notre Table, ou ſe ſervir de la comparaïſon des deux
tangentes ſur laquelle nous avons inſiſté. Ce ne ſera plus
la même choſe, ſi les voiles de la proue ſont en partie
couvertes par les voiles de la poupe : les recherches de
manœuvre deviennent alors plus difficiles, & elles demanderont un nouvel examen de notre part.

Au ſurplus, quoiqu'à parler dans la rigueur, il n'y
ait point de Vaiſſeau dont on puiſſe négliger la dérive,
parce qu'il n'y en a point d'infiniment étroit, nous croyons
néanmoins qu'on peut dans certaines rencontres conſidérer pluſieurs Navires comme s'ils ſuivoient exactement
dans leurs routes la direction de leur quille. Nos Vaiſſeaux ſont environ quatre fois plus longs que larges ; mais
outre cela la ſaillie de leur proue en diminue la ſurface
cinq ou ſix fois & même davantage, quant à la réſiſtance

B b b

qu'elle éprouve de la part de l'eau. Ainsi c'est à peu-près la même chose que si la carene étoit 24 ou 25 fois plus longue que large, & dans cet état nos Navires doivent acquérir sensiblement plusieurs des propriétés du Navire qui seroit absolument exempt de dérive. Cependant nous devons avertir que la dérive se manifestera toujours dans les routes très-obliques, ou lorsque les voiles feront un angle très-aigu avec la quille; le vent poussera alors considérablement de côté, & le Vaisseau cédant à cet effort latéral, ne suivra plus la direction de sa quille ou de son axe, mais s'en écartera sensiblement. La premiere de nos Tables ne sera pas d'usage alors, mais on pourra s'en servir dans toutes les routes qui ne feront point extrêmement éloignées de la directe, comme nous le verrons encore mieux dans la suite.

CHAPITRE IV.

De la disposition la plus avantageuse de la voile pour gagner au vent & pour s'éloigner d'une Côte.

Nous avons un problême pour le moins aussi important à résoudre que le précédent, quoiqu'il ne soit pas d'un usage si fréquent en mer. Quelquefois on veut s'éloigner le plus qu'il est possible d'une certaine ligne: il ne s'agit pas précisément de faire beaucoup de chemin, mais il importe qu'on en fasse beaucoup relativement à une certaine direction.

Figure 102.

Le Navire, par exemple, de la figure 102 fait la route CI pendant que VC est la direction réelle ou absolue du vent, & il s'agit de s'éloigner le plus qu'il est possible de la ligne droite ML. Si ce Navire présentoit la proue un peu moins au vent; s'il *arrivoit* un peu, il marcheroit beaucoup plus vîte, mais la quantité IL dont il s'éloigne

de la droite *M L* pourroit malgré cela être moins grande.
Si au contraire le Navire *ferroit* davantage le vent, le
progrès *LI* deviendroit plus grand par rapport au fillage
CI, mais le fillage deviendroit beaucoup plus lent & *LI*
fouffriroit peut-être plus de diminution par ce chef, qu'il
ne recevroit d'augmentation par l'autre. La droite *M L*
eft une perpendiculaire à la direction abfolue du vent
lorfqu'on veut aller au plus près ou gagner au vent le plus
qu'il eft poffible. Ce n'eft alors qu'un cas particulier du
problême général que nous nous propofons.

Le Navire *F* de la figure 99 fingle au *plus près* en fuivant la route *FK* & en avançant vers l'origine même du
vent ; il travaille à s'éloigner de la perpendiculaire *FC*.
Mais quelquefois la ligne droite dont on veut s'éloigner
a une fituation oblique par rapport à la direction du vent;
cette droite fera, par exemple, une parallele à une côte
dont on a des raifons néceffaires de s'écarter. Ainfi le
problême général que nous avons à réfoudre n'eft point affu-
jetti à une grandeur particuliere de l'angle *VCL* (*fig.* 102).

On verra dans la fuite qu'on ne peut fe difpenfer dans
cette rencontre de chercher la direction réelle du vent
ou de juger au moins à peu-près de fa fituation par quelqu'un des moyens que nous avons donnés ; on y eft obligé,
parce que la maxime très-fimple que nous avons à propofer dépend entiérement de la connoiffance de la direction réelle du vent.

Auffi-tôt qu'on aura découvert la direction *VC*, on
faura fi la route qu'on fuit eft la plus avantageufe, en examinant fi l'angle *ICL* qu'elle fait avec la ligne droite *ML*
dont on veut s'éloigner, eft égal à celui *VCE* que fait la
direction réelle du vent avec la voile; ce qui ne difpenfe
pas de bien difpofer la voile par rapport au Navire.

Ainfi on fera obligé de fatisfaire alors à deux conditions. Lorfque le Navire eft exempt de dérive, il faut
que la tangente de l'angle d'incidence apparent du vent
foit double de celle de l'angle que la voile fait avec la
quille. Cette premiere condition étant remplie, la vîteffe

B b b ij

 CI du fillage fera un *maximum*. Mais il faut en fecond lieu que l'angle VCE que fait la direction abfolue du vent avec la voile foit égal à celui ICL que fait la route CI avec la ligne droite ML dont on veut s'écarter. L'obfervation de cette feconde regle qui convient abfolument à tous les Vaiffeaux, & qui par cette raifon eft plus générale que l'autre, achevera de rendre la difpofition entiérement parfaite pour rendre le progrès LI le plus grand qu'il eft poffible.

On reconnoîtra aifément, lorfque les deux conditions ne feront pas remplies, dans quel fens il faudra changer la difpofition de la voile & celle du Vaiffeau. Mais il fera bon de faire toujours attention aux deux regles en même temps; car fi on y penfoit féparément, on courroit rifque d'en violer une, pendant qu'on feroit tout occupé du foin d'obferver l'autre.

Ce fera la même chofe fi on veut fingler au plus près ou gagner au vent le plus qu'il eft poffible, pourvu qu'on fe fouvienne que la ligne droite ML dont il s'agit alors de s'éloigner en remontant vers l'origine du vent, n'eft pas perpendiculaire à la direction apparente uC du vent, mais à la direction réelle. L'opération fera même pour l'ordinaire beaucoup plus courte, parce qu'on n'aura pas la liberté de diminuer affez l'angle ACE que forme la voile avec la quille, & qu'il fera comme donné.

Il faudroit pouvoir diminuer affez cet angle, pour qu'il n'eût que 17 à 18 degrés; mais on fera prefque toujours obligé dans la pratique de le laiffer beaucoup trop grand, à caufe de divers cordages qui gênent le mouvement des vergues ou des voiles en empêchant de les rendre plus obliques par rapport à la quille. Cet angle ACE étant comme donné, il faut opter entre l'obfervation de la regle expliquée dans le Chapitre précédent, ou de la regle que nous venons d'indiquer; mais celle-ci eft préférable à tous égards à la premiere, comme les lecteurs s'en convaincront dans la fuite. On ôtera donc l'angle ECI de 90 degrés, & prenant la moitié du refte, on aura

chacun des angles *ICL* & *VCE*. Si l'obliquité *ECA* Figure 102.
ou *ECI* de la voile à l'égard de la quille, ou plutôt de
la route, est, par exemple, de 25 degrés, on aura 65
degrés pour la somme des deux autres. Ainsi il faudra que
la voile fasse avec la direction réelle du vent un angle de
$32\frac{1}{2}$ degrés ; & que l'angle de la route avec la ligne droite
ML soit du même nombre de degrés.

Construction & usage de la seconde Table qui est à la fin de ce Traité.

CE que nous venons de dire nous paroît très-suffisant
pour la pratique ; mais après tout, si on veut avoir une
Table qui indique les dispositions les plus avantageuses
du Navire & de sa voile, pour s'éloigner d'une ligne
droite donnée de position, il sera très-facile de la dé-
duire de la premiere Table.

Si nous supposons, par exemple, que l'angle *ACE* de
la voile & de la quille est de 30 degrés, notre premiere
Table nous apprend que l'angle d'incidence apparent *uCE*
doit être de 49^d 6^m, & si le Navire dont il s'agit, prend
le quart de la vîtesse du vent dans la route directe, l'angle
VCu formé par les deux directions du vent sera de 10^d
18^m, ce qui rendra l'angle *VCE* de 59^d 24^m. Nous joignons le double de cet angle à l'angle *ECA*, & nous
avons 148^d 48^m pour l'angle *VCL* ; c'est-à-dire que la
disposition de la voile & du Vaisseau que nous avons supposée, est la plus avantageuse pour s'éloigner d'une ligne
droite *ML* qui fait avec la direction réelle du vent un
angle *VCL* de 148^d 48^m.

La grandeur de cet angle qui ne passe pas 180 degrés
nous marque que si la ligne *ML* dont il est question de
s'éloigner est une parallele à une côte, le vent vient du
côté de la mer & non pas du côté de terre. Dans d'autres
suppositions l'angle *VCL* se trouvera de plus de 180^d, &
ce sera une marque que le vent vient de terre. J'ai construit, par de semblables calculs, la seconde Table qu'on

verra à la fin de ce Traité, & j'y ai joint aussi les quantités *IL* dont on s'éloigne de la ligne droite donnée *ML*. Je les ai trouvées en résolvant le triangle rectangle *ICL*, & j'ai toujours supposé que la vîtesse absolue du vent étoit représentée par 400.

Si le Navire dans lequel on navigue est du nombre de ceux qui prennent dans la route directe le quart de la vîtesse absolue du vent, notre Table apprendra que, pour s'éloigner le plus promptement qu'il est possible d'une côte par rapport à laquelle le vent qui vient de la mer est perpendiculaire, il faut que la voile fasse avec la quille un angle de $17^d 18^m$, & que la route fasse avec la direction réelle du vent un angle de $53^d 39^m$. On trouvera aussi qu'on s'éloigne de la côte de 24 de ces mêmes parties, dont 400 expriment la vîtesse absolue du vent. On se conformera à la même détermination si on veut singler au *plus près*, ou gagner au vent le plus qu'il est possible : le cas est précisément le même, & le progrès vers l'origine du vent sera également exprimé par 24, ce qui est marqué dans la derniere colonne.

Evaluation de ce qu'on perd en orientant mal la voile lorsqu'on single au plus près.

MAIS, comme nous l'avons dit, on perd à cet égard quelqu'avantage dans la Marine par la raison qu'on ne peut pas diminuer assez l'angle que les voiles font avec la quille. Nous avons supposé dans notre seconde Table qu'on étoit libre de ne donner que $17^d 18^m$ à cet angle ; ainsi puisqu'on ne peut pas dans la pratique rendre cet angle si petit, notre Table indique un degré de perfection dont on approche, mais qu'il n'est pas possible d'obtenir.

Lorsque l'angle *ECA* est de 25 degrés, & que l'angle *VCE* formé par la direction réelle du vent & la voile est de $51^d 15^m$ somme de l'angle d'incidence apparent 43^d & de l'angle *VCu* de $8^d 15^m$, notre premiere Table nous apprend que la vîtesse du Navire est de 62 parties. Cette

 Figure 102.

îteſſe eſt celle du ſillage lorſqu'on obſerve la premiere
egle ; mais comme on eſt obligé d'y renoncer lorſqu'on
ngle au plus près, parce qu'on ne peut pas aſſez diminuer
angle ACE, l'angle VCE n'eſt plus que de $32\frac{1}{2}$ degrés,
le même que l'angle ACL, & cette diminution que ſouf-
re l'angle VCE fait diminuer extrêmement la vîteſſe du
Navire.

En effet toutes les fois que les voiles conſervent la même
ituation par rapport au Navire, les vîteſſes du ſillage, con-
ormément à un principe ou théorême dont nous démontrerons la certitude dans la ſuite, ſont exactement pro-
ortionnelles aux ſinus des angles, non pas d'incidence
apparens uCE, mais aux ſinus des angles VCE formés
par la direction réelle du vent & par la voile. Ainſi l'angle
VCE étant plus petit, la vîteſſe CI ſera moindre dans
le même rapport que le ſinus de $32\frac{1}{2}$ eſt plus petit que le
ſinus de $51^{d}\,15^{m}$; au lieu qu'elle étoit de 62 parties,
comme le marque notre premiere Table, elle ne ſera
donc plus que d'environ $42\frac{3}{4}$. Mais ſi on cherche après
cela le progrès LI fait vers l'origine du vent, en ſe ſouve-
nant que dans le triangle rectangle CLI, l'angle en C eſt
de $32\frac{1}{2}{}^{d}$, on trouvera que ce progrès n'eſt pas tout-à-fait
de 23. Ce qui montre qu'on perd un peu plus d'une 24me
partie de gain vers le vent à cauſe de la grandeur qu'on
eſt obligé de laiſſer à l'angle que font les voiles avec la
quille.

Mais on voit qu'il arrive ici la même choſe qu'à l'égard
de preſque tous les autres *maximum* ou quantités qu'on ſe
propoſe de rendre les plus grandes qu'il eſt poſſible. Pour
peu qu'on ſoit attentif à ne pas trop s'écarter des regles,
& qu'on obſerve au moins avec quelque ſoin les plus importantes, on retire ſenſiblement tout le fruit qu'on avoit
en vue ; parce que les quantités qui deviennent des *maximum* par une certaine diſpoſition, ſont ſenſiblement de la
même grandeur dans les environs du point précis où réſide
le plus grand avantage. On rend l'angle de la voile & de
la quille trop grand de preſque une moitié, & malgré cela

Figure 102. comme on met une égalité parfaite entre les deux angles *ICL* & *VCE*, le progrès *LI* vers le vent se trouve presque le même, on ne perd qu'une assez petite partie. Nous ne devons pas manquer d'ajouter que tout ce que nous venons de dire sur la maniere d'aller au plus près, convient également aux Navires qui n'ont qu'une voile & à ceux qui en ont plusieurs, parce que, comme nous l'avons déja fait remarquer, les voiles ne se couvrent point les unes les autres dans les routes extrêmement obliques.

CHAPITRE V.

De la maniere de donner chasse à un Navire en lui coupant le chemin le plus promptement qu'il est possible.

LA pratique qu'on doit employer lorsqu'on veut s'éloigner d'une côte servira aussi lorsqu'on voudra couper le chemin à un autre Vaisseau. Quelquefois de mauvais Manœuvriers, sans mettre de distinction entre les différents cas, dirigent toujours leur proue sur le Navire auquel ils veulent *donner chasse* ou qu'ils veulent atteindre. Comme le Navire qui fuit change de situation par rapport à l'autre, ces Manœuvriers changent aussi leur route, & ils décrivent de cette sorte une ligne courbe qui leur fait perdre beaucoup de temps, & qui se termine très-souvent d'une maniere fàcheuse, en les plaçant derriere le Navire à côté duquel ils vouloient se mettre. Cette faute, qui est inexcusable lorsqu'on n'a pas su tirer parti des bonnes qualités de son propre Vaisseau, n'est que trop ordinaire.

Au lieu de perdre son temps à décrire une ligne courbe qui fait qu'on manque presque toujours sa proie, il faut lui couper le chemin, en prenant néanmoins certaines Figure 103. précautions qui sont essentielles. Si le Navire *B* (*fig.* 103) fait la route *BI* & que le Navire *A* qui est au vent fasse

la

la route *A I* en parcourant les espaces *AC*, *CD*, *DE*, Figure 103.
&c. dans le même temps que l'autre Navire parcourt les
espaces *B F*, *F G* & *G H* beaucoup plus petits, ces deux
Navires ne se rencontreront pas, & le Navire *A* perdra
tout son avantage. Lorsqu'ils étoient en *A* & en *B*, la
ligne *A B* marquoit la direction ou l'aire de vent de l'un
à l'autre; mais lorsqu'ils sont parvenus en *C* & en *F*, leur
direction respective n'est plus la même. Elle est encore plus
différente lorsque les Navires sont en *D* & en *G*, & encore davantage en *E* & en *H*.

Les choses étant dans ce dernier état, on s'apperçoit
bien dans le Vaisseau *A* arrivé en *E*, qu'on a manqué son
coup, & qu'on parviendra au point *I* lorsqu'il n'en sera
plus temps; mais on pouvoit prévoir cet accident beaucoup
plutôt. Lorsqu'on étoit en *C* & que l'autre Navire étoit
en *F*, on n'avoit qu'à examiner avec une boussole si la
direction *C F* étoit parallele à la premiere *A B*, on eût
reconnu dès-lors qu'on commençoit déja à perdre sur
l'autre Navire. En un mot, pour que les deux Navires
se rencontrent lorsqu'ils se meuvent d'un mouvement uniforme, il faut qu'ils conservent dans tous les points de leur
route la même direction ou air de vent l'un par rapport
à l'autre.

Il est très-facile de voir avec la boussole si cette condition nécessaire est remplie; mais il est bien des rencontres où l'on peut se servir utilement de la même regle
quoiqu'on n'ait point de boussole. J'ai quelquefois tra-
versé dans une chaloupe à la voile, des rades où plusieurs Navires passoient d'un endroit à l'autre étant poussés d'un bon vent. On ne savoit quelquefois dans la chaloupe s'il y avoit du péril ou s'il n'y en avoit pas, & on
étoit indécis sur le parti qu'on avoit à prendre. Dans une
pareille incertitude on pourroit faire une manœuvre, lorsqu'il en faudroit faire une autre toute contraire, & on
iroit se mettre sous la proue d'un Navire par lequel on
seroit brisé ou coulé à fond. Nous n'avions point de boussole; mais je cherchois au loin quelqu'objet auquel je pusse

Ccc

 rapporter le Navire que nous voulions éviter : lorſqu'il y avoit des nuages dans le ciel proche de l'horiſon, je m'en ſervois par préférence à cauſe de leur grand éloignement; & comme je n'avois à les obſerver que pendant très-peu de temps leur mouvement ne pouvoit me jetter dans aucune erreur. Si donc le Navire que nous voulions éviter me répondoit toujours au même objet ou au même nuage, j'étois ſûr que nous le rencontrerions, & que ſi nous ne changions promptement de route, nous allions faire naufrage. Lorſque la direction à laquelle le Navire me paroiſſoit, changeoit au contraire continuellement, j'étois certain qu'il n'y avoit rien à craindre & que nous ne le rencontrerions pas.

Le cas eſt ici tout différent; un Navire veut en rencontrer un autre: celui A de la fig. 103 a l'avantage du vent ſur le Navire B, & il parcourt par ſon ſillage de très-grands eſpaces AC, CD &c. pendant que le ſecond en parcourt de moindres BF, FG &c. S'il n'atteint pas ce ſecond Navire ce ſera ſouvent par ſa faute, ce ſera parce qu'il ne fera pas tout ce qui étoit néceſſaire pour s'éloigner le plus promptement qu'il étoit poſſible de la ligne droite AB. Pour nous, nous n'aurons toujours qu'à conſulter notre ſeconde table. Si l'angle VAB eſt par exemple de 150 degrés, nous n'aurons qu'à chercher les diſpoſitions les plus avantageuſes pour s'écarter d'une ligne droite donnée de poſition AB qui fait un angle de 150 degrés avec la direction réelle du vent, & ſuppoſé que notre Navire, dont on peut négliger la dérive, prenne le quart de la vîteſſe du vent dans la route directe, nous trouverons qu'il faut que la voile faſſe avec la quille un angle de 30^d 19^m, & que l'angle d'incidence apparent ſoit de 49^d 28^m.

 On diſpoſera donc le Navire comme dans la fig. 104. La route AI fera alors avec la direction réelle du vent un angle VAI de 90^d 10^m, & comme cet angle fera plus petit que dans la fig. 103, on ira moins vîte; mais les eſpaces AC, CD que nous parcourrons, quoique plus

petits, nous éloignerons le plus qu'il sera possible de la   Figure 104.
droite *A B* & nous donnerons par conséquent le plus
grand avantage possible sur le Vaisseau *B* que nous pour-
suivons. Nous faisions une mauvaise manœuvre en nous
conformant à la fig. 103, parce que nous prétendions
couper le chemin au Navire *B* dans un point *I* trop peu
éloigné; mais en nous reglant sur notre seconde Table
nous tirons le plus grand avantage possible des bonnes
qualités de notre Vaisseau; il se pourroit même faire que
nous en tirassions trop, & que nous arrivassions au point
I lorsque l'autre Navire en seroit encore fort éloigné. On
s'en apercevroit en observant de temps en temps avec la
boussole les directions *C F, D G, E H* qui doivent être
continuellement paralleles; si on remarquoit qu'on gagnât
trop, il n'y auroit qu'à forcer moins de voile.

La disposition qui est indiquée par la seconde Table sa-
tisfait à l'observation de deux regles, ou remplit les conditions de deux différents *maximum*. La tangente de l'angle d'incidence apparent est double de la tangente de
l'angle formé par la voile & par la quille, ce qui fait que
le Navire single le plus promptement qu'il est possible sur
la route *A I*. En second lieu l'angle que fait la direction
réelle du vent avec la voile, est égal à l'angle *I A B* formé
par la route & par la ligne *A B*. Mais si notre Table rendoit l'angle de la voile & de la quille trop petit, & qu'on
ne pût pas le faire réellement assez aigu, il faudroit alors,
nous le répétons, se contenter d'observer la seconde regle.
Ainsi connoissant le moindre angle que la voile peut faire
avec la route, on le retrancheroit de l'angle *V A B* que
fait la direction réelle du vent avec la droite *A B*; &
prenant la moitié du reste, on auroit en même temps
l'angle que la direction réelle du vent doit former avec la
voile, & celui que la route *A I* doit faire avec la droite *A B*.

Donner chasse à un Vaisseau qui est au vent.

LORSQU'ON poursuit un Navire qui est au vent, on ne
peut jamais l'atteindre à moins qu'on ne marche plus vîte

que lui, & il faut presque toujours encore faire successivement plusieurs bordées, c'est-à-dire, qu'on est obligé de virer de bord pour faire diverses routes. Le Navire B, par exemple, de la figure 105 qui est au vent du Navire A court au plus près en suivant la route BI. Si nous sommes dans le Vaisseau A, & que courant aussi au plus près du même côté, nous marchions assez vîte pour arriver au point C en même temps que le Navire B au point F, la ligne FC étant perpendiculaire à la direction réelle du vent, l'autre Navire n'aura plus aucun avantage sur nous de la part du vent. Nous aurons au contraire sur lui l'avantage du sillage que nous devons toujours conserver. Ainsi virant de bord en C en présentant au vent le flanc de stribord au lieu de celui de bas-bord, nous ferons la route CI pendant que l'autre Navire auquel nous donnons chasse fera la partie FI de sa route, & nous le rencontrerons en I. Il ne sera pas nécessaire que nous forcions de voile en faisant la bordée ou route CI puisque nous marchons plus vîte que l'autre Navire ; ou plutôt nous ferons bien de continuer à forcer de voile, mais il ne sera pas nécessaire que nous courrions tout-à-fait au plus près.

Au lieu de virer de bord en C où nous nous trouvons également au vent que l'autre Navire qui est parvenu en F, nous eussions pu virer de bord un peu plutôt comme en c, & nous fussions allé rencontrer l'autre Navire en i en tenant également le plus près dans notre seconde bordée ci que dans notre premiere Ac. Mais deux choses nous empêchent de connoître le point c où il faut changer de route ; nous ne savons pas assez parfaitement dans un des Vaisseaux combien nous sommes éloignés de l'autre ; & outre cela, quoique nous nous appercevions très-distinctement dans le Vaisseau A que nous marchons plus vîte que le Vaisseau B, nous ignorons quel est le rapport précis entre les deux vîtesses. On perd beaucoup de temps en évolution lorsqu'on vire de bord plusieurs fois ; mais d'un autre côté lorsqu'on fait des bordées fort longues, on s'éloigne quelquefois trop du Navire qu'on poursuit ;

& la nuit qui furvient le fait perdre de vue. Figure 105.

Le Navire *A*, au lieu de faire les routes *A C* & *C I* dans l'ordre que les marque la figure, gagnera quelquefois à les faire dans un ordre contraire ; c'eft-à-dire, qu'il fera mieux dans certains cas, de mettre d'abord l'amure à ftribord ou à droite, & de préfenter ce côté au vent en courant au plus près. Il iroit paffer derriere le Navire *B*, & il feroit à portée de l'atteindre vers *i* ou *I* par une feconde bordée fans être obligé de courir au plus près. On peut tracer une figure dans laquelle on marque la fituation refpective des deux Vaiffeaux par rapport au vent, autant qu'on la connoît ; & on appréciera enfuite avec plus de facilité la bonté des différents partis qu'on pourra prendre.

CHAPITRE VI.

Remarques au fujet du Navire qui fuit. Moyens de déterminer la route qui donne la plus grande de toutes les vîteffes.

I.

SI le navire *B* (*fig.* 104) continue à fuivre la route *B I*, Figure 104. il ne peut pas échapper au Navire *A* à moins qu'il n'y ait une très-grande différence entre les diverfes qualités de leur marche. En ferrant le vent, ou en recevant le vent avec encore plus d'obliquité, le Navire *B* doit naturellement fingler moins vîte que le Vaiffeau *A* qui reçoit le vent moins obliquement. Le premier n'a qu'un feul moyen d'empêcher le Navire *A* de tirer parti de fa fituation ; c'eft de lui préfenter la poupe & de courir fur le prolongement de *A B*. Le Vaiffeau *A* feroit enfuite obligé de faire la même route, & ils refteroient toujours également éloignés l'un de l'autre de l'intervale *A B* s'ils marchoient également vîte ; la feule différence du fillage mettroit enfuite de la diftinction entr'eux.

Ainfi, généralement parlant, le Vaiffeau *B* lorfqu'il fuit ne peut rien faire de mieux que d'arriver en courant fur le prolongement de *A B*, de même qu'il faudroit que le Vaiffeau *A* courut au plus près, s'il vouloit éviter la pourfuite du Vaiffeau *B*. Mais lorfque le Vaiffeau *A* s'enfuit, il peut courir au plus près de deux différents côtés, comme le favent tous nos Lecteurs. Il peut préfenter fa proue plus au vent en offrant toujours le flanc gauche ou de bas-bord au vent; ou bien il peut revirer de bord & courir au plus près de l'autre côté en préfentant fon flanc droit ou de ftribord au vent. Il eft bien clair que cette feconde route feroit ici beaucoup plus propre à l'éloigner du Vaiffeau *B*,

I I.

Le Navire qui fuit doit faire ufage de toutes les connoiffances qu'il a des propriétés de fa marche. Si les deux Vaiffeaux font très-peu éloignés l'un de l'autre, l'intervalle *A B* ne donne guere d'avance au Navire *B* lorfqu'en fuyant il fuit le prolongement de *A B*. Il pourroit choifir celle de toutes les routes dans laquelle il fingle le mieux, & le Navigateur feroit en état de faifir tout d'un coup cette difpofition s'il avoit eu foin de la chercher par des expériences faites à loifir fur fon Vaiffeau dans des circonftances moins preffantes. Cette plus grande de toutes les vîteffes ou ce *maximum maximorum* dépend de la combinaifon d'une troifieme regle avec la premiere dont nous avons déja fait un fi grand ufage. Il faut d'abord, conformément à la premiere, fi le Navire n'eft fujet à aucune dérive & n'a qu'une voile, comme nous le fuppofons toujours dans cette premiere Section, que la tangente de l'angle d'incidence apparent du vent fur la voile, foit double de la tangente de l'angle que fait la voile avec la quille ; il faut outre cela, comme nous le démontrerons dans la fuite, que la direction réelle du vent foit perpendiculaire à la voile.

Suppofons que l'angle *A C E* que fait la voile avec la
quille dans la figure 101 foit fort grand , & que néanmoins
la tangente de l'angle d'incidence apparent *u C E* , foit double de la tangente de l'angle *E C A* ; nous chercherons la
direction réelle *V C M* du vent, & fi nous trouvons qu'elle
eft perpendiculaire à la voile, tout fera difpofé pour courir
avec la plus grande de toutes les vîteffes. Mais fi l'angle
V C E fe trouve aigu, la voile ne fera pas orientée, ni le
Navire difpofé pour courir avec la plus grande de toutes
les vîteffes. Car, en rendant l'angle *V C E* plus grand, on
fera , comme nous avons eu occafion de le dire, augmenter la vîteffe du fillage dans le même rapport qu'on fera
croître le finus de l'angle *V C E* que fait la direction réelle
du vent avec la voile. Cela eft vrai pour tous les Navires
qui n'ont qu'une voile.

Ainfi dans la derniere fuppofition que nous venons de
faire , il faut travailler à rendre cet angle plus grand ; mais
il faut en même temps obferver toujours la premiere regle
qui porte que *H L* foit double de *H A*. On ouvrira un peu
plus l'angle *A C E* formé par la voile & la quille, & on
portera un peu plus la proue fous le vent. Si après cela
H L étant double de *A H*, la direction réelle *V C* du vent
fait un angle droit avec la voile, il n'y aura plus rien à
changer, & on aura trouvé la difpofition qui procure la
plus grande de toutes les vîteffes ou qui en donne le *maximum maximorum*.

Les tentatives que nous prefcrivons demanderont fi peu
de temps, qu'on peut les faire en tenant, pour ainfi dire,
les manœuvres à la main ; mais il fuffit de les avoir faites
une feule fois , & de fe reffouvenir de la fituation qu'on a
été obligé de donner à la voile , de même que de la grandeur de l'angle d'incidence apparent, pour pouvoir retrou-
ver avec la plus grande facilité la même difpofition dans
les circonftances critiques. On éprouvera pour prefque
tous les Navires lorfqu'ils n'ont qu'une voile , qu'il faut
la fituer perpendiculairement à la quille , & qu'on doit
prendre le vent tout-à-fait en poupe pour leur procurer la

plus grande des vîtesses ; mais on trouvera aussi pour d'autres Navires, principalement pour les Frégates qui singlent le mieux, que la voile doit être située un peu obliquement quoiqu'il soit toujours à propos de la mettre perpendiculairement à l'égard de la direction absolue du vent.

Au surplus, il faut bien observer qu'il n'y a de l'avantage à rendre la voile perpendiculaire à la direction absolue du vent, que lorsque la route n'est pas donnée & qu'on a une liberté entiere d'embrasser la direction qu'on veut. On ne peut pas généralement, lorsque la route CI (*fig.* 101.) est donnée, mettre la voile dans une situation perpendiculaire au vent. Car on seroit obligé presque toujours de diminuer l'angle ACE de la voile & de la quille, & on perdroit plus par la petitesse de ce dernier angle, qu'on ne gagneroit par la grandeur de l'autre. Mais lorsque la route n'est pas prescrite, & qu'on ne demande qu'une grande rapidité de sillage, les deux regles, la premiere & la troisieme, ne s'excluent point l'une l'autre. On peut rendre HL double de HA, & faire ensorte que la direction absolue du vent soit perpendiculaire à la voile.

CHAPITRE VII.

Que notre troisieme & notre seconde regle, pour choisir la route qui nous procure la plus grande de toutes les vîtesses ou qui nous éloigne le plus vîte qu'il est possible d'une ligne droite donnée de position, sont applicables à tous les Navires : avec quelques autres remarques.

Tout ce qui appartient à la Géométrie dans les Chapitres précédents recevra un plus grand jour pour plusieurs lecteurs

lecteurs par l'examen exact que nous allons en faire. Notre Figure 106.
premiere regle , celle qui apprend à mettre la relation
convenable entre l'angle d'incidence du vent & la situation
de la voile par rapport à la quille , lorsqu'on fait une route
dont la direction est prescrite , tire sa démonstration des
explications qu'on a vues dans l'autre livre. Mais nous
avons indiqué d'autres regles , dont il est nécessaire que
nous justifiions la bonté. Nous commencerons par établir
un Théorême de Manœuvre dont les conséquences sont
extrêmement étendues , & qui est vrai généralement pour
tous les Navires aussi-tôt qu'ils n'ont qu'une voile.

CM dans la fig. 106 est la vîtesse & la direction réelle
du vent : le Navire AB d'une fig. quelconque, dont EF
est la voile, fait la route CI dans le même temps que les
particules d'air parcourent CM. *Si du point I on tire IK
parallélement à la voile EF, ou ce qui revient au même, si
le Navire étant arrivé en I on prolonge le plan de la voile
jusqu'à ce qu'il coupe en K la direction réelle du vent, on n'a
qu'à tracer un cercle qui passe par les trois points C, I & K,
la circonférence de ce cercle sera le* lieu *de tous les points
comme I, i où le Navire parviendra.,* en suivant une route
quelconque $CI, Ci;$ *pourvu que sa voile soit toujours orientée de la même maniere par rapport à la quille.*

La vîtesse apparente ou relative du vent est représentée
par IM lorsque la route est CI; & comme IK est parallele à la voile dans la situation EF, l'angle MIK est
égal à l'angle d'incidence apparent. Pour mieux nous expliquer, le vent ne frappant pas la voile avec sa vîtesse
absolue à cause du mouvement du Navire, il ne la frappe
qu'avec sa vîtesse apparente ou respective IM & avec
l'angle d'incidence MIK. Ainsi l'impulsion est proportionnelle au quarré de la vîtesse IM multiplié par le quarré
du sinus de l'angle MIK; mais la proportion que nous
fournit le triangle KIM entre IM & KM, & les sinus
des angles K & I, nous apprend que le produit de MK
par le sinus de l'angle K est égal au produit de IM par
le sinus de l'angle MIK; & élevant au quarré les deux

D d d

Figure 106. produits, nous aurons $(\textit{fin. } VKI)^2 \times KM^2 = (\textit{fin. } KIM^2) \times IM^2$. Or il fuit de-là, qu'au lieu d'exprimer l'impulfion actuelle du vent fur la voile par le quarré de IM multiplié par le quarré du finus de l'angle KIM, nous pouvons l'exprimer par le quarré de KM multiplié par le quarré du finus de l'angle VKI, ou de fon égal l'angle VCE que fait la direction abfolue du vent avec la voile.

Nous devons faire attention de plus que l'impulfion du vent eft en équilibre avec l'impulfion de l'eau fur la proue, ou qu'elles font exactement égales & contraires, puifque nous confidérons toujours ici le Navire lorfqu'il eft déja parvenu à l'uniformité de vîteffe. Outre cela l'impulfion de l'eau fur la proue eft égale ou proportionnelle au quarré de la vîteffe CI du fillage. Car dans les différentes routes CI, Ci la dérive eft toujours la même, puifque la voile fait toujours le même angle avec la quille; & il fuit de-là que l'eau frappe toujours fur les mêmes parties de la carene, & qu'elle les frappe avec la même obliquité.

Ainfi le quarré de la vîteffe CI du fillage eft égal au quarré de KM multiplié par le quarré du finus de l'angle VCE. Nommant s le finus de l'angle CKI ou VCE, nous aurons continuellement $CI^2 = s^2 \times KM^2$. Le premier terme repréfente l'impulfion de l'eau, & le fecond exprime l'impulfion du vent; & fi nous prenons les racines quarrées de part & d'autre, il nous viendra $CI = s \times KM$: c'eft-à-dire, que la vîteffe même du fillage CI fera continuellement égale ou proportionnelle au produit de KM par le finus s de l'angle VCE ou CKI. Le rapport entre ces quantités dépendra de la denfité des deux fluides & de la grandeur des furfaces frappées; mais il fera le même pour toutes les différentes routes.

Les vîteffes CI du fillage ont de même un rapport donné & conftant avec les produits $s \times CK$, car ces produits font égaux à celui de CI par le finus de l'angle CIK à caufe du triangle CIK, & tous les angles CIK font ici conftants, puifqu'ils font égaux à celui que la voile fait

avec la route. Mais de ce que la vîteſſe CI a continuel- Figure 106.
lement un rapport conſtant avec le produit $s \times KM$, &
de ce qu'elle a auſſi un rapport conſtant avec $s \times CK$, il
s'enſuit qu'il y a un rapport conſtant de KM à CK, &
qu'ainſi le point K partage toujours CM dans le même
rapport. Le point K eſt donc invariable, auſſi-tôt que
la voilure eſt la même; & nous devons en conclure que
tous les points I, i &c. ſont ſitués ſur la circonférence
d'un cercle. Car ſans cela les angles CIK ou CiK qui
ſont formés par la route & par la voile, & qui ſont ap-
puyés ſur la même corde CK ne ſeroient pas de la même
grandeur.

*Que lorſque la Voile reſte toujours orientée
de la même maniere par rapport au Navire, les vîteſſes du ſillage dans les différentes routes, ſont comme les ſinus de
l'angle que fait la direction abſolue du
Vent avec la Voile.*

Nous inférons du Théorême précédent une loi ou
regle dont la connoiſſance nous a déja été très-utile. Les
vîteſſes ſont continuellement proportionnelles aux ſinus
des angles VCE ou VCe que fait la direction abſolue
du vent avec la voile, pourvû que cette voile ſoit toujours
orientée de la même maniere par rapport à la quille. En
effet, dans le triangle CKI dont le côté CK & l'angle I
ſont conſtants, les vîteſſes CI du ſillage ſont proportionnelles au ſinus de l'angle K qui eſt égal à l'angle VCE.
Toutes les autres conditions étant les mêmes, plus on
augmente le ſinus de l'angle VCE, plus on fait donc
augmenter la vîteſſe du ſillage; & pour porter par conſéquent cette vîteſſe au *maximum*, il n'y a qu'à rendre
droit l'angle VCE que forme la direction abſolue ou
réelle du vent avec la voile: la vîteſſe CI ne ſera plus
enſuite une ſimple corde dans le cercle CKI, mais un

diametre. Cela eft vrai pour tous les Navires qui n'ont qu'une voile, & c'eft celle de nos regles que nous avons nommée la troifieme.

Que pour s'éloigner, le plus qu'il eft poffible, d'une ligne donnée de pofition, il faut dans tous les Navires, que la route faffe avec cette ligne un angle égal à celui que forme la direction abfolue du vent avec la voile.

Il eft auffi très-facile de démontrer maintenant l'exactitude de la feconde regle dont nous avons prefcrit l'obfervation dans les cas où l'on veut s'éloigner le plus promptement qu'il eft poffible d'une côte ou d'une ligne droite donnée de pofition. *CM* dans la figure 107 eft la direction abfolue du vent. Le cercle *CKLI* eft le lieu de tous les points auquel parvient le Navire avec la même voilure ; & *CL* eft la ligne droite dont il s'agit de s'éloigner. Il eft évident que le point *I* où doit fe terminer la route eft au milieu de l'arc *CIL* dont *CL* eft la corde. La circonférence du cercle eft en effet parallele en *I* à la corde *CL* & tous les points de part & d'autre de *I* où le Navire peut fe rendre dans le même temps font moins éloignés de *CL*. Mais on ne peut choifir le point *I* qu'en rendant l'angle *LCI* égal à l'angle *CKI* qui eft égal à l'angle *VCE*.

Du changement de la vîteffe du fillage par l'augmentation ou la diminution de l'étendue des voiles.

Nous avons fuppofé jufques à préfent que la voile confervoit toujours fa même étendue : mais fi on l'augmentoit ou fi on la diminuoit, la vîteffe du fillage changeroit felon un rapport affez compliqué. En général, pour

avoir la grandeur de l'impulsion du vent, il faut multi-
plier (*fig.* 106 & 107) l'étendue de la voile par le quarré Figures 106 & 107.
de *I M* vîtesse apparente du vent, & par le quarré du
sinus de l'angle *K I M* ou de l'angle *u C E*, ou bien il faut
multiplier l'étendue de la voile par le quarré de *K M* &
par le quarré du sinus de l'angle *V C E* ou de l'angle *C K I*.
Mais lorsqu'on augmente ou qu'on diminue l'étendue de
la voile, la vîtesse du sillage souffre du changement; le
cercle *C K I*, dont les cordes *C I* marquent les vîtesses
du Navire, devient plus grand ou plus petit ; & *K M*, dont
il faut multiplier le quarré par l'étendue de la voile, reçoit
un changement tout contraire.

Nous voulons, par exemple, que le Navire, au lieu
de ne prendre dans la route directe que le quart de la
vîtesse absolue du vent, en prenne le tiers ; c'est-à-dire,
que si la vîtesse absolue du vent est divisée en 12 parties
& que le Navire prenne 3 de ces parties dans son sillage,
nous voulons qu'il en prenne 4. Cette plus grande rapidité de la marche fera augmenter la résistance de l'eau
contre la proue selon les quarrés des vîtesses ou dans le
rapport de 9 à 16. Ainsi il faudra, pour cette seule raison,
augmenter l'étendue de la voile selon ce rapport. Mais
il est évident qu'on ne doit pas se borner à cette seule
augmentation, puisque le vent n'a plus la même vîtesse
par rapport au Navire, & qu'il frappe les voiles avec
moins de force.

La vîtesse respective du vent étoit de 9 parties dans le
premier cas, au lieu qu'elle n'est plus que de 8 dans le
second, puisqu'il y a 4 parties à rabattre pour le sillage,
des 12 parties qui expriment la vîtesse absolue du vent. Il
suit de-là que l'impulsion du vent doit être moindre dans
le rapport de 81 à 64 ; & pour réparer cette diminution
il faut encore augmenter l'étendue de la voile selon ce
dernier rapport, c'est-à-dire, comme 64 à 81, après avoir
déja augmenté cette étendue dans le rapport de 9 à 16.
Tout compté, il faut donc l'augmenter dans le rapport
de 4 à 9 ; & cela pour produire dans le sillage une

augmentation seulement d'un degré sur trois, lorsque le vent se meut avec 12 degrés. Ainsi on voit qu'il faut augmenter très - considérablement la surface des voiles, pour produire sur la marche du Navire des effets assez peu considérables.

CHAPITRE VIII.

Solutions directes des Problêmes de Manœuvre pour les Navires qui font exempts de dérive.

LES recherches précédentes nous fournissent les moyens de résoudre d'une maniere directe les Problêmes que nous nous sommes contentés de résoudre d'une maniere moins géométrique. Les solutions directes ne peuvent pas manquer d'ajouter quelque nouveau degré de perfection à l'art Nautique ; elles nous ouvriront au moins de nouvelles voies pour parvenir à la construction ou à la vérification des Tables dont nous souhaiterions que les Marins se servissent, & elles nous donneront occasion en même temps de nous occuper de plusieurs questions utiles & curieuses.

PRÉPARATIONS.

NOUS nommerons a la vîtesse réelle ou absolue du vent CM (*fig.* 108) ; u sera la vîtesse CI du sillage qu'il s'agit dans quelques-unes des recherches suivantes de rendre la plus rapide qu'il est possible ; k indiquera combien de fois la vîtesse absolue du vent est plus grande que celle du Navire dans la route directe. Pour nous expliquer autrement, le Navire dont il s'agit marche avec la vîtesse $\frac{1}{k} a$, ou il reçoit la partie k^{me} de la vîtesse réelle du vent, lorsqu'il a le vent exactement en poupe. Nous prendrons n pour le sinus total, nous indiquerons par q le

Figure 108.

sinus de l'angle inconnu ACE que la voile fait avec la quille, & p sera le sinus de l'angle VCE de la direction absolue du vent avec la voile, ou le sinus de l'angle CKI, parce que IK est parallele à la voile.

La vîtesse apparente du vent est représentée par IM, & l'impulsion que reçoit la voile est proportionnelle au quarré de cette ligne multipliée par le quarré du sinus d'incidence apparent uCE ou MIK. Mais, comme nous l'avons vu, au lieu de prendre le produit du quarré de MI par le quarré du sinus de MIK, nous pouvons prendre le quarré de MK multiplié par le sinus p de l'angle CKI ou VCE. Je trouve dans le triangle CKI, le côté CK par cette analogie; p sinus de l'angle K est à $CI = u$, comme q sinus de l'angle CIK égal à l'angle ACE est à $CK = \frac{qu}{p}$, & ôtant CK de $CM = a$, il nous vient $KM = a - \frac{qu}{p}$ que nous n'avons donc qu'à élever au quarré, pour le multiplier par le sinus p de l'angle K; & nous aurons $\left(a - \frac{qu}{p}\right)^2 \times p^2$ pour l'impulsion absolue du vent sur la voile.

Cette impulsion s'exerce sur la perpendiculaire CP à la voile, & il n'y en a qu'une partie qui nous est utile, celle qui pousse le Navire dans le sens de la route ou de la quille. Dans le triangle rectangle CPQ, l'angle P est égal à l'angle ACE & q est son sinus. Ainsi, pour avoir l'impulsion relative du vent qui sert au sillage, nous n'avons qu'à faire cette analogie: le sinus total n est à l'impulsion absolue $\overline{a - \frac{qu}{p}}^2 \times p^2$ qui s'exerce selon CP, comme le sinus q de l'angle P est à $\overline{a - \frac{qu}{p}}^2 \times \frac{p^2 q}{n}$ pour l'impulsion relative du vent selon la longueur du Navire.

D'une autre part l'impulsion de l'eau sur la proue est proportionnelle au quarré de la vîtesse u du sillage; & si nous prenons i pour désigner ce que la densité de l'eau & la figure de la proue apportent de changement à cette impulsion, nous l'exprimerons par iu^2; & lorsque le mouve-

Figure 108.

ment eſt uniforme & qu'il y a équilibre entre l'impulſion du vent & la réſiſtance de l'eau, nous aurons l'équation $\overline{a - \frac{qu}{p}}^2 \times \frac{p^2 q}{n} = i u^2$. Nous prenons la racine quarrée de chaque membre; ce qui nous donne $\overline{a - \frac{qu}{p}} \times p \sqrt{\frac{q}{n}} = u \sqrt{i}$; & nous en déduiſons $u = \frac{a p \sqrt{q}}{\sqrt{n i + q^{\frac{3}{2}}}}$.

Cette expreſſion de la vîteſſe u convient aux routes de toutes les obliquités; mais ſi nous y introduiſons le ſinus total n à la place des ſinus q & p, il nous viendra $\frac{a n}{\sqrt{i + n}}$ pour la vîteſſe particuliere qu'a le Navire dans la route directe; & comme nous ſavons que cette vîteſſe eſt égale à $\frac{1}{k} a$, nous aurons $\frac{1}{k} a = \frac{a n}{\sqrt{i + n}}$ dont nous déduirons $\sqrt{i} = \overline{k - 1} \times n$. Nous pourrons après cela introduire dans notre expreſſion générale de u cette valeur de $\sqrt{i}$; & nous aurons $u = \frac{a p \sqrt{q}}{\overline{k - 1} \times n^{\frac{3}{2}} + q^{\frac{3}{2}}}$, *formule* qui nous exprime toujours de la maniere la plus générale les vîteſſes du Navire pour tous les divers angles que la voile peut faire avec la quille & avec la direction réelle du vent.

Choiſir la route oblique qu'il faut ſuivre pour marcher avec la plus grande des vîteſſes poſſibles.

Nous avons déja inſinué que ce n'étoit pas toujours dans la route directe que le Navire marchoit le plus vîte. Nous allons actuellement déterminer l'obliquité qu'il faut prendre pour que la vîteſſe devienne la plus grande de toutes, ou qu'elle parvienne au *maximum maximorum*. Le problême eſt très-facile: Il faut, comme nous l'avons démontré dans l'autre Chapitre, que nous commencions à mettre le ſinus total n à la place du ſinus p de l'angle VCE, Car nous avons reconnu qu'on remplit une

des

des conditions du *maximum* en faisant en sorte que la direction réelle VC du vent soit perpendiculaire à la voile. Il nous viendra $u = \dfrac{a n \sqrt{q}}{\overline{k-1} \times n^{\frac{3}{2}} + q^{\frac{3}{2}}}$, qu'il ne nous reste donc plus qu'à faire croître, autant qu'il est possible, par la variation de q. La différentielle de cette quantité est

$$\frac{\overline{k-1} \times \frac{1}{2} a n^{\frac{5}{2}} - a n q^{\frac{3}{2}}}{\sqrt{q} \times \overline{k-1} \times n^{\frac{3}{2}} + q^{\frac{3}{2}}} \times d q \;;$$

& en l'égalant à zéro on en déduit $q = \dfrac{\overline{k-1}^{\frac{2}{3}}}{2^{\frac{2}{3}}} \times n$.

Ainsi nous aurons la valeur de q qui rend u un *maximum maximorum*, & cette plus grande vîtesse sera $u = \frac{1}{3} a \times \overline{\frac{2}{k-1}}\big|^{\frac{2}{3}}$; ce que nous trouvons en introduisant la valeur de q dans notre expression générale de la vîtesse u.

Le problême est de cette sorte entiérement résolu. Car la petite formule qui nous indique la valeur la plus avantageuse $\overline{\frac{k-1}{2}}\big|^{\frac{2}{3}} \times n$ du sinus q de l'angle ACE de la voile & de la quille, nous donne en même temps le cosinus de l'obliquité de la route ou de l'angle MCI que la route doit faire avec la direction réelle du vent. Ces deux angles font complément l'un de l'autre, puisque la voile doit faire un angle droit avec la direction réelle du vent comme dans la figure 109.

On reconnoît aussi, en comparant les deux petites équations $q = \left(\frac{k-1}{2}\right)^{\frac{1}{3}} \times n$, & $u = \frac{1}{3} a \times \left(\frac{2}{k-1}\right)^{\frac{2}{3}}$ que plus le sinus q de l'angle ACE est petit par rapport au sinus total n, plus la vîtesse CI, lorsqu'elle est parvenue au *maximum maximorum* est grande par rapport au tiers $\frac{1}{3} a$ de la vîtesse du vent. On voit effectivement que le sinus q de l'angle ACE est égal au sinus total n divisé par la quantité $\left(\frac{2}{k-1}\right)^{\frac{2}{3}}$; en même temps que la plus grande vîtesse CI n'est autre chose que le tiers $\frac{1}{3} a$ de la vîtesse absolue du vent multipliée par la même quantité $\left(\frac{2}{k-1}\right)^{\frac{2}{3}}$.

E e e

Si le Navire prenoit la moitié de la vîteſſe réelle du vent dans la route directe, k exprimeroit le nombre 2 & nous aurions alors $q = (\frac{1}{2})^{\frac{2}{3}} \times n = \frac{1}{4^{\frac{1}{3}}} \times n$. Nous n'aurions donc qu'à retrancher du logarithme du ſinus total le tiers du logarithme de 4, & il nous viendroit le logarithme ſinus de l'angle ACE qui procure la plus grande de toutes les vîteſſes. On le trouveroit d'environ $39^{d} 3^{m}$; & après avoir rempli cette condition, il faudroit rendre l'obliquité de la route de $50^{d} 57^{m}$, afin que la voile fût ſituée perpendiculairement à la direction réelle du vent. Alors la vîteſſe du Navire feroit à peu-près $\frac{63}{100} a$, au lieu qu'elle étoit $\frac{50}{100} a$ dans la route directe. Il y auroit donc beaucoup à gagner ſur la rapidité du ſillage en prenant la route oblique preſcrite par notre ſolution. La vîteſſe feroit plus grande que dans la route directe à peu-près dans le rapport de 63 à 50.

On peut faire à cette occaſion une remarque qui tient encore beaucoup plus du paradoxe. La vîteſſe $u = \frac{1}{3} a \times (\frac{2}{k-1})^{\frac{2}{3}}$ du Navire peut ſe trouver plus grande que la vîteſſe abſolue a du vent; il ſuffit pour cela que $\frac{1}{3} \times (\frac{2}{k-1})^{\frac{2}{3}} > 1$; & c'eſt ce qui arrivera ſi $\frac{1}{\sqrt{27}} \times \frac{2}{k-1} > 1$ ou ſi $k < \frac{2}{\sqrt{27}} + 1$ ou (en réduiſant la racine de 27 en parties décimales) ſi k eſt moindre que 1.385. Nous voulons dire qu'il y aura une certaine route oblique dans laquelle le Navire prendra plus de vîteſſe que n'en a le vent même, pourvu que le Navire prenne dans la route directe une vîteſſe aſſez grande, & qui ſurpaſſe 1000, ſi celle du vent eſt exprimée par 1385.

Suppoſons donc, pour éclaircir ceci par un exemple, $k = 1. \frac{250}{1000}$ ou $= 1\frac{1}{4}$; & prenons 400 pour la vîteſſe abſolue du vent, comme nous l'avons déja fait ci-devant: la vîteſſe du Navire dans la route directe ſera exprimée par 320, ce qui ne renferme aucune impoſſibilité, puiſque le vent agira encore contre la voile avec une vîteſſe reſpective qui sera 80. Mais si nous introduisons $1\frac{1}{4}$ à la Figure 109

place de k dans nos deux petites formules $q = (\frac{k-1}{2})^{\frac{2}{3}} \times n$

& $u = (\frac{2}{k-1})^{\frac{2}{3}} \times a$ qui appartiennent à la route oblique
CI de la plus grande vîtesse, nous apprendrons que $q = \frac{1}{4}n$;
ce qui nous donnera $14^d\ 29^m$ pour l'angle de la voile
avec la quille & $75^d\ 31^m$ pour l'angle MCI. Nous verrons en même temps que la vîtesse CI sera $\frac{4}{3}a$; c'est-à-
dire, que la vîtesse absolue du vent étant exprimée par
400, celle du Navire qui étoit 320 dans la route directe,
sera $533\frac{1}{3}$ dans la route oblique CI, de sorte qu'elle sera
beaucoup plus grande que la vîtesse absolue du vent.

Si le Navire n'a pas une voilure si avantageuse, & qu'il
fasse moins de chemin dans la route directe; si k qui exprime toujours combien de fois la vîtesse absolue du vent
contient la vîtesse du Navire pour la route directe, surpasse
1.385, la propriété extraordinaire, dont nous parlons,
n'aura plus lieu. Le Navire cessera de prendre dans la
route dont nous venons de déterminer l'obliquité, plus
de vîtesse que n'en a le vent. Il ne prendra pas même
autant de vîtesse que dans la route directe, supposé que
k soit plus grand que 3 ou que la vîtesse absolue du vent
contienne plus de 3 fois la vîtesse du sillage dans la route
directe. Le nombre k étant plus grand que 3, on trouvera

pour le sinus q une valeur imaginaire $(\frac{k-1}{2})^{\frac{2}{3}} \times n$ puisqu'elle sera alors plus grande que le sinus total; ce qui
montre qu'il n'y a point de route oblique qui porte alors
au *maximum* la vîtesse du sillage. Tout dépend donc de
donner beaucoup de vîtesse au Navire dans la route directe. Le Navire prend-il une partie de la vîtesse du vent
plus grande que la 1.385^{me}, le Navire singlera plus vîte
que le vent dans certaines routes obliques. La vîtesse
du Navire dans la route directe est-elle au contraire moindre, mais plus grande que le tiers de la vîtesse du vent,
le Navire ne singlera plus si vîte dans la route oblique
qui lui procure la plus grande vîtesse; mais il marchera

E e e ij

Figure 109.
néanmoins plus vîte que dans la route directe. Enfin le Navire marche-t-il encore plus lentement, & ne fait-il pas même le tiers de l'espace que parcourt le vent, alors il n'y aura point de route oblique qui rende sa vîtesse un *maximum*.

Mais il se présente ici une nouvelle question très-curieuse au sujet de ces Navires qui iroient plus vîte que le vent, ou de ceux mêmes qui acquierrent réellement une plus grande vîtesse dans une certaine route oblique que dans la directe. Lorsque l'occasion se présente de faire cette derniere route, doit-on l'abandonner pour en faire deux obliques consécutives l'une vers la droite & l'autre vers la gauche? Ces deux routes obliques à la suite l'une de l'autre seront équivalentes à la directe quant au rumb de vent; mais ne fait-on pas alors réellement plus de chemin en ligne droite, lorsque la vîtesse dans les deux routes obliques se trouve beaucoup plus grande que dans la directe?

Figure 110.
La fig. 110 nous représente les deux routes également obliques CI & IN à la suite l'une de l'autre. On retombe en N à la fin de la seconde, précisément sur la même ligne du vent VCH; mais il s'agit de savoir si ces deux routes obliques nous ont portés plus ou moins loin en N que si nous avions suivi la route directe CH.

Qu'il n'est jamais avantageux de substituer deux routes obliques consécutives à la place de la route directe dans les Navires qui n'ont qu'une voile.

NOUS pouvons réduire la question à des termes qui la rendront très-facile à décider. Nous considérerons

Figure 109.
une seule route CI (*fig.* 109) & après avoir élevé du point H, où se termine la route directe CH, une perpendiculaire HL à la direction réelle du vent, nous examinons si la route oblique CI qui rend la vîtesse du fil-

lage la plus grande qu'il eſt poſſible, porte le Navire au-delà de HL ou le laiſſe en deçà. Si le Navire parvenoit par ſa route oblique juſqu'à HL il ſeroit alors indifférent de prendre la route directe ou d'embraſſer ſucceſſivement deux routes obliques; mais ce ne ſeroit pas la même choſe & on gagneroit, ſi le point I, où ſe termine la route oblique, ſe trouvoit au-delà de HL; car l'autre route oblique produiſant un égal effet, les deux routes jointes enſemble feroient faire plus de chemin ſelon la direction réelle du vent, que ſi on avoit ſuivi cette derniere ligne. Enfin, ſi le point I eſt toujours en-deçà de HL, les deux routes obliques ne feront jamais équivalentes à la route directe; & il faudra ſe contenter d'avoir recours à la ſolution que nous venons de donner, dans les ſeules rencontres extraordinaires où il s'agira de s'éloigner du point C le plus promptement qu'il ſera poſſible, ſans qu'il importe du choix de la direction.

Pour donner l'excluſion à ceux d'entre ces trois cas qui ne font pas poſſibles, nous n'avons qu'à chercher le progrès relatif CK du Navire ſelon la direction réelle du vent lorſqu'on fait la route CI. La voile étant perpendiculaire à la direction réelle du vent, eſt parallele à KI & l'angle CIK aura $q = (\frac{k-1}{2})^{\frac{2}{3}} \times n$ pour ſinus. Nous trouverons donc CK par cette analogie, le ſinus total n eſt à $CI = \frac{1}{3} a \times (\frac{2}{k-1})^{\frac{2}{3}}$ comme le ſinus $q = (\frac{k-1}{2})^{\frac{2}{3}} \times n$ eſt à $CK = \frac{1}{3} a$; ce qui nous apprend que le progrès relatif CK ſelon la direction réelle du vent eſt toujours égal au tiers de la vîteſſe réelle CM du vent, lorſque le Navire ſuit la route oblique CI qui lui procure la plus grande des vîteſſes; propriété qui eſt très-digne d'attention.

Mais nous avons reconnu que CI ne devient un *maximum maximorum* que lorſque $k < 3$ ou que la vîteſſe CH reçue par le Navire dans la route directe, eſt plus grande que le tiers de la vîteſſe CM du vent. Il ſuit de là que dans le cas ſingulier dont il s'agit, la plus grande vîteſſe

 CI porte bien le Navire en dehors du cercle *HOQ* dont *CH* eſt le rayon, mais qu'elle ne le porte jamais au-delà de *HL* qui en eſt la tangente. Le Navire reſte toujours en deçà de cette ligne, puiſqu'il ne parvient jamais qu'à quelque point de la perpendiculaire *KI* qui part du tiers de *CM*.

Les remarques précédentes nous montrent qu'on ne doit point préférer les routes obliques de la plus grande vîteſſe à la route directe, lorſque cette derniere route nous conduit au lieu auquel nous voulons nous rendre. Nous prouverions aiſément la même choſe à l'égard de toutes les autres routes obliques. Mais nous répandrons plus de lumiere ſur ce ſujet en indiquant ici la raiſon phyſique dont dépendent les eſpeces de paradoxes que le calcul nous a fait découvrir.

L'impulſion du vent ſur la voile, lorſque le Navire ſuit la route directe *CH*, ne ſe fait qu'avec la vîteſſe reſpective *HM* : toute la vîteſſe *CH* du Navire eſt à retrancher de celle du vent. Mais lorſque le Navire ſuit la route oblique *CI*, la vîteſſe de ſon ſillage, quoique plus grande, ne cauſe pas une ſi grande diminution à la vîteſſe du vent. L'impulſion ſe fait avec la vîteſſe *IM* & avec l'angle d'incidence *uCE*, ou bien avec la vîteſſe *KM* & l'angle droit *VCE* pris pour angle d'incidence. Ainſi l'impulſion du vent eſt plus forte pendant que le Navire paſſe de *C* en *I*, que lorſqu'il paſſe de *C* en *H* dans la route directe, & il n'eſt pas étonnant après cela que le ſillage ſoit auſſi plus rapide. Cependant la plus grande vîteſſe *CI* ne doit jamais porter le Navire au-delà de *HL* ; car le ſillage feroit enſuite perdre au vent une partie beaucoup plus grande de ſa vîteſſe, & l'impulſion du vent qui en feroit diminuée ne ſe trouveroit plus capable d'entretenir la vîteſſe *CI* du ſillage, ni même une vîteſſe égale à *CH*.

CHAPITRE IX.

Suite du Chapitre précédent : Trouver d'une maniere directe la disposition la plus avantageuse du Navire & de la voile pour s'éloigner d'une ligne droite donnée de position.

Nous allons essayer de donner une solution directe de cet autre Problême dont nous nous sommes déja occupés dans le Chapitre IV. La direction réelle du vent est représentée par VCM dans la figure 108, & CL est la ligne droite dont on veut s'éloigner le plus promptement qu'il est possible. Si nous continuons à nommer n le sinus total, q le sinus de l'angle ACE, p le sinus de l'angle VCE, a la vîtesse absolue CM du vent, & k le nombre de fois dont la vîtesse du Navire est plus petite que celle du vent dans la route directe, nous aurons comme ci-devant pour CI,

$$u = \frac{ap\sqrt{q}}{\overline{k-1}\times n^{\frac{3}{2}} + q^{\frac{3}{2}}};$$

& si nous nous ressouvenons que la route doit faire avec la ligne CL dont on veut s'éloigner un angle égal à l'angle VCE dont p est le sinus, nous pourrons par une simple proportion trouver la quantité LI dont on s'éloigne de la ligne proposée ; le sinus total n est à

$$CI = \frac{ap\sqrt{q}}{\overline{k-1}\times n^{\frac{3}{2}} + q^{\frac{3}{2}}}$$

comme le sinus p de l'angle ICL est à

$$LI = \frac{ap^2\sqrt{q}}{\overline{k-1}\times n^{\frac{1}{2}} + nq^{\frac{3}{2}}}.$$

En rendant ainsi l'angle ICL égal à l'angle VCE, nous remplissons une des conditions du *maximum maximorum* ; & pour satisfaire aux autres ou pour déterminer les angles ACE & VCE, nous prenons la différentielle de la quantité LI, & il nous vient

Figure 108.

Figure 108.

$$\frac{\overline{2k-2}\times an^{\frac{5}{2}}\,p\,dp\,\sqrt{q}+2anq^2\,p\,dp+\overline{\frac{1}{2}k-\frac{1}{2}}\times\dfrac{an^{\frac{5}{2}}\,p^2\,dq}{\sqrt{q}}-anp^2\,q\,dq}{(\overline{k-1}\times n^{\frac{5}{2}}+nq\frac{3}{2})^2}$$

qui étant égalée à zéro, nous donne $\overline{2k-2}\times n^{\frac{3}{2}}\,q\,dp$
$+2q^{\frac{5}{2}}\,dp+\overline{\frac{1}{2}k-\frac{1}{2}}\times n^{\frac{3}{2}}\,p\,dq-pq^{\frac{3}{2}}\,dq=0.$

Nous n'avons plus après cela, comme on le voit, qu'à chercher la relation qu'il y a entre les différentielles dp & dq, afin de les réduire à une feule, & de pouvoir la faire difparoître. Le changement dp du finus p répond au petit arc $\dfrac{n\,dp}{\sqrt{n^2-p^2}}$ qui mefure le changement de l'angle ; & fi nous le doublons, nous aurons le changement infiniment petit que reçoivent conjointement les deux angles VCE & ACL qui font égaux. Mais ce changement $\dfrac{2n\,dp}{\sqrt{n^2-p^2}}$ doit être égal à la diminution ou l'augmentation $\dfrac{n\,dq}{\sqrt{n^2-q^2}}$ que doit fouffrir en même temps l'angle ACE, puifque les trois angles forment enfemble l'angle VCL qui eft donné, c'eft-à-dire que nous aurons $+\dfrac{2n\,dp}{\sqrt{n^2-p^2}}=-\dfrac{n\,dq}{\sqrt{n^2-q^2}}$ & $dq=-\dfrac{2\,dp\,\sqrt{n^2-q^2}}{\sqrt{n^2-p^2}}$. Nous introduifons donc cette valeur de dq dans l'équation que nous a donné la différentielle de LI égalée à zéro, & il nous viendra après quelques légeres réductions $\overline{2k-2}\times\dfrac{n^{\frac{3}{2}}q}{\sqrt{n^2-q^2}}+\dfrac{2q^{\frac{1}{2}}}{\sqrt{n^2-q^2}}-\overline{k+1}\times\dfrac{n^{\frac{3}{2}}p}{\sqrt{n^2-p^2}}+\dfrac{2pq^{\frac{1}{2}}}{\sqrt{n^2-p^2}}=0$ qui eft délivrée de différentielles & qui nous marque la relation qu'il y a entre les finus p & q des trois angles dans lefquels il faut partager l'angle total VCL.

La difficulté eft maintenant réduite à un Problême de pure Géométrie ; il s'agit de divifer un angle donné en trois angles partiaux dont les finus aient la relation que marque notre équation. Il eft vrai qu'il n'y a pas beaucoup d'apparence qu'on puiffe parvenir à une folution commode

mode pour la pratique. Si nous formons un seul angle des Figure 102.
deux VCE & ACL dont p est le sinus, nous aurons
$\frac{2p\sqrt{n^2-p^2}}{n}$ pour le sinus de leur somme, & $\frac{n^2-2p^2}{n}$ pour le
co-sinus. Retranchant ensuite cette somme de l'angle total
VCL dont nous marquerons le sinus par la lettre b, nous
aurons, en nous conformant toujours aux regles connues
de la Trigonométrie, $\frac{n^2 b - 2 b p^2 - 2 p \sqrt{n^2-p^2}\,\sqrt{n^2-b^2}}{n^2}$ pour
le sinus q de l'angle ACE. Il n'y auroit donc qu'à intro-
duire cette expression dans notre équation générale trou-
vée ci-dessus $\overline{2k-2} \times \frac{n^{\frac{3}{2}}q}{\sqrt{n^2-q^2}} + \frac{2q^{\frac{5}{2}}}{\sqrt{n^2-q^2}} - \overline{k+1} \times$
$\frac{n^{\frac{3}{2}}p}{\sqrt{n^2-p^2}} + \frac{2pq^{\frac{3}{2}}}{\sqrt{n^2-p^2}} = 0$, & on la changeroit en une autre qui ne contiendroit plus que la seule inconnue p.

Déterminer la situation la plus avantageuse du Navire & de sa voile pour gagner au vent le plus qu'il est possible.

Mais si le calcul paroît trop long lorsqu'on traite le
Problême dans toute sa généralité, ou en attribuant à
l'angle donné VCL toutes les diverses grandeurs qu'il
peut avoir, la difficulté s'évanouira presque entiérement
si on se borne à chercher la disposition la plus avantageuse
pour gagner au vent. Alors l'angle VCL sera droit, on
aura $b = n$, & dans ce cas particulier l'expression
$\frac{n^2 b - 2 b p^2 - 2 p \sqrt{n^2-p^2}\,\sqrt{n^2-q^2}}{n^2}$ de q, se réduira à $\frac{n^2-2p^2}{n}$;
introduisant ensuite cette expression dans notre équation
générale, & substituant en même temps $\frac{2p\sqrt{n^2-p^2}}{n}$ à la
place de $\sqrt{n^2-q^2}$, on aura $\frac{\overline{k-1}\times n^{\frac{3}{2}}\times\overline{n^2-2p^2}}{p\sqrt{n^2-p^2}} + \frac{\overline{n^2-2p^2}^{\frac{5}{2}}}{n^{\frac{3}{2}}p\sqrt{n^2-p^2}}$
$\frac{-\overline{k+1}\times n^{\frac{3}{2}}p}{\sqrt{n^2-p^2}} + \frac{2p\times\overline{n^2-2p^2}^{\frac{3}{2}}}{n^{\frac{3}{2}}\sqrt{n^2-p^2}} = 0$ qui se réduit à $\overline{k-1}\times$

F f f

Figure 108.

$$n^3 \times \overline{n^2 - 2p^2} + n^2 \times \overline{n^2 - 2p^2}^{\frac{3}{2}} - \overline{k+1} \times n^3 p^2 = 0,$$

& à

$$\overline{k-1} \times n^3 - \overline{3k+3} \times np^2 + \overline{n^2 - 2p^2}^{\frac{3}{2}} = 0,$$

qui est d'une assez grande simplicité.

Enfin si on chasse le signe radical, il nous viendra l'équation

$$8p^6 + \overline{9k^2 - 18k - 3} \times n^2 p^4 + \overline{12k - 6k^2} \times n^4 p^2 + \overline{k^2 - 2k} \times n^6 = 0,$$

qui n'est réellement que du troisieme degré & qui résoud le Problême. Lorsqu'on aura trouvé p^2 dans cette équation, on saura l'angle que la voile doit faire avec la direction réelle du vent ; on aura aussi l'autre angle ICL ; & le complément de leur somme donnera l'angle ACE que la voile doit former avec la quille.

Nous supposons pour exemple que le Navire prend dans la route directe le tiers de la vîtesse absolue du vent : k désigne alors 3 ; & notre équation générale deviendra $8p^6 + 24n^2 p^4 - 18n^4 p^2 + 3n^6 = 0$. Nous contentant d'une premiere approximation en cherchant p^2, nous le trouverons égal aux sept dix-huitiemes du quarré n^2 du sinus total ; ce qui nous donne environ $38^{\mathrm{d}} 35^{\mathrm{m}}$ pour les angles VCE & LCI ; & il s'ensuivroit de-là que l'angle ACE de la voile & de la quille devroit être de $12^{\mathrm{d}} 50^{\mathrm{m}}$. En général plus le Navire single vîte, plus ce dernier angle doit être petit. S'il étoit possible que le sillage devînt égal à la vîtesse même du vent dans la route directe, k seroit alors égal à l'unité, & notre équation générale se changeroit en $8p^6 - 12n^2 p^4 + 6n^4 p^2 - n^6 = 0$, dans laquelle on trouve $p^2 = \frac{1}{2} n^2$. Ainsi il faudroit rendre les angles VCE & LCI chacun de 45 degrés, & l'angle de la voile & de la quille se réduiroit à rien.

Un autre cas moins métaphysique, c'est lorsque le Navire est d'un sillage si tardif qu'il ne prend qu'une partie insensible de la vîtesse absolue du vent dans la route directe. Alors k devient comme infinie, & notre équation générale $8p^6 + \overline{9k^2 - 18k - 3} \times n^2 p^4 + \overline{12k - 6k^2} \times n^4 p^2 + \overline{k^2 - 2k} \times n^6 = 0$ se change en $9n^2 p^4 - 6n^4 p^2$

$+ n^6 = 0$ de laquelle on tire $p^2 = \frac{1}{3} n^2$. On trouve après cela par le secours des Tables trigonométriques que la direction réelle du vent doit faire avec la voile un angle de $35^d 16^m$, ce qui est aussi la grandeur de l'angle LCI, & alors l'angle de la voile & de la quille doit être de 19^d 28^m. Cette détermination s'accorde parfaitement avec la solution que plusieurs Géometres nous ont donnée de ce cas unique & particulier. C'est-là l'angle le plus grand dans la spéculation que la voile doive former avec la quille pour gagner au vent: nous, ajoutons dans la spécula- tion; car nous avons fait remarquer qu'on étoit obligé dans la pratique, de rendre presque toujours cet angle sensiblement plus grand.

SECONDE SECTION.

De la difpofition la plus avantageufe de la Voile dans les Navires, dont on ne peut pas négliger la dérive.

CHAPITRE PREMIER.

De la maniere d'obferver fur un Vaiffeau la quantité de la dérive.

Nous avons déja eu occafion d'expliquer dans le Livre précédent comment la dérive étoit produite par la fituation oblique des voiles. L'impulfion qu'elles reçoivent de la part du vent ne fe faifant pas exactement dans le fens de la quille; le Navire eft pouffé de côté, & malgré la grande facilité qu'il trouve à fe mouvoir dans l'eau felon la direction de fa longueur, il marche d'une maniere oblique en fuivant une ligne qui fait un angle de plufieurs degrés avec fon axe ou le prolongement de fa quille. On peut négliger cet angle à caufe de fa petiteffe, lorfque les voiles font fituées prefque perpendiculairement à la longueur du Navire. Mais cet angle augmente très-confidérablement lorfqu'on fingle au plus près, & il faut alors y faire une expreffe attention, pour ne fe tromper ni dans les regles de la Manœuvre, ni dans celles du Pilotage. Cet angle de dérive n'eft jamais nul à moins que les voiles ne foient tout-à-fait perpendiculaires à la quille: il augmente à mefure qu'on place les voiles plus obliquement, & il devient à la fin fi fenfible qu'il n'eft pas poffible aux Marins de ne pas l'appercevoir.

Le Navire, en frappant l'eau par fa proue avec force,

lui imprime une agitation particuliere qu'elle conserve Figure 111.
long-temps; il la pousse vers les côtés , elle vient avec
précipitation remplir l'espece de vuide que le Navire laisse
derriere lui ; & en tourbillonnant elle forme derriere la
poupe dans tous les endroits où le Vaisseau a passé , une
trace qui indique la direction du sillage ou du chemin
qu'on a déja fait. Cette trace ne s'efface que lorsque l'eau
a perdu son mouvement particulier , & il faut pour cela
un temps assez considérable ; on la voit jusqu'à une très-
grande distance , & quelquefois on l'apperçoit jusqu'à perte
de vue.

Cette trace qu'on nomme ordinairement la *houache* est
représentée par *CH* dans la fig. 111. Le Navire suit la
direction *CI* qui fait avec la quille l'angle de la dérive
ACI. La ligne *CI* n'est pas visible sur la surface de la
mer ; cette trace marquée dans notre figure n'existe pas
encore ; mais la *houache CH* dont elle est le prolongement est marquée d'une maniere très sensible. Ainsi il n'y
a qu'à mesurer avec une boussole ou quelqu'autre instrument l'angle *BCH*, & on aura la dérive qui appartient
à la disposition de la voile *DE*.

Supposé qu'on augmente l'obliquité de la voile ou
qu'on diminue l'angle *ECA* de la voile & de la quille ,
le Navire sera encore plus poussé de côté & l'angle de la
dérive augmentera. Cette augmentation sera indiquée aussi
par la *houache* qui changera de situation & qui sera un
plus grand angle *BCH* avec la quille ou son prolongement. Il est impossible de mesurer cet angle pendant la
nuit & peut-être encore dans d'autres circonstances ; mais
nous croyons qu'il suffit toujours d'observer ces dérives
dans chaque Navire pour quelques dispositions différentes
de voile. C'en sera assez pour pouvoir reconnoître la loi
qu'elles suivent, & choisir entre les diverses tables qu'on
trouvera à la fin de ce traité, celles qui conviennent le
mieux au Navire dans lequel on navige.

La plupart des Auteurs qui ont écrit sur ce sujet, nous
ont proposé un autre moyen. Ils ont supposé qu'on étoit

à la vue d'une terre vers laquelle on marchoit, & ils ont recommandé d'examiner, entre tous les objets qu'on avoit devant foi , ceux qui paroiſſoient toujours reſter au même rumb ou air de vent. Il eſt évident que lorſqu'on ſuit la ligne *CI*, les objets qu'on voit au loin ſur la côte, & qui ſont exactement ſur cette ligne ne changent pas de rumb de vent, ou qu'ils paroiſſent reſter toujours dans la même direction. Tous les autres objets au contraire paroiſſent ſe mouvoir ; ils répondent continuellement à des rumbs de vent différents. Ainſi ces divers objets fourniſſent le moyen de reconnoître la vraie route que ſuit le Navire, & il ſuffira de la comparer avec la direction de ſa quille pour avoir la grandeur de la dérive.

On peut ſans doute ſe ſervir de ce moyen dans pluſieurs rencontres ; mais comme on ne peut l'employer que proche de terre, il eſt à craindre que la mer n'ait elle-même quelque mouvement. Proche des côtes elle eſt preſque toujours ſujette à ſe mouvoir ſelon une direction parallele à la terre. Le vent en excitant les ondes pouſſe les eaux ſelon ſa propre direction ; mais tous les mouvements communiqués ſe décompoſent, & il en naît un mouvement parallelle à la terre, après que toute la partie du mouvement qui agit dans le ſens perpendiculaire s'eſt anéantie. C'eſt pour cette raiſon que les courants ſont ſi ordinaires proche des terres, & que les eaux de la mer avancent preſque toujours dans un ſens ou dans l'oppoſé, mais toujours parallelement à la côte. Joignez encore à ce mouvement ceux du flux & reflux, & on conviendra que lorſqu'on obſerve l'angle de la dérive, ou qu'on travaille à le meſurer, il faut pouſſer l'attention extrêmement loin pour ne pas confondre avec l'obliquité de la route cauſée par la ſituation particuliere des voiles, l'obliquité que peut produire le mouvement même de la mer.

Il nous paroît plus ſimple & plus ſûr d'obſerver en pleine mer, comme nous l'avons propoſé d'abord, la direction de la houache ou de cette trace que le Navire laiſſe derriere lui. Si le Navire eſt expoſé à l'action d'un courant dont le mouvement se communique aux eaux de la mer, jusqu'à une assez grande profondeur, la trace dont nous parlons sera transportée par le courant de même que le Vaisseau. Mais sa direction sera toujours la même ; l'angle formé par le prolongement de la quille & par la houache n'étant altéré en rien, indiquera toujours la quantité de la dérive proprement dite.

CHAPITRE II.

De la distinction de la dérive proprement dite, & de l'obliquité causée à la route par le mouvement de la Mer.

SUPPOSONS pour plus d'éclaircissement, que pendant que le Navire de la figure 112 parcourt par l'action du vent sur la voile ED, la route CI, le courant le transporte de côté de la quantité CN, & le fasse parvenir en M lorsqu'on se croyoit arrivé en I. Au milieu de cette route le Navire aura parcouru par rapport à la surface de la mer, l'espace CP qui est la moitié de CI, & le courant ne l'aura aussi transporté de côté, que de la quantité PR, moitié de CN ou de IM. Ainsi pendant qu'on croira suivre la direction CI qui est le prolongement de la houache ou de la trace CH que le Navire laisse derriere lui, on suivra réellement CM qui est la diagonale du parallélogramme $CNMI$.

Figure 112.

Mais les particules d'eau dont on étoit environné en C parviendront en Q lorsque le Navire parviendra en R, & elles parviendront en N lorsque le Navire se trouvera en M. Il suit de-là que NM parallele & égale à CI sera le mouvement du Navire par rapport à la mer, & il n'est pas moins évident que la direction de ce mouvement sera toujours indiquée par la houache ou par l'espece de sillon que le Navire laisse derriere lui. Ce sillon étoit en CH

 lorfque le Navire étoit en *C*; mais lorfque le Navire parviendra en *R*, la houache qui n'a pas moins été tranfportée de côté, fe trouvera fur *R Q*, & lorfque le Navire
parviendra en *M* la houache fe trouvera fur *M N*. Ainfi
la dérive proprement dite ou l'angle *A C I* qui répond à
la fituation oblique de la voile, fera précifément la même
que fi la mer n'avoit aucun mouvement de tranfport.

Nous avons foin de fpécifier la dérive proprement dite.
Car on regarde fouvent l'angle *A C M* comme un angle
de dérive, quoique ce dernier dépende quelquefois beaucoup plus de la force du courant, que de la fituation
oblique de la voile. Si le courant s'anéantit totalement,
l'angle *A C M* fe réduit à l'angle de dérive proprement
dit *A C I*. On voit avec la même évidence que fi le courant a plus ou moins de force, ou que s'il change de
direction, l'angle *A C M* deviendra plus grand ou plus
petit, quoique la voile faffe toujours le même angle *E C A*
avec la quille. Les Pilotes ont un très-grand intérêt de
connoître l'angle *A C M*, puifqu'ils font obligés de favoir
quelle eft la route qu'ils fuivent réellement ou abfolument. Mais ici où il s'agit de manœuvre, nous ne recon-
noiffons pour angle de dérive que l'angle *A C I*; & pour
le déterminer nous n'avons, comme il eft évident, qu'à
mefurer l'angle que forme le prolongement de la quille
avec l'efpece de fillon que le Navire trace dans la mer.

Que le mouvement de la Mer fe communique plus ou moins aux Navires de diffé-rentes grandeurs.

CETTE regle fouffre néanmoins plufieurs exceptions;
& il eft abfolument néceffaire que les Marins foient
en état de diftinguer les cas dans lefquels on ne peut pas
s'en fervir avec fûreté.

Il y a, felon toutes les apparences, beaucoup de courants
qui ne font que fuperficiels, & qui ne s'étendent qu'à
quelques pieds de profondeur. Le vent pour peu qu'il
foit

foit fort, excite des vagues qui avancent toutes dans le même fens, & ces vagues doivent imprimer du mouvement à tout le refte de la furface. Si le même vent regne fort long-temps, le mouvement de l’eau pourra fe communiquer de proche en proche en-deffous ; mais fi le vent regne feulement quelques jours, le mouvement n’aura pas le temps de fe communiquer en bas, & il fe terminera peu au-deffous de la furface. Les Marins difent alors qu’il y *a de la mer* ; & cette *mer* n’eft guere autre chofe qu’un vrai courant dont la profondeur n’eft pas confidérable.

Mais fi deux Navires de grandeurs très inégales naviguent de compagnie, lorfque le mouvement de la mer ne s’étend qu’à très-peu de profondeur, il eft certain qu’ils pourront être fujets à des effets très-différents. Nous les fuppofons de figures femblables, & nous fuppofons aufli que leurs voiles font orientées exactement de la même maniere. Ainfi, les deux Navires doivent dériver de la même quantité ; mais le petit qui n’enfonce que peu dans l’eau fera expofé à toute l’action de la mer ou du courant, il fera frappé par les vagues avec force ; & s’il n’en prend pas tout le mouvement, il prendra au moins celui de l’eau qui eft immédiatement audeffous de ces vagues, comme dans la figure 112.

Le Navire de la figure 113 qui eft beaucoup plus grand, & qui ayant beaucoup plus de profondeur, plonge dans l’eau tranquille par la partie inférieure de fa carene, ne prendra au contraire qu’une partie Cn ou Im du mouvement CN, & il paroîtra donc dériver moins que l’autre Navire, ou aller moins de côté en fuivant réellement la route Cm par l’action combinée du vent & du courant fuperficiel CN. On voit affez que ce fecond Navire ne doit pas prendre toute la vîteffe du courant ; car l’eau tranquille d’en bas, dans laquelle s’introduit la partie inférieure de fa carene, s’oppofe au mouvement de tranfport felon CN.

La houache ou le fillon CH que ce plus grand Navire trace dans la mer doit prendre aufli une autre direction,

& ce fillon peut induire en erreur ; car il n'indique alors ni la dérive proprement dite, ni la route réelle ou abfolue Cm que fuit le Vaiffeau. Le mouvement IM, ou Cn que le Navire reçoit du courant, étant beaucoup plus petit que CN, la ligne Nm n'eft point parallele à CI. Cependant Nm marque le mouvement du Navire par rapport à la furface de la mer. Le Navire paffe de C en m pendant que les parties de l'eau qui l'environnoient en C paffent en N. Ainfi ils s'éloignent réciproquement de la quantité Nm & felon la direction Nm, & la houache doit être parallele à cette ligne ; de forte qu'elle a, par rapport à la quille, une fituation toute contraire à la fituation qu'elle a dans la figure 112.

Dans cette autre figure la houache CH eft du côté droit de la poupe, & fi on la prolonge par la penfée, elle apprendra au Navigateur, que fon Navire dérive du côté gauche ou de bas-bord. Dans la figure 113, au contraire, la houache CH fe jette du côté gauche de la poupe, & cela n'empêche pas que le Navire, en fuivant la route CI ou Cm, fi on a égard à tout, ne dérive auffi du côté gauche ou du côté de bas-bord. On fe tromperoit donc extrêmement fi on fuppofoit toujours, fans autre examen, que la houache indique la dérive. Elle l'indique dans la figure 112, mais non pas dans la figure 113. Nous croyons pourtant que le cas repréfenté par cette derniere figure arrive très-fréquemment. Les vagues & toute la furface de la mer prennent un mouvement CN qui fe fait prefque toujours felon la direction même du vent ; mais comme ce mouvement ne s'étend fouvent qu'à quelques pieds de profondeur, il ne doit produire que peu d'effet fur un grand Vaiffeau, dont toute la partie inférieure plonge dans l'eau tranquille, au lieu que le petit Navire eft expofé à toute l'action des vagues & de la furface de l'eau qui eft en mouvement. Il en prend toute la vîteffe comme dans la figure 112 ; ce qui fait que fa houache CH qui eft parallele à NM eft directement oppofée à CI.

Cette différence doit se manifester principalement lorsque deux Navires, l'un grand & l'autre petit , marchent
à côté l'un de l'autre ; & c'est ce qui est justifié par l'expérience. Le petit Navire embrasse souvent une route
plus oblique par rapport à sa quille , quoique les voiles
étant orientées de la même maniere, les deux Navires
dussent dériver de la même quantité. L'inégalité n'a pas
cependant toujours lieu, & la dérive redevient quelquefois absolument la même. Les deux Navires dérivent de
la même quantité lorsque le mouvement de la mer se
communique jusqu'à une assez grande profondeur , pour
envelopper la carene du grand comme celle du petit. Les
deux se trouvent alors dans le cas représenté par la figure
112, & la houache *C H* indique pour l'un & pour l'autre
par son obliquité à l'égard de la quille , la dérive proprement dite.

Reconnoître si la dérive proprement dite est exactement indiquée par la houache.

MAIS comment distinguer en mer ces différents cas ?
On n'y réussira apparemment qu'en découvrant par le
moyen de quelqu'instrument , si le mouvement de l'eau
est exactement le même en bas à une certaine profondeur , qu'à la surface. J'ai proposé de faire au loch ou à
l'instrument dont les Pilotes se servent pour mesurer leur
sillage , quelques changements qui pourroient avoir leur
utilité dans cette rencontre. Mais il suffira peut-être de
faire descendre simplement dans l'eau quelque poids attaché à une corde , comme nous allons l'expliquer.

On se placera vers la poupe pour faire cette expérience.
On ne fera d'abord plonger que très-peu dans l'eau le poids
ou plomb qui sera sphérique , ou qui aura quelqu'autre
figure réguliere, & qui sera retenu par une corde ou *ligne*
ordinaire. Ce poids sera poussé avec d'autant plus de force,
que le Navire singlera plus vîte ; & la corde, en s'inclinant,
indiquera précisément la même direction que la houache ;

puifque le poids qu’elle foutiendra, fera frappé felon des directions paralleles aux lignes MN ou mN felon lefquelles le Navire s’éloigne des parties de l’eau qui l’environnoient lorfqu’il étoit en C. En lâchant après cela un peu la corde, on permettra au plomb de defcendre plus bas, & on verra fi la corde indique toujours la même direction, ou fi elle refte toujours parallele à la houache. Suppofé qu’en faifant defcendre affez le plomb, pour qu’il fe trouve un peu plus bas que la quille, le même parallélifme fubfifte toujours, ce fera une marque que l’eau eft en repos comme dans la figure 111, ou que toute celle qui environne le Vaiffeau a exactement le même mouvement comme dans la figure 112. Ainfi la houache indiquera alors la vraie dérive pour la difpofition actuelle des voiles, & on aura l’angle ACI pour celui de la dérive, comme fi la mer étoit parfaitement tranquille.

Nous nous imaginons que l’expérience réuffira plus rarement pour les grands Vaiffeaux que pour les petits, parce qu’il leur eft plus ordinaire, lorfque la mer a quelque mouvement, de n’en prendre qu’une partie. Les vagues éxcitées par la mer les frappent prefque fans ceffe par en haut, & fi elles leur donnent une partie Cn de leur vîteffe CN, elles ne la leur donnent pas toute. Mais il fuffira de profiter des occafions favorables ; & pourvu qu’on réuffiffe à obferver la dérive proprement dite pour une ou deux routes ou pour une ou deux difpofitions différentes de voiles, on en conclura affez aifément la dérive pour toutes les autres difpofitions.

On apprend, par exemple, que lorfque la voile fait un angle de $25\frac{2}{3}$ degrés avec la quille, la dérive eft de 10 degrés, & le Navire dans lequel on eft, differe fenfiblement des Flutes Hollandoifes. On cherchera ces deux angles dans la cinquieme Table, qui eft à la fin de ce Livre, & on reconnoîtra que la premiere & la 4me colonne conviennent au Navire dans lequel on navigue. S’il s’agit enfuite d’une autre difpofition, fi la voile fait avec la quille un angle de $34\frac{1}{2}$ degrés, on verra dans les mêmes colonnes que la dérive eft de $6\frac{1}{2}$ degrés.

CHAPITRE III.

De la relation qu'il y a entre l'angle de la dérive & l'impulsion de l'eau , & avec l'angle formé par la voile & par la quille.

QUOIQUE les Navires aient un très-grand nombre de différentes figures , & qu'on faffe entrer dans leur conftruction une infinité de diverfes lignes courbes tant géométriques que méchaniques , nous fommes perfuadés qu'il n'eft pas néceffaire de pouffer l'examen de ces figures extrêmement loin , pour connoître d'une maniere fuffifante leur propriété par rapport à la dérive. Il eft vrai que cette déviation de la route à l'égard de la quille , dépend de la figure de la carene ; mais elle en dépend affez peu , puifqu'une infinité de formes différentes font fujettes exactement à la même dérive , & qu'au lieu de confidérer chaque figure en particulier, on peut en fubftituer d'autres à la place ; fuppofer , par exemple , que la proue eft angulaire & terminée par deux lignes droites ou par deux plans inclinés. Cette comparaifon fera parfaitement exacte, fi on a bien choifi la figure angulaire , & que le fluide ne frappe toujours que les mêmes parties de la proue dans les routes obliques. C'eft ce qui fuit des recherches que j'ai publiées fur ce fujet en divers endroits, comme dans les Mémoires de l'Académie Royale des Sciences, dans le Traité du Navire , & dans le Traité de la Mâture des Vaiffeaux donné en 1727.

Nos Navires n'ont pas la forme de parallélipipede rectangle ; leur proue fe termine toujours en pointe , & elle a une faillie confidérable ; mais rien n'empêche de comparer la carene de plufieurs Navires à un parallélipipede rectangle , pourvu qu'on diminue d'autant plus la largeur de ce folide , que la proue du Navire fouffre moins de

réſiſtance de la part de l'eau. Il ne faut pas former les dimenſions du parallélipipede rectangle ſur celles de la carene, mais on le rendra quatre à cinq fois plus étroit,
& davantage, s'il eſt néceſſaire, pour lui donner une forme ſenſiblement équivalente à celle du Navire quant aux
dérives. Nous ajouterons à la fin des Chapitres VIII. &
IX. quelques remarques qui aideront à rendre cette comparaiſon plus parfaite, & qui feront connoître en même
temps les cas dans leſquels il ſera néceſſaire d'avoir recours
à quelqu'autre figure.

De la dérive des Navires qu'on peut rappor- ter aux parallélipipedes rectangles.

Il eſt très-facile de trouver la relation qu'ont les dérives avec la diſpoſition de la voile dans les Navires qui ſont
comparables à des parallélipipedes rectangles. Si le Navire
rectangulaire $GDEF$ de la figure 114 ſuit la route CI,
les deux ſurfaces GD & DE ſeront frappées par l'eau
avec différentes obliquités; l'angle d'incidence de l'eau ſur
le flanc GD ſera égal à l'angle ACI, & la ſurface DE
qui tient lieu de proue ſera frappée avec une incidence
égale à l'angle AIC. Ainſi, ſi nous prenons CI pour ſinus
total, nous aurons AI pour le ſinus d'incidence ſur le
flanc de la carene, & AC ſera le ſinus d'incidence ſur
la partie antérieure DE. Que nous prenions toute autre
ligne que CI pour ſinus total, les deux lignes AC &
AI nous marqueront toujours le rapport qu'ont entr'eux
les deux ſinus d'incidence de l'eau ſur les deux parties de
la carene expoſées au choc. Nous n'avons donc qu'à multiplier leur quarré AI^2 & AC^2 par l'étendue des ſurfaces
frappées, ſavoir par DE qui eſt double de AD & par
DG qui eſt double de AC, & nous aurons les deux impulſions, $2AD \times AC^2$ & $2AC \times AI^2$, l'une ſur DE
qui s'exerce dans le ſens direct de la quille, & l'autre ſur
GD qui s'exerce dans le ſens latéral perpendiculaire.

Connoiſſant le rapport entre ces deux impulſions, nous

Figure 114.

n'avons qu'à les représenter par les lignes CH & CK, & Figure 114.
la diagonale CL du rectangle $HCKL$ nous donnera
l'impulsion absolue, ou nous marquera l'effort commun qui
résulte de l'action de l'eau sur la carene entiere , sur la
proue & sur le flanc. L'eau poussant le Navire selon CL,
il faut que la voile NM soit posée perpendiculairement
à cette direction , afin que les impulsions du vent & de
l'eau puissent se trouver continuellement en équilibre &
se détruire par leur opposition exacte , pendant que le
Navire se meut d'un mouvement uniforme. Ainsi le triangle
rectangle CAP dont l'hypothénuse CP est perpendiculaire à la voile, doit être semblable au triangle CHL;
ou ce qui revient au même, CP est le prolongement de
LC, & il doit y avoir même rapport de AC à AP,
que de l'impulsion directe $2\,AD \times AC^2$ à l'impulsion latérale $2\,AC \times AI^2$.

Mais pour que cette proportion $AP : AC :: 2\,AC \times$
$AI^2 : 2\,AD \times AC^2$ subsiste, il faut que le produit AP
$\times 2\,AD \times AC^2$ soit égal au produit $2\,AC^2 \times AI^2$; &
pour que ces deux produits soient égaux, il faut, si on
les divise l'un & l'autre par $2\,AC^2$, que $AP \times AD = AI^2$
& que $AP = \dfrac{AI^2}{AD}$. On voit donc que AP doit être
une troisieme proportionnelle à AD & à AI; ce qui
nous met également en état de trouver la situation de la
voile, lorsque l'angle ACI de la dérive est donné, ou
de trouver l'angle ACI de la dérive pour chaque situation de la voile MN.

Les lignes AD, AI & AP qui doivent être en proportion continue, sont en même raison que les tangentes des angles $ACD, ACI,$ & ACP. Quant à l'angle
ACD, il est constant, c'est celui que fait la diagonale
FD du rectangle avec son axe AB qui sert de quille.
Cet angle est d'environ $3^d\,35^m$ lorsque le Navire est équivalent en fait de dérive à un rectangle 16 fois plus long
que large. Il n'y aura donc , pour trouver dans ce Navire
la dérive qui répond à une disposition de voile proposée ,
qu'à chercher toujours une moyenne proportionnelle

Figure 114. géométrique, entre la tangente de 3ᵈ 35ᵐ, & la tangente du complément ACP de l'angle que fait la voile avec la quille; & on aura la tangente de la dérive correspondante ACI.

Si la voile fait, par exemple, avec la quille un angle ACN de 30ᵈ, l'angle ACP sera de 60ᵈ; & si on ajoute le logarithme tangente de ce dernier angle avec le logarithme tangente de 3ᵈ 35ᵐ, & qu'on prenne la moitié de la somme pour tenir lieu d'extraction de racine quarrée, il viendra le logarithme tangente d'environ 18ᵈ 14ᵐ pour l'angle de la dérive ACI. Je ne me suis pas contenté de faire plusieurs calculs semblables pour le même parallélipipede ou pour le même rectangle. Dans l'intention de rendre plus étendu l'usage des Tables qu'on trouvera à la fin de cet ouvrage, j'ai appliqué la même méthode à un rectangle huit fois plus long que large.

Lorsque la voile est perpendiculaire à CA, le Navire n'a point de dérive, il avance selon la direction perpendiculaire à la voile; mais en considérant la dérive dans ce dernier sens, le Navire n'en aura pas non plus, si sa voile est située perpendiculairement à la diagonale FD: car le sillage se fera encore alors selon la perpendiculaire à la voile; le Navire avancera exactement selon sa diagonale même CD, puisqu'alors les trois points D, I & P se confondront & tomberont en D. Ainsi le Navire rectangulaire a, pour ainsi dire, trois quilles différentes, la vraie BA & les deux diagonales du rectangle. Nous allons maintenant évaluer l'impulsion que la carene reçoit de la part de l'eau dans chaque route; & nous supposerons d'abord que le Navire marche selon la direction d'une de ses diagonales.

De l'impulsion de l'eau sur la carene des Navires, qu'on peut rapporter aux parallélipipedes rectangles.

LORSQUE le mouvement se fait exactement selon la diagonale

diagonale *FD* la face *DE* est frappée avec une incidence
égale à l'angle *CDE*. Ainsi on peut exprimer l'impulsion sur *DE* par le produit de *DE*, multipliée par le quarré du sinus de l'angle *CDE*. Cette impulsion est l'absolue ou la totale sur *DE*, qui s'exerce selon *AC*; mais il faut la décomposer ou la diminuer dans le même rapport que *RE* est plus petite que *DE*, pour avoir l'impulsion qui s'exerce selon la diagonale *DC*. Nous n'avons donc qu'à multiplier le quarré du sinus de l'angle *CDE*, non pas par *DE*, mais par *ER*.

Outre cela, lorsque le sillage se fait suivant la diagonale *CD*, le flanc *DG* est frappé avec l'incidence *CDG*, ce qui nous donne pour l'impulsion absolue sur *DG*, le produit de *GD* par le quarré du sinus de l'angle *CDG*; mais comme nous voulons moins obtenir cette impulsion absolue, que la partie qui s'exerce sur la diagonale *DC*, & que cette partie est plus petite que l'impulsion absolue dans le même rapport que *GS* est moindre que *DG*, il faut multiplier le quarré du sinus de l'angle *CDG* par *GS* & non pas par *GD*.

Ainsi des deux impulsions relatives qui forment l'effort selon la diagonale *DC*, l'une est égale au produit de *RE* par le quarré du sinus de l'angle *CDE*, & l'autre est égale au produit de *GS* ou de *RE* par le quarré du sinus de l'angle *CDG*. Par conséquent toute l'impulsion est égale au produit de *RE* ou de *GS* par la somme des quarrés des sinus des angles *CDE* & *CDG*; & comme ces deux angles sont complément l'un de l'autre, & que la somme des quarrés de leur sinus est égale au quarré du sinus total, il s'enfuit que l'impulsion que souffre la carene à cause de son mouvement selon *CD*, est égale au produit de *RE* par le quarré du sinus total.

Nous ne cherchons pas dans ce cas l'impulsion latérale perpendiculaire à *CD*; elle doit être nulle, puisque la direction *PC* de l'impulsion totale tombe alors exactement sur *DC*. Il nous feroit très-facile de prouver qu'en général cette force latérale perpendiculaire à la diagonale

H h h

est égale à DF multipliée par l'excès du quarré du sinus de l'angle ACI de la dérive sur le quarré du sinus de l'angle constant ACD. D'où il suit que lorsque les angles ACI & ACD sont égaux, l'impulsion latérale perpendiculaire à la diagonale est nulle.

Cherchons actuellement la force avec laquelle le Navire est poussé selon sa diagonale lorsqu'il suit une direction quelconque CI différente de CD. Alors DE sera frappée avec une incidence AIC, & l'impulsion que recevra ce côté, sera égale au quarré du sinus de l'angle AIC multiplié par DE ou plutôt multiplié par RE, puisque nous voulons toujours avoir la partie de l'impulsion qui s'exerce selon la diagonale DC. De même le flanc GD sera frappé avec l'angle d'incidence ACI; & pour avoir la partie de l'impulsion qui s'exercera selon la diagonale, il faut multiplier le quarré du sinus de l'angle ACI par GS ou par son égale RE. Mais comme les angles AIC & ACI sont également complément l'un de l'autre, que lorsque le Navire marchoit sur le prolongement de CD, il s'ensuit que l'impulsion que souffre selon la diagonale le Navire rectangulaire, lorsqu'il marche selon la direction CI, est encore le produit du quarré du sinus total par RE.

Ainsi, quelque route que suive ce Navire, pourvu qu'il marche avec la même vîtesse, il est toujours poussé par le choc de l'eau exactement avec la même force selon sa diagonale. Qu'il marche selon CD, selon CA ou selon CI, la resistance de l'eau dans le sens de DC sera toujours exactement égale au produit que nous venons de marquer. Mais cette force selon DC étant constante, nous pouvons la représenter par cette ligne même; & puisque nous avons prouvé plus haut que la direction de l'impulsion absolue est PC, il faut nécessairement, si on élève au point D une perpendiculaire DX à la diagonale DC, que la partie interceptée DZ exprime la force qui agit perpendiculairement à la diagonale, & qu'en même temps CZ exprime la grandeur de l'impulsion totale ou composée.

Nous croyons devoir résumer en peu de mots les

vérités importantes que nous venons d'établir dans ce Figure 114.
Chapitre. La situation de la voile *MN* étant donnée,
nous lui élevons une perpendiculaire *CP* pour avoir la direction selon laquelle s'exerce l'impulsion du vent. Il faut
que l'impulsion de l'eau sur la proue tombe sur une direction absolument contraire *PC*; & pour avoir la route *CI*
que suit alors le Navire, nous n'aurons sur le prolongement de *ED* qu'à faire *AI*, moyenne proportionnelle
géométrique entre *AD* & *AP*. De plus, nous venons
de voir que si on éleve au point *D* une perpendiculaire
TX à la diagonale *FD*, les lignes *CP* qui marquent les
directions de l'impulsion totale de l'eau, exprimeront aussi
par leurs parties interceptées *CZ* la grandeur de ces impulsions, pourvu qu'on suppose que la vîtesse du sillage
est toujours la même. On peut tirer une autre ligne *TY* perpendiculaire à l'autre diagonale *EG*, & elle aura la même
propriété pour les dérives qui se feront vers la droite.

Il résulte de tout ce que nous venons de dire, que le
Navire rectangulaire n'éprouve jamais moins de résistance
de la part de l'eau, que lorsqu'il marche selon l'une ou
l'autre de ses diagonales. L'impulsion de l'eau est alors
exprimée par *CD* ou *CE*, au lieu qu'elle l'est par *CZ*
lorsque le Navire suit la route *CI*, & elle est représentée
par *CT* lorsque le sillage se fait exactement selon la direction de la quille *BA*.

CHAPITRE   IV.

*Trouver dans les Navires qu'on peut compa-
rer à des parallélipipedes rectangles, la
disposition la plus avantageuse de la voile
pour faire une route donnée.*

Quoiqu'il nous soit très-facile de résoudre ce
problême généralement, nous en entreprendrons ici la
H h h ij

 folution d'une maniere particuliere, & pour ainfi dire ; groffiere, en faveur de quelques Lecteurs. Cependant la méthode que nous fuivrons fera générale ; on verra dans la fuite qu'on peut l'employer avec le même fuccès, lorf-qu'on veut parvenir à une détermination abfolument exacte.

Nous confidérerons un Navire qui fe rapporte à un parallélipipede rectangle feize fois plus long que large, & nous fuppoferons pour exemple, que la voile faffe avec la quille un angle *NCA* de 40 degrés. Nous allons chercher dans cette fuppofition quelle fituation la voile doit avoir par rapport au vent. C'eft, à proprement parler, réfoudre le problême inverfe de celui que nous propo-fions. Au lieu de partir de la connoiffance de la route que nous devions regarder comme donnée, par rapport au vent, pour découvrir enfuite la difpofition de la voile, nous fuppofons, au contraire, une certaine fituation de voile par rapport au Navire, & nous cherchons pour quel vent cette difpofition a le plus d'avantage. Mais l'utilité de cette recherche eft la même dans la pratique ; on ap-prend également par fon moyen la relation qu'on doit mettre entre les angles d'incidence, & ceux de la voile avec la quille. D'ailleurs, il faut abfolument renfermer ces relations dans des tables pour la commodité des Ma-rins ; & il n'importe dans quel ordre on calcule les dif-férentes colonnes d'une table.

 La voile *MN* (*fig.* 115.) faifant un angle de 40 degrés avec la quille, l'angle *ACP* que fait la perpendiculaire à la voile avec la quille fera de 50 ; & fi nous cherchons une moyenne proportionnelle géométrique entre la tan-gente de ce dernier angle, & celle de l'angle *ACD* qui eft de $3^d 35^m$, nous trouverons celle de l'angle *ACI* de la dérive, qui eft de $15^d 17^m$. Si après cela nous prenons *CD* pour l'impulfion que recevroit la carene de la part de l'eau en fe mouvant felon la diagonale *CD*, & que nous attribuions à cette demi-diagonale 100000 parties, nous n'avons, conformément à ce que nous avons établi

dans la derniere partie du Chapitre précédent, qu'à chercher dans les Tables trigonométriques la sécante de l'angle DCZ qui est de $46^d\,25^m$, & nous aurons 145052
pour CZ ou pour l'impulsion absolue de l'eau lorsque le
Navire suit la route CI.

Nous changeons après cela la voile de situation ; nous
lui faisons faire un angle ACn un peu plus petit ou plus
grand avec la quille, & nous travaillerons à rendre ces
deux dispositions absolument équivalentes. Il est évident
qu'elles nous indiqueront alors un *maximum* ; car aussi-tôt
que l'avantage est le même, quoiqu'on prenne deux dispositions différentes, c'est une marque qu'elles sont de
part & d'autre du point le plus avantageux ; & si elles
sont très-voisines l'une de l'autre, on ne pourra pas se
tromper en choisissant le *maximum*. Cependant, lorsqu'on
change la voile de situation, le Navire dérive plus ou
moins, & la carene reçoit une impulsion absolue plus ou
moins grande. Ainsi la vîtesse du sillage changeroit, & les
deux dispositions de la voile cesseroient d'être équivalentes si on n'opposoit à l'effort absolu de l'eau qui se trouve
plus grand ou plus petit, une impulsion différente de
la part du vent. Mais c'est précisément ce qui nous fournira le moyen de régler l'angle d'incidence VCN du
vent qui convient à chaque disposition de voile.

Ayant à changer l'angle ACN qui est de 40 degrés,
nous le diminuerons de 10^m. L'angle ACp formé par la
perpendiculaire Cp à la voile & par la quille sera ensuite
de $50^d\,10^m$, l'angle de la dérive ACi ne sera pas non
plus le même qu'auparavant ; on le trouvera, en cherchant
comme à l'ordinaire, une moyenne proportionnelle géométrique entre AD & Ap ou entre les tangentes de 3^d
35^m & de $50^d\,10^m$, & on apprendra que la dérive est
de $15^d\,19^m$. Ainsi elle se trouve augmentée du petit angle ICi qui est de 2 minutes, ou plutôt de $2\frac{1}{2}$ minutes,
comme on l'apprend en faisant le calcul avec un peu plus
de soin.

D'un autre côté l'angle DCz est actuellement de 46^d

35^m, au lieu qu'il étoit dans l'autre fuppofition de 46^d 25^m. La fécante CZ qui exprime la grandeur de l'impulfion, fera donc de 145497 ; de forte qu'elle fera plus grande que dans le premier cas, de la petite quantité $Oz = 445$. Si la vîteffe du Navire étoit plus ou moins grande, cette différence en introduiroit une nouvelle dans l'impulfion ; mais nous avons vu dans le Chapitre III de la Section précédente, que nous devons non-feulement regarder ici la vîteffe du Navire comme conftante, mais auffi la vîteffe apparente du vent, de même que fa direction. Ainfi la feconde difpofition de la voile, en faifant dériver davantage le Navire, fera réellement augmenter l'impulfion de l'eau de 445 parties fur 145052 ; & fi nous voulons donc que ces deux différentes difpofitions foient équivalentes, il faut que cette différence d'impulfion foit réparée par la diverfe incidence feule VCN du vent fur la voile.

Si on ne réuffiffoit pas à rendre les deux difpofitions parfaitement équivalentes, il faudroit néceffairement en préférer une, & on feroit peut-être obligé de changer encore la fituation de la voile dans le même fens, & d'aller chercher de plus loin en plus loin la difpofition la plus parfaite. Mais fi les deux difpofitions produifent le même effet, quant à la marche du Navire, c'eft une marque, nous le répétons, qu'elles font voifines de la difpofition la plus parfaite. La feconde fait augmenter la dérive de $2\frac{1}{2}$ minutes ; & puifque très-proche du cas qui donne le *maximum*, la direction apparente du vent fait toujours le même angle avec la route, comme nous l'avons montré dans le Chapitre cité plus haut, nous devons fuppofer que le vent, au lieu d'avoir pour direction apparente la ligne VC, fe meut fur uC qui differe de l'autre ligne de $2\frac{1}{2}$ minutes.

Dans la réalité ce n'eft pas la direction apparente du vent qui change de place : nous donnerions à notre Navire une autre fituation, afin que la route Ci fît toujours avec le vent le même angle. Mais comme nous craignons

de rendre notre figure trop confuse, nous avons attribué Figure 115.
au vent par la pensée un changement, qui n'appartenoit
qu'au Navire. En un mot l'angle VCu est de $2\frac{1}{2}$ minutes,
de même que l'angle ICi, afin que l'angle uCi ou VCI
soit toujours le même ; & comme l'angle NCn est de
10 minutes, il s'enfuit que l'angle d'incidence apparent
du vent que nous ne connoissons pas encore, est plus
grand de $7\frac{1}{2}$ minutes dans la seconde difposition que dans
la premiere. Ainsi c'est dans cette augmentation de $7\frac{1}{2}$
minutes qu'il faut chercher de la part du vent une augmentation d'impulfion qui contrebalance l'excès $Oz =$
445 sur 145052 dont le choc de l'eau est plus fort dans
le second cas que dans le premier, quoique le Navire
fingle avec la même vîtesse.

L'impulfion du vent augmente ici fimplement comme
le quarré du finus d'incidence, puifque la vîtesse apparente du vent est comme constante ; on fait d'ailleurs que les
quarrés augmentent deux fois plus à proportion que leurs
racines. Il ne faut donc pas qu'un de nos finus d'incidence
soit plus grand que l'autre de 445 parties par rapport à
145052, mais feulement de $222\frac{1}{2}$ parties. Les quarrés des
finus d'incidence feront enfuite proportionnels aux deux
impulfions CZ & Cz : il y aura équilibre entre les efforts
du vent & de l'eau, ce qui rendra les deux difpofitions
MN & mn de la voile abfolument équivalentes. Cela fuppofé, la queftion fe réduit à trouver fimplement deux
angles uCn, VCN dont l'un furpasse l'autre de $7\frac{1}{2}$ min.
& dont la différence des deux finus foit au plus petit de
ces finus comme $222\frac{1}{2}$ est à 145052. Or ce problême
peut fe réfoudre avec la plus grande facilité.

Nous voulons que deux angles different l'un de l'autre
de $7\frac{1}{2}$ minutes, & que la différence entre leur finus foit au
plus petit de ces finus comme $222\frac{1}{2}$ est à 145052. Nous
n'avons qu'à former un angle VCu (*fig.* 116.) qui foit Figure 116.
de $7\frac{1}{2}$ minutes, nous ferons fes deux côtés dans le rapport
de 145052 à $145052 + 222\frac{1}{2}$. Réfolvant enfuite le triangle CVu, nous chercherons les deux angles V & u, &

nous aurons les angles requis. L'angle V marquera la grandeur qu'on doit donner à l'angle d'incidence apparent du vent.

Figure 117.

Nous pouvons encore (*fig.* 117.) tracer un arc de cercle uVN d'une grandeur indéterminée ; faire le petit arc uV des $7\frac{1}{2}$ minutes, dont un des angles inconnus uCN doit surpasser l'autre VCN, & au lieu de mettre le rapport de $222\frac{1}{2}$ à 145052 entre la différence Hu des deux sinus VK & uk, & le plus petit de ces sinus, nous le mettons entre le petit arc uV considéré comme ligne droite & la tangente VL. Ainsi pour avoir l'angle VCN qui indique l'incidence apparente du vent sur la voile, nous n'aurons qu'à faire cette seule analogie ; $222\frac{1}{2}$ est à 145052 comme uV ou comme la tangente de $7\frac{1}{2}$ minutes est à VL, tangente de l'angle d'incidence qu'on vouloit découvrir. On trouvera cet angle de $54^{d}43^{m}$, ce qui ne diffère presque pas du résultat que fournit le calcul rigoureux que nous expliquerons dans la suite.

Si on compare la troisieme Table que nous a fourni ce dernier calcul, avec la premiere Table qui est destinée aux Navires exempts de dérive, on verra qu'il y a peu de différences entre les dispositions les plus avantageuses pour ces Vaisseaux, toutes les fois que la voile fait un fort grand angle avec la quille. Lorsque cet angle est au-dessous de 45 degrés, ce n'est plus la même chose ; la différence devient sensible, & elle se trouve très-grande lorsqu'on single *au plus près*, & que la voile ne fait, par exemple, qu'un angle de 25 degrés avec la longueur du Navire. J'ai ajouté dans la quatrieme Table les vîtesses du sillage avec les différences des deux directions du vent, la réelle & l'apparente pour le parallélipipede rectangle seize fois plus long que large ; mais j'ai cru, à l'égard des autres figures, pouvoir me borner au calcul des dérives & des deux angles que forment la voile avec la quille & avec la direction apparente du vent, parce que ces trois angles sont les seuls dont on a ordinairement besoin dans la pratique, & que d'ailleurs ils ne sont sujets à aucun changement, quoiqu'on qu'on étende les voiles & qu'on en diminue l'étendue , Figure 112. pourvu qu'elles reftent dans la même fituation.

Enfin, lorfqu'on voudra fuivre une direction donnée , & c'eft le problême dont l'application eft prefque continuelle dans la Navigation , il n'y aura qu'à voir fi l'angle de la voile avec la quille & celui de la voile avec la direction apparente du vent font tels que nos Tables les indiquent. Nous pouvons dire précifément la même chofe de la cinquieme Table qui eft calculée pour les Navires dont la carene fe rapporte à des folides terminés par des furfaces courbes.

CHAPITRE V.

Que les pratiques expliquées dans le Chapi-
tre précédent font également bonnes lorf-
que le Navire eft emporté par un courant
dont la profondeur eft confidérable.

LES regles précédentes font exactes lorfqu'on navigue dans une mer qui jouit d'un parfait repos , & elles le font encore lorfque la mer en mouvement forme un courant profond qui communique toute fa vîteffe au Navire. Pour s'en convaincre, on n'a qu'à faire attention, qu'à l'égard du Vaiffeau, la direction & la vîteffe abfolues du vent font altérées par le mouvement du courant, mais que c'eft précifément la même chofe que fi la mer n'avoit aucun mouvement, & que le vent eût une autre direction réelle & une autre vîteffe réelle.

Le Navire de la figure 112 paffe de C en M dans le même temps que les molécules d'eau dont il eft envi-ronné paffent de C en N. Ainfi il ne fe meut, par rapport à l'eau, que de la quantité NM égale à CI qui eft pré-cifément la même que s'il n'y avoit pas de courant, &

 que le vent n'eût que NZ pour vîteffe réelle. Au lieu de confidérer la vîteffe abfolue CZ du vent, & de faire attention au courant; nous n'avons donc qu'à fuppofer que la mer eft parfaitement en repos, que le vent fe meut felon NZ, & que le Navire en partant du point N parcourt NM; ce qui donnera au vent la direction apparente MZ. Enfin, fi on rend CI ou NM un *maximum*, CM en deviendra auffi un, puifque la vîteffe CN ou IM du courant eft donnée.

Il fuit de-là que nous devons toujours opérer, en fait de manœuvre, comme s'il n'y avoit point de courant. La plupart de nos regles dépendent de la feule infpection de la direction MZ du vent apparent, & ce vent apparent eft toujours pour nous le vent actuel, fans qu'il nous importe de favoir par quels changements il a paffé. Nous avons quelquefois befoin de connoître la direction réelle du vent; mais il eft facile de s'affurer que nous devons alors nous arrêter à NZ, & que nous fommes difpenfés d'examiner fi cette direction eft elle-même le réfultat d'une autre direction abfolue CZ & du mouvement de la mer, ou fi elle eft la premiere direction. Ce fera auffi NZ que nous trouverons, en nous fervant fur mer des moyens expliqués dans le fecond Chapitre de la Section précédente.

Il eft fâcheux que nous ne puiffions pas dire la même chofe des cas intermédiaires, c'eft-à-dire, de ceux dans lefquels le courant eft prefque fuperficiel ou n'a pas affez de profondeur pour envelopper toute la carene du Vaiffeau. Nos regles font bonnes dans les deux cas extrêmes, favoir lorfque la mer eft abfolument en repos, & en fecond lieu lorfque le mouvement de la mer eft parfaitement le même en bas qu'en haut. C'eft beaucoup que nos regles de manœuvre foient également applicables dans ces deux cas, & on peut en conclure avec beaucoup de vraifemblance que les mêmes regles doivent fervir encore dans les cas moyens, ou lorfque le courant agit fur le haut de la carene, & qu'il n'agit pas fur le bas. Cette

affertion n'eft pas néanmoins abfolument certaine, & nous
ne pouvons marquer jufqu'à quel point elle l'eft, qu'en
nous livrant à de nouvelles recherches, que nous allons
entreprendre, en nous propofant le problême fuivant.

CHAPITRE VI.

*La direction & la vîteffe qu'a la mer très-
proche de fa furface étant données pendant
que l'eau inférieure dans laquelle plonge
le bas de la carene eft tranquille, reconnoître fi on a réuffi à orienter la voile de
la maniere la plus avantageufe pour la
route qu'on fuit.*

Nous confidérons de rechef le Navire qui fe rapporte à un parallélipipede rectangle; mais il fuffiroit de fuppofer, à l'égard des autres figures, des recherches préliminaires femblables à celles que contient le troifieme
Chapitre, pour que la méthode que nous expliquerons fe
trouvât générale. Soit donc un Navire rectangulaire GE
(*fig.* 118); nous le ferons feize fois plus long que large;
nous fuppoferons de plus que ce Navire fe meuve felon
la direction Cm avec l'obliquité ACi, par rapport à l'eau
tranquille dans laquelle pénetre le bas de fa carene.

Ce n'eft que la partie inférieure de la mer que nous
fuppofons en repos, & ce ne font auffi que les eaux
d'en bas, que le Navire va frapper felon Cm. La mer
vers la furface eft en mouvement, elle a Cn pour direction, & ce mouvement, nous fuppofons qu'il eft le même
jufqu'à la moitié de la profondeur du Navire.

Il n'eft pas naturel que l'eau en mouvement & celle
qui eft en repos foient feparées par un plan mathématique.

Figure 118.

Le courant a vraifemblablement fa plus grande vîteffe tout-à-fait en haut, & à mefure qu'on confidere des points plus bas, fa vîteffe va en diminuant jufqu'à ce qu'elle fe réduife à rien. Mais la fuppofition que nous faifons ici eft également propre à nous inftruire fur l'effet du courant. Le Navire, en parcourant *Cm* pendant que les eaux de la furface fe meuvent felon *Cn*, fe meut par rapport aux eaux de la furface felon *n m*. Notre Navire eft donc comme fujet à l'action de trois fluides : le vent frappe fa voile *r s* ; les eaux d'en bas qui font en repos frappent fa carene felon des paralleles à *m C*, & les eaux d'en haut qui font en mouvement frappent la moitié fupérieure de fa carene, felon des paralleles à *q C* ou *mn*.

Trouver la fituation de la Voile pour une dérive & une route données.

COMME le Navire eft déja cenfé en mouvement, que fa voile eft déja orientée, & que nous voulons fimplement favoir fi les difpofitions qu'on a déja faites font les plus avantageufes qu'il eft poffible ; nous connoiffons *Cm* de même que le rapport de cette ligne à *Cn* qui eft la vîteffe du courant fuperficiel. Suppofons que *Cm* foit huit fois plus grande que *Cn*, que l'angle de dérive *A Ci* eft de 15ᵈ 17ᵐ, & que l'angle *mCn* que fait la route avec la direction du courant, eft de 58ᵈ 50ᵐ ; la réfolution du triangle *Cnm* nous apprendra que l'angle *nmC* eft de 6ᵈ 32ᵐ, & que le côté *nm* eft de 753, fi on en attribue 800 à *Cm*. Ainfi nous connoiffons les deux différentes vîteffes avec lefquelles le haut & le bas de la carene font frappés, & nous favons auffi les directions felon lefquelles fe fait le choc. Toute la moitié inférieure de la carene eft frappée avec la vîteffe *Cm* = 800 felon des directions paralleles à *m C* qui font un angle de 15ᵈ 17ᵐ. avec la quille *B A*. Et dans le même temps la moitié fupérieure de la carene eft frappée avec la vîteffe

$nm = 753$ felon des directions parallèles à mn, & à qC,
qui font des angles de $6^d\ 32^m$ avec les autres directions,
& des angles par conséquent de $8^d\ 45^m$. avec la quille.

L'eau inférieure, en rencontrant la carene felon la direction mC, la pouffe felon pC qui fait avec la quille AB
un angle de 50^d. C'eft ce qu'on trouve en cherchant une
troifieme proportionnelle géométrique à la tangente de
l'angle ACD & à celle de l'angle ACi; il vient la tangente de l'angle ACp. On trouve de la même maniere
felon quelle direction la moitié fupérieure de la carene
eft pouffée. Cette moitié eft frappée felon qC ou $i2C$ qui
fait avec la quille un angle de $8^d\ 45^m$, & de ce choc il
réfulte une impulfion dont la direction $p2C$ fait avec la
quille un angle $ACp2$ de $20^d\ 43^m$.

Quant à la grandeur de chaque impulfion nous avons
vu que la partie qui s'exerce felon la diagonale DF n'eft
point fujette à changer par l'obliquité du choc. Ainfi le
haut & le bas de la carene feroient pouffés exactement
avec la même force relative felon DF, fi le choc fé
faifoit avec les mêmes vîteffes. Mais le bas eft frappé avec
la vîteffe $mC = 800$ & le haut avec la vîteffe $qC = 753$.
Les impulfions felon la diagonale font donc différentes;
elles font comme les quarrés de ces vîteffes, & on peut
les exprimer par 640 & 567, qui ne font autre chofe
que ces quarrés qu'on a également divifés par 1000.
Nous aurons donc 1207 pour la fomme de ces forces relatives. Nous introduirions d'autres différences entre ces
deux impulfions relatives, fi l'eau tranquille ne fubmergeoit
pas exactement toute la moitié inférieure de la carene.
Mais les deux parties de carene que nous avons à confidérer étant égales, les deux impulfions relatives de l'eau
felon la diagonale, ne font différentes qu'à caufe de la
différence des vîteffes.

Les impulfions relatives latérales perpendiculaires à la
diagonale font repréfentées par Dz & par $Dz2$ qui
font les tangentes des angles DCz & $DCz2$ lorfqu'on
prend CD ou chaque impulfion directe pour finus total.

Figure 118. Ces angles font de $46^d 25^m$ & de $17^d 8^m$, puifqu'ils font les angles ACz & $ACz2$ après qu'on en a retranché l'angle ACD qui eft de $3^d 35^m$. Pour trouver la premiere impulfion latérale, celle que fouffre la moitié inférieure de la carene, je fais cette analogie ; le finus total CD eft à 640 impulfion relative directe felon la diagonale comme Dz tangente de $46^d 25^m$ eft à 672. Nous aurons de même l'autre impulfion latérale, celle que fouffre la moitié fupérieure de la carene en faifant cette autre proportion : le finus total eft à l'impulfion directe 567 felon la diagonale, comme $Dz2$ tangente de $17^d 8^m$ eft à 175 ; & fi on l'ajoute avec l'autre 672, on aura 847 pour l'impulfion latérale perpendiculaire à la diagonale, que fouffre la carene entiere, pendant qu'elle eft pouffée felon la diagonale même avec la force 1207.

Il faut maintenant que nous compofions ces deux impulfions relatives pour avoir l'impulfion abfolue que reçoit la carene dans fes deux moitiés, l'inférieure & la fupérieure. Je porte fur la diagonale prolongée l'impulfion directe 1207, repréfentée par CH, & faifant la perpendiculaire Ck égale à l'impulfion relative latérale 847, j'acheve le rectangle $HCkl$, & fa diagonale Cl me donne l'impulfion abfolue. La réfolution du triangle rectangle CHl m'apprend enfuite que cette impulfion eft de 1475, ou plus exactement de $1474\frac{77}{100}$, & que l'angle lCH eft de $35^d 4^m$. Ainfi l'angle lCB eft de $38^d 39^m$; & puifque la voile doit être perpendiculaire à la direction abfolue du choc de l'eau, il faut qu'elle faffe avec la quille un angle sCA de $51^d 21^m$.

Trouver la grandeur que doit avoir l'angle d'incidence apparent du vent.

SACHANT que la voile doit faire avec la quille un angle de $51^d 21^m$, nous paffons à la recherche de l'angle d'incidence du vent le plus avantageux ; & pour le découvrir nous nous fervirons de la méthode dont nous avons

déja fait usage dans le Chapitre IV. Nous ferons subir par Figure 118.
la pensée quelque petit changement à toutes les dispositions précédentes, & sur le changement que souffrira l'impulsion totale Cl de l'eau, nous réglerons la grandeur de
l'angle d'incidence VCS du vent sur la voile.

Nous augmenterons donc les angles de dérive, par
exemple, de 5 minutes : au lieu que le premier ACi étoit
de $15^d 17'$, nous le ferons de $15^d 22^m$, & le second $ACi2$;
au lieu qu'il étoit de $8^d 45^m$, nous le ferons de $8^d 50^m$.
Il faut se ressouvenir ici de la remarque déja faite ci-devant,
que nous ne faisons changer de place les directions mC &
qC, que pour nous épargner l'embarras de changer dans
nos figures la situation du Navire ; mais notre fiction ne
nous fait tomber en aucune erreur, parce que nous avons
l'attention de changer aussi de la même quantité la direction Cn du courant & la direction apparente uC du vent.
Nous attribuons à toutes ces lignes un égal changement
afin qu'elles soient exactement dans le même cas que si
elles n'avoient pas souffert d'altération, & qu'elles fissent
toujours constamment entr'elles les mêmes angles, comme
cela doit arriver lorsqu'on est infiniment près de la disposition la plus parfaite de la voile & du Navire.

De ce que l'eau ne frappe plus les deux moitiés de la
carene avec la même obliquité, les directions pC & $p2C$
des impulsions absolues doivent changer. En rendant AP
troisieme proportionnelle à AD & à AI, on trouvera
que l'angle ACZ est de $50^d 20' \frac{2}{10}$, qui n'étoit auparavant que de 50^d. On aura de la même maniere $21^d 5\frac{3}{10}^m$
pour l'angle $ACZ2$ qui étoit auparavant de $20^d 43^m$.
Nous retrancherons de ces angles ACZ & $ACZ2$,
l'angle ACD qui est de $3^d 35^m$, & il nous restera 46^d
$45\frac{2}{10}^m$ pour l'angle DCZ, & $17^d 30\frac{3}{10}^m$ pour l'angle
$DCZ2$.

Les impulsions relatives directes selon la diagonale DC
ne souffrent aucune altération malgré ces changements ;
mais chaque impulsion latérale perpendiculaire à cette
diagonale se trouve augmentée dans le même rapport que

les tangentes DZ & DZ_2 font plus grandes que les tangentes Dz & Dz_2. La premiere impulfion latérale 672 fe trouve de cette forte plus grande de $\frac{7\,9\,9}{1\,0\,0}$; & la feconde 175 fe trouve augmentée de $\frac{3\,9\,8}{1\,0\,0}$. Joignant ces deux augmentations, il nous vient $\frac{1\,1\,9\,7}{1\,0\,0}$ pour la valeur de kK ou de lL; & réfolvant le triangle HCL, on trouve que l'angle HCL eft d'environ $35^{d}\,26\frac{6}{10}^{m}$, & que CL eft de $1481\frac{70}{100}$ parties. De forte que l'angle HCL eft plus grand d'environ $22\frac{7}{10}$ minutes, qu'il n'étoit auparavant, & l'impulfion abfolue CL fe trouve augmentée d'environ $6\frac{9\,2\,8}{1\,0\,0\,0}$ fur $1474\frac{77}{100}$ parties.

La nouvelle fituation que prend la direction abfolue CL oblige de diminuer de $22\frac{7}{10}$ minutes l'angle que la voile fait avec la quille, puifque la voile RS doit être perpendiculaire à la direction CL de l'impulfion de l'eau. D'un autre côté le changement de 5^{m} que nous avons fait aux routes Ci & Ci_2 en entraîne un égal dans la direction apparente du vent, puifque l'angle de la route & de la direction apparente du vent doit refter le même, malgré les changements que nous avons faits. Il fuit de là que l'angle d'incidence apparent VCS qui appartient à la feconde difpofition de la voile eft plus grand de $17\frac{7}{10}$ min. que l'angle d'incidence apparent uCs qui répond à la premiere difpofition. Ainfi la queftion fe réduit pour nous à trouver deux angles qui different l'un de l'autre de $17\frac{7}{10}^{m}$ & dont les quarrés des finus foient proportionnels aux deux impulfions abfolues $1474\frac{77}{100}$ & $1481\frac{70}{100}$ de l'eau. Si nous réuffiffons à établir cette proportion, les deux difpofitions feront abfolument équivalentes, & nous ferons fûrs d'avoir trouvé le point du *maximum* que nous avions pour objet. Mais au lieu d'introduire entre les quarrés des deux finus le rapport de $1474\frac{77}{100}$ à $1481\frac{70}{100}$, nous n'avons qu'à mettre celui de $1474\frac{77}{100}$ à $6\frac{9\,2\,8}{1\,0\,0\,0}$, ou du premier quarré à la quantité dont le fecond eft plus grand. Nous pouvons encore, au lieu des quarrés, employer les finus mêmes, pourvu que nous mettions entre le premier finus & fon défaut au fecond, le rapport qu'il y a de 1475, non

pas

pas à $6.\frac{928}{1000}$, mais à sa moitié $3\frac{464}{1000}$. En un mot si Figure 117.
nous regardons dans la figure 117 les deux lignes VK &
uk comme deux sinus qui appartiennent à deux arcs qui
different de $17\frac{7}{10}{}^{m}$, il faut qu'il y ait de uH à VK le
rapport de 3.464 à 1474.77; mais nous n'avons pour
cela qu'à introduire le même rapport entre uV & VL;
& comme uV est si petit, qu'on peut le considérer comme une ligne droite, nous aurons cette proportion;
3.464 est à 1474.77 comme la tangente de uV, c'est-
à-dire de $17\frac{7}{10}{}^{m}$, est à la tangente VL de l'angle d'incidence apparent du vent sur la voile pour la disposition la
plus avantageuse. On trouve cet angle de $65^{d}\,28^{m}$ par
cette proportion.

Que les regles de Manœuvre expliquées dans les Chapitres précédents sont sensiblement bonnes, quoiqu'on navigue dans un courant superficiel.

Rien n'empêcheroit d'appliquer la même méthode à
un assez grand nombre de différents cas, & de recueillir
les résultats pour en former des Tables. Le calcul seroit
d'autant plus long qu'il faudroit non-seulement le faire
pour différentes obliquités de routes, mais aussi pour différentes hypotheses de courants. Le mouvement de la
mer peut être plus ou-moins rapide, & il peut s'étendre
à des profondeurs plus ou moins grandes. Ajoutez à cela
que sa direction peut varier à l'infini, quoiqu'elle soit souvent conforme à celle du vent. On seroit encore exposé
à une autre difficulté; car comment feroit-on en mer pour
découvrir toutes ces particularités qui serviroient de données lorsqu'on voudroit avoir recours aux Tables? Mais
heureusement nous sommes dispensés d'entreprendre ce
travail pénible; nous le conjecturions à la fin du Chapitre
précédent, en nous fondant sur des raisons très-vraisem-
blables, & cette conjecture se trouve justifiée par le calcul

Kkk

que nous venons de faire. Nous avons fuppofé un courant très-fort, & néanmoins nous trouvons que la relation entre les angles que fait la voile avec la quille & avec la direction apparente du vent, eft fenfiblement la même que s'il n'y avoit point de courant.

Nous avons vu que l'angle formé par la voile & par la quille devoit être de $51^d 21'$, & l'angle d'incidence apparent du vent de $65^d 28'$. Mais ce dernier angle differe fi peu de ce qu'on trouve en confidérant la mer dans un parfait repos, qu'on peut négliger la différence; il faudroit tout au plus rendre l'angle d'incidence apparent du vent plus grand de quelques minutes.

Au refte il n'eft pas difficile d'appercevoir la raifon de cette conformité fenfible. Lorfqu'un Vaiffeau navigue dans un courant qui ne parvient que jufqu'à une partie de la profondeur de la carene, il eft frappé par l'eau felon deux différentes directions QC & MC, & l'effort de l'eau s'exerce auffi felon deux différentes lignes PC & $P2C$. S'il n'y avoit qu'une feule impulfion, il faudroit néceffairement lui oppofer l'effort du vent fur la voile, & placer la voile perpendiculairement à fa direction; mais comme il y a deux impulfions, & que nous ne voulons pas y oppofer deux différentes voiles, nous avons cherché la direction compofée CL, qui eft moyenne entre les deux autres, ou les prolongements de PC & de $P2C$; & nous avons par conféquent donné une fituation moyenne à notre voile RS. Mais nous avons pris de même une efpece de milieu entre les deux impulfions ZC & $Z2C$, en cherchant la loi que fuit dans fon changement l'impulfion compofée ou totale. Notre calcul a donc dû nous donner auffi un angle d'incidence du vent à peu-près moyen entre les deux différents angles d'incidence qui conviendroient aux fituations des deux voiles, fi on en employoit deux. Voilà pourquoi l'angle d'incidence apparent du vent continue à fe rapporter à l'angle que fait la voile avec la quille conformément à nos Tables. Ainfi, fans avoir égard à la complication de mouvements ou de forces que nous venons de considérer, il suffira toujours dans la pratique de mesurer l'angle de la voile avec la quille, & de voir ensuite si l'angle d'incidence du vent apparent est tel que l'indiquent nos regles.

CHAPITRE VII.

Solutions exactes & générales des problêmes qu'on vient de résoudre par approximation.

Les Lecteurs qui sont un peu versés dans la Géométrie, voient bien que nous rendrons rigoureuses les solutions que nous venons de donner; si, au lieu de faire changer de quantités sensibles les dispositions entre lesquelles il s'agit de choisir, nous n'y introduisons que ces différences qu'on nomme infiniment petites. Après avoir supposé dans la figure 115, que la voile faisoit successivement avec la quille deux angles différents de 10 minutes, nous avons cherché combien l'angle de la dérive ACI changeoit, & quelle augmentation ou diminution recevoit en même temps l'impulsion CZ: il nous suffit maintenant de faire précisément les mêmes calculs pour des changements infiniment petits.

Figure 115.

L'angle de la dérive ACI étant comme donné, nous pouvons distinguer les parties de la carene qui sont frappées, & nous savons avec quelle inclinaison se fait le choc. Nous composons ensemble toutes ces impulsions afin d'avoir leur effort total ou commun; & pour les composer plus aisément, nous commençons par les décomposer selon deux diverses déterminations perpendiculaires l'une à l'autre. Nous les décomposons, par exemple, selon la quille & selon le sens latéral perpendiculaire à la longueur du Navire, & nous ajoutons ensemble toutes les forces qui agissent dans le même sens, celles qui s'exercent dans le sens de la quille, & celles qui s'exercent dans le fens horifontal perpendiculaire : formant enfuite un rectangle, fa diagonale nous marquera l'effort compofé & fa direction.

Nous pouvons renvoyer fur cela à ce que nous en avons dit dans le Traité de la Mâture, ou dans celui du Navire. Les quantités dont nous venons de parler, étant calculées, nous les faifons varier, & nous cherchons leur différentielle. Nommant i l'impulfion abfolue de l'eau, nous aurons fa variation di qui répond au changement infiniment petit que nous faifons fubir à l'angle de la dérive & à l'angle que la voile fait avec la quille. Nous voyons auffi combien l'angle PCp, ou l'angle NCn qui eft le changement de fituation de la voile, eft plus grand que le petit changement ICi que fouffre la dérive. Nous marquons par k ce rapport. C'eft-à-dire, que l'angle NCn ou l'angle PCp eft égal au petit angle ICi multiplié par le nombre k.

Cela fuppofé, nous connoiffons la variation que doit fouffrir l'angle d'incidence apparent du vent fur la voile, quoique nous ignorions la grandeur de cet angle. Nous le faifons augmenter par un côté, en mettant la voile MN dans la fituation mn. L'angle d'incidence fe trouve plus grand du petit angle NCn, qui eft égal à PCp. Mais d'un autre côté, cet angle eft diminué de l'angle VCu qui eft égal à ICi; puifque la direction du vent apparent doit toujours faire le même angle avec la route CI ou Ci. Ainfi l'augmentation infiniment petite de l'angle d'incidence eft égale à $PCp - ICi = PCp - \dfrac{PCp}{k} = \dfrac{k-1}{k} \times PCp$; ou fi nous rapportons cette petite augmentation à l'angle ICi, elle eft égale à $PCp - ICi = k \times ICi - ICi = \overline{k - 1} \times ICi$.

Ces deux expreffions $\dfrac{k-1}{k} \times PCp$ ou $\overline{k - 1} \times ICi$ du changement infiniment petit de l'angle d'incidence apparent nous marquent également la grandeur du petit angle VCu dans la figure 117, pendant que VCN eft l'angle d'incidence même dont nous ignorons la grandeur.

Les angles VCN & uCN répondent aux deux différentes difpofitions de la voile que nous voulons rendre
parfaitement équivalentes, & il faut pour cela que les
quarrés des finus d'incidence VK & uk foient proportionnels aux deux différentes impulfions de l'eau, ou qu'il
y ait même rapport de chacune de ces quantités à fa différentielle. C'eft-à-dire, qu'il faut que i foit à di comme
le quarré de VK eft à la différentielle de ce quarré, ou
comme le finus VK eft au double de Hu, ou comme
VL eft au double de Vu.

L'angle VCu mefuré par Vu étant égal à $\frac{k-1}{k} \times PCp$
ou à $\overline{k-1} \times ICi$ pris dans l'autre figure, ou égal à PCp
$- ICi$; fi nous nommons t la tangente VL de l'incidence apparente du vent fur la voile, nous aurons cette
analogie : di eft à i comme $\frac{2k-2}{K} \times PCp$ ou $\overline{2k-2}$
$\times ICi$ ou $2PCp - 2ICi$ eft à $VL = t$. Cette pro-
portion nous fournit pour la tangente de l'angle d'incidence apparent du vent le plus avantageux dans une route
donnée, $t = \frac{2k-2}{k} \times \frac{i}{di} \times PCp$ ou $t = \overline{2k-2} \times \frac{i}{di}$
$\times ICi$ ou $t = \frac{2i}{di} \times \overline{PCp - ICi}$.

Ces trois expreffions nous apprennent en valeurs abfolument connues, la tangente de l'incidence apparente
du vent fur la voile ; & il eft évident qu'elles fe réduiront toujours affez aifément à des termes finis, puifque
le changement infiniment petit di que fouffre l'impulfion
i dépend du changement que fouffre la dérive ou que
fouffre l'angle PCp. On aura donc la relation de l'un à
l'autre, & ils fe feront difparoître réciproquement dans
la valeur de t.

Application de la méthode précédente aux Navires dont la carene peut se rapporter à des parallélipipedes rectangles.

Nommant a la demi-longueur du Navire rectangulaire $GDEF$ (*fig.* 115) & b sa demi-largeur AD, nous désignerons par x la ligne AP qui est cotangente de l'angle que la voile fait avec la quille, lorsqu'on prend AC pour sinus total; nous aurons $\sqrt{bx}$ pour la tangente AI de l'angle de la dérive; & si par le moyen des tangentes AP & AI & de leurs différentielles dx & $\frac{1}{2}dx\sqrt{\frac{b}{x}}$, nous cherchons les valeurs des angles PCp & ICi ou les petits arcs de cercle qui les mesurent, nous aurons $\dfrac{a^2\,dx}{a^2+x^2}$ pour l'angle PCp & $\dfrac{\frac{1}{2}a^2\,dx\sqrt{\frac{b}{x}}}{a^2+bx}$ pour l'angle ICi; ce qui nous mettroit en état de trouver la valeur du nombre k si nous en avions absolument besoin.

Quant à l'impulsion absolue i de l'eau sur toute la carene, nous avons vu qu'elle est proportionnelle à CZ lorsque la vîtesse du sillage est constante. Cette ligne CZ est la secante de l'angle DCZ lorsqu'on prend CD pour sinus total, & eïle sera donc toujours au moins proportionnelle à la secante de cet angle, lorsqu'on prendra toute autre grandeur pour sinus total. La tangente de l'angle ACD est b, & celle de l'angle variable ACP est x; je cherche par les regles de la Trigonométrie la tangente de l'angle PCD, différence des deux précédents, j'ai $\dfrac{a^2\times\overline{x-b}}{a^2+bx}$: car il est démontré que la tangente de la différence de deux arcs est égale au produit du quarré du sinus total multiplié par la différence des tangentes des deux arcs & divisé par la somme du quarré du sinus total & du produit des deux tangentes données. Mais $\dfrac{a^2\times\overline{x-b}}{a^2+bx}$ étant la tangente de l'angle DCP, nous aurons

$$\frac{a^6 + 2a^4 bx + a^2 b^2 x^2 + a^4 x - 2a^4 bx + a^4 b^2}{a^4 + 2a^2 bx + b^2 x^2}$$ pour le quarré

de la fecante qui fe réduifant à $\frac{a^2 \times \overline{a^2 + b^2} \times \overline{a^2 + x^2}}{a^4 + 2a^2 bx + b^2 x^2}$ donne

pour la fecante même, $\frac{a\sqrt{a^2 + b^2}\, \sqrt{a^2 + x^2}}{a^2 + bx}$; & puifque l'impulfion abfolue de l'eau lui eft proportionnelle, nous pouvons fupprimer les facteurs conftants, & nous avons

donc d'une égalité de rapport, $i = \frac{\sqrt{a^2 + x^2}}{a^2 + bx}$ dont nous

tirerons $d i = \frac{a^2 dx \times \overline{x - b}}{\sqrt{a^2 + x^2} \times \overline{a^2 + bx}}$.

Ainfi nous avons maintenant en une feule variable toutes les quantités qui entrent dans notre formule générale $t = \frac{2i}{di} \times \overline{PCp - ICi}$. Si nous les y introduifons effective-

ment, nous trouverons $t = \frac{\sqrt{a^2 + x^2}}{a^2 + bx} \times \frac{\sqrt{a^2 + x^2} \times \overline{a^2 + bx}^2}{a^2 dx \times \overline{x - b}}$

$\times \frac{2 a^2 dx}{a^2 + x^2} - \frac{a^2 dx \sqrt{\frac{b}{x}}}{a^2 + bx}$ qui fe réduit à $t = \frac{\overline{a^2 + x^2} \times \overline{b^2 + bx}}{a^2 \times \overline{x - b}} \times$

$\frac{2 a^2 \times \overline{a^2 + bx} - a^2 \sqrt{\frac{b}{x}} \times \overline{a^2 + x^2}}{\overline{a^2 + x^2} \times \overline{a^2 + bx}}$ & à $t = \frac{2a^2 + 2bx - a^2 \sqrt{\frac{b}{x}} - x^2 \sqrt{\frac{b}{x}}}{x - b}$,

formule qui n'exige qu'un calcul très-fimple pour déterminer tous les divers angles d'incidence apparents VCN
qui répondent à toutes les fituations ACN de la voile par
rapport à la quille.

Mais quelques remarques qui fe préfentent affez naturellement nous mettent en état d'abréger encore le calcul
précédent. Si dans la figure 119 nous ajoutons à l'angle
ACN que fait la voile avec la quille, l'angle NCh égal
à l'angle conftant ACD formé par la diagonale FD &
la quille BA, la ligne totale Ph fera la valeur de $\frac{a^2 + x^2}{x - b}$;
car les triangles DPC & CPh feront femblables ; & on
aura la proportion continue $:: PD = x - b : PC =$
$\sqrt{a^2 + x^2} : Ph = \frac{a^2 + x^2}{x - b}$.

D'une autre part, fi de Ph, on retranche $AP = x$,

il restera $Ah = \dfrac{a^2 + x^2}{x - b} - x = \dfrac{a^2 + bx}{x - b}$. Or il suit de là

que la tangente $t = \dfrac{2a^2 + 2bx - a^2 \sqrt{\frac{b}{x}} - x^2 \sqrt{\frac{b}{x}}}{x - b} = \dfrac{2a^2 + 2bx}{x - b}$

$- \sqrt{\dfrac{b}{x}} \times \dfrac{a^2 + x^2}{x - b} = 2Ah - Ph\sqrt{\dfrac{AD}{AP}}$; ce qui nous
donne une maniere très-simple de supputer les tangentes t
des angles d'incidence apparents pour chaque situation de
voile.

Ayant ajouté à l'angle que la voile fait avec la quille ,
l'angle constant ACD, on en prendra la tangente pour
avoir Ah ; on ajoutera cette tangente Ah avec celle AP
du complément de l'angle que la voile fait avec la quille ;
on multipliera la somme par $\sqrt{\dfrac{AD}{AP}}$, & retranchant ce
produit du double de Ah, on aura la tangente t qu'on
vouloit découvrir. Si le Navire est infiniment étroit, AD
deviendra nulle, de même que l'angle ACD, & la formule $t = 2Ah - Ph\sqrt{\dfrac{AD}{AP}}$ se réduira à $t = 2AH$; ce
qui s'accorde avec ce que nous savions déja, que lorsque
le Navire est infiniment étroit ou qu'il est exempt de dérive, la tangente de l'angle d'incidence apparent du vent
doit être double de la tangente de l'angle formé par la voile
& par la quille.

CHAPITRE VIII.

De la relation qu'il y a entre la situation de la voile & la dérive dans les figures de carenes plus composées.

AFIN de moins grossir cet Ouvrage, nous prendrons
pour Lemmes, & nous regarderons comme démontrés
quelques Théorêmes que nous avons établis ailleurs. Si
la proue du Navire de la figure 114, au lieu d'être terminée

minée par une surface plane DE, est terminée par une surface courbe quelconque, & que prenant a pour le sinus total, nous nommions m la tangente de l'angle ACI de la dérive ou de l'obliquité avec laquelle cette proue va rencontrer l'eau, l'impulsion de l'eau dans le sens direct parallele à la quille ou à l'axe de la proue, aura toujours cette forme $\frac{a^2 A + B m^2}{a^2 + m^2}$, & l'impulsion latérale perpendiculaire à la quille prendra cette autre $\frac{2 a B m}{a^2 + m^2}$; pourvu que l'eau frappe continuellement sur toutes les parties de la surface de la proue, & que les deux moitiés de la surface soient égales de part & d'autre de la quille qui sert d'axe.

Il n'importe que la surface frappée soit géométrique ou méchanique ; elle peut même être fort irréguliere : les lettres A & B désigneront des intégrales qui dépendent de la nature de la surface & qui ne changeront point par l'obliquité de la route. Mais il ne suffit pas à l'égard de l'impulsion latérale perpendiculaire à la quille, de considérer la proue seule. Tout le flanc du Navire qui n'ajoute rien à l'impulsion directe est poussé de côté ; & comme il faut joindre cette partie de l'impulsion à l'autre, nous devons prendre $\frac{2 a B m + C m^2}{a^2 + m^2}$ pour exprimer l'impulsion latérale entiere, pendant que $\frac{a^2 A + B m^2}{a^2 + m^2}$ représentera toujours l'impulsion directe.

Cela supposé, nous n'avons qu'à trouver la force totale qui résulte de ces deux impulsions relatives, & les composer par le moyen du rectangle $HCKL$, dont la diagonale CL marquera l'impulsion totale, pendant que les deux côtés du rectangle représenteront les deux impulsions relatives. Cette diagonale CL, comme nous l'avons vu, doit tomber sur le prolongement de la perpendiculaire CP à la voile, puisque les impulsions du vent & de l'eau doivent être toujours exactement contraires. Ainsi prenant n pour la tangente de l'angle PCA, nous aurons cette proportion ; l'impulsion directe de l'eau, $CH =$ $\frac{a^2 A + B m^2}{a^2 + m^2}$ est au sinus total a comme l'impulsion latérale

HL ou $CK = \dfrac{2\,a\,Bm + Cm^2}{a^2 + m^2}$ eſt à la tangente n de l'angle PCA. Nous aurons donc l'équation $n = \dfrac{2\,a^2\,Bm + a\,Cm^2}{a^2\,A + Bm^2}$ qui nous marque de la maniere la plus générale qu'il eſt poſſible, la relation qu'il y a entre la tangente m de l'angle ACI de la dérive & la co-tangente n de l'angle NCA formé par la voile & par la quille.

Cette équation $n = \dfrac{2\,a^2\,Bm + a\,Cm^2}{a^2\,A + Bm^2}$ ſe réduit à $n = \dfrac{2\,a^2\,m + \dfrac{a\,Cm^2}{B}}{\dfrac{a^2\,A}{B} + m^2}$; & ſi on met à la place des rapports $\dfrac{C}{B}$ & $\dfrac{A}{B}$ les conſtantes E & F, elle ſe changera en $n = \dfrac{2\,a^2\,m + a\,Em^2}{a^2\,F + m^2}$ & en $n = \dfrac{2\,a^2 + a\,Em}{\dfrac{a^2\,F}{m} + m}$ qu'on trouvera peut-être plus commode pour le calcul. Nous en déduiſons outre cela cette formule $m = \dfrac{-a^2 + a\sqrt{a^2 + a\,EFn - n^2\,F}}{a\,E - n}$ qui ſervira à trouver l'angle de la dérive, lorſqu'on connoîtra la co-tangente n de l'angle de la voile avec la quille. Cette derniere formule doit être plus d'uſage en mer que l'autre, puiſque l'angle que fait la voile avec la quille eſt plus ſou-vent donné, que ne l'eſt l'angle de la dérive.

Mais, pour pouvoir employer ces formules, il faudroit avoir déja déterminé les conſtantes E & F qui ſont diffé-rentes pour chaque Navire. Si on étoit obligé d'examiner en détail la figure de la carene pour en conclure ces gran-deurs, l'opération ſeroit toujours très-longue ; & le plus ſouvent les circonſtances dans leſquelles on ſe trouveroit la rendroient abſolument impoſſible. Je crois qu'il n'y a qu'une façon commode de lever ces difficultés, c'eſt d'ob-ſerver, lorſqu'on eſt en mer, la dérive pour deux différentes diſpoſitions de voile ; & ſi on introduit ſucceſſivement dans la formule $n = \dfrac{2\,a^2 + a\,Em}{\dfrac{a^2\,F}{m} + m}$ les valeurs correſpondantes de n & de m, on fera en état de déterminer les grandeurs E & F, & on aura enfuite tout ce qu'il faudra pour découvrir par le calcul les dérives qui appartiennent à toutes les fituations de voile, ou de trouver les fituations de voile dont dépendent toutes les dérives.

Suppofons que la voile faifant avec la quille un angle dont n foit la co-tangente, on ait obfervé exactement la dérive, & que m en foit la tangente ; nous fuppofons de plus, qu'ayant donné une autre difpofition à la voile, & ν marquant la co-tangente de l'angle qu'elle faifoit avec la quille, μ ait été la tangente de la dérive obfervée dans ce fecond cas, la premiere expérience nous donnera l'équation $n = \dfrac{2a^2 + aEm}{\dfrac{a^2 F}{m} + m}$, & la feconde l'équation $\nu = \dfrac{2a^2 + aE\mu}{\dfrac{a^2 F}{\mu} + \mu}$; mais il n'en faut pas davantage pour pouvoir déterminer les conftantes E & F. Nous trouverons en les dégageant, $E = \dfrac{\dfrac{2\mu}{\nu} - \dfrac{\mu^2}{a^2} - \dfrac{2m}{n} + \dfrac{m^2}{a^2}}{\dfrac{m^2}{an} - \dfrac{\mu^2}{a\nu}}$ & $F = \dfrac{2\mu m^2 - 2m\mu^2}{m^2\nu - \mu^2 n}$. Ainfi on connoîtra par le moyen des deux expériences prefcrites les valeurs de E & de F, & on ceffera d'être arrêté dans l'ufage de nos formules générales, $n = \dfrac{2a^2 + aEm}{\dfrac{a^2 F}{m} + m}$ & $m = \dfrac{-a^2 + a\sqrt{a^2 + aEFn - Fn^2}}{aE - n}$.

On pourroit encore fuivre un autre chemin pour accommoder ces recherches aux befoins de la pratique, & nous l'euffions fuivi, fi les autres moyens qui fe font préfentés à nous, ne nous euffent paru auffi bons. Nous euffions, dans la figure 114, fubftitué, à la place de la proue plane DE, une proue angulaire formée d'un angle droit, par exemple. Cette figure de carene eût été extrêmement facile à traiter : la proue angulaire rectiligne eût feule été expofée à l'impulfion relative directe dans le

Figure 114. fens de la quille ; mais il eût fallu joindre à l'impulfion relative latérale, l'impulfion que reçoit le côté *G D* dans les routes obliques ; nous euffions enfuite attribué fucceffivement diverfes grandeurs à l'angle de dérive *A C I*, & nous euffions cherché la direction compofée *P C* de l'impulfion de l'eau pour en conclure la fituation de la voile.

Ainfi, nous euffions eu une fuite d'angles correfpondants de dérive & de fituations particulieres de voiles. Nous euffions après cela fait la même chofe pour une proue formée par un angle aigu rectiligne de 70 degrés, de 50, de 40 &c. & recueillant tous ces réfultats dans une table formée de plufieurs colonnes, nous n'euffions plus eu en mer, qu'à voir laquelle des colonnes convenoit à chaque Navire. La Table n'eût été conftruite que fur des figures rectilignes ; mais j'ai démontré ailleurs que fon ufage fe fût étendu à toutes les figures imaginables, pourvu que l'eau n'en frappât toujours que les mêmes parties, malgré l'obliquité des routes.

Remarques fur l'ufage trop limité des figures précédentes, pour repréfenter la carene des Vaiffeaux.

Nous revenons aux formules précédentes ; elles nous donneroient toutes les quantités qu'il faudroit introduire dans l'équation générale $t = \frac{2i}{di} \times \overline{P C p - I C i}$ de l'autre Chapitre, pour avoir la tangente t de l'angle d'incidence apparent du vent qui convient à chaque difpofition de voile. Mais nous avouons ingénuement que ce calcul qui n'a d'autre difficulté que fa longueur, nous a effrayés. Nous avons remarqué d'ailleurs, que fi la forme quadrangulaire eft un peu moins propre que ces autres figures à repréfenter les carenes de plufieurs Vaiffeaux, on peut cependant s'y borner très-fouvent dans la pratique. La forme quadrangulaire peut s'attribuer généralement à tous les Bâtiments qui approchent beaucoup de la conftruction des Flûtes Hollandoifes. Il eft vrai qu'elle ne repréfente pas également bien la carene des autres Navires, de ceux qui font très-fins par deffous, quoiqu'on foit attentif à diminuer la largeur du parallélipipede rectangle fictice, pour tenir lieu de la proue plus tranchante de ces Navires. Mais les autres figures que nous venons de fpécifier fe trouveroient également en défaut. Elles donneroient toujours des dérives trop grandes lorfque la voile fait un angle confidérablement aigu avec la quille.

L'avantage qu'ont les Navires qui différent beaucoup de la forme des Flûtes Hollandoifes, de n'être fujets qu'à peu de dérive dans les routes obliques, vient de ce qu'en dérivant vers un certain côté, l'eau frappe une nouvelle partie de leur carene vers la poupe, & ceffe de frapper au contraire une grande partie de leur proue vers le côté oppofé. Ces changements font caufe que l'impulfion relative latérale devient beaucoup plus forte, & que le Navire eft foutenu davantage contre la dérive.

On le reconnoîtra aifément en jettant les yeux fur les Navires des figures 120 & 121. La route étant CI, l'eau frappe la carene felon une infinité de paralleles à IC; mais une grande partie de la proue du côté oppofé à la dérive, eft exempte d'impulfion, & au contraire, l'eau frappe tout le côté AQ ou AO, jufqu'à un point Q (*fig.* 120) ou O (*fig.* 121) très-voifin de l'extrémité de la poupe. Plus l'arc AG fe trouve petit, plus l'impulfion directe CR de l'eau dans le fens de la route eft diminuée, en même temps que l'impulfion latérale CS eft augmentée, & elle l'eft encore par la grandeur de MQ ou de MO. La direction CL de l'impulfion totale ou abfolue, doit donc faire un plus grand angle avec la longueur du Navire; & puifque la voile doit être perpendiculaire à cette direction, elle fera un plus petit angle avec la quille. Ainfi la même dérive doit répondre à une fituation plus oblique de la voile; ou ce qui revient au même, la dérive doit être plus petite pour la même difpofition de voile.

Figures 120 & 121.

CHAPITRE IX.

De la relation qu'il y a entre la situation de la voile & l'angle de la dérive dans les Navires, dont on peut comparer la carene à une figure mixtiligne formée d'arcs de cercles & de lignes droites.

IL faut conclure des remarques précédentes, que pour repréſenter plus exactement la plupart des Navires, on doit ſe ſervir de courbes qui ne forment aucune arrête ou aucun angle ſenſible dans ces endroits où la proue & la poupe ſe confondent avec le reſte de la carene. Cette condition eſt néceſſaire, afin que les directions du fluide étant tangentes à la naiſſance de la courbure dans la route directe même, les changements dont nous venons de parler, touchant les parties frappées de la ſurface, commencent à avoir lieu dans les routes même le moins obliques. Nous nous ſervirons toujours au reſte de l'expédient que nous avons déja employé : nous ne formerons pas ſur les dimenſions mêmes du Navire, la figure que nous lui ſubſtituerons ; mais nous rétrécirons cette figure fictice, nous l'allongerons, ou nous changerons quelqu'une de ſes parties, juſqu'à ce qu'elle ſoit ſenſiblement équivalente à la carene en fait de dérives.

Figure 120. Nous conſidérons d'abord la figure 120, qui eſt formée d'un rectangle $KMFN$ aux deux extrêmités duquel il y a deux parties ajoutées MAF & KBN, pour ſervir de proue & de poupe, leſquelles ſont chacune terminée par deux arcs de cercle. Le centre de l'arc MA eſt en E, & le centre de l'arc FA eſt en D. La partie MAF eſt la proue, & nous avons ſuppoſé que la poupe KBN lui étoit parfaitement égale. Tout étant indéterminé dans

cette figure, on pourroit néanmoins, pour la rendre équivalente aux Vaiſſeaux de conſtructions plus différentes,
donner aux arcs circulaires, qui forment la proue & la
poupe, des rayons plus ou moins grands & inégaux
entr'eux pour la poupe & pour la proue : on pourroit
auſſi allonger ou raccourcir le rectangle intermédiaire
NM, l'élargir ou le rétrécir. Après que tout ſera réglé,
il ne ſera pas difficile lorſque la route CI ſera donnée,
ou l'angle de la dérive ACI, qu'elle fait avec la quille,
de trouver la direction CL de l'impulſion totale de l'eau,
& par conſéquent la ſituation de la voile.

Il eſt naturel de prendre les rayons des arcs de cercle
de la proue & de la poupe pour ſinus total, lorſqu'ils
ſont égaux comme nous le ſuppoſerons déſormais. Si du
centre D on abaiſſe la perpendiculaire DG ſur la route,
cette perpendiculaire viendra marquer le point G où ſe
termine l'arc AG frappé par le fluide, & on aura l'arc
FG pour la meſure de l'angle ACI de la dérive. Tout
le flanc MK eſt frappé avec une incidence égale à cet
angle. Ainſi il n'y a qu'à prendre le ſinus de l'arc FG,
& multiplier ſon quarré par la longueur du flanc KM,
pour avoir la force avec laquelle il eſt pouſſé ſelon la perpendiculaire TC. Je repréſente cette force par CV, &
enſuite je la décompoſe par le moyen du rectangle
$VYCX$, en CY & en CX, pour avoir la force relative
qui s'exerce dans le ſens de la route & dans le ſens latéral perpendiculaire à la route.

Si nous nommons a le ſinus total ou les rayons égaux
DF, EM, &c. & que nous déſignions par r le ſinus de
l'angle de la dérive qui eſt égal à l'angle GDF, nous
aurons $KM \times r^2$ pour l'impulſion abſolue CV ſur le flanc
KM; & ſi nous remarquons que l'angle VCX eſt auſſi
égal à l'angle de la dérive ACI, nous aurons $KM \times \dfrac{r^3}{a}$

pour la force relative directe CY & $KM \times \dfrac{r^2 \sqrt{a^2 - r^2}}{a}$
pour la force relative latérale CX perpendiculaire à la
route CI.

L'impulsion de l'eau sur KM étant déterminée, il nous faut examiner celles que souffrent les arcs AG & AM de la proue, & de plus l'arc KQ de la poupe. Je prolonge par la pensée l'arc AM jusqu'en O, en faisant l'arc MO égal à KQ ; & nous n'aurons plus ensuite à considérer l'impulsion que sur les deux arcs de cercle GA & AO. Nous abaisserons du point A la ligne AH perpendiculaire sur le rayon EO. Nous aurons AP & AH pour les sinus des arcs AG & AO, pendant que GP & OH en seront les sinus verses. Ces lignes nous serviront à trouver les impulsions sur les arcs AO & AG ; & nous les décomposerons selon le sens direct & le sens latéral, de même que nous avons décomposé l'impulsion sur le flanc KM.

Il est facile de démontrer que l'impulsion relative sur un arc de cercle AO dans le sens direct parallele au cours du fluide, est égale à $OH^2 \times OE - \frac{1}{3} \times OH^3$, & que l'impulsion latérale perpendiculaire à la direction du fluide est égale à $\frac{1}{3} \times AH^3$. Par la même raison l'impulsion directe parallele à la route sur l'arc AG est $GP^2 \times GD - \frac{1}{3} \times GP^3$, & l'impulsion latérale perpendiculaire à la direction du fluide est $\frac{1}{3} \times AP^3$.

Cela supposé, il est évident qu'il faut ajouter les deux impulsions relatives directes avec $CY = KM \times \frac{r^3}{a}$ fournie par le choc de l'eau sur le flanc de la carene pour avoir l'impulsion relative directe totale CR selon la direction du fluide. Mais à l'égard de l'impulsion latérale, celle que reçoit l'arc AG, est contraire à celle que souffre l'autre côté de la carene ; ainsi après avoir fait une somme de $CX = KM \times \frac{r^2 \sqrt{a^2 - r^2}}{a}$, impulsion latérale que fournit le flanc KM, & de $\frac{1}{3} \times AH^3$ qui est l'impulsion relative latérale sur tout l'arc OA ou sur les deux arcs QK & MA, il faut retrancher l'impulsion latérale $\frac{1}{3} \times AP^3$ que fournit l'arc AG. On aura par cette opération l'impulsion latérale totale CS, & il ne restera plus qu'à achever

le

le rectangle $RCSL$ pour avoir dans sa diagonale CL la
direction & l'effort absolu de l'eau sur la carene.

Lorsque le Navire ne sera formé que de deux segments
de cercle joints par leur corde commune AB comme
dans la figure 121, le calcul sera un peu plus court. Ajoutant la dérive à l'arc AM qui est la moitié de l'arc BMA,
& ôtant la dérive de ce même arc, on aura les arcs AO
& GA, dont il n'y aura qu'à prendre les sinus droits &
les sinus verses dans les Tables trigonométriques, en supposant que le sinus total a de ces Tables représente les
rayons ME & FD. On aura ensuite $OH^2 \times a - \frac{1}{3} \times OH^3$
$+ GP^2 \times a - \frac{1}{3} \times PG^3$ pour l'impulsion directe CR, &
$\frac{1}{3} \times AH^3 - \frac{1}{3} \times AP^3$ pour l'impulsion latérale CS ou RL.
Ainsi il n'y aura plus qu'à résoudre le triangle rectangle
CRL dont on connoîtra les deux côtés CR & RL, pour
avoir l'angle RSL que fait avec la route la direction absolue CL du choc de l'eau.

Calcul analytique de l'impulsion du fluide sur les surfaces qui sont courbes selon un arc de cercle.

Il est peut-être bon de justifier l'expression que nous
assignons à chaque impulsion sur les arcs de cercle. Soit
AO (*fig.* 122.) un de ces arcs dont C est le centre, &

supposons qu'il soit frappé par un fluide selon une infinité
de directions parallèles à AH ou perpendiculaires au rayon
CO. Si nous nommons toujours a ce rayon, & que nous
désignions le sinus verse variable OL par x, nous aurons
$2ax - x^2$ pour le quarré de LK qui est le sinus de l'incidence avec laquelle le petit arc Kk est frappé. En effet
le sinus KL est le prolongement de la direction du fluide,
& l'angle que fait KL avec la petite partie frappée Kk
ou avec la tangente au point K, est mesuré par l'arc OK
dont LK est le sinus. Ainsi il faudroit multiplier $2ax -$
$x^2 = LK^2$ par la petite partie Kk pour avoir l'impulsion
absolue qui s'exerce selon la perpendiculaire KC : mais

M m m

puifque nous voulons avoir l'impulfion relative directe parallele au cours du fluide, il faut que nous diminuions
l'impulfion abfolue dans le même rapport que KL eft plus
petit que KC ou dans le même rapport que KZ eft moindre que Kk, & il fuit de là qu'il faut multiplier $2ax -$
x^2 par $KZ = Ll = dx$. Nous aurons donc $2axdx -$
$x^2 dx$ pour l'impulfion directe fur la petite partie élémentaire Kk; & pour avoir l'impulfion fur l'arc entier OK
ou fur l'arc OA, nous n'avons qu'à intégrer, puifque
l'impulfion relative directe fur l'arc entier OA eft formée
de toutes les petites impulfions relatives directes. Nous
aurons donc $ax^2 - \frac{1}{3}x^3$ pour l'impulfion directe fur l'arc
entier. C'eft-à-dire, qu'après avoir multiplié le rayon OC
par le quarré du finus verfe OH de l'arc, il faut ôter de
ce produit le tiers du cube du même finus.

L'impulfion latérale fe trouve encore plus aifément.
Nommant y le finus d'incidence KL fur la petite partie
Kk, il faudroit multiplier y^2 par Kk pour avoir l'impulfion abfolue; mais l'impulfion relative latérale perpendiculaire à la direction du fluide, eft plus petite que l'abfolue
dans le même rapport que LC eft moindre que KC, ou
que Zk eft plus petite que Kk. Nous aurons donc $y^2 dy$
pour l'impulfion latérale élémentaire, & $\frac{1}{3}y^3$ pour l'impulfion latérale fur tout l'arc, c'eft-à-dire qu'elle fera
$\frac{1}{3} \times AH^3$ fur tout l'arc OA.

Les arcs frappés dans la figure 120 changent précifément de longueur, comme dans la figure 121, par l'augmentation ou la diminution de l'angle de la dérive. L'arc
OA eft la fomme de AM & de la dérive, au lieu que
AG eft l'excès du même arc AM fur la dérive. Il n'y a
donc qu'à faire augmenter ce dernier angle, ou la dérive
de degré en degré ou de demi degré en demi degré, &
faire pour un affez grand nombre de différentes routes, les
calculs que nous venons d'indiquer. On en formera des
tables, & on fera la même chofe pour différentes figures
fictices $BQMAF$ en faifant varier leur longueur & leur
largeur. Ce calcul demande quelque travail; mais il ne

renfermera aucune difficulté. Nous le fuppofons déja fait ;
r étant le finus de l'angle de la dérive, nous avons trouvé
l'angle RCL dont nous nommerons s le finus. La voile
eft perpendiculaire à CL. Ainfi $\sqrt{a^2 - s^2}$ fera le finus
de l'angle de la voile, non pas avec la quille, mais avec
la route, & nous connoîtrons deformais cet angle.

Sur le choix qu'on doit faire entre les diver- ses figures fictices pour repréfenter la carene des Vaiffeaux.

Les Tables qui marquent la relation entre la fituation
de la voile & la dérive étant conftruites, on faura en mer
celle à laquelle on doit s'arrêter, en obfervant la dérive
dans une route très-oblique. Il faudroit en rigueur fe fonder ici fur deux différentes obfervations, pour s'affurer de
la progreffion que fuit la dérive dans fes augmentations.
Il fuffit de l'avoir déterminée une feule fois, lorfque le
Navire peut fe rapporter à un rectangle ; mais on a befoin
de deux expériences pour toutes les figures dont il s'agit
dans le Chapitre précédent, parce que leur indétermi-
nation eft plus grande. Outre que leur proue peut fe
trouver différente , leur flanc peut encore être plus ou
moins long. Lorfqu'il s'agit des Navires qu'on peut rapporter à la figure 120, la forme de leur carene eft également indéterminée , & il faut obferver la dérive dans deux
diverfes routes. Il faudroit même l'obferver dans trois
routes fi la proue & la poupe étoient formées par des arcs
de différens rayons. Mais fi on réduit à rien les flancs
KM & NF, & que la carene foit terminée par deux
arcs de cercle égaux, comme dans la figure 121, une
feule experience fera fuffifante même en rigueur.

Quoi qu'il en foit, nous croyons qu'on pourra toujours
fe contenter d'obferver la dérive dans une route très-
oblique, pourvu qu'on rapporte le Navire à une figure
fictice, qui ne s'en éloigne pas trop par le trait horifontal qui l'environne.

Mmm ij

Si un Bâtiment conſtruit à peu-près comme les Flûtes Hollandoiſes, avoit ſa proue formée par une ſurface inclinée & ſeulement courbe de haut en bas, & que cette figure de proue diminuât trois ou quatre fois ou même beaucoup davantage l'impulſion de l'eau dans le ſens direct de la quille, il faudroit toujours rapporter ce Bâtiment à un rectangle, & il n'y auroit qu'à le rendre trois ou quatre fois plus étroit que le Navire. Cette comparaiſon ſeroit alors exacte mathématiquement parlant, quoique le rectangle eût une forme fort différente de celle du Navire. Ainſi c'eſt ici comme une exception à la regle que nous venons de donner. Mais ce ne ſera pas la même choſe, ſi la proue eſt non-ſeulement taillée par-deſſous, ſi elle l'eſt auſſi par les côtés, & qu'elle ſoit terminée par des ſurfaces courbes. La comparaiſon avec le rectangle ou avec toute autre figure rectiligne, ceſſeroit alors d'être ſuffiſamment exacte ; & il faudroit dans ce cas comparer le Navire à une figure formée de deux ſegments de cercle joints par leur corde commune. Il ne ſeroit plus néceſſaire, après cela, d'attribuer à la carene fictice une longueur ſi exceſſivement grande par rapport à ſa largeur. Il ſuffiroit auſſi toujours dans la pratique, pour bien choiſir entre les différentes figures, de voir celle qui donne pour une route d'une certaine obliquité, la dérive qu'on a effectivement trouvée par l'obſervation.

Nous devons néanmoins ajouter, qu'on ſera quelquefois obligé par une autre raiſon de comparer le Navire à deux diverſes figures, ou de conſulter deux différentes tables, lorſque le vent ſera plus ou moins fort, & qu'il fera plonger dans la mer diverſes parties de la carene, en produiſant une inclinaiſon plus ou moins grande. En effet, le Navire qui s'incline plus ou moins peut devenir comme un Navire tout différent, par rapport à la marche & à la dérive, à cauſe du changement que reçoit ſa partie ſubmergée, quoique ſes voiles ſoient toujours orientées de la même maniere. Il ſeroit donc très-poſſible que le vent étant foible, & ne faiſant incliner le Navire que de 4 ou 5 degrés, on dût employer, par exemple, les colonnes premiere & deuxieme de la cinquieme Table; & que le vent ayant beaucoup plus de force, & produisant une inclinaison de 12 ou 13 degrés, on fût obligé de se servir de la quatrieme colonne, au lieu de la seconde. Le Navigateur attentif doit remarquer ces différences; & dans les cas intermédiaires, il prendroit des parties proportionnelles.

CHAPITRE X.

Suite du Chapitre précédent. Trouver pour les Navires dont on vient d'indiquer la forme, la disposition la plus parfaite de la Voile, par rapport à la Quille, pour faire une route donnée.

IL s'agit maintenant, le choix de la carene fictice étant fait, de déterminer l'angle d'incidence du vent, qui est le plus avantageux pour chaque disposition de voile. Nos lecteurs se souviennent qu'il faut, pour résoudre ce problême, donner par la pensée deux situations infiniment voisines l'une de l'autre à la voile, & faire ensorte qu'elles soient absolument équivalentes, quant à la vîtesse du Navire. Nommant t, la tangente de l'angle d'incidence apparente du vent, & i l'impulsion absolue de l'eau sur la carene, nous sommes parvenus dans la premiere partie du Chapitre VII. à la formule $t = \frac{2i}{di} \times \overline{PCp - ICi}$, qui convient par sa généralité à toutes les figures de Navire; quoique nous ayons alors fixé plus particuliérement notre attention sur la figure 115. L'impulsion i est représentée dans la figure 120 par CL. Il faut que nous la divisions par le petit changement di que souffre CL, lorsqu'on change la disposition de la voile; nous aurons $\frac{i}{di}$ ou $\frac{CL}{dCL}$;

Figure 120.

& il faut enfuite que nous multiplïons le double de cette quantité par la différentielle de l'angle RCL. Nous devons la multiplier felon la formule par l'excès PCp — ICi de l'angle PCp de la figure 115 fur l'angle ICi; mais cet excès n'eft autre chofe que la variation de l'angle PCI, lequel eft repréfenté par RCL dans la figure 120.

Nous fuppofons donc que l'angle de la dérive dont r eft le finus, augmente d'une quantité infiniment petite, & nous différentions d'abord les deux impulfions relatives

$$CY = KM \times \frac{r^3}{a} \ \& \ CX = KM \times \frac{r^2\sqrt{a^2-r^2}}{a}$$

que le flanc KM fouffre felon la direction de la route & felon le fens latéral. Ces deux impulfions augmentent de

$$3KM \times \frac{r^2\,dr}{a} \ \& \ \text{de} \ \frac{2KM \times a^2 r\,dr - 3KM \times r^3\,dr}{a\sqrt{a^2-r^2}}.$$

La premiere de ces petites augmentations fe fait felon CR & la feconde felon CX.

Les impulfions fur la proue & fur la poupe changent auffi par l'augmentation de l'angle de la dérive. L'eau frappe un plus grand arc vers l'arriere; elle frappe fur Kq; & fi nous tranfportons par la penfée comme cidevant cet arc en MO, nous aurons Ao pour la fomme des deux arcs frappés du côté que le Navire dérive. Le contraire arrivera à l'arc AG frappé de l'autre côté; il fe réduira à Ag. Ainfi la direction IC du fluide faifant avec la quille un angle plus grand d'une quantité infiniment petite, les arcs frappés feront Ao & Ag.

Mais fi en changeant la longueur de ces arcs par l'extrêmité A, fi en retranchant le petit arc Aa de l'arc Ao, & en ajoutant le petit arc $A\alpha$ à l'arc gA, on faifoit enforte que les arcs Oa & $g\alpha$ euffent exactement la même longueur que dans la premiere difpofition, il eft évident que la direction de l'impulfion totale qu'ils recevroient, auroit enfuite la même fituation par rapport à la direction du fluide. L'angle ACI feroit plus grand, & la direction du fluide feroit parallele aux tangentes aux points o & g; mais l'impulfion fe faifant fur les arcs

o a & *g α* qui sont précisément de la même longueur que Figure 120.
les arcs *O A* & *G A*, & placés toujours de la même maniere par rapport à la direction du fluide, la direction de
l'impulsion absolue changeroit précisément de la même
quantité que la direction *C I*, & l'angle formé par ces deux
directions seroit toujours le même. Or il suit de-là
que si cet angle n'est pas le même, après le changement
de route, c'est simplement parce que l'arc *A O* est trop
grand du petit arc *A a*, & qu'au contraire l'arc *g A* est
trop petit de l'arc *A α*. Pour déterminer donc la quantité
de changement, nous n'avons qu'à examiner l'effet dont
sont capables ces deux petits arcs différentiels qui sont
égaux entr'eux de même qu'ils le sont aux petits arcs
G g, *Q q*, *O o*.

Le sinus d'incidence du fluide sur *A a* est *A H*. Je
nomme *P* ce sinus & *Q* son sinus de complement *H E*.
Je nomme en même temps *p*, le sinus *A P*, & *q* son co-
sinus *D P*. Quant au petit arc *A a*, il est égal à la variation
$\frac{a\,dr}{\sqrt{a^2-r^2}}$, à laquelle nous rendons la dérive sujette.
Ainsi nous avons $\frac{a\,P^2\,dr}{\sqrt{a^2-r^2}}$ pour l'impulsion absolue sur
ce petit arc; impulsion qui s'exerce selon la perpendi-
culaire ou selon le rayon *A E*; mais qu'il faut que nous
diminuions dans le même rapport que le sinus $A H = P$
est plus petit que le sinus total, si nous voulons obtenir
l'impulsion relative que souffre la petite partie *A a* dans
le sens direct de la route. Il nous vient $\frac{P^3\,dr}{\sqrt{a^2-r^2}}$; & c'est
donc là la petite quantité dont l'impulsion directe se
trouve plus grande sur les deux arcs *Q K* & *M A* depuis
que nous avons fait augmenter l'angle de la dérive.

Nous ajoutons cette petite augmentation $P^3 \times \frac{dr}{\sqrt{a^2-r^2}}$
avec celle $3\,K M \times \frac{r^2\,dr}{a}$ que nous a donné le flanc *K M*
selon la même direction de la route; il nous vient
$3\,K M \times \frac{r^2\,dr}{a} + P^3 \times \frac{dr}{\sqrt{a^2-r^2}}$. Mais il nous faut retran-

cher de cette quantité l'impulsion relative directe sur $A\alpha$ qui nous marque combien l'autre côté de la proue souffre moins d'impulsion qu'il en recevoit auparavant. L'incidence avec laquelle ce petit arc seroit frappé a $AP = p$ pour sinus. Ainsi l'impulsion absolue sur ce petit arc seroit $p^2 \times \dfrac{a\,d\,r}{\sqrt{a^2 - r^2}}$; & si nous en déduisons l'impulsion relative directe, nous aurons $p^3 \times \dfrac{d\,r}{\sqrt{a^2 - r^2}}$ qu'il faut donc retrancher de $3\,K\,M \times \dfrac{r^2\,d\,r}{a} + P^3 \times \dfrac{d\,r}{\sqrt{a^2 - r^2}}$, & nous aurons

$$3\,K\,M \times \frac{r^2\,d\,r}{a} + P^3 \times \frac{d\,r}{\sqrt{a^2 - r^2}} - p^3 \times \frac{d\,r}{\sqrt{a^2 - r^2}}$$

pour la petite augmentation $R\,r$ que reçoit l'impulsion directe selon la route, lorsqu'on fait augmenter infiniment peu l'angle de la dérive.

Il ne sera pas plus difficile de trouver la petite augmentation $S\,s$ que reçoit en même temps l'impulsion relative latérale perpendiculaire à la route. Nous avons $\dfrac{2\,K\,M \times a^2\,r\,d\,r - 3\,K\,M \times r^3\,d\,r}{a\sqrt{a^2 - r^2}}$ pour la petite augmentation de $C\,X$ que fournit le flanc $K\,M$; nous aurons $\dfrac{P^2\,Q\,d\,r}{\sqrt{a^2 - r^2}}$ pour l'impulsion latérale du petit arc $A\,a$. C'est ce que nous trouvons en diminuant la petite impulsion absolue $\dfrac{a\,P^2\,d\,r}{\sqrt{a^2 - r^2}}$, dans le même rapport que $HE = Q$ est moindre que le sinus total. Nous aurons de même $\dfrac{p^2\,q\,d\,r}{\sqrt{a^2 - r^2}}$ pour l'impulsion latérale que reconnoît le petit arc $A\alpha$; & il faut ajouter cette derniere à la somme des deux autres ; car l'impulsion latérale sur l'arc $A\,G$, étant à retrancher dans l'impulsion latérale totale, plus l'arc $A\,G$ devient petit, plus l'impulsion latérale résultante du tout est grande. Ainsi l'impulsion latérale totale augmentera de

$$S\,s = \frac{2\,K\,M \times a^2\,r\,d\,r - 3\,K\,M \times r^3\,d\,r}{a\sqrt{a^2 - r^2}} + P^2 \times Q \times \frac{d\,r}{\sqrt{a^2 - r^2}}$$

$$+\, p^2\,q \times \frac{d\,r}{\sqrt{a^2 - r^2}}.$$

Il nous reste encore à voir combien ces petites augmentations Rr & Ss produisent de changement dans
l'impulsion absolue CL & dans l'angle RCL dont nous
avons nommé s le sinus. Si la petite augmentation Rr
étoit unique elle procureroit à CL la petite augmentation
Zl, qu'on trouve par cette analogie fondée sur la ressemblance du grand triangle rectangle CRL & du petit
lZL; le sinus total a est à $Ll = Rr = 3KM \times \dfrac{r^2 dr}{a} +$

$\dfrac{P^3 dr - p^3 dr}{\sqrt{a^2 - r^2}}$, comme le sinus $\sqrt{a^2 - s^2}$ de l'angle CLR

est à $Zl = \dfrac{3KM \times r^2 dr \sqrt{a^2 - s^2}}{a^2} + \dfrac{P^3 - p^3}{\sqrt{a^2 - r^2}} \times \dfrac{dr \sqrt{a^2 - s^2}}{a}$.

Une autre proportion que nous fournira également la
ressemblance des mêmes triangles, nous donnera $LZ =$

$\dfrac{3KM \times sr^2 dr}{a^2} + \dfrac{P^3 - p^3}{a} \times \dfrac{sdr}{\sqrt{a^2 - r^2}}$, & nous trouverons le

petit angle LCl ou sa mesure à proportion du rayon a;
en faisant cette autre analogie $CL = i$ est à LZ, comme
le sinus total a est à $\dfrac{3KM \times sr^2 dr}{ai} + \dfrac{P^3 - p^3}{i} \times \dfrac{sdr}{\sqrt{a^2 - r^2}}$;

pour la valeur du petit angle LCl, qui est la diminution
que reçoit l'angle RCL par l'augmentation de CR.

Quant à l'augmentation Ss de l'impulsion latérale CS,
elle fait non-seulement augmenter l'impulsion absolue
$CL = i$; elle fait aussi augmenter l'angle RCL. Nous
trouvons pour l'augmentation de CL la petite quantité

$\xi\lambda = \dfrac{2KM \times a^2 r - 3KM \times r^3}{a^2} + \dfrac{P \times Q + P^2 q}{a} \times \dfrac{sdr}{\sqrt{a^2 - r^2}}$, &

si nous l'ajoutons avec $Zl = \dfrac{3KM \times r^2 dr \sqrt{a^2 - s^2}}{a^2} +$

$\dfrac{P^3 - p^3}{a\sqrt{a^2 - r^2}} \times dr \sqrt{a^2 - s^2}$, nous aurons l'augmentation

entiere de CL, $d(CL)$ ou $di = \dfrac{3KM \times r^2 dr \sqrt{a^2 - s^2}}{a^2}$

$+ \dfrac{2KM \times a^2 r - 3KM \times r^3}{a^2} \times \dfrac{sdr}{\sqrt{a^2 - r^2}} + \dfrac{P^2 \times Q + p^2 q}{a} \times$

$\dfrac{sdr}{\sqrt{a^2 - r^2}} + \dfrac{P^3 - p^3}{a} \times \dfrac{dr \sqrt{a^2 - s^2}}{\sqrt{a^2 - r^2}}$.

Figure 120.

N n n

Nous aurons outre cela $L\xi =$

$$\frac{2KM\times ar - \dfrac{3KM\times r^3}{a} + P^2\times Q + p^2 q}{a}$$

$\times \dfrac{dr\sqrt{a^2-s^2}}{\sqrt{a^2-r^2}}$, & $\dfrac{2KM\times ar - \dfrac{3KM\times r^3}{a} + P^2\times Q + p^2 q}{i}\times$

$\dfrac{dr\sqrt{a^2-s^2}}{\sqrt{a^2-r^2}}$ pour le petit angle $LC\lambda$ dont Ss fait croître l'angle RCL; & comme nous avons trouvé précédemment l'angle $LCl = \dfrac{3KM\times r^2 s dr}{ai} + \dfrac{P^3-p^3}{i\sqrt{a^2-r^2}}\times s dr$ qui eſt en diminution ſur l'angle RCL, nous aurons, eu égard à tout, $\dfrac{2KM\times ar - \dfrac{3KM\times r^3}{a} + P^2 Q + p^2 q}{i}\times$

$\dfrac{dr\sqrt{a^2-s^2}}{\sqrt{a^2-r^2}} - \dfrac{3KM\times r^2 s dr}{ai} - \dfrac{P^3+p^3}{i\sqrt{a^2-r^2}}\times s dr$ pour la différentielle complette de l'angle RCL, ou pour la valeur de $PCp - ICi$, dans la figure 115 ou dans la formule générale $t = \dfrac{2i}{di}\times \overline{PCp - ICi}$.

Ainſi il ne nous manque plus rien de ce qui doit entrer dans la formule générale de la tangente t de l'incidence la plus avantageuſe du vent. Nous venons de trouver la différentielle de l'angle RCL, & nous avions déja trouvé celle de CL ou de l'impulſion abſolue i. Nous trouvons en les employant $t =$

$$\frac{\left\{\begin{array}{l} 4KM\times ar - \dfrac{6KM\times r^3}{a} + 2P^2\times Q + 2p^2 q\times \dfrac{\sqrt{a^2-s^2}}{\sqrt{a^2-r^2}} \\[2mm] - \dfrac{6KM\times r^2 s}{a} - \dfrac{2P^3+2p^3}{\sqrt{a^2-r^2}}\times s \end{array}\right.}{\left\{\begin{array}{l} \dfrac{3KM\times r^2\sqrt{a^2-s^2}}{a^2} + \dfrac{P^3-p^3}{a}\times \dfrac{\sqrt{a^2-s^2}}{\sqrt{a^2-r^2}} + \dfrac{2KM\times a^2 r - 3KM\times r^3}{a^2} \\[2mm] \times \dfrac{s}{\sqrt{a^2-r^2}} + \dfrac{P^2\times Q + p^2 q}{a}\times \dfrac{s}{\sqrt{a^2-r^2}} \end{array}\right.}$$

$$= \frac{\left\{\begin{array}{l} 4KM\times a^3 r - 6KM\times ar^3 + 2a^2 P^2\times Q + 2a^2 p^2 q\times \sqrt{a^2-s^2} \\ - 6KM\times ar^2 s\sqrt{a^2-r^2} - 2P^3 s + 2p^3 s \end{array}\right.}{\left\{\begin{array}{l} 3KM\times r^2\sqrt{a^2-r^2}\sqrt{a^2-s^2} + aP^3 - a^3\sqrt{a^2-s^2} + 2KM\times \\ a^2 rs - r^3 s + aP^2\times Qs + ap^2 qs \end{array}\right.},$$

qui nous donne la tangente *t* de l'angle d'incidence appa-   Figure 121.
rent du vent en grandeurs parfaitement connues.

On se souvient que *a* est le sinus total, & le rayon des arcs *A M*, *A F* &c. Le sinus variable de la dérive est désigné par *r*; c'est le sinus de l'arc *FG*; l'arc restant *AG* a *p* & *q* pour sinus & pour co-sinus, pendant que *P* & *Q* sont les sinus & co-sinus de l'arc $OA = AM + QK = AM + FG$; enfin *s* est le sinus de l'angle *RCL*, complément de l'angle que fait la voile avec la route.

Cette expression de *t* peut s'abréger un peu en prenant les sinus de la somme ou de la différence de quelques-uns des angles : nous laissons cet examen à la recherche des lecteurs. Mais si on fait disparoître les flancs rectilignes *MK* & *NF* de la carene, en représentant, comme dans la figure 121, la carene entiere par deux segments de cercle séparés par leur corde commune *A B* qui servira de quille,

nous aurons $t = \dfrac{2P^2 \times Q + 2p^2 q \times a\sqrt{a^2-s^2} - 2aP^3 \times s + 2ap^3 s}{P^3 - p^3 \times \sqrt{a^2-s^2} + P^2 \times Q \times s + p^2 qs}$,

dont nous croyons qu'on peut faire un grand usage dans la pratique. Lorsqu'on donne une longueur finie aux flancs rectilignes de la carene fictice, on fait diminuer sensiblement la dérive. Mais l'assemblage de deux segments de cercle nous a paru suffisant pour cet effet. C'est ce qui nous a déterminé à construire la Table cinquieme, dans laquelle on trouvera les angles d'incidence les plus avantageux du vent pour trois différents segments de cercle. Nous avons supposé que les deux arcs formoient à la proue & à la poupe des angles curvilignes, de 55 ^{d} ou de 60 ^{d} ou de 65 degrés.

On parviendra à une expression plus simple pour les routes les plus voisines de la directe, si on fait attention que l'arc *AO* dont les sinus & co-sinus sont *P* & *Q*, & l'arc *AG* dont les sinus & co-sinus sont *p* & *q*, different l'un de l'autre du double de l'arc *FG* dont le sinus *r* est alors très-petit. Cette remarque nous met en état de voir

N n n ij

qu'on peut introduire $P - \frac{2Qr}{a}$ à la place de p, & $Q + \frac{2Pr}{a}$ à la place de q; ce qui nous donne $t = \frac{\overline{2a \times P \times Q - 4Q^2 \times r + 2P^2 \times r} \times a\sqrt{a^2 - s^2} - 6P \times Q \times ars}{3P \times Q \times r\sqrt{a^2 - s^2} + a \times P \times Q \times s - 2Q^2 \times rs + P^2 \times rs}$, lorsqu'on néglige les termes multipliés par les puissances de r; & supposé que la dérive soit assez petite pour qu'on puisse même regarder r comme nulle par rapport aux autres sinus qui entrent dans la formule, on aura $t = \frac{2a\sqrt{a^2 - s^2}}{s}$. Ainsi dans les routes peu différentes de la directe, la tangente de l'angle d'incidence apparent du vent est double de la tangente de l'angle LCS qui est égal à celui que fait la voile, non pas avec la quille, mais avec la route.

Nous pouvons par les mêmes substitutions simplifier le rapport entre les impulsions relatives, directe & latérale CR & CS; & nous trouverons $\frac{\frac{2}{3}a^3 - a^2 Q + \frac{1}{3}Q^3}{P^2 \times Q} \times \frac{a^2}{r}$ pour la tangente de l'angle LCS. Il n'y a dans cette expression algébrique que r de variable; & il suit de là que lorsqu'on a le vent presque en poupe, les tangentes des angles formés par la voile & par les différentes routes sont sensiblement en raison inverse des sinus r de la dérive.

On trouvera ces quantités toutes calculées dans notre cinquieme Table; & il n'y aura qu'à s'y conformer si on suit une route donnée; comme cela arrive presque continuellement dans le cours de la Navigation. Mais il ne faudra pas se contenter de suivre cette seule regle, si on veut singler avec la plus grande de toutes les vitesses que peuvent fournir les diverses routes, ou si on veut s'éloigner d'une ligne droite donnée de position : on sera obligé, comme nous l'avons vu, de se conformer encore à une autre regle de plus dans chacun de ces deux autres cas.

✿✿✿✿✿✿✿✿✿✿✿✿✿✿✿✿✿✿✿✿✿✿✿✿✿✿✿

TROISIEME SECTION.

De la disposition la plus avantageuse des Voiles dans les Navires qui en ont plusieurs, & qui sont sujets à la dérive.

CHAPITRE PREMIER.

Remarques sur l'effet des Voiles lorsqu'on en employe plusieurs.

Nous avons encore besoin de nouvelles regles aussitôt que le Navire a plusieurs mâts & plusieurs voiles qui se couvrent en partie les unes les autres. Nous ne regardons pas comme plusieurs voiles, celles qui sont sur le même mât, les unes placées plus bas & les autres plus haut : on peut les considérer comme une seule surface. Mais le Navire a presque toujours plusieurs mâts arborés en divers endroits de sa longueur ou au-dessus de différents points de sa quille. Ce sont les voiles soutenues par ces différents mâts, qu'il faut absolument regarder comme différentes, parce qu'elles forment comme différents plans, & que celles de l'arriere dans une infinité de cas rendent en partie celles de l'avant inutiles. Lorsque les voiles forment comme un même plan, l'impulsion qu'elles reçoivent de la part du vent, est sujette à changer, parce que le quarré du sinus d'incidence se trouve plus petit ou plus grand, & que la vîtesse apparente du vent souffre aussi quelque variation ; mais lorsqu'il y a plusieurs voiles les unes au devant des autres, l'impulsion est sujette dans l'obliquité de routes à un autre changement, puisque le vent frappe sur une plus grande ou sur une moindre partie des voiles de l'avant. Le quarré du finus d'incidence augmente ou diminue, & la furface frappée change auffi ; ce qui nous oblige de faire entrer une nouvelle confidération dans nos recherches.

Figure 123. La figure 123 nous repréfente un Navire qui a trois voiles les unes au devant des autres & paralleles entr'elles. La furface EF repréfentera fi on veut les voiles du mât d'artimon, la furface GH les voiles du grand mât, & LM celle du mât de mifaine. Il eft évident que fi le vent apparent a pour direction des lignes paralleles à VO & à $V2Q$, toute la voile EF fera expofée au vent, de même que la partie OH de la voile du milieu, & la partie QM de la voile de l'avant. Mais il n'eft pas moins clair que ces parties font variables par la différente obliquité de la route, & qu'on n'eft donc pas toujours en droit de regarder la furface des voiles comme conftante. On le peut dans les routes très-obliques, ou lorfqu'on va au *plus près*, parce que les voiles de l'arriere n'empêchent pas alors les voiles de l'avant d'être frappées par le vent dans toute l'étendue de leur furface. Ainfi les routes très-obliques fe rapportent au cas que nous avons déja examiné : on peut alors en confidérant le Navire comme s'il n'avoit qu'une feule voile, fe fervir des regles que nous avons déja données. Mais ce n'eft pas la même chofe dans la difpofition repréfentée par la figure que nous avons actuellement fous les yeux.

Heureufement nous pouvons fuppofer pour fimplifier le nouvel examen qu'il nous faut entreprendre, que le Navire n'a jamais que deux voiles; & il eft facile de s'affurer que cette fuppofition eft prefque toujours permife. Si dans la figure 123 on fupprimoit la voile du milieu, l'impulfion, quant à fa force, feroit toujours la même ; car la partie QP de la voile de l'avant fuppléeroit parfaitement à la partie HO de la voile du milieu. Il eft vrai que ces deux difpofitions ne feroient pas abfolument équivalentes ; la direction de l'impulfion du vent ne feroit pas la même, & elle cefferoit peut-être de fe trouver directement oppofée à l'impul-

sion de l'eau sur la proue ; mais la suppression que nous Figure 123.
faisons de la voile du milieu n'est que mentale , & il nous
est permis de la faire , puisqu'il ne s'agit ici que de la grandeur de l'impulsion.

Nous pouvons faire plusieurs autres changements aux
voiles par la pensée, lesquels, sans changer réellement l'état
de la question , contribueront à nous en rendre la solution
plus facile. Nous pouvons, par exemple , retrancher par
la pensée de la largeur de la voile LM vers M une certaine
partie , & l'ajouter à la voile EF vers E ; la grandeur de
l'impulsion sera toujours la même , pourvu qu'on prenne
certaines précautions que la figure fait assez sentir. Il ne
faut pas en effet que la partie retranchée de LM soit plus
grande que QM ; car la compensation seroit trop forte
lorsqu'on ajouteroit cette partie à la voile EF vers E. Il
est encore plus évident qu'on peut élargir plus ou moins par
la pensée les voiles GH & LM vers G & L sans que
cela tire à conséquence ; mais il faut toujours se ressouvenir que ces changements ont des limites. Si on attribuoit
une trop grande largeur à GH vers G, la partie ajoutée
ne seroit pas entiérement cachée par la voile de la poupe ,
& la grandeur de l'impulsion ne seroit plus la même.

Les voiles du grand mât sont plus hautes que celles du
mât de misaine ; la différence est souvent d'une dixieme
partie. Cet excès des voiles du grand mât est toujours sujet
à l'impulsion : rien ne peut le couvrir. Mais nous pouvons
feindre que cet excès a été retranché , & qu'une surface
exactement égale a été ajoutée à la largeur de la voile LM
vers M, ou à la voile EF vers E, ou à la grande voile
même GH vers G, lorsque l'artimon est serré , comme
nous le supposerons désormais toujours. Nous diminuerons
par la pensée la hauteur de la grande voile , mais nous
élargirons cette voile dans le même rapport.

On voit qu'il est toujours facile de réduire de cette sorte
toutes les voiles à deux , & de les rapporter à la même
hauteur. Ces voiles sont en trapèzes ; mais nous pouvons
en former des rectangles en nous arrêtant à leur largeur

 moyenne. Cette réduction eſt encore permiſe, parce que les côtés des trapèzes ont ſenſiblement la même inclinaiſon dans les voiles des deux mâts ; ils ſont à très-peu près paralleles ; ce qui eſt cauſe que lorſqu'on prend le vent plus obliquemen, tla partie des voiles de l'avant qui ſe découvre, a la même largeur partout, par en haut & par en bas.

Qu'il ſeroit très-avantageux de pouvoir élargir ou rétrecir les voiles du grand mât dans les routes obliques.

Tous les changements dont nous venons de parler, ne ſont que fictices ; mais, puiſque l'occaſion s'en préſente, nous ne ferons pas difficulté de dire qu'il ſeroit quelquefois très-à-propos, dans la pratique de la navigation, de pouvoir élargir ou rétrecir réellement les voiles. Si dans la figure 123 on ſupprime en tout ou en partie la portion OH de la grande voile, l'impulſion ſera toujours préciſément la même, quant à ſa force ; mais ce changement pourroit être avantageux en donnant une autre place à la direction de l'impulſion totale, ce qui corrigeroit le défaut de pluſieurs Navires qui ne gouvernent pas bien.

En ſupprimant la partie OH, le vent frapperoit ſur PQ ; mais la direction de l'impulſion ſur OH eſt NR, au lieu que la direction de l'effort ſur PQ eſt moins en dehors ou paſſe à moins de diſtance du centre de gravité commun du Navire, & eſt par conſéquent moins propre à le faire tourner vers la gauche ou vers bas-bord. Suppoſé donc qu'il fût néceſſaire de faire un uſage trop fréquent du gouvernail pour empêcher le Navire d'*arriver* ou d'éloigner ſa proue du vent, il y auroit un avantage réel à ſupprimer la partie OH de la grand-voile ; l'impulſion du vent, qui ſeroit toujours également forte, s'exerceroit enſuite dans une direction plus exactement oppoſée à la direction du choc de l'eau, & l'équilibre entre ces deux forces ſeroit plus parfait. On feroit tout le contraire

fi le Navire, au lieu d'*arriver*, avoit trop de difpofition
à venir au vent, on élargiroit la grand-voile vers *H*; &
quoique la grandeur de l'impulfion reftât la même, elle
contrebalanceroit mieux l'impulfion de l'eau.

On eft déja en poffeffion dans la Marine d'élargir quelquefois les voiles; mais on ne le fait que lorfqu'on veut
augmenter la furface frappée, au lieu que nous fouhaite-
rions qu'on fe propofât un fecond objet qui n'eft pas
moins important que le premier, celui de changer la diftribution de l'impulfion du vent, ou de faire enforte que
fa direction coupât la quille dans des points plus ou moins
avancés vers la proue. Les grand-voiles coupées par le
milieu que propofoit M. de Radouay, avoient cet avantage. Il vouloit qu'on divifât la grand-voile en deux moitiés dont on pût fe fervir féparément felon l'occafion. Il
fe préfenteroit peut-être encore quelques autres difpofitions qui feroient fenfiblement équivalentes; mais c'eft
aux Manœuvriers de profeffion à faire des effais fur ce
fujet.

CHAPITRE II.

De la difpofition la plus avantageufe pour fuivre une route donnée lorfque le Navire a plufieurs voiles.

Nous fuppoferons d'abord qu'on peut négliger la
dérive du Navire dans lequel on navigue. Cette fuppofition eft prefque toujours permife lorfqu'il s'agit de routes obliques très-peu différentes de la directe. Les deux
voiles font marquées par les deux paralleles *G H* & *L M*
dans la figure 124, & *A B* eft le Navire dont *A* eft la
proue. Nous ne nous propofons pas de chercher immédiatement la difpofition qu'il faut donner aux voiles, nous
confidérons toujours le problême fous un autre afpect;

O o o

Figure 124. nous supposons qu'on suit la route CI, pendant que les voiles font, avec la quille, l'angle exprimé dans notre figure, & nous cherchons l'angle d'incidence convenable VQM que la direction apparente du vent doit faire avec les voiles; ce qui nous mettra en état de reconnoître en mer, lorsque nous ferons une route, si nous aurons réussi à placer réellement le Vaisseau & les voiles dans la disposition la plus avantageuse par rapport au vent.

La voile GH ayant plus de hauteur que la voile LM, je commence à diminuer de sa hauteur par la pensée, & je l'élargis dans le même rapport, pour gagner sur une dimension ce que je perds sur l'autre. Il faudroit élargir la voile GH par le côté G; mais, au lieu de faire ce changement à la voile GH, j'en fais un équivalent par la pensée à la voile LM, en imaginant qu'elle s'étend jusqu'en R. Je joins par la droite HR les deux extrêmités H & R, & tirant CZ parallélement à HR, j'ai le point Z pour le milieu de la misaine fictice que je puis prolonger sans conséquence vers L, autant qu'il est nécessaire pour que le point Z soit le milieu de cette voile. Je conduis après cela deux perpendiculaires aux voiles, l'une HE qui parte de l'extrêmité H de la grand-voile, & l'autre FK qui passe par le milieu de cette même grand-voile. On prendra ensuite sa largeur GH, qu'on portera depuis E jusqu'en K; & ayant déterminé le point K, on tirera KR jusqu'à l'extrêmité R de la misaine fictice, & on décrira du même point K pris pour centre, l'arc ES. En transportant enfin SR en EQ, on aura le point Q où la direction apparente du vent VQ, qui passe par le côté H de la grand-voile, doit venir frapper la misaine LM.

Cette construction peut s'exécuter très-aisément par le moyen d'une figure, & on peut la réduire au calcul avec la même facilité. CT est la distance d'un mât à l'autre, & on peut trouver CF & FT en résolvant le triangle CFT rectangle en F, dont on connoît l'hypothénuse CT & l'angle CTL, que font les voiles avec la quille. Au lieu de résoudre ce triangle CFT, on pourroit prendre

la mesure de ses côtés par une opération actuelle. On
ajoutera ensuite MR & TF à la demi-largeur TM de la misaine réelle; on aura en tout FR. On n'aura plus après cela
qu'à chercher l'hypothénuse du triangle rectangle KFR,
dont nous venons de trouver le côté FR & dont l'autre
côté FK a pour quarré les trois quarts du quarré de la
largeur de la grand-voile. Ayant KR, on en retranchera
la largeur de la grand-voile, & il nous restera SR pour
la quantité EQ, dont le vent doit frapper la misaine en
dedans du point E où tombe la perpendiculaire HE.

Si au lieu d'employer le calcul précédent, on vouloit
construire le problême par une opération faite en grand
sur le Vaisseau même, la chose seroit souvent très-possible. Le triangle KFE étant rectangle en F, & les angles en K & en E étant de 30^d & de 60, puisque KE
est double de FE, il n'y auroit qu'une analogie à faire
pour déterminer KF; le sinus total est à la largeur KE
de la grand-voile, comme le sinus de 60^d est à KF. Ayant
trouvé KF, la longueur de cette ligne serviroit dans tous
les cas; ce seroit un nombre constant de pieds, dont il
faudroit se souvenir tant qu'on navigueroit dans le même
Vaisseau. On ôteroit de ce nombre là distance perpendiculaire d'une voile à l'autre dans chaque route particuliere,
& on auroit la quantité KC, dont le point K est éloigné
du milieu C de la grand-voile. Il ne resteroit plus après
cela qu'à mesurer avec un fil la ligne KR dont on ôteroit la largeur de la grand-voile, & on auroit SR qui
donneroit la grandeur de EQ.

Supposé qu'on trouvât trop de difficulté à mesurer KR;
on n'auroit quelquefois qu'à transporter le point K en k
en le faisant répondre perpendiculairement à l'extrêmité G
de la grand-voile, & mesurant la distance de ce point k
au centre Z de la misaine fictice, ce seroit précisément
la même chose que si on mesuroit KR. Le point Z est
toujours également éloigné du mât de misaine dans le
même Vaisseau. Car TZ est l'excès de la demi-largeur de
la grand-voile sur TR qui est constante.

O o o ij

Nous ne devons pas manquer d'avertir qu'il pourra quelquefois arriver dans les routes très-peu obliques que le point Q tombe en dehors du point M. Alors il feroit inutile & même défavantageux de donner aux voiles & au Navire par rapport au vent, la difpofition indiquée par notre conftruction. Nous nous propofons, dans cette Section, de tirer le plus grand avantage poffible de la mifaine, pendant que nous faifons la route propofée CI. Mais fi, malgré l'obliquité avec laquelle nous prenons le vent de côté, la mifaine n'eft pas frappée, & qu'elle foit totalement couverte par la voile GH, c'eft une marque qu'on ne doit fe fervir que de cette derniere voile. Ainfi, notre Navire étant fuppofé exempt de dérive, il faudroit que la tangente de l'angle d'incidence apparent du vent fût double de la tangente de l'angle que fait la voile avec la quille, comme nous l'avons démontré dans la premiere Section de ce troifieme Livre.

CHAPITRE III.

Ufages de la fixieme & feptieme Tables de la fin de ce Traité, qui indiquent conformément à la conftruction qu'on vient d'expliquer, les difpofitions les plus avantageufes des Voiles, par rapport au Navire & par rapport au vent.

QUOIQUE les opérations que nous venons d'indiquer ne foient pas difficiles, nous avons voulu néanmoins en épargner le travail aux Navigateurs. Nous avons mis entre les largeurs des voiles & la diftance d'un mât à l'autre, le rapport qu'on y met le plus ordinairement dans la Marine; nous avons fait les réductions indiquées ci-devant, & cherché, par le calcul trigonométrique, l'angle d'incidence apparent du vent, qui convient pour chaque angle que les voiles peuvent faire avec la quille. Ce calcul a été répété pour tous les angles des voiles & de la quille, qui different les uns des autres de $2\frac{1}{2}$ degrés, & nous avons de cette forte conftruit une table qu'on verra à la fin de ce Livre, & qui eft la fixieme. Que le Navire foit bon ou mauvais voilier, qu'il prenne une grande ou une petite partie de la vîteffe du vent, la Table marquera toujours également la relation qu'il faut mettre entre la fituation des voiles & l'angle d'incidence apparent du vent, pourvu que le Navire ne foit fujet à aucune dérive. Mais nous avons fuppofé enfuite que le Navire prenoit le quart de la vîteffe du vent dans la route directe; nous avons calculé en conféquence les vîteffes du Navire, celles du vent apparent, & l'angle que font entr'elles les deux directions du vent, la réelle & l'apparente. Nous avons employé à peu-près pour cela les mêmes procédés que dans le Chapitre III de la premiere Section. Il eft évident que ces autres parties de notre Table n'auront pas une application auffi générale que la premiere, ou que les deux premieres colonnes. Les angles, par exemple, entre les deux directions du vent, ne font tels qu'à caufe de la fuppofition que nous avons faite touchant la vîteffe du fillage; au lieu que fi cette vîteffe étoit fi petite qu'on pût négliger la différence qu'elle apporte à l'action du vent, l'angle entre les deux directions difparoîtroit.

En comparant cette nouvelle Table avec celle que nous avons déja donnée pour les Navires qui n'ont qu'une voile, on verra qu'elles ne different que très-peu l'une de l'autre fur l'incidence du vent dans les routes qui approchent beaucoup de la directe. Si les voiles font, par exemple, un angle de 80^{d} avec la quille, l'angle d'incidence apparent du vent doit être de 84^{d} 58^{m}, lorfque le Navire n'a qu'une voile; au lieu que s'il en a deux, l'angle d'incidence doit être de 84^{d} 29^{m}. La raifon de cette efpece de conformité s'apperçoit aifément, en jettant les yeux fur la figure 124. Lorfque les routes font très-peu

Figure 124.

obliques, *E R* eſt très-petite & *S R* en eſt ſenſiblement
la moitié, parce que l'arc de cercle *E S* eſt preſque une
ligne droite, & que le triangle mixtiligne *E S R* devient
ſenſiblement un triangle rectiligne rectangle en *S*, dont
l'angle *S E R* eſt de 30^d. Ainſi *E R* eſt alors à peu-près
double de *E Q*. Les angles *R H E* & *Q H E* ont ſenſiblement leur tangente dans le rapport de 2 à 1, & leurs
tangentes de complément ſont auſſi dans le même rapport, mais inverſement. C'eſt-à-dire, que la tangente de
l'angle d'incidence *H Q R* eſt preſque double de la tangente de l'angle *H R E* qui eſt à très-peu près égal à celui
que les voiles font avec la quille, parce que *H R* & *C T*
ſont ſenſiblement paralleles.

Mais auſſi-tôt que les routes ſont conſidérablement
obliques, les deux Tables ne s'accordent plus, & l'angle d'incidence apparent du vent le plus avantageux, devient ſenſiblement plus petit lorſqu'il y a deux voiles. Si
elles font, par exemple, un angle de 40^d avec la quille,
l'angle d'incidence doit être de 51^d 45^m pour deux voiles;
au lieu que s'il n'y en avoit qu'une, il faudroit que l'angle d'incidence fût de 59^d 13^m. En général, il faut prendre le vent plus obliquement lorſqu'on a deux voiles, que
lorſqu'on n'en a qu'une; parce que ſi on perd de l'impulſion par la diminution de l'angle d'incidence, on gagne
davantage juſqu'à un certain point par l'augmentation de
la ſurface frappée.

Cependant les deux tables redeviennent conformes
quant à l'angle d'incidence du vent, lorſqu'on paſſe à des
routes encore plus obliques. Alors les voiles de l'arriere
ceſſent de couvrir celles de l'avant, & la pluralité des
voiles n'empêche pas qu'on ne puiſſe les conſidérer toutes
comme une ſeule voile. Ainſi la tangente de l'incidence
apparente doit être alors double de celle de l'angle formé
par les voiles & par la quille, comme le ſavent tous nos
lecteurs.

J'ai marqué ces différences dans la ſeptieme Table. On
y voit, que lorſqu'il y a deux voiles, & qu'elles ſont

presque perpendiculaires à la quille, il ne faut prendre le vent guere plus obliquement que lorsqu'on n'a qu'une voile. Plus ensuite on rend aigu l'angle des voiles & de la quille, plus il faut prendre le vent obliquement si on a deux voiles. Mais la différence cesse tout-à-coup, aussitôt que les voiles ne font plus avec la quille qu'un angle d'environ $37\frac{1}{2}$ degrés, nous en avons donné la raison : les voiles de l'arriere n'empêchent plus l'effet de celles de l'avant.

De la maniere d'appliquer à tous les Navires les recherches précédentes.

On s'exposeroit à se tromper extrêmement, si on vouloit appliquer sans distinction à tous les Vaisseaux les Tables calculées pour les Navires dont on peut négliger la dérive. La figure particuliere de la carene change la loi que suivent les impulsions de l'eau qui tombent sur des directions différentes, & l'angle d'incidence apparent du vent le plus convenable, n'est pas le même pour un Navire que pour un autre : cet angle doit avoir une certaine grandeur pour chaque figure de la carene. La Table qui marque la disposition de la voile pour le Navire sans dérive, lorsqu'il n'a qu'une voile, ne convient donc point aux Navires actuels qui ont presque toujours quelque dérive. Mais on peut soupçonner que la figure de la carene n'influe pas également sur la diminution particuliere qu'il faut faire subir à l'angle d'incidence du vent, lorsqu'on donne deux voiles au Navire, qui n'en avoit d'abord qu'une. La figure de la carene a déja rendu différente l'incidence du vent pour la voile unique. Ainsi, lorsqu'il s'agit après cela de la quantité dont il faut diminuer l'angle d'incidence à cause des deux voiles, la figure de la carene doit influer beaucoup moins.

Si cette conjecture est bien fondée, nous pouvons nous servir pour tous les Vaisseaux, de notre septieme Table qui marque les différences des angles d'incidence. S'il s'agit d'un Bâtiment qu'on puiſſe rapporter à un parallélipipede rectangle, 16 fois plus long que large; que ce Bâtiment n'ait qu'une voile, & qu'elle faſſe, avec la quille, un angle de 45 ^{d}, la direction apparente du vent doit faire avec la voile un angle de 60 ^{d} 1 ^{m}, comme on le voit dans les Tables 3 & 4, & comme on le trouve par les regles que nous avons établies. La détermination de cet angle dépend entiérement de la figure de la carene & lui eſt propre; elle en eſt affectée autant qu'il eſt poſſible. Mais ſi on donne deux voiles au même Navire, en les réglant ſur les proportions qui ſont en uſage, la figure du Navire ne doit pas altérer également la petite quantité dont il faudra diminuer l'angle d'incidence apparent du vent. Nous pourrons donc employer la diminution que nous avons trouvée pour le Navire qui n'éprouve point de dérive. Cette diminution, ſelon la ſeptieme Table eſt de 6 ^{d} 33 ^{m}, qui étant ôtée de 60 ^{d} 1 ^{m} nous donne 53 ^{d} 28 ^{m} pour l'angle d'incidence apparent du vent, lorſqu'il y a deux voiles & qu'elles font un angle de 45 ^{d} avec la quille.

Nous ne propoſons cette méthode que comme une approximation dont on pourra ſe contenter dans la pratique; mais nous ſommes perſuadés qu'elle ne jettera jamais dans aucune erreur ſenſible. Les lecteurs qui nous ſuivront pourront s'en aſſurer par eux-mêmes; car nous donnerons dans le Chapitre VII. la méthode générale de réſoudre le problême qui vient de nous occuper.

CHAPITRE

CHAPITRE IV.

Suite des deux Chapitres précédents. Remarques sur les vîtesses du Navire qui est poussé par plusieurs voiles : usage des Tables qui sont à la fin de ce Livre.

I.

L'USAGE que nous donnons aux Tables construites pour le Navire qui est exempt de dérive, mais qui est poussé par plusieurs voiles, nous invite à considérer un peu plus attentivement les vîtesses qu'il prend dans ses différentes routes. VCA dans la figure 125 est la direction absolue du vent ; le Navire part du point C, & lorsqu'il cingle exactement vent en poupe il parvient en A, en parcourant un espace CA que nous avons rendu le quart de la vîtesse absolue du vent. Si au lieu de le faire suivre cette route, on le fait marcher sur toute autre direction, en faisant en sorte que ses voiles soient disposées de la manière la plus avantageuse ou conforme à la sixieme Table, le Navire parviendra au point D, ou E, ou F, &c. & tous ces points formeront la courbe $ADHC$. Si l'on court de l'autre côté ou sur l'autre bord ; si on présente au vent le flanc gauche du Navire ou de bas-bord, au lieu de lui présenter le flanc de stribord, on aura l'autre moitié de courbe $AE2G2C$ parfaitement égale à la premiere.

Les deux moitiés de cette courbe qui peut recevoir le nom de déterminatrice des vîtesses du Navire, forment un angle en A ou une espece de point de rebroussement : chaque partie de la courbe fait en A avec l'axe CA ou la direction réelle du vent, un angle dont la tangente est égale au double de la largeur de la grand-voile réduite , pendant que la diſtance d'un mât à l'autre eſt priſe pour ſinus total. Cet angle eſt ici d'environ $69^d 27^m$, de ſorte que l'angle total que font les deux parties de la courbe dans l'ombilic A eſt d'environ $138^d 54^m$. En C il y a un vrai point de rebrouſſement, les deux moitiés de la courbe viennent s'y rencontrer en s'y touchant.

La perpendiculaire $G2CG$ à la direction réelle du vent ſépare les routes qui font gagner au vent, de celles qui portent ſous le vent. Ces dernieres, comme on le ſait, & comme on le voit, ſont en plus grand nombre que les autres. Les deux routes CE & $CE2$ portent également ſous le vent que la directe CA ; elles font un angle d'environ $29^d 11^m$ avec CA : mais ce qui eſt très-remarquable, on peut ſuivre deux autres routes CD ou $CD2$ également éloignées de CA, leſquelles portent beaucoup plus ſous le vent que la route directe. Ces deux routes CD & $CD2$ font avec la direction réelle du vent un angle d'environ $14^d 20^m$, & il ſuit de là que la pluralité des voiles donne aux Navires une propriété dont ils ne jouiſſent pas lorſqu'ils n'ont qu'une voile. On perd toujours dans ces derniers lorſqu'on ſubſtitue à la route directe deux routes un peu obliques conſécutives, comme nous l'avons fait voir ſur les figures 109 & 110 : au lieu que ce n'eſt pas la même choſe dans le Navire pouſſé par pluſieurs voiles. Suppoſé que la route qu'on ſe propoſe de faire tombe exactement ſur la direction réelle du vent, il eſt moins avantageux de la ſuivre, que d'embraſſer ſucceſſivement deux routes dont l'obliquité ſoit de $14^d 20'$, mais de différents côtés de la direction abſolue du vent.

Nous avions remarqué dans la premiere Section, que les Navires qui n'ont qu'une voile peuvent cingler mieux dans une route d'une certaine obliquité, que dans la route directe. En cinglant obliquement, ils rendent inutile par leur ſuite une moindre partie de la vîteſſe du vent. Cette propriété doit être encore plus marquée dans le Navire qui porte deux voiles, parce que l'obliquité de la route, fait que la miſaine prend plus de part à l'impul-

fion. Auffi notre fixieme Table nous apprend-elle, que *Figure 125.*
le Navire qui ne prend que 100 degrés de vîteffe dans
la route directe, en a prefque 118 dans les routes CF &
CF_2, qui font avec CA un angle d'environ 47^d 8^m.
Ces vîteffes font des *maximum maximorum*, qu'on obtient
en obfervant la regle ou conftruction expliquée dans le
Chapitre précédent, & en fe conformant outre cela à
une autre regle que nous indiquerons dans un inftant, &
que nous démontrerons dans la fuite.

I I.

Quant à la route CH ou CH_2 qui conduit vers le vent
le plus qu'il eft poffible, elle feroit un angle ACH de
126^d 40^m avec CA ou de 53^d 20^m avec CV, s'il étoit
poffible de donner aux voiles une fituation affez oblique
par rapport à la quille, pour que l'angle fût réellement
de 16^d 40^m. On eft gêné lorfqu'on oriente les voiles
très-obliquement, comme nous l'avons déja fait remarquer ; & fi on ne leur donne qu'une obliquité de 25^d,
l'angle ACH ne fera que de 122^d $30'$ ou l'angle HCV
de 57^d 30^m, & on gagnera environ une 16me partie
moins au vent que dans la difpofition parfaite. Au furplus nous n'avons rien à ajouter à ce que nous avons
déja dit fur ce fujet ; car dans ces routes dont l'obliquité
eft fi grande, le Navire doit être confidéré comme s'il
n'avoit qu'une feule voile.

Mais la pluralité des mâts nous fournit une fingularité
très-remarquable, lorfqu'il s'agit de s'éloigner d'une côte
ou de toute ligne droite donnée de pofition comme
CL, & que cette côte fait, avec la direction abfolue
CA du vent, un angle ACL qui n'eft pas au deffous de
69^d 27^m. Alors il y a un plus grand nombre de points
dans la courbe $CBAB_2$ dont les diftances à la ligne LC
font des *maximum*. On voit ceci très-clairement fur la
figure. La déterminatrice $CBAB_2$ des vîteffes du fillage eft parallele en deux endroits & même en quatre
à la droite CL. On s'éloignera de cette droite le plus

qu'il fera poffible en fe rendant en M ou en $M2$, oū bien, fi en cinglant au plus près, on fe rend en m ou en $m2$. Au lieu de quatre *maximum* il n'y en aura plus que trois, fi l'angle ACL eft de moins de $69^d 27^m$, parce qu'il n'y aura plus alors vers $2M$ de partie de la courbe qui foit parallele à la droite CL.

I I I.

Nous avons ajouté à nos autres Tables la huitieme qui marque les difpofitions les plus avantageufes pour s'éloigner d'une ligne donnée de pofition. Il eft facile de juger, que lorfque le Navire a plufieurs voiles, & qu'elles fe couvrent en partie, l'angle que fait la route avec la droite dont on veut s'éloigner, ne doit plus être égal à l'angle formé par la direction abfolue du vent & par la voile, comme lorfqu'il n'y avoit qu'une voile; on ne peut même trouver la grandeur que doit avoir cet angle que par une opération affez longue. Mais la méthode que nous employerons fera applicable à tous les Vaiffeaux; outre cela nous croyons que notre huitieme Table fera d'un ufage abfolument général, pourvu qu'on ait égard à quelques corrections qui fe préfentent affez naturellement.

Un exemple éclaircira aifément ce que nous voulons dire. Nous fommes en mer, nous travaillons à nous éloigner d'une ligne droite donnée de pofition; nous voulons nous écarter d'une côte, ou bien nous voulons couper le chemin à un autre Navire; il faut pour cela nous éloigner, le plus qu'il eft poffible, de la ligne droite tirée d'un Navire à l'autre dans leur premiere pofition, & il s'agit pour nous de favoir fi nous avons tout bien difpofé pour cet effet. Nous mefurons d'abord l'angle que font les voiles avec la quille; nous le trouvons par exemple de 60^d, il faudroit que l'angle d'incidence apparent du vent fût, felon la 8me Table, de $70^d 25^m$, fi nous étions dans un Navire exempt de dérive; mais nous ne pouvons pas nous fervir de cet angle fans y faire quelque correction.

Suppofé que le Navire, dans lequel nous nous trouvons, puiffe fe rapporter à un parallélipipede rectangle feize fois plus long que large, l'angle d'incidence apparent du vent feroit de $72^d\,30^m$ felon la troifieme ou quatrieme Table, s'il n'y avoit qu'une feule voile ; j'en retranche $3^d\,29^m$, parce que notre Navire a deux voiles, ce qui me donne $69^d\,1^m$ pour l'angle d'incidence apparent. Cet angle eft moindre de $1^d\,24^m$ que celui qui eft marqué dans notre derniere Table, laquelle convient au Navire exempt de dérive. Je retranche donc cette même quantité $1^d\,24^m$ de $84^d\,29^m$, indiqués dans la même Table pour l'angle que doit faire la route avec la ligne droite dont on veut s'éloigner : il vient $83^d\,5^m$, & c'eft l'angle qu'il faut que faffe, non pas la quille, mais la route avec la ligne droite, ou la côte dont on fe propofe de s'écarter le plus qu'il eft poffible.

CHAPITRE V.

Reconnoître par une conftruction géométrique fi les Voiles font bien orientées & le Navire bien difpofé : 1°. lorfqu'on veut s'éloigner d'une ligne droite donnée de pofition ; 2°. lorfqu'on veut courir avec la plus grande de toutes les vîteffes.

Nous ne recommandons aux lecteurs l'ufage de la huitieme Table, que pour leur épargner la peine d'employer l'opération que nous allons indiquer, qui eft applicable à tous les Vaiffeaux. Les voiles font orientées, par rapport au Navire, de la maniere repréfentée dans la figure 126 ; la ligne VG eft parallele à la direction abfolue du vent, la direction apparente eft uG, & nous voulons trouver quel giffement il faut qu'ait une ligne

Figure 126.

 droite ou une côte, pour que la quantité, dont on s'en éloigne, soit un *maximum.* Je prolonge la voile *ML* jusqu'à la rencontre *D* de la direction apparente *uG* du vent. Du point *D* j'éleve une perpendiculaire *DK* aux voïles jusqu'à la rencontre *K* de la direction abfolue *VG* du vent. Je prends le milieu *N* de *DK*, & je tire du point *N* une parallele *Nm* aux voiles. J'éleve au point *G* une perpendiculaire *GQ* à la direction réelle du vent ; & ayant divifé *DQ* par la moitié en *O*, j'éleve la petite perpendiculaire *OP* aux voiles jufqu'à la ligne *Nm*.

Enfin j'éleve à l'extrêmité *M* de la voile *LM* une perpendiculaire *MV* ; du point *V* je conduis une ligne dròite jufqu'au point *P*, & j'ai l'angle *VPm* pour l'angle requis, c'eft-à-dire que toutes les difpofitions repréfentées dans la fig. 126 font les plus avantageufes pour s'éloigner d'une ligne droite qui fait, avec la route *CI*, un angle égal à l'angle *VPm*.

Cette conftruction étant générale doit comprendre le cas dans lequel le Navire n'a qu'une voile. Si nous rapprochons affez les deux voiles *GH* & *LM* l'une de l'autre pour qu'elles fe confondent, ce fera la même chofe que fi le Navire n'en avoit qu'une. Alors les points *D*, *K* & *Q* fe confondront avec le point *G*, de même que les points *O* & *P* ; & l'angle *VPm* fe changera dans l'angle *VGH* formé par la direction abfolue du vent & de la voile. Ainfi notre conftruction s'accorde parfaitement avec la regle que nous avons déja donnée pour les Navires qui n'ont qu'une voile.

Diftinguer celle de toutes les routes qui rend le fillage le plus rapide, dans un Navire qui a plufieurs Voiles.

NOUS avons fait voir dans les Chapitres VII & VIII de la premiere Section, qu'il falloit remplir deux différentes conditions ou obferver deux différentes regles, lorfqu'avec une feule voile, on vouloit choifir la route fur laquelle on cingle avec la plus grande de toutes les vîteffes. C'eft encore la même chofe lorfque le Navire a plufieurs mâts. La conftruction de la fig. 124 nous donne, pour le Navire exempt de dérive, l'angle d'incidence apparent du vent qui convient à la difpofition actuelle des voiles ; mais rien ne nous affure que les voiles ne puiffent être mieux difpofées. Il nous faut, pour le reconnoître, avoir recours à un autre examen ; il faut voir, fi en laiffant les voiles dans la même difpofition, l'impulfion qu'elles reçoivent, qui eft un plus grand relativement à la route, eft en même temps un *maximum* abfolu.

Voici donc à quoi fe réduit le problême dont nous allons donner la conftruction, & dont nous ferons fuivre la démonftration. Lorfque les voiles font difpofées par rapport à la quille, & qu'on a pris le vent avec l'obliquité convenable, conformément à la méthode indiquée dans le Chapitre II, il s'agit de reconnoître fi la fituation qu'on a donnée au Navire, rend l'impulfion du vent la plus grande qu'il eft poffible. S'il n'y avoit qu'une voile, il faudroit qu'elle fe trouvât fituée perpendiculairement à la direction abfolue du vent, comme on l'a vu dans le Chapitre VII de la premiere Section de ce troifieme Livre ; mais ce n'eft pas ici la même chofe, parce qu'en recevant le vent un peu obliquement, on rend utile une plus grande partie de la voile de la proue, ce qui fait augmenter l'impulfion.

Je réduis les deux voiles GH & LM (*fig.* 127.) à des rectangles de même hauteur, en ajoutant à la voile LM la partie MR pour tenir lieu de l'excès d'étendue qu'a la voile GH en hauteur. Du point G je tire une diagonale GR jufqu'au point R. J'éleve en ce point R une perpendiculaire RN à cette diagonale. Je trouve la longueur qu'il faut donner à cette perpendiculaire en abaiffant du point H la perpendiculaire HE fur la voile LM ; & en faifant l'angle KHE égal à celui que forment entre elles les deux directions du vent, la réelle & l'apparente. J'ai KE pour la longueur de la perpendiculaire RN. Du

Figure 127.

 point N, comme centre, je décris l'arc de cercle RO; & enfin tirant par les points G & N la ligne GO, elle me marque la largeur des voiles que le vent apparent doit frapper. Ainsi, supposé qu'on retranche sur GO la partie GP égale à GH, il restera PO pour la partie RQ de la voile réduite LR qui doit être découverte par le vent, pour que l'impulsion totale sur les deux voiles soit un *maximum* absolu. Cette construction s'applique à tous les Navires. Mais si elle s'accorde avec l'opération de la figure 124 à donner la même largeur RQ à la partie de la voile de la proue frappée par le vent, le navire doit cingler avec la plus grande de toutes les vîtesses.

C H A P I T R E   VI.

Démonstration de la derniere Pratique expliquée dans le Chapitre précédent, pour rendre l'impulsion du vent sur les Voiles la plus grande qu'il est possible, ou Calcul analytique dont cette Pratique est tirée.

Nous ne pouvons pas nous dispenser de donner la démonstration des constructions que nous venons d'expliquer. Nous commencerons par la derniere; mais au lieu de la démontrer synthétiquement, nous expliquerons la route que nous avons suivie pour la découvrir. La situation des voiles, par rapport au Navire, étant donnée, il s'agit de déterminer l'obliquité avec laquelle il faut recevoir le vent, pour que l'impulsion soit la plus grande qu'il est possible.

I.

Nous supposerons d'abord que la vîtesse du vent est comme infinie, lorsqu'on la compare à celle du Navire. Les

Les voiles GH & LR (*fig.* 128) font un angle donné Figure 128.
avec la quille, & nous voulons découvrir la situation que
nous devons donner au Navire par rapport au vent dont
VQ est la direction, pour que l'impulsion que reçoivent
les voiles soit la plus grande qu'il est possible.

Après avoir abaissé la perpendiculaire HE de l'extrêmité H de la grand-voile sur la misaine LR, nous décrivons sur cette perpendiculaire, comme diametre, un
demi-cercle HSE qui nous fournira la mesure des angles
d'incidence. Ces angles, lorsqu'on prend la perpendiculaire HE pour sinus total, ont les cordes comme HS
pour sinus droits, car les angles d'incidence HQE sont
égaux aux angles HES. Nous avons besoin après cela des
quarrés des lignes HS, puisque les impulsions des fluides
sont proportionnelles aux quarrés des sinus d'incidence.
Mais HE est à HS comme HS est à HT; ainsi les quarrés des HS sont égaux à HE multiplié par HT, & ils
sont donc proportionnels à HT.

Cela supposé, je transporte la largeur GH de la grand-
voile en RF; & j'ai FQ pour toute l'étendue de la surface qui est frappée par le vent lorsque VQ est sa direction. Il nous faut après cela multiplier l'étendue FQ de
la surface par HT, & c'est ce que nous exécuterons très-
aisément en tirant HF & en considérant que $HE : FQ ::$
$HT : NS$; car NS sera égale au produit de FQ par HT
divisé par HE; & comme la perpendiculaire HE est
constante, il s'ensuit que NS est proportionnelle au produit de FQ par HT qui tient lieu de quarré du sinus
d'incidence. Ainsi NS représente la grandeur de l'impulsion lorsque VQ est la direction du vent. Si cette direction étoit uq & coupoit le demi-cercle HSE en quelqu'autre point s, il n'y auroit de même qu'à tirer une
parallele sn aux voiles jusqu'à la rencontre de HF; &
cette parallele exprimeroit également la grandeur de l'impulsion pour cette direction uq du vent.

Nous n'avons donc, pour choisir la direction du vent
qui rend l'impulsion la plus grande, qu'à prendre le point

Figure 128. S où la circonférence du demi-cercle est exactement parallele à HF. Lorsque le vent frappe les deux voiles perpendiculairement, & que HE est sa direction, l'impulsion est représentée par FE. Cette impulsion devient plus grande lorsqu'on reçoit le vent un peu plus obliquement; NS est plus grande que FE; mais si on reçoit le vent encore plus obliquement, l'impulsion diminue; elle devient ns, & à la fin elle se réduiroit à rien. Le *maximum* en un mot est indiqué par le point S où le demi-cercle est parallele à HF, de même qu'à la diagonale GR tirée de l'extrêmité la plus éloignée G de la grand-voile à l'extrêmité R de la misaine qui est vers le vent. Mais il suit de là que le rayon DS est perpendiculaire à HF & à la diagonale GR, de même que DE est perpendiculaire à GH & ES à HQ.

Les trois côtés du triangle HGP sont donc perpendiculaires aux trois côtés du triangle EDS. Ces deux triangles sont semblables & isoscelles, le côté GP est égal à GH; & comme le triangle PRQ est aussi isoscelle, à cause du parallélisme des deux voiles, il s'ensuit que la somme des largeurs frappées des deux voiles, savoir $GH + RQ$ est exactement égale à la diagonale GR.

Ainsi nous avons un moyen tout-à-fait simple pour déterminer l'incidence du vent la plus avantageuse, lorsque la situation des voiles est donnée par rapport au Navire, & qu'on peut regarder la vîtesse du vent comme infinie, nous n'avons qu'à transporter la largeur GH de la grand-voile en GP sur la diagonale GR, & le reste PR nous marquera la largeur de la partie QR de la voile de devant que le vent doit frapper.

I I.

Figure 127.   Le problême est beaucoup plus difficile lorsqu'on a égard à la distinction qu'il faut mettre presque toujours entre les deux différentes directions du vent, la réelle & l'apparente. Nous repassons à la figure 127, dans laquelle

Figure 127.

nous nommons a la largeur totale des voiles frappées par un vent perpendiculaire, c'est-à-dire, que $a = GH + ER$: nous désignons en même temps par e la distance perpendiculaire HE d'une voile à l'autre ; le Navire parcourt la ligne CI en même temps que le vent parcourt CD. La vîtesse relative ou apparente du vent sera donc ID que nous nommerons v. Enfin ayant conduit HQ parallele à la direction apparente ou relative ID, nous nommerons z la partie EQ de la voile de la proue que le vent frappe en conséquence de son obliquité ; prenant de plus $HE = e$ pour sinus total, nous désignerons par θ la tangente de l'angle CDI que font entr'elles les deux directions du vent, la réelle & l'apparente.

L'étendue entiere de la surface frappée sera exprimée par $a + z$, & nous trouverons le sinus de l'angle d'incidence HQM par cette analogie ; $HQ = \sqrt{HE^2 + EQ^2} = \sqrt{e^2 + z^2}$ est au sinus total e comme $HE = e$ est au sinus $\dfrac{e^2}{\sqrt{e^2 + z^2}}$ de l'angle HQE ; & si nous multiplions son quarré par le quarré v^2 de la vîtesse apparente du vent & par l'étendue $a + z$ de la surface frappée, il nous viendra $\dfrac{a e^4 v^2 + e^4 . v^2 z}{e^2 + z^2}$ pour l'impulsion absolue du vent qu'il s'agit de rendre la plus grande qu'il est possible. Nous avons multiplié la surface des voiles par le quarré du sinus d'incidence apparente & par le quarré de la vîtesse apparente ; parce que c'est effectivement avec cette incidence & avec cette vîtesse que le vent frappe les voiles.

La différentielle de cette impulsion est

$$\frac{2 a e^2 v \, dv \begin{array}{l} + 2 a z^2 v \, dv \\ + 2 e^2 z v \, dv \end{array} + 2 z^3 v \, dv + e^2 v^2 \, dz - 2 a v^2 z \, dz - v^2 z^2 \, dz}{e^2 + z^2}$$

qu'il s'agit de rendre égale à zéro ; mais pour y réussir d'une maniere utile, il faut que nous cherchions la relation qu'il y a entre les différentielles particulieres dz & dv, afin de pouvoir les faire disparoître.

La variation de $EQ = z$ fait naître le petit angle

Figure 127. QHq qui eſt égal à $\frac{e^2\,dz}{e^2+z^2}$ ou qui a pour meſure le petit arc de cercle $\frac{e^2\,dz}{e^2+z^2}$, dont $HE=e$ eſt le rayon. Ce petit angle eſt auſſi égal à l'angle DId, puiſque Hq doit être parallele à Id comme HQ l'étoit à ID. Ce petit changement répond au changement Dcd de la direction abſolue du vent; car nous continuons, pour notre commodité ou pour la netteté de notre figure, à attribuer à la direction abſolue du vent, les petits changements qui ne viennent réellement que de la différente ſituation que nous donnons au Navire. Malgré cela la vîteſſe abſolue CD ou Cd du vent doit toujours être la même, puiſque nous devons ſuppoſer que le vent ſouffle toujours réellement avec la même force.

Nous devons regarder auſſi la vîteſſe CI du Navire comme conſtante, lorſque nous faiſons un *maximum* de l'impulſion du vent ſur les voiles. La route CI fait toujours le même angle avec la quille, puiſque la ſituation des voiles par rapport au Navire eſt donnée; ainſi l'eau frappe toujours les mêmes parties de la carene, & puiſque nous rendons égale à zéro la différentielle de l'impulſion du vent, ce doit être auſſi la même choſe de la différentielle de CI.

Mais les directions apparentes ID & Id du vent faiſant entr'elles le petit angle $DId = QHq = \frac{e^2\,dz}{e^2+z^2}$; nous trouvons FD par cette analogie; $HE=e$ eſt à $\frac{e^2\,dz}{e^2+z^2}$ comme $ID=v$ eſt à $FD=\frac{e\,v\,dz}{e^2+z^2}$. Si nous conſidérons enſuite que le petit triangle DFd eſt rectangle en F & que l'angle FDd eſt égal à celui dont θ eſt la tangente que font entr'elles les deux directions du vent, la réelle & l'apparente, nous trouverons Fd qui eſt la différentielle de v par cette analogie; le ſinus total e eſt à $FD=\frac{e\,v\,dz}{e^2+z^2}$ comme la tangente θ de l'angle FDd eſt à $Fd = dv = \frac{\theta\,v\,dz}{e^2+z^2}$. Nous n'avons plus qu'à

substituer cette valeur dans la différentielle de l'impulsion ; Figure 127.
&l'égalant à zéro, nous la réduirons à $\dfrac{2ae^2\theta + 2a\theta z^2 + 2e^2\theta z + 2\theta z^3}{e^2 + z^2}$
$- 2az + e^2 - z^2 = 0$ & à $2a\theta + 2\theta z - 2az + e^2 - z^2 = 0$
qui étant ordonnée par rapport à z, devient $z^2 - 2\theta z$
$+ 2az = 2a\theta + e^2$, qu'on peut construire avec la plus
grande facilité.

Cette équation étant résolue donne $z + a = \theta + \sqrt{a^2 + e^2 + \theta^2}$, qui répond à l'opération que nous avons
expliquée dans le Chapitre précédent. En effet, si on
fait l'angle EHK égal à l'angle que forment entr'elles
les deux directions du vent la réelle & l'apparente, nous
aurons EK pour la valeur θ de la tangente de cet angle,
puisque nous avons pris HE pour sinus total. D'un autre
côté, la diagonale GR est égale à $\sqrt{GX^2 + XR^2} = \sqrt{a^2 + e^2}$; & si nous élevons RN perpendiculairement
à cette diagonale, & que nous la fassions égale à $EK = \theta$,
nous aurons GN pour la valeur de $\sqrt{a^2 + e^2 + \theta^2}$; & y
ajoutant $NO = \theta$, il nous viendra toute la ligne GO
pour la largeur $GH + RQ$, des voiles que le vent doit
frapper.

CHAPITRE VII.

Détermination analytique de l'angle d'inci-
dence du vent, pour une route donnée,
lorsque le Navire a plusieurs voiles, &
qu'il est sujet à la dérive. Démonstra-
tion de la regle indiquée dans le Chap. II.

IL faudra avoir recours à une autre construction, lorsqu'il
s'agira de suivre une route donnée. Nous supposerons dans
la figure 129, qu'on donne aux voiles GH & LR deux Figure 129.
dispositions différentes infiniment voisines l'une de l'autre.

Le Navire suivra différentes routes CI & Ci; mais au lieu de lui donner une autre situation, afin que l'angle de la route & de la direction absolue du vent soit toujours le même, nous feindrons que VC & uC sont les directions réelles du vent, & nous ferons l'angle infiniment petit VCu, exactement égal à l'angle ICi. La vîtesse du Navire étant un *maximum*, CI & Ci seront égales de même que CD & Cd qui représentent la vîtesse réelle du vent, & il est évident que la vîtesse apparente ou relative ID ou id sera aussi la même.

Je nomme b la largeur GH de la grand-voile, & je prends cette largeur pour sinus total; je nomme en même temps c, la ligne HR qui est égale & parallele à la distance d'un mât à l'autre, parce que nous supposons que les deux voiles sont égales. Nous désignerons par q le sinus de l'angle ACS, que fait la quille avec la perpendiculaire CS à la voile. t sera la tangente de l'angle apparent HQR d'incidence du vent, la ligne HQ étant parallele à ID. Ainsi $\sqrt{b^2 + t^2}$ sera la sécante du même angle, & $\dfrac{bt}{\sqrt{b^2 + t^2}}$ en sera le sinus. Nous prendrons outre cela i pour marquer l'impulsion de l'eau sur la proue, en tant qu'elle dépend de la figure de la carene; il y a une relation connue, comme nous l'avons montré ci-devant entre cette impulsion & la situation de la voile, ou entre cette impulsion & les angles ACH & ACS. C'est ce qui nous autorise à supposer $\dfrac{di}{i} = \dfrac{hdq}{q}$. La grandeur h se trouvera très-aisément pour toutes les différentes figures que nous avons déja examinées. Enfin, nous prendrons k pour exprimer combien le petit angle SCs contient de fois l'angle ICi.

Nous trouverons HE & ER, en résolvant le triangle rectangle HER, dont l'hypothénuse HR, est égale à c & dont l'angle RHE a q pour sinus, pendant que b est le sinus total; il nous viendra $ER = \dfrac{cq}{b}$ & $HE = \dfrac{c\sqrt{b^2 - q^2}}{b}$, & nous aurons QE dans le triangle rectangle

HEQ, en nous ressouvenant que t est la tangente de
l'angle $HQ\acute{E}$. Il nous viendra $QE = \dfrac{c\sqrt{b^2 - q^2}}{t}$; & si
nous ajoutons ensemble $GH = b$, $ER = \dfrac{cq}{b}$ & $QE =$
$\dfrac{c\sqrt{b^2 - q^2}}{t}$, il nous viendra $b + \dfrac{cq}{b} + \dfrac{c\sqrt{b^2 - q^2}}{t}$ pour la
surface frappée par le vent. Nous multiplions cette sur-
face par le quarré $\dfrac{b^2 t^2}{b^2 + t^2}$ du sinus d'incidence, & il nous
vient $\dfrac{b^3 t^2 + bcq t^2 + b^2 ct\sqrt{b^2 - q^2}}{b^2 + t^2}$ pour l'impulsion du vent.

Nous pouvons nous dispenser de faire entrer dans ce
produit le quarré de la vîtesse apparente ID, puisqu'elle
est comme constante. Par la même raison, nous exprimerons l'impulsion de l'eau simplement par i sans la multiplier par le quarré de la vîtesse du sillage; mais il fau-
dra se ressouvenir que l'égalité $\dfrac{b^3 t^2 + bcq t^2 + b^2 ct\sqrt{b^2 - q^2}}{b^2 + t^2}$
$= i$, que nous mettons entre les deux impulsions, n'est,
à proprement parler, qu'une égalité de rapport.

Pour que cette égalité subsiste malgré les petits changements que nous allons faire à la situation de la voile &
à l'incidence du vent, il faut que le premier & le second
membres reçoivent des changemens exactement proportionels. Le second membre augmentera de la petite quantité di lorsque le Navire embrasse la route Ci. Il faudra
donc que la différentielle du premier membre divisée par
ce même membre soit égale à $\dfrac{di}{i}$. Alors la vîtesse du
sillage sera exactement la même ou la différentielle sera
égale à zéro; puisque la résistance de l'eau augmentée de
di à cause de la maniere dont la carene est frappée, aura
contr'elle une impulsion du vent augmentée précisément
dans le même rapport. En un mot, nous différentions
logarithmiquement notre équation; mais ce sera encore la même chose de ne faire cette opération qu'après
en avoir multiplié les deux membres par $b^2 + t^2$, ou d'a-
jouter la différentielle logarithmique de $b^2 + t^2$ au

Figure 119.

second membre, parce que la multiplication fait difparoître le dénominateur du premier. Il nous vient l'équation différentielle

$$\frac{2b^3 t\,dt + 2bcqt\,dt + bct^2 dq + b^2 c\,dt \sqrt{b^2-q^2} - \dfrac{b^2 ctq\,dq}{\sqrt{b^2-q^2}}}{b^3 t^2 + bcqt^2 + b^2 ct \sqrt{b^2-q^2}}$$

$$= \frac{b^2 di + t^2 di + 2it\,dt}{b^2 i + it^2} = \frac{di}{i} + \frac{2t\,dt}{b^2 + t^2},$$

qui détermine donc la vîteffe du fillage à être un *maximum*.

Il ne s'agit maintenant dans cette équation, que de réduire toutes les différentielles particulieres à la même ; & nous le pouvons fans peine, puifque nous connoiffons la relation qu'il y a entr'elles. Nous mettrons $\frac{h\,dq}{q}$ à la place de $\frac{di}{i}$, c'eft-à-dire, que nous ferons $h = \frac{q\,di}{i\,dq}$. D'un autre côté, le petit angle SCs a pour fa mefure le petit arc $\frac{b\,dq}{\sqrt{b^2-q^2}}$, qui répond à la variation dq du finus de l'angle ACS. Nous aurons donc $\frac{b\,dq}{k\sqrt{b^2-q^2}}$ pour le petit angle ICi, qui eft plus petit que l'autre, le nombre de fois k. Le petit angle ICi eft égal au petit changement VCu, que nous attribuons à la direction abfolue du vent, parce que nous voulons que l'angle de la route & de la direction abfolue du vent ne change pas. Il eft auffi égal au changement de fituation de la direction apparente ID ou HQ, & on doit remarquer que c'eft une petite diminution à faire fur l'angle d'incidence apparent HQR, pendant que cet angle augmente par le changement de fituation des voiles. L'angle RTr eft égal à l'angle SCs, il a donc $\frac{b\,dq}{\sqrt{a^2-q^2}}$ pour fa mefure ; & ayant égard à tout, nous aurons $\frac{b\,dq}{\sqrt{b^2-q^2}} - \frac{b\,dq}{k\sqrt{b^2-q^2}}$ ou $\frac{k-1}{k} \times \frac{b\,dq}{\sqrt{b^2-q^2}}$, pour la petite augmentation de l'angle d'incidence apparente dont t eft la tangente. Cette petite augmentation eft auffi exprimée par $\frac{b^2\,dt}{b^2 + t^2}$, petit arc qui répond à la variation dt de la tangente. Nous aurons par

par conséquent $\dfrac{k-1}{k} \times \dfrac{b\,d\,q}{\sqrt{b^2-q^2}} = \dfrac{b^2\,dt}{b^2+t^2}$, & rien ne nous empêche maintenant de tout réduire à une unique différentielle dans notre grande équation. Nous en diviserons ensuite tous les termes par cette différentielle, & nous donnerons à l'équation une forme finie.

Il nous viendra

$$\frac{2b^3 t + 2bcqt + \dfrac{k}{k-1} \times \dfrac{b^2 c t^2 \sqrt{b^2-q^2}}{b^2+t^2} + b^2 c\sqrt{b^2-q^2} - \dfrac{k}{k-1} \times \dfrac{b^3 c q t}{b^2+t^2}}{b^3 t^2 + bcqt^2 + b^2 ct\sqrt{b^2-q^2}}$$

$$= \frac{hk}{k-1} \times \frac{b\sqrt{b^2-q^2}}{q \times b^2+t^2} + \frac{2t}{b^2+t^2},$$ qui étant multipliée par

$b^2 + t^2$, & par $b^3 t^2 + bcqt^2 + b^2 ct\sqrt{b^2-q^2}$ se change

en $2b^3 t + 2bcqt + \dfrac{k}{k-1} \times ct^2\sqrt{b^2-q^2} + b^2 c\sqrt{b^2-q^2}$

$- \dfrac{k}{k-1} \times bcqt = \dfrac{hk}{k-1} \times \dfrac{b^2 t^2 \sqrt{b^2-q^2}}{q} + \dfrac{hk}{k-1} \times ct^2\sqrt{b^2-q^2}$

$+ \dfrac{hk}{k-1} \times \dfrac{b^3 ct}{q} - \dfrac{hk}{k-1} \times bcqt + ct^2\sqrt{b^2-q^2}$, & en

$2b^3 t + b^2 c\sqrt{b^2-q^2} = \dfrac{hk}{k-1} \times \dfrac{b^2 t^2\sqrt{b^2-q^2}}{q} + \dfrac{hk-1}{k-1}$

$\times ct^2\sqrt{b^2-q^2} + \dfrac{hk}{k-1} \times \dfrac{b^3 ct}{q} + \dfrac{2-k-hk}{k-1} \times bcqt$;

& si on l'arrange par rapport à t, en faisant encore quelques légeres réductions, on aura la *formule*,

$$\left. t^2 + \frac{\begin{array}{c}+\,hkbc\sqrt{b^2-q^2}\\ \overline{2-k} \times \dfrac{bcq^2}{\sqrt{b^2-q^2}} \\ + \overline{2-2k} \times \dfrac{b^3 q}{\sqrt{b^2-q^2}}\end{array}}{\overline{hk-1} \times cq + hkb^2}\right\} t = \frac{\overline{k-1} \times b^2 cq}{\overline{hk-1} \times cq + hkb^2},$$

qui nous apprend qu'il n'y a toujours qu'une équation du second degré à résoudre pour trouver l'angle d'incidence apparent du vent qui convient à chaque disposition des voiles dans les Vaisseaux de toutes les formes imaginables.

La maniere dont les voiles sont orientées est déterminée par q, qui est le cosinus de l'angle qu'elles font

R r r

Figure 129.

avec la quille. Ce finus étant donné, on a les valeurs de k & de h, que l'on déduit de la figure de la carene. Tout eſt enſuite connu dans notre formule, ſi on excepte la tangente t de l'angle d'incidence apparent du vent qu'on découvrira en cherchant les racines de l'équation.

Cette ſolution, la plus générale vraiſemblablement qu'on puiſſe donner, doit renfermer le cas dans lequel le Navire n'a qu'une voile. Nous n'avons, pour le voir, qu'à ſuppoſer nulle la diſtance c d'un mât ou d'une voile à l'autre : il faudra donc effacer tous les termes qui contiennent la lettre c, & il nous viendra $t = \frac{2k - 2}{hk} \times \frac{bq}{\sqrt{b^2 - q^2}}$,

formule qu'on peut appliquer encore à tous les Navires, mais qui ne donne la tangente de l'angle d'incidence apparent du vent que lorſque le Navire n'a qu'une voile.

Application de la Formule générale aux Navires dont on peut comparer la carene à des parallélipipedes rectangles.

Nous avons examiné beaucoup ci-devant les carenes formées en parallélipipede rectangle, & nous avons fait voir ſur la figure 114, que les tangentes des angles de dérive ACI ſont moyennes proportionnelles géométriques entre la tangente de l'angle conſtant ACD & celle de l'angle variable ACP que fait, avec la quille, la perpendiculaire à la voile. Si nous nommons x la tangente de ce dernier angle & f celle de l'angle conſtant ACD, nous aurons $\sqrt{fx}$ pour la tangente de l'angle de la dérive ACI; & ſi faiſant varier x, nous cherchons la variation que reçoivent en même temps les angles mêmes, nous n'aurons qu'à voir combien l'un contient l'autre, pour avoir la valeur de $k = \frac{2b^2 + 2fx}{b^2 + x^2} \sqrt{\frac{fx}{f}}$.

Nous ne répétons point ici ce que nous avons dit ſur ce ſujet dans le Chapitre VII de la Section précédente. La tangente de l'angle ACP étant x, le ſinus de cet

Figure 114.

angle est $\dfrac{bx}{\sqrt{b^2+x^2}}$, & c'est la valeur de q. Les lecteurs Figure 114.
se souviennent aussi que l'impulsion i est proportionnelle
à la sécante de l'angle DCZ (toujours dans la fig. 114)
& cette impulsion est $\dfrac{\sqrt{b^2+x^2}}{b^2+fx}$. Il n'est donc question
que de différentier logarithmiquement $\dfrac{bx}{\sqrt{b^2+x^2}}$ valeur
de q, & $\dfrac{\sqrt{b^2+x^2}}{b^2+fx}$ valeur de i, & de diviser une différentielle par l'autre, pour avoir $h = \dfrac{q\,di}{i\,dq}$: on trouve $\dfrac{x^2-fx}{b^2+fx}$.
Ainsi, pour appliquer notre formule générale à tous les
Navires qu'on peut rapporter à des parallélipipedes rectangles, nous n'avons qu'à introduire $\dfrac{x^2-fx}{b^2+fx}$ à la place de
h; $\dfrac{2b^2+2fx}{b^2+x^2}\sqrt{\dfrac{x}{f}}$ à la place de k; $\dfrac{bx}{\sqrt{b^2+x^2}}$ à la place
de q, & mettre en même temps la largeur de la grand-
voile à la place de b, la distance d'un mât à l'autre à la
place de c, & la tangente de l'angle ACD à la place
de f, en prenant b pour sinus total.

Supposé que le rectangle, auquel on peut comparer
la carene du Vaisseau, soit 16 fois plus long que large, la
tangente f sera en parties décimales 0. 0625, le sinus
total étant l'unité. Nous supposerons de plus que la largeur de la voile étant aussi exprimée par l'unité, la
distance c d'un mât à l'autre soit 0. 750, & que les
voiles fassent avec la quille un angle de 45$^{\rm d}$, ce qui rendra $x = 1$. Nous trouverons $k = \dfrac{17}{4} = 4.\,2500$ &
$h = \dfrac{15}{17} = 0.\,8823$. Le sinus q sera 0. 7071; & si
nous introduisons toutes ces quantités dans notre formule
générale, elle deviendra $t^2 - \dfrac{91.\,2722}{83.\,3343}\,t = \dfrac{27.\,5769}{83.\,3343}$, qui
étant résolue, nous donne $t = 1.\,3298$, & nous ap-
prend que la direction apparente du vent doit faire, avec
les voiles, un angle d'incidence de 53$^{\rm d}$ 3$^{\rm m}$.

L'opération sera la même pour toutes les autres situations de voiles; & il sera facile, si on n'est pas content des
moyens d'approximation que nous avons proposés ci-

* Dans le Chap. III.

Figure 114.

devant *, de conſtruire une Table qui ſera parfaitement exacte. Le calcul ſera incomparablement plus ſimple ſi on peut négliger la largeur du Navire, ce qui rendra la dérive nulle. Alors on aura $f = 0$: ce changement rendra infinie $k = \frac{2b^2 + 2bf}{b^2 + x^2} \sqrt{\frac{x}{f}}$, & $h = \frac{x^2 - fx}{b^2 + fx}$ ſe réduira à $\frac{x^2}{b^2}$. La grandeur infinie de k changera notre formule générale en

$$\left.\begin{array}{c} + hbc\sqrt{b^2 - q^2} \\ + hcq \\ + hb^2 \end{array}\right\} t^2 - \frac{bcq^2}{\sqrt{b^2 - q^2}} - \frac{2b^3 q}{\sqrt{b^2 - q^2}} \quad\Big\}\quad t = b^2 cq, \text{ dont on}$$

tire

$$t^2 - \frac{\dfrac{+hbc\sqrt{b^2 - q^2} \;\; \dfrac{bcq^2}{\sqrt{b^2 - q^2}}}{} - \dfrac{2b^3 q}{\sqrt{b^2 - q^2}}}{hcq + hb^x} \quad\Big\}\quad t = \frac{b^2 cq}{hcq + hb^2} ; \; \& \text{ ſi on fait}$$

enſuite les autres ſubſtitutions, on aura $t^2 - \dfrac{2b^3\sqrt{b^2 + x^2}}{cx^2 + bx\sqrt{b^2 + x^2}}$

$\times t = \dfrac{b^4 c}{cx^2 + bx\sqrt{b^2 + x^2}}$; qui en nous fourniſſant $t = \dfrac{b^3\sqrt{b^2 + x^2} + b^2\sqrt{c^2 x^2 + bcx\sqrt{b^2 + x^2}}}{cx^2 + bx\sqrt{b^2 + x^2}}$, nous marque d'u-

ne maniere aſſez ſimple pour les Navires dont on peut négliger la dérive, mais qui ont pluſieurs voiles, la relation qu'on doit mettre entre la tangente t de l'angle d'incidence apparent du vent & la co-tangente x de l'angle que les voiles font avec la quille.

Figure 129.

Mais nous pouvons exprimer cette relation d'une maniere beaucoup plus élégante. Si dans la figure 129 nous nommons e la perpendiculaire HE, ſi nous déſignons par x la partie ER de la voile de la proue, qui ſe trouve en dehors de cette perpendiculaire, & que nous nommions z la partie EQ que l'obliquité du vent lui fait frapper de plus, nous aurons $\frac{bx}{c}$ pour la tangente de l'angle

EHR, & comme cet angle est égal à l'angle *ACS* dont Figure 129.
nous continuons à désigner la tangente par x, nous aurons
$x = \frac{bx}{e}$. L'autre triangle rectangle *QEH* nous donnera
$\frac{be}{z}$ pour la tangente de l'angle d'incidence *HQE*, que
nous avons déja nommée t, & introduisant ces valeurs de
x & de t dans notre derniere équation $t^2 - \frac{2b^3\sqrt{b^2+x^2}}{cx^2+bx\sqrt{b^2+x^2}}$
$\times t = \frac{b^4c}{cx^2+bx\sqrt{b^2+x^2}}$, nous la changerons en $z^2 +$
$\frac{2b\sqrt{e^2+x^2}}{c} \times z = x^2 + \frac{bx\sqrt{e^2+x^2}}{c}$.

Celle-ci est la même que $z^2 + 2bz = x^2 + bx$; puisque c ou *HR* est égale à $\sqrt{HE^2+ER^2} = \sqrt{e^2+x^2}$.
On en déduit $z = -b+\sqrt{b^2+bx+x^2}$, ou $z = -b+$
$\sqrt{\frac{3}{4}b^2+(\frac{1}{2}b+x)^2}$, dont on tire la construction expliquée dans le Chapitre II sur la figure 124. La largeur
FR est exprimée par $\frac{1}{2}b+x$, & le quarré de *KF* est
égal à $\frac{1}{4}b^2$. Ainsi on a $KR = \sqrt{\frac{3}{4}b^2+(\frac{1}{2}b+x)^2}$, &
lorsqu'on en retranche $KS = KE = b$, il reste *SR* pour
la largeur $EQ\,(= z)$ que le vent frappe à cause de son
obliquité, lorsque tout est disposé de la maniere la plus
avantageuse pour faire la route *CI*.

Lorsqu'on se conformera à ces solutions on sera sûr
que les voiles seront bien disposées par rapport au Navire & par rapport au vent pour chaque route. Mais si on
combinoit le *maximum* que nous avons actuellement pour
objet, avec le *maximum* que nous avons examiné dans
le Chapitre précédent, ou si on rendoit l'impulsion absolue du vent sur les voiles la plus grande qu'il est possible,
on obtiendroit un *maximum maximorum*, & on marcheroit
sur la route qui donne la plus grande de toutes les vîtesses.

Trois différents *maximum*, comme on l'a vu dans tout
le cours de ce troisieme Livre, & comme nous l'avons
dit expressément un très-grand nombre de fois, demandent à être considérés dans la partie de la Manœuvre qui

Figure 129.

nous occupe. Le *maximum* dont nous venons de marquer les conditions, eſt d'un uſage preſque continuel en mer, parce qu'il s'agit preſque toujours de cingler ſur une route preſcrite. Mais on doit le combiner avec le premier ou le ſecond des deux autres ſelon qu'on ſe propoſe de marcher avec la plus grande de toutes les vîteſſes quand la route n'eſt pas donnée, ou qu'on veut s'éloigner le plus promptement qu'il eſt poſſible d'une ligne droite donnée de poſition. Il nous reſte à traiter de ce dernier *maximum* en donnant la plus grande généralité à nos recherches.

CHAPITRE VIII.

Démonſtration analytique de la conſtruction générale, expliquée dans le Chapitre V. pour s'éloigner, le plus vîte qu'il eſt poſſible, d'une ligne droite dont la poſition eſt donnée.

I.

Figure 130.

NOUS traiterons ce problême à peu-près de la même maniere que la plupart des autres que nous avons déja réſolus, quoique celui-ci demande des attentions particulieres, & qu'il ſoit plus difficile de le réduire à une forme ſimple. Nous conſidérerons les voiles GH & LM (*fig.* 130) comme déja orientées par rapport au Navire & par rapport au vent, & nous chercherons quel eſt le giſſement de la ligne droite CZ, dont le Navire s'éloigne d'une plus *grande quantité* IP. Nous nous ſommes déja conformés à une autre regle, en choiſiſſant la diſpoſition la plus parfaite pour faire la route CI. La vîteſſe du Navire eſt un *maximum*, tant que l'angle VCI de la route & de la direction du vent reſte le même. Nous avons pour diſpoſer nos voiles, conſulté nos Tables, ou bien

nous avons réfolu l'équation du fecond degré dont dé- Figure 130.
pend leur conftruction. Actuellement nous voulons que
la quantité IP dont nous nous éloignons de la ligne
droite CZ foit auffi un *maximum*, & nous devons chercher la direction qu'il faut pour cela qu'ait cette ligne.

Nous nommons a toute la largeur $GH + EM$ des
voiles qui feroit frappée par un vent perpendiculaire.
Nous indiquons en même temps par e la diftance perpendiculaire HE d'une voile à l'autre. La vîteffe abfolue
CD du vent fera défignée par c, & nous prendrons
cette même quantité pour finus total. La vîteffe CI du
Navire fera nommée u, celle ID du vent apparent
fera v; le finus de l'angle d'incidence apparent HFM
fera p, le finus de l'angle CID que fait la route avec
la direction apparente du vent fera s, & le finus de
l'angle CDI, que font entr'elles les deux directions
du vent, la réelle & l'apparente fera σ. Enfin t fera la
tangente de l'angle ICZ que nous voulons découvrir.

Le triangle HEF rectangle en E, nous donne $\dfrac{e\sqrt{c^2 - p^2}}{p}$

pour FE, qui étant ajoutée à a, nous fournit $a + \dfrac{e\sqrt{c^2 - p^2}}{p}$

pour la largeur $GH + FM$, frappée actuellement par le
vent oblique. Nous multiplions cette largeur ou étendue
par le quarré p^2 du finus d'incidence du vent, & par
le quarré v^2 de fa vîteffe apparente ou relative; & il nous
vient $ap^2 v^2 + ev^2 p\sqrt{c^2 - p^2}$ pour l'impulfion abfolue
du vent, laquelle doit être égale à l'impulfion de l'eau.
Quant à cette derniere, nous pouvons l'exprimer par
le quarré u^2 de la vîteffe du Navire; d'où il fuit que
nous avons l'équation $u^2 = ap^2 v^2 + ev^2 p\sqrt{c^2 - p^2}$.

I I.

Il faudroit, pour rendre l'équation abfolument parfaite,
que nous multipliaffions le quarré u^2 de la vîteffe du
Navire, par la denfité de l'eau & par l'étendue du plan

auquel la surface de la carene est équivalente. Mais la route CI, faisant, avec la quille, un angle constant pendant tout le temps que nous travaillerons à ce problême, la surface frappée est toujours la même, & elle est aussi frappée avec la même obliquité. Ainsi l'équation $u^2 = a p^2 v^2 + e v^2 p \sqrt{c^2 - p^2}$ est une égalité de rapport, & il nous suffit pour en avoir exactement la différentielle, de la différentier à la maniere des quantités logarithmiques ; puisque les quantités constantes qui multiplient tout un membre ne changent rien dans sa différentielle logarithmique. Il nous viendra

$$\frac{2 u\, du}{u} = \frac{2 a v^2 p\, dp - 2 a p^2 v\, dv + e v^2 dp \sqrt{c^2 - p^2} - 2 e p v dv \sqrt{c^2 - p^2} - \dfrac{e v^2 p^2 dp}{\sqrt{c^2 - p^2}}}{a^2 p^2 v^2 + e v^2 p \sqrt{c^2 - p^2}} \text{ ou}$$

$$\frac{du}{u} = \frac{2 a v p\, dp - 2 a p^2 dv + e v dp \sqrt{c^2 - p^2} - 2 e p dv \sqrt{c^2 - p^2} - \dfrac{e v p^2 dp}{\sqrt{c^2 - p^2}}}{2 a p^2 v + 2 e v p \sqrt{c^2 - p^2}}.$$

Il est évident que la différentielle de CI est du premier degré. Car CI étant un plus grand, sa différentielle seroit nulle, si en changeant la disposition de la voile nous prenions aussi d'une maniere convenable le vent plus ou moins obliquement afin que l'angle VCI, formé par le vent & par la route, fût toujours le même: mais nous laissons les voiles dans la même situation par rapport au Navire, & nous prenons simplement le vent un peu moins obliquement ; ce qui doit produire nécessairement un petit changement sur la vîtesse CI, puisque cette vîtesse étoit un *maximum*. Dans la seconde disposition, la direction absolue du vent est Cd, & la direction relative ou apparente est id. Des points I & d je tire les petites perpendiculaires IQ & Rd à Id; & je prolonge Rd jusqu'en S, en faisant Sd égale à QI, afin que IS soit parallele à id. L'angle FHf, dont nous faisons changer l'angle d'incidence apparent, a pour mesure le petit arc $\dfrac{c\, dp}{\sqrt{c^2 - p^2}}$, & c'est aussi la mesure du petit angle

RIS;

RIS; puisque Hf est parallele à id ou à IS, comme Figure 130.
HF l'étoit à IR.

Il suit de-là que nous trouverons RS par cette proportion, le sinus total c est à $\dfrac{c\,dp}{\sqrt{c^2-p^2}}$, comme $IR = v$

est à $RS = \dfrac{v\,dp}{\sqrt{c^2-p^2}}$. De ce petit arc ou de cette petite ligne droite, je retranche $Sd = IQ$ que me fournit le petit triangle rectangle IQi. Dans ce triangle l'hypothénuse est $Ii = du$, & s est le sinus de l'angle i. Ainsi on a $QI = \dfrac{s\,du}{c}$; nous aurons donc $Rd = RS$

$- Sd = \dfrac{v\,dp}{\sqrt{c^2-p^2}} - \dfrac{s\,du}{c}$; & si nous considérons que dans le petit triangle rectangle DRd, l'angle D est égal au complément de l'angle CDI, que font entr'elles les deux directions du vent la réelle & l'apparente, & que σ est le sinus de ce dernier angle, nous aurons $Dd =$

$$\frac{c\,v\,dp}{\sqrt{c^2-\sigma^2}\,\sqrt{c^2-p^2}} - \frac{s\,du}{\sqrt{c^2-\sigma^2}}.$$

Ce même petit triangle DRd, nous donne cette analogie $\sqrt{c^2-\sigma^2} : Rd = \dfrac{v\,dp}{\sqrt{c^2-p^2}} - \dfrac{s\,du}{c} :: \sigma : DR$

$$= \frac{\sigma\,v\,dp}{\sqrt{c^2-p^2}\,\sqrt{c^2-\sigma^2}} - \frac{\sigma\,s\,du}{c\,\sqrt{c^2-\sigma^2}},$$ & l'autre petit triangle

IQi nous fournira $\dfrac{du\sqrt{c^2-s^2}}{c}$ pour la valeur de Qi. Mais la vîtesse apparente ID du vent croît de cette petite quantité par l'extrêmité I, pendant qu'elle diminue de DR par l'autre extrêmité. Ainsi nous aurons pour la valeur de dv, l'excès de DR sur iQ; c'est-à-dire,

$$dv = \frac{\sigma\,v\,dp}{\sqrt{c^2-p^2}\,\sqrt{c^2-\sigma^2}} - \frac{\sigma\,s\,du}{c\,\sqrt{c^2-\sigma^2}} - \frac{du\sqrt{c^2-s^2}}{c}.$$

Nous introduisons cette expression dans notre équation différentielle $\dfrac{du}{u} =$

$$\frac{2\,a\,v\,p\,dp - 2\,a\,p^2\,dv + e\,v\,dp\sqrt{c^2-p^2} - 2\,e\,p\,dv\sqrt{c^2-p^2} - \dfrac{e\,v\,p^2\,dp}{\sqrt{c^2-p^2}}}{2\,a\,p^2\,v + 2\,e\,v\,p\sqrt{c^2-p^2}};$$

Sss

& nous changerons cette équation en $\dfrac{du}{u} =$

$$\frac{\begin{aligned}&2avpdp - \frac{2abvp^2dp}{\sqrt{c^2-p^2}\sqrt{c^2-\sigma^2}} + \frac{2ap^2\sigma s\,du}{c\sqrt{c^2-\sigma^2}} + \frac{2ap^2du\sqrt{c^2-s^2}}{c} + evdp\sqrt{c^2-p^2}\\ &- \frac{2e\sigma vpdp}{\sqrt{c^2-\sigma^2}} + \frac{2ep\sigma s\,du\sqrt{c^2-p^2}}{c\sqrt{c^2-\sigma^2}} + \frac{2ep\,du\sqrt{c^2-p^2}\sqrt{c^2-s^2}}{c} - \frac{evp^2dp}{\sqrt{c^2-p^2}}\end{aligned}}{2ap^2v + 2epv\sqrt{c^2-p^2}}.$$

Dégageant ensuite du, il nous viendra $du =$

$$\frac{2avpdp - \dfrac{2a\sigma vp^2dp}{\sqrt{c^2-p^2}\sqrt{c^2-\sigma^2}} + evdp\sqrt{c^2-p^2} - \dfrac{e\sigma vpdp}{\sqrt{c^2-\sigma^2}} - \dfrac{evp^2dp}{\sqrt{c^2-p^2}}}{\begin{aligned}&\frac{2ap^2v}{u} + \frac{2evp\sqrt{c^2-p^2}}{u} + \frac{2ap^2\sigma s}{c\sqrt{c^2-\sigma^2}} + \frac{2ap^2\sqrt{c^2-s^2}}{c} + \frac{2ep\sigma s\sqrt{c^2-p^2}}{c\sqrt{c^2-\sigma^2}}\\ &+ \frac{2ep\sqrt{c^2-p^2}\sqrt{c^2-s^2}}{c}\end{aligned}},$$

qu'il faut substituer dans l'expression de $Dd = \dfrac{cvdp}{\sqrt{c^2-\sigma^2}\sqrt{c^2-p^2}} - \dfrac{sdu}{\sqrt{c^2-\sigma^2}}$ pour avoir $Dd =$

$$\frac{\begin{aligned}&\frac{2avspdp}{\sqrt{c^2-\sigma^2}} + \frac{evsdp\sqrt{c^2-p^2}}{\sqrt{c^2-\sigma^2}} - \frac{evsp^2dp}{\sqrt{c^2-p^2}\sqrt{c^2-\sigma^2}} + \frac{2acv^2p^2dp}{u\sqrt{c^2-p^2}\sqrt{c^2-\sigma^2}}\\ &+ \frac{2cev^2pdp}{u\sqrt{c^2-\sigma^2}} + \frac{2avp^2dp\sqrt{c^2-s^2}}{\sqrt{c^2-p^2}\sqrt{c^2-\sigma^2}} + \frac{2evpdp\sqrt{c^2-s^2}}{\sqrt{c^2-\sigma^2}}\end{aligned}}{\begin{aligned}&\frac{2ap^2v}{u} + \frac{2evp\sqrt{c^2-p^2}}{u} + \frac{2a\sigma sp^2}{c\sqrt{c^2-\sigma^2}} + \frac{2ap^2\sqrt{c^2-s^2}}{c} + \frac{2ep\sigma s\sqrt{c^2-p^2}}{c\sqrt{c^2-\sigma^2}}\\ &+ \frac{2ep\sqrt{c^2-p^2}\sqrt{c^2-s^2}}{c}\end{aligned}}.$$

I I I.

Nous n'avons plus qu'une remarque à faire pour parvenir à la solution de notre problême. Nous avons rapporté toutes nos différentielles à la différentielle particuliere dp. Notre route fait, dans la premiere situation du Navire, l'angle ICP avec la droite dont nous voulons nous éloigner ; & elle fait dans la seconde situation l'angle ICp. Il faut donc que le petit angle ZCz soit parfaitement égal à l'angle DCd, puisque la ligne dont nous voulons nous éloigner fait un angle donné avec la direction réelle du vent. Il est outre cela évident qu'il faut que les sinus des angles ICZ, & iCz foient en raifon inverfe des vîteffes CI & Ci du Navire, pour que les quantités PI & pi foient égales entr'elles ou pour qu'elles forment un *maximum*.

Dans la premiere difpofition du Vaiffeau, l'angle ACZ eft plus petit; le Navire préfente moins la poupe à la côte ou à la ligne droite dont on veut s'écarter; mais en récompenfe la vîteffe CI du fillage eft plus grande. Ainfi dans les termes où nous avons porté la queftion, elle fe réduit à trouver deux angles ICP, ICp infiniment peu différents l'un de l'autre, dont la différence ZCz eft donnée; elle eft égale à l'angle DCd qui eft mefuré par l'arc Dd, puifque CD nous fert de finus total; & il faut que les finus de ces deux angles foient dans le même rapport que CI & Ci, ou que la différentielle de leur finus ait le même rapport à leur égard que Ii à l'égard de CI.

Mais conformément à un lemme dont nous avons déja fait ufage plufieurs fois, & en dernier lieu dans le Chap. VI de la Section précédente fur la fig. 117, au lieu de mettre le rapport prefcrit entre la différentielle de ces finus & les finus mêmes, nous n'avons qu'à l'introduire entre le petit arc qui mefure la différence des deux angles, & la tangente de ces angles; c'eft-à-dire, que nous n'avons qu'à faire cette analogie, $Ii = du$ eft à $CI = u$, comme le petit arc Dd qui mefure l'angle DCd ou le petit angle ZCz eft à la tangente t de l'angle que la route CI doit faire avec la ligne droite dont il s'agit de s'éloigner. Nous trouvons $t =$

$$t = \frac{\begin{aligned}&\frac{2avspu}{\sqrt{c^2-\sigma^2}} + \frac{evus\sqrt{c^2-p^2}}{\sqrt{c^2-\sigma^2}} - \frac{evsp^2u}{\sqrt{c^2-p^2}\sqrt{c^2-\sigma^2}} + \frac{2acv^2p^2}{\sqrt{c^2-p^2}\sqrt{c^2-\sigma^2}}\\[4pt] &+ \frac{2cev^2p}{\sqrt{c^2-\sigma^2}} + \frac{2auvp^2\sqrt{c^2-s^2}}{\sqrt{c^2-p^2}\sqrt{c^2-\sigma^2}} + \frac{2euvp\sqrt{c^2-s^2}}{\sqrt{c^2-\sigma^2}}\end{aligned}}{2avp - \dfrac{2a\sigma vp^2}{\sqrt{c^2-p^2}\sqrt{c^2-\sigma^2}} + ev\sqrt{c^2-p^2} - \dfrac{2e\sigma vp}{\sqrt{c^2-\sigma^2}} - \dfrac{evp^2}{\sqrt{c^2-p^2}}}$$

équation qui eft délivrée de différentielle, & qui nous

 fournit la valeur de la tangente t, en grandeurs que nous sommes censés connoître.

I V.

Il est vrai que la forme sous laquelle elle nous présente la valeur de t n'est pas commode pour la pratique, & qu'on pourroit perdre beaucoup de temps à la réduire si l'on ne s'y prenoit pas bien. Il étoit naturel de penser qu'on gagneroit à diminuer le nombre des grandeurs connues, par la relation qu'on sait qu'il y a entr'elles. Le grand triangle CDI nous donne $\frac{c\sigma}{s}$ pour l'expression de $CI = u$; & si nous l'introduisons dans notre formule, elle se changera en $t =$

$$\left\{ \frac{\dfrac{2acp\sigma}{\sqrt{c^2-\sigma^2}} + \dfrac{ce\sigma\sqrt{c^2-p^2}}{\sqrt{c^2-\sigma^2}} - \dfrac{ce\sigma p^2}{\sqrt{c^2-p^2}\sqrt{c^2-\sigma^2}} + \dfrac{2aevp^2}{\sqrt{c^2-p^2}\sqrt{c^2-\sigma^2}} + \dfrac{2cevp}{\sqrt{c^2-\sigma^2}} + \dfrac{2ac\sigma p^2\sqrt{c^2-s^2}}{s\sqrt{c^2-p^2}\sqrt{c^2-\sigma^2}} + \dfrac{2ce\sigma p\sqrt{c^2-s^2}}{s\sqrt{c^2-\sigma^2}}}{2ap - \dfrac{2a\sigma p^2}{\sqrt{c^2-p^2}\sqrt{c^2-\sigma^2}} + e\sqrt{c^2-p^2} - \dfrac{2e\sigma p}{\sqrt{c^2-\sigma^2}} - \dfrac{ep^2}{\sqrt{c^2-p^2}}} \right.$$

qui n'est pas sensiblement plus simple.

Nous pouvons aussi chasser v. Nous n'avons pour cela, en employant le sinus s de l'angle I & le sinus σ de l'angle CDI, qu'à chercher le sinus de l'angle DCI que la direction réelle du vent fait avec la route. La Trigonométrie donne $\dfrac{s\sqrt{c^2-\sigma^2} - \sigma\sqrt{c^2-s^2}}{c}$ pour ce sinus, & on aura en conséquence ; $s : CD = C : :$

$$\frac{s\sqrt{c^2-\sigma^2} - \sigma\sqrt{c^2-s^2}}{c} : ID = v = \sqrt{c^2-\sigma^2} - \frac{\sigma\sqrt{c^2-s^2}}{s}.$$

Faisant ensuite entrer cette valeur dans notre formule, il viendra $t =$

$$\frac{2acp\sigma\sqrt{c^2-p^2} + c^3e\sigma - 2ce\sigma p^2 + 2acp^2\sqrt{c^2-\sigma^2} + 2cep\sqrt{c^2-p^2}\sqrt{c^2-\sigma^2}}{2ap\sqrt{c^2-p^2}\sqrt{c^2-\sigma^2} - 2a\sigma p^2 + c^2e\sqrt{c^2-\sigma^2} - 2ep^2\sqrt{c^2-\sigma^2} - 2e\sigma p\sqrt{c^2-p^2}},$$

qui nous donne effectivement la tangente t d'une manière moins embarassée.

Mais nous éprouvons ici qu'il est presque toujours

avantageux d'avoir tenté la folution de quelques cas particuliers d'un problême avant que de travailler à le réfoudre d'une maniere plus étendue. On retire ordinairement
de ces examens, qu'on peut regarder comme préliminaires, des vues qui font très-utiles dans les recherches
qu'on rend enfuite plus générales.

Nous nous fommes affurés que, lorfque les Navires
n'ont qu'une voile, l'angle que nous cherchons dépend
uniquement de la fituation de la direction réelle du vent
par rapport à la voile. Nous nommons donc π le finus de
l'angle VCH, que fait la direction abfolue du vent avec
les voiles; ce qui nous mettra en état de chaffer de notre
formule quelqu'autre quantité. Nous continuerons à nommer p, le finus de l'angle HFE d'incidence apparent du
vent; la différence de cet angle & de l'angle VCH fera
égale à l'angle CDI que font les deux directions, la
réelle & l'apparente, dont σ eft le finus : nous aurons donc

$$\frac{\pi\sqrt{c^2-p^2}-p\sqrt{c^2-\pi^2}}{c}, \text{ pour fa valeur, & } \frac{\sqrt{c^2-p^2}\sqrt{c^2-\pi^2}+p\pi}{c}$$

pour celle du finus de complément $\sqrt{c^2-\sigma^2}$.

Introduifant enfin ces expreffions dans notre formule, nous la

convertirons en $t=$

$$\dfrac{ac+\dfrac{ce\sqrt{c^2-\pi^2}}{2\pi}+\dfrac{ce\sqrt{c^2-p^2}}{2p}}{\dfrac{a\sqrt{c^2-\pi^2}}{\pi}+\dfrac{c^2e\sqrt{c^2-\pi^2}}{2p\pi\sqrt{c^2-p^2}}-\dfrac{ep\sqrt{c^2-\pi^2}}{2\pi\sqrt{c^2-p^2}}-\dfrac{1}{2}e},$$

qui ne différe pas de $t=$

$$\dfrac{\dfrac{ac\pi}{\sqrt{c^2-\pi^2}}+\dfrac{1}{2}ce+\dfrac{ce\pi\sqrt{c^2-p^2}}{2p\sqrt{c^2-\pi^2}}}{a+\dfrac{c^2e}{2p\sqrt{c^2-p^2}}-\dfrac{ep}{2\sqrt{c^2-p^2}}-\dfrac{e\pi}{2\sqrt{c^2-\pi^2}}},$$

$$=\dfrac{\dfrac{ac\pi}{\sqrt{c^2-\pi^2}}+\dfrac{1}{2}ce+\dfrac{ce\pi\sqrt{c^2-p^2}}{2p\sqrt{c^2-\pi^2}}}{a+\dfrac{c^2e-ep^2}{2p\sqrt{c^2-p^2}}-\dfrac{e\pi}{2\sqrt{c^2-\pi^2}}}, \text{ qui fe réduit à } t=$$

$$\dfrac{\dfrac{ac\pi}{\sqrt{c^2-\pi^2}}+\dfrac{1}{2}ce+\dfrac{ce\pi\sqrt{c^2-p^2}}{2p\sqrt{c^2-\pi^2}}}{a+\dfrac{e\sqrt{c^2-p^2}}{2p}-\dfrac{e\pi}{2\sqrt{c^2-\pi^2}}}; \text{ & il n'eft pas poffible}

apparemment de réduire déformais cette formule à une expreſſion plus ſimple.

V.

Figure 126.

C'eſt cette derniere équation qui nous a fourni la conſtruction que nous avons expliquée ſur la figure 126, dans le premier Article du Chap. V. Les lignes VGK & uGD y marquent la direction abſolue du vent & la direction apparente. GF ou HE eſt déſignée par e ; on a $\dfrac{e\sqrt{c^2-p^2}}{p}$ pour FD ; & FQ terminée par la perpendiculaire GQ à la direction réelle du vent eſt exprimée par $\dfrac{e\pi}{\sqrt{c^2-\pi^2}}$. Ainſi DO moitié de DQ eſt

$$\frac{e\sqrt{c^2-p^2}}{2p}+\frac{e\pi}{2\sqrt{c^2-\pi^2}} \; ;$$

& ſi on ôte cette ligne de

$$DM = FM + DF = a + \frac{e\sqrt{c^2-p^2}}{p} \; ,$$

on aura

$$a+\frac{e\sqrt{c^2-p^2}}{2p}-\frac{e\pi}{2\sqrt{c^2-\pi^2}}$$

pour OM ou pour Pm, qui repréſente le dénominateur de la fraction qui conſtitue notre formule.

On a d'une autre part $\dfrac{e\sqrt{c^2-p^2}}{p}$ pour GR, & dans le triangle GRK, on trouvera $RK = \dfrac{e\pi\sqrt{c^2-p^2}}{p\sqrt{c^2-\pi^2}}$. Ainſi Sm ou $RN = \frac{1}{2}RD + \frac{1}{2}RK$ ſera égale à $\frac{1}{2}e + \dfrac{e\pi\sqrt{c^2-p^2}}{2p\sqrt{c^2-\pi^2}}$; & ſi on y ajoute SV qui eſt égale à $\dfrac{a\pi}{\sqrt{c^2-\pi^2}}$, on aura toute la ligne Vm pour la valeur de

$$\frac{a\pi}{\sqrt{c^2-\pi^2}}+\frac{1}{2}e+\frac{e\pi\sqrt{c^2-\pi^2}}{2p\sqrt{c^2-\pi^2}}.$$

Or il y a même rapport de cette derniere quantité à la tangente de l'angle VPm que de Pm au ſinus total C, c'eſt-à-dire, que la quantité

$$\frac{\dfrac{ac\pi}{\sqrt{c^2-\pi^2}}+\frac{1}{2}ce+\dfrac{ce\pi\sqrt{c^2-p^2}}{2p\sqrt{c^2-\pi^2}}}{a+\dfrac{e\sqrt{c^2-p^2}}{2p}-\dfrac{e\pi}{2\sqrt{c^2-\pi^2}}}$$

exprime la tangente

de l'angle *VPm*; mais puifqu'elle exprime auffi la tan- Figure 116.
gente *t* de l'angle que la route doit faire avec la ligne
droite dont on veut s'éloigner, il eft démontré que ce
dernier angle doit être égal à l'angle *VPm*.

Il eft facile de remarquer que lorfque le vent frappe
les voiles en faifant un fort grand angle, le point *Q* qui
eft déterminé par la perpendiculaire *GQ* à la direction
abfolue du vent, peut fe trouver très-avancé vers *M*
& même fe trouver plus en dehors. Les points *O* & *P*,
changent alors de place en avançant vers le même côté,
& s'ils fe trouvoient en dehors de la droite *MV*, l'angle
VPm fe trouveroit fitué dans un fens contraire, &
feroit négatif par rapport à la fituation qu'il a ordinairement. La fituation extraordinaire eft repréfentée dans
la figure 130; au lieu que l'autre eft marquée dans les
figures 102, 107 & 108, par la ligne *CL*. Ces deux
cas font féparés dans les Navires qui ont plufieurs voiles
par la route qui donne au fillage la plus grande de toutes
les vîteffes.

FIN du Troifieme & dernier Livre.

PREMIERE TABLE.

Dispositions les plus avantageuses lorsque la route est donnée, que le Navire dans lequel on navigue n'a qu'une voile, & qu'on peut négliger sa dérive.

Angles de la voile avec la quille.		Angles d'incidence apparens du vent.		Angles de la direction appar. du vent & de la route.		Lorsque le Navire prend la huitieme partie de la vitesse réelle du vent dans la route directe.						Lorsque le Navire prend le quart de la vitesse réelle du vent dans la route directe.			
						Angles des deux direct. du vent, la réelle & l'apparente.		Angles de la direction réelle du vent & de la route.		Vitesses apparentes du vent.	Vitesses du Navire.	Angles des deux direct. du vent.		Direct. réelle du vent avec la route.		Vitesses apparentes du vent.	Vitesses du Navire.
D.	M.	D.	M.	D.	M.	D.	M.	D.	M.			D.	M.	D.	M.		
90	0	90	0	180	0	0	0	180	0	350	50	0	0	180	0	300	100
87	30	88	45	176	15	0	28	176	43	350	50	0	56	177	11	300	100
86	25	88	12	174	37	0	40	175	17	350	50	1	20	175	57	300	100
85	0	87	30	172	30	0	56	173	26	351	50	1	52	174	22	301	100
82	30	86	14	168	44	1	24	170	8	351	50	2	48	171	32	301	100
80	0	84	58	164	58	1	51	166	49	352	50	3	44	168	42	302	100
77	30	83	40	161	10	2	18	163	28	353	49½	4	37	165	47	304	100
75	0	82	22	157	22	2	43	160	5	354	49	5	29	162	52	307	99
72	30	81	3	153	33	3	7	156	40	355	49	6	20	159	53	309	99
70	0	79	41	149	41	3	31	153	12	357	49	7	10	156	41	311	99
67	30	78	18	145	48	3	54	149	42	359	48	7	58	153	47	314	99
65	0	76	53	141	53	4	14	146	7	361	48	8	44	150	36	318	98
62	30	75	25	137	55	4	33	142	28	364	47	9	24	147	19	322	98
60	0	73	54	133	54	4	50	138	44	366	47	10	3	143	59	327	97
57	30	72	20	129	50	5	5	134	55	369	46	10	41	140	31	331	96
55	0	70	42	125	42	5	17	130	59	372	45	11	13	136	55	336	96
52	30	69	1	121	31	5	27	126	58	375	45	11	40	133	11	342	95
50	0	67	14	117	14	5	34	122	48	378	44	12	1	129	15	348	94
47	30	65	23	112	53	5	38	118	31	382	43	12	17	125	12	355	92
45	0	63	26	108	26	5	38	114	4	385	41	12	26	120	52	362	91
42	30	61	23	103	53	5	35	109	28	388	40	12	27	116	18	369	89
40	0	59	13	99	13	5	28	104	41	392	39	12	20	111	33	377	86
37	30	56	55	94	25	5	17	99	42	395	37	11	59	106	24	385	84
35	0	54	28	89	28	5	2	94	30	399	35	11	38	101	6	393	81
32	30	51	53	84	23	4	43	89	6	402	33	10	59	95	22	400	77
30	0	49	6	79	6	4	21	83	27	405	31	10	18	89	23	407	73
27	30	46	9	73	39	3	55	77	34	407	28	9	19	82	58	414	67
25	0	43	0	68	0	3	27	71	27	409	26	8	15	76	15	419	62
22	30	39	38	62	8	2	56	65	4	410	23	7	3	69	11	423	56
20	0	36	2	56	2	2	24	58	26	411	20	5	48	61	50	425	48
17	30	32	15	49	45	1	53	51	38	411	17	4	32	54	17	425	41
15	0	28	11	43	11	1	23	44	34	410	14	3	19	46	30	424	34

La vitesse réelle ou absolue du vent est exprimée par 400.

SECONDE

SECONDE TABLE.

Dispositions les plus avantageuses pour s'éloigner d'une côte ou d'une ligne droite dont le gissement est donné, lorsqu'on navigue dans un Navire dont on peut négliger la dérive, & qui n'a qu'une voile.

| | Direc. réelle du vent avec le gissement de la côte. | Lorsque le Navire prend la huitieme partie de la vîtesse du vent. | | | | | | | | | Lorsque le Navire prend le quart de la vîtesse réelle du vent. | | | | | | | | | |
| | | La voile avec la quille. | | Incidence apparente du vent. | | Incidence réelle du vent. | | La route avec la direct. réelle du vent. | | Quantité dont on s'éloigne de la côte. | La voile avec la quille. | | Incidence apparente du vent. | | Incidence réelle du vent. | | La route avec la direct. réelle du vent. | | Quantité dont on s'éloigne de la côte. |
	D.	D.	M.	D.	M.	D.	M.	D.	M.	Parti.	D.	M.	D.	M.	D.	M.	D.	M.	Part.
Le vent vient de la mer.	80	16	15	30	13	31	51	48	6	8	15	23	28	48	32	19	47	42	19
	90	18	27	33	41	35	46	54	2	12	17	18	31	55	36	21	53	39	24
	100	20	57	37	24	40	0	60	0	14	19	17	34	57	40	23	59	40	30
	110	23	5	40	24	43	27	66	32	16	21	18	37	54	44	21	65	39	36
	120	25	32	43	41	47	14	72	46	19	23	23	40	49	48	17	71	43	43
	130	28	9	46	55	50	55	79	4	22	25	35	43	44	52	14	77	49	50
	140	30	48	50	5	54	33	85	27	26	27	52	46	36	56	4	83	56	56
	150	33	48	53	13	58	6	91	54	29	30	19	49	28	59	51	90	10	63
	160	36	53	56	19	61	33	98	33	32	33	0	52	24	63	31	96	31	69
	170	39	53	59	7	65	34	104	27	35	35	53	55	19	67	4	102	57	75
	180	43	50	62	28	68	5	111	55	38	39	1	58	17	70	29	109	30	89
Le vent vient de terre.	180	43	50	62	28	68	5	111	55	38	39	1	58	17	70	29	109	30	80
	170	47	42	65	32	71	10	118	52	40	42	27	61	20	73	47	116	16	85
	160	51	55	68	33	74	1	125	56	43	46	20	64	29	76	49	123	9	89
	150	56	25	71	37	76	47	133	12	44	50	38	67	42	79	40	132	18	92
	140	61	16	74	40	79	22	140	38	46	55	38	71	6	82	11	137	49	95
	130	66	28	77	43	81	45	148	13	48	61	15	74	39	84	23	145	38	97
	120	72	0	80	48	84	0	156	0	49	67	29	78	17	86	16	153	46	98
	110	77	50	83	51	86	5	163	55	50	74	14	82	12	87	40	162	24	99
	100	83	55	86	54	88	2	171	57	50	82	3	86	0	88	58	171	1	100
	90	90	0	90	0	90	0	180	0	50	90	0	90	0	90	0	180	0	100

La vîtesse absolue du vent est de 400 parties.

Difpofitions les plus avantageufes lorfque la route eft donnée , & qu'on navigue dans un Navire qu'on peut rapporter à un parallélipipede rectangle , & qui n'a qu'une voile.

La voile avec la quille.		Pour le parallélipipede feize fois plus long que large.				Pour le parallélipipede huit fois plus long que large.			
		Dérives.		Incidence apparente du vent.		Dérives.		Incidence apparente du vent.	
D.	M.	D.	M.	D.	M.	D.	M.	D.	M.
90	0	0	0	90	0	0	0	90	0
87	30	3	0	90	20	4	14	105	0
86	25	3	35	90	0	5	5	96	7
85	0	4	14	88	46	5	58	92	50
82	30	5	13	87	0	7	19	89	38
80	0	6	0	85	23	8	21	87	20
77	30	6	43	83	50	9	27	85	39
75	0	7	23	82	17	10	22	83	53
72	30	8	0	80	37	11	14	82	11
70	0	8	35	79	10	12	2	80	30
67	30	9	9	77	35	12	49	78	47
65	0	9	42	75	57	13	34	77	4
62	30	10	14	74	14	14	19	75	18
60	0	10	46	72	30	15	2	73	28
57	30	11	18	70	41	15	46	71	34
55	0	11	50	68	47	16	29	69	35
52	30	12	22	66	47	17	24	67	30
50	0	12	55	64	39	17	57	65	18
47	30	13	58	62	25	18	41	62	57
45	0	14	3	60	1	19	28	60	27
42	30	14	39	57	27	20	16	57	45
40	0	15	7	54	42	21	6	54	50
37	30	15	57	51	43	21	59	51	40
35	0	16	39	48	29	22	54	48	12
32	30	17	24	44	57	23	53	44	24
30	0	18	14	41	6	24	57	40	12
27	30	19	8	36	53	26	6	35	33
25	0	20	8	32	13	27	22	30	24
22	30	21	15	27	5	28	47	24	38
20	0	22	32	21	26	30	22	18	13
17	30	24	1	15	10	32	12	11	5
15	0	25	48	8	17	34	20	3	11

QUATRIEME TABLE. 515

Les dispositions les plus avantageuses avec les vîtesses que prend le Navire qu'on peut rapporter à un parallélipipede rectangle seize fois plus long que large, lorsque ce Navire n'a qu'une voile & que la route est donnée.

La voile avec la quille.		Dérives.		Incidence apparente.		Angles que font entre elles les deux direct. du vent.		La route & la direction réelle du vent.		Vîtesses apparentes du vent.	Vîtesses du Navire.
D.	M.	D.	M.	D.	M.	D.	M.	D.	M.	Parties.	Parties.
90	0	0	0	90	0	0	0	180	0	300	100
87	30	3	0	90	20	0	12	180	38	300	100
86	25	3	35	90	0	0	0	180	0	300	100 $\frac{1}{10}$
85	0	4	14	88	46	0	30	178	30	300	100
82	30	5	13	87	0	1	19	176	2	300	100
80	0	6	0	85	23	2	8	173	31	301	100
77	30	6	43	83	50	2	57	171	0	302	100
75	0	7	23	82	17	3	46	168	26	303	99
72	30	8	0	80	37	4	36	165	43	305	99
70	0	8	35	79	10	5	21	163	6	307	98
67	30	9	9	77	35	6	7	160	21	309	98
65	0	9	42	75	57	6	51	157	30	312	97
62	30	10	14	74	14	7	34	154	33	315	97
60	0	10	46	72	30	8	15	151	31	319	96
57	30	11	18	70	41	8	53	148	22	323	95
55	0	11	50	68	47	9	28	145	5	327	94
52	30	12	22	66	47	9	59	141	38	332	93
50	0	12	55	64	39	10	26	138	0	338	91
47	30	13	58	62	25	10	47	134	10	343	90
45	0	14	3	60	1	11	2	130	6	350	88
42	30	14	39	57	27	11	10	125	46	357	85
40	0	15	7	54	42	11	11	121	0	364	82
37	30	15	57	51	43	10	59	116	9	372	79
35	0	16	39	48	29	10	38	110	46	380	73
32	30	17	24	44	57	10	4	104	55	388	70
30	0	18	14	41	6	9	17	98	37	395	64
27	30	19	8	36	53	8	16	91	47	402	58
25	0	20	8	32	13	7	2	84	23	408	50
22	30	21	15	27	5	5	37	76	27	412	41
20	0	22	32	21	26	4	6	68	4	413	32
17	30	24	1	15	10	2	35	59	16	411	22
15	0	25	48	8	17	1	12	50	17	407	11

La vîtesse absolue du vent est de 400 parties, & le Navire en prend le quart dans la route directe.

CINQUIEME TABLE.

Dispositions lorsque la route est donnée, qu'on est dans un Navire qui n'a qu'une voile, & qu'on peut rapporter à une figure formée de deux arcs de cercle.

Dérives.		Lorsque l'angle curviligne de la proue est de 55 degrés.				Lorsque l'angle curviligne de la proue est de 60 degrés.				Lorsque l'angle curviligne de la proue est de 65 degrés.			
		La voile avec la quille.		Incidence apparente du vent.		La voile avec la quille.		Incidence apparente du vent.		La voile avec la quille.		Incidence apparente du vent.	
D.	M.	D.	M.	D.	M.	D.	M.	D.	M.	D.	M.	D.	M.
0	0	90	0	90	0	90	0	90	0	90	0	90	0
0	30	81	52	85	26	83	15	86	7	84	16	86	39
1	0	74	5	81	7	76	38	82	8	78	43	83	18
1	30	66	52	76	15	70	26	78	17	73	19	79	52
2	0	60	24	71	39	64	40	74	21	68	15	76	22
2	30	54	43	67	2	59	31	70	23	63	36	73	5
3	0	49	51	62	34	54	38	66	21	61	3	69	37
3	30	45	37	58	1	50	47	62	33	55	34	66	16
4	0	41	59	53	37	47	7	58	33	51	51	62	41
4	30	38	51	49	9	44	4	54	46	48	42	59	8
5	0	36	11	44	56	41	7	50	39	45	50	55	35
5	30	33	35	40	26	38	38	46	50	43	18	52	2
6	0	31	54	36	42	36	39	43	16	41	0	48	31
6	30	30	5	32	44	34	31	39	14	38	47	44	44
7	0	28	31	28	57	32	48	35	31	37	36	41	22
7	30	27	10	25	22	31	16	31	52	35	26	37	59
8	0	25	56	21	49	29	56	28	24	33	55	34	27
8	30	25	3	18	48	28	41	24	55	32	35	31	2
9	0	23	58	15	30	27	28	21	22	31	21	27	49
9	30	23	6	12	25	26	35	18	21	30	14	24	31
10	0	22	20	9	38	25	42	15	32	29	15	21	31
11	0	21	0	4	27	24	9	9	43	27	25	15	26
12	0	19	55	0	13	22	51	4	40	25	55	10	2
13	0	19	0			21	45	0	18	24	39	4	55
14	0	18	15			20	46			23	34	0	54
15	0	17	37			20	2			22	37		
16	0	17	0			19	20			21	49		
17	0	16	30			18	47			21	4		
18	0	16	14			18	11			20	31		
19	0	15	38			17	42			19	52		
20	0	15	16			17	15			19	19		

SIXIEME TABLE.

Dispositions les plus avantageuses lorsque la route est donnée, & qu'on est dans un Navire dont on peut négliger la dérive, mais qui a deux voiles.

La voile avec la quille.		Incidences apparentes du vent.		Angles que font entr'elles les deux directions du vent.		La route avec la direct. réelle du vent.		Vitesses apparentes du vent.	Vitesses du Navire
D.	M.	D.	M.	D.	M.	D.	M.	Parties	Parties
90	0	90	0	0	0	180	0	300	100
88	45	89	21	0	29	178	35	299	101
87	30	88	42	0	58	177	10	298	102
86	15	88	3	1	28	175	46	298	103
85	0	87	23	1	58	174	21	297	104
83	45	86	41	2	29	172	55	297	104
82	30	85	58	3	1	171	29	296	105
80	0	84	29	4	6	168	35	296	107
77	30	82	58	5	12	165	40	296	108
75	0	81	23	6	19	162	42	297	110
72	30	79	43	7	22	159	40	298	111
70	0	77	59	8	34	156	34	300	112
67	30	76	12	9	41	153	23	303	114
65	0	74	21	10	46	150	8	306	115
62	30	72	24	11	49	146	43	310	116
60	0	70	25	12	48	143	14	314	116
57	30	68	21	13	43	139	35	320	117
55	0	66	13	14	33	135	47	326	118
53	12	64	37	15	3	132	52	331	118
52	30	64	0	15	15	131	45	333	118
50	0	61	43	15	49	127	33	341	117
47	30	59	20	16	14	113	4	350	117
45	0	56	53	16	27	119	21	360	116
42	30	54	22	16	26	113	18	370	114
40	0	51	45	16	12	107	58	381	112
37	30	56	55	16	5	110	31	376	111
35	0	54	28	15	37	105	5	386	108
32	30	51	53	14	55	99	19	397	103
30	0	49	6	13	58	93	4	407	98
27	30	46	9	12	47	86	27	416	92
25	0	43	0	11	22	79	22	424	85
22	30	39	38	9	46	71	54	430	77
20	0	36	3	8	3	64	7	434	68
17	30	32	14	6	18	56	2	435	58
16	40	30	55	5	44	53	19	434	54
15	0	28	11	4	37	47	49	433	47

La vitesse absolue du vent est de 400 parties, & le Navire en prend le quart dans la route directe.

VIIe. TABLE.

Quantités dont les angles d'incidence apparents du vent doivent être plus petits lorsque le Navire a deux voiles que lorsqu'il n'en a qu'une seule.

Angles des voiles avec la quille.		Diminution de l'angle d'incidence apparent du vent.	
D.	M.	D.	M.
90	0	0	0
87	30	0	3
85	0	0	7
82	30	0	16
80	0	0	29
77	30	0	42
75	0	0	45
72	30	1	20
70	0	1	42
67	30	2	6
65	0	2	32
62	30	3	1
60	0	3	29
57	30	3	59
55	0	4	29
52	30	5	1
50	0	5	31
47	30	6	3
45	0	6	33
42	30	7	1
40	0	7	28
37	30	0	0
35	0	0	0
32	30	0	0
30	0	0	0

HUITIEME TABLE.

Dispositions pour s'éloigner d'une côte ou d'une ligne donnée de position lorsqu'on est dans un Navire dont on peut négliger la dérive, mais qui a deux voiles.

La voile avec la quille.		Incidences apparentes du vent.		La route avec la direction réelle du vent.		La route avec la ligne dont on veut s'éloigner.		La direction réelle du vent avec la ligne dont on veut s'éloigner.	
D.	M.	D.	M.	D.	M.	D.	M.	D.	M.
90	0	90	0	180	0	69	27	110	33
88	45	89	21	178	35	70	0	108	35
87	30	88	42	177	10	70	32	106	38
85	0	87	23	174	25	71	36	102	45
82	30	85	58	171	29	72	43	98	46
80	0	84	29	168	35	73	51	94	44
77	30	82	58	165	40	75	40	90	0
75	0	81	23	162	23	76	7	86	16
72	30	79	43	159	40	77	20	82	20
70	0	77	59	156	33	78	38	77	55
67	30	76	12	153	23	79	56	73	27
65	0	74	21	150	11	81	17	68	54
62	30	72	24	146	43	82	54	63	49
60	0	70	25	143	13	84	29	58	44
57	30	68	21	139	34	86	15	53	19
55	0	66	13	135	46	88	8	47	36
53	12	64	37	132	52	90	0	42	52
50	0	61	43	127	32	87	29	35	1
47	30	59	20	123	4	84	58	28	2
45	0	56	33	118	20	81	19	19	39
42	30	54	22	113	18	79	7	12	25
40	0	51	45	107	57	75	44	3	41
37	30	56	55	110	30	73	0	3	30

Le Navire est supposé prendre le quart de la vîtesse du vent dans la route directe.

FIN DES TABLES.

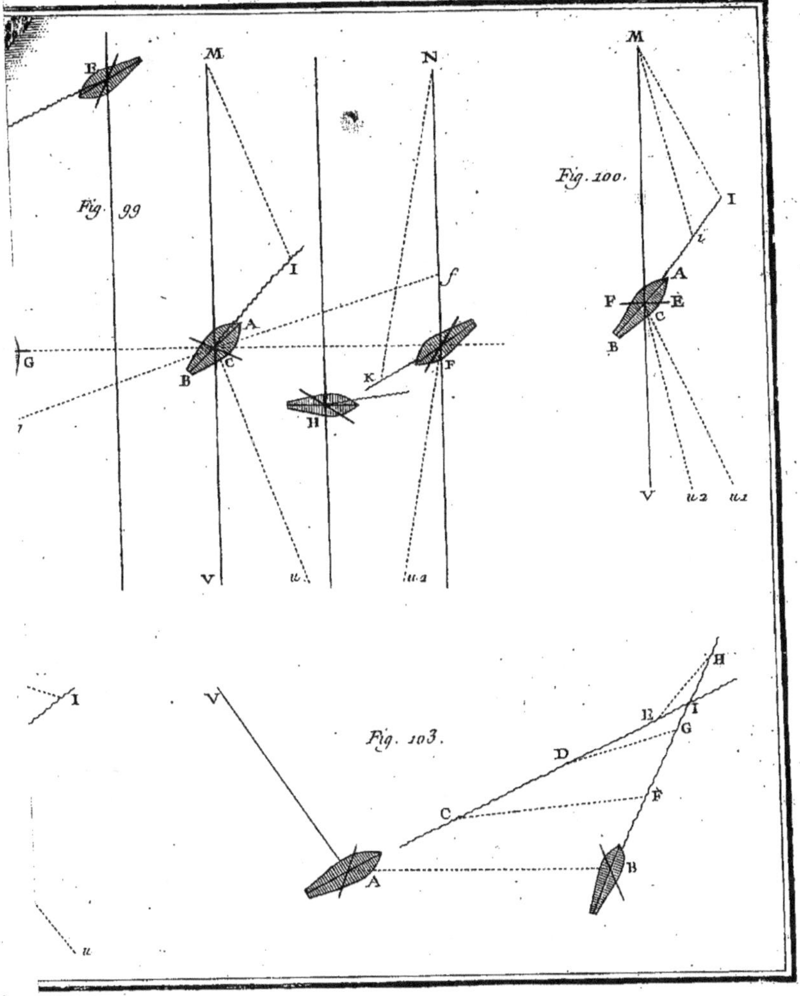

B
M
N
Fig. 99
I
A
C
B
G
f
K
F
H
V
u
u.2
M
Fig. 100.
I
u
A
F
E
C
B
V
u.2
u.1
I
V
Fig. 103.
H
E
G
I
D
F
C
A
B
u

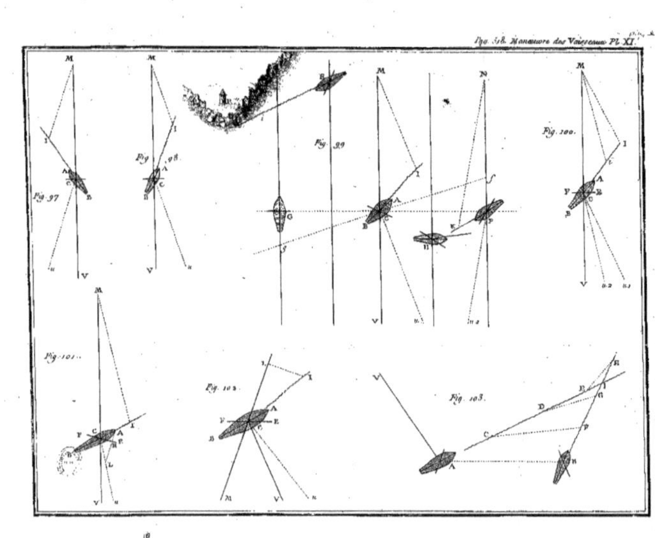

Manœuvre des Vaisseaux Pl. XI.
Fig. 97.
Fig. 98.
Fig. 99.
Fig. 100.
Fig. 101.
Fig. 102.
Fig. 103.

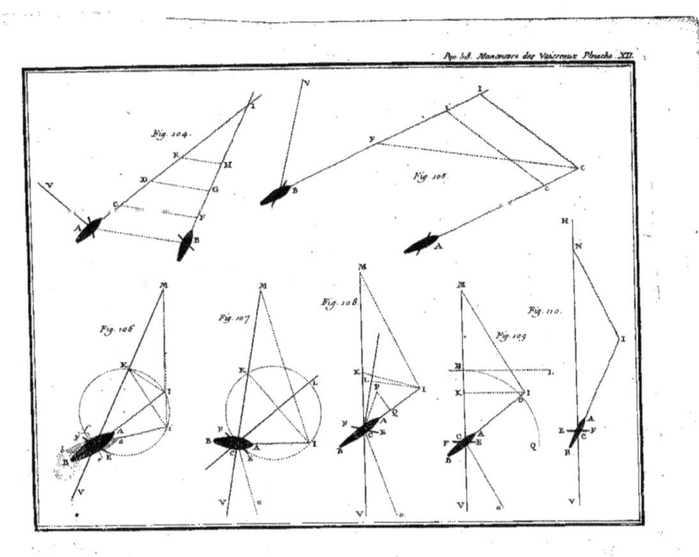

Fig. 104.
Fig. 105.
Fig. 106.
Fig. 107.
Fig. 108.
Fig. 109.
Fig. 110.

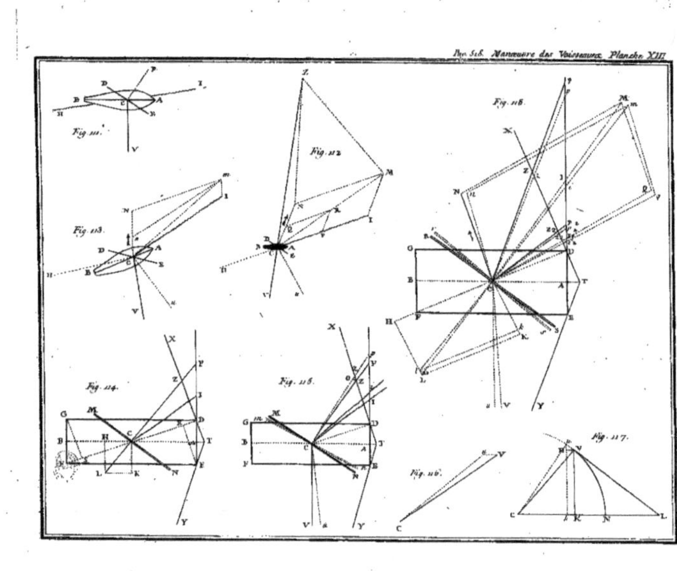
Pag. 518. Manœuvre des Vaisseaux. Planche XIII.
Fig. 111.
Fig. 112.
Fig. 113.
Fig. 114.
Fig. 115.
Fig. 116.
Fig. 117.
Fig. 118.

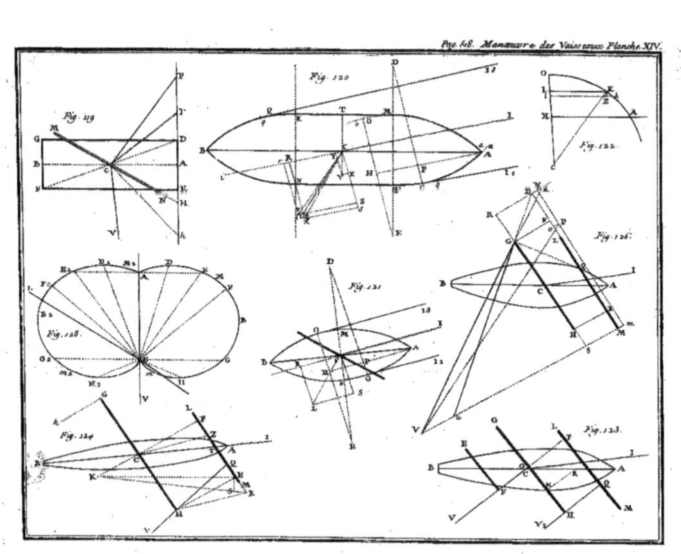

Pag. 548. Manœuvre des Vaisseaux Planche XIV.
Fig. 119
Fig. 120
Fig. 121
Fig. 122
Fig. 123
Fig. 124
Fig. 125
Fig. 126

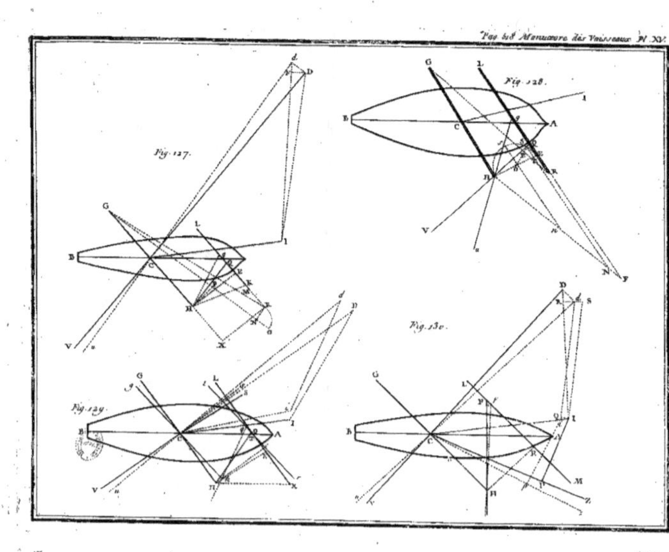

Fig. 127.
Fig. 128.
Fig. 129.
Fig. 130.

Extrait des Regiſtres de l'Académie Royale des Sciences.

Du 4. Septembre 1756.

MEssieurs Clairaut & de Montigny, qui avoient été nommés pour examiner un Ouvrage de M. Bouguer, intitulé : *De la Manœuvre des Vaiſſeaux, ou Traité de Méchanique & de Dynamique, dans lequel on réduit à des ſolutions très-ſimples les Problêmes de Marine les plus difficiles, qui ont pour objet le mouvement du Navire,* en ayant fait leur rapport, l'Académie a jugé cet Ouvrage digne de l'Impreſſion : en foi de quoi j'ai ſigné le préſent Certificat. A Paris le 4. Septembre 1756.

Signé, GRANDJEAN DE FOUCHY, Sécretaire perpétuel de l'Académie Royale des Sciences.

Extrait des Regiſtres de l'Académie de Marine.

Du 22. Juillet 1756.

MEssieurs Duhamel du Monceau & Camus, qui avoient été nommés par l'Académie de Marine pour examiner un Ouvrage de M. Bouguer, qui a pour titre : *De la Manœuvre des Vaiſſeaux, ou Traité de Méchanique & de Dynamique, dans lequel on réduit à des ſolutions très-ſimples les Problêmes de Marine les plus difficiles, qui ont pour objet le mouvement du Navire,* en ayant fait leur rapport, l'Académie a jugé que cet Ouvrage eſt d'autant plus digne de l'Impreſſion qu'il étend davantage la connoiſſance des différentes cauſes des mouvements du Navire. En foi de quoi j'ai ſigné le préſent Certificat.

Signé, BIGOT DE MOROGUES, Sécretaire de l'Académie de Marine.

PRIVILEGE DU ROI.

LOUIS par la grace de Dieu, Roi de France & de Navarre : A nos amés & féaux Conſeillers, les Gens tenans nos Cours de Parlement, Maîtres des Requê-tes ordinaires de notre Hôtel, Grand Conſeil, Prevôt de Paris, Baillifs, Sénéchaux, leurs Lieutenans Civils, & autres nos Juſticiers qu'il appartiendra, SALUT. Nos bien-amés LES MEMBRES DE L'ACADEMIE ROYALE DES SCIENCES de notre bonne Ville de Paris, Nous ont fait expoſer qu'ils auroient beſoin de nos Lettres de Pri-vilege pour l'impreſſion de leurs Ouvrages : A CES CAUSES, voulant favorablement traiter les Expofans, nous leur avons permis & permettons par ces Préfentes de faire imprimer, par tel Imprimeur qu'ils voudront choifir, toutes les Recherches ou Obfervations journalieres, ou Relations annuelles de tout ce qui aura été fait dans les Affemblées de ladite Académie Royale des Sciences, les Ouvrages, Mémoires ou Traités de chacun des Particuliers qui la compofent, & généralement tout ce que ladite Académie voudra faire paroître, après avoir fait examiner lefdits Ouvrages, & qu'ils font jugés dignes de l'impreffion, en tels volumes, forme, marge, caractères, conjointement ou féparément, & autant de fois que bon leur femblera, & de les faire vendre & débiter par tout notre Royaume, pendant le tems de vingt années confécutives, à compter du jour de la date des Préfentes ; fans toutefois qu'à l'occafion des Ouvrages ci-deffus fpécifiés, il puiffe en être imprimé d'autres qui ne foient pas de ladite Académie : faifons défenfes à toutes fortes de perfonnes, de quelque qualité & condition qu'elles foient, d'en introduire d'impreffion étrangere dans aucun lieu de notre obéiffance ; comme auffi à tous Libraires & Imprimeurs d'imprimer ou faire imprimer, vendre, faire vendre & débiter lefdits Ouvrages, en tout ou en partie, & d'en faire aucunes traductions ou extraits, fous quelque prétexte que ce puiffe être, fans la permiffion expreffe & par écrit defdits Expofans, ou de ceux qui auront droit d'eux, à peine de confifcation des Exemplaires contrefaits, de trois mille livres d'amende contre chacun des contrevenans ; dont un tiers à Nous, un tiers à l'Hôtel-Dieu de Paris, & l'autre tiers aufdits Expofans, ou à celui qui aura droit d'eux, & de tous dépens, dommages & interêts ; à la charge que ces Préfentes feront enregiftrées tout au long fur le Regiftre de la Communauté des Libraires & Imprimeurs de Paris, dans trois mois de la date d'icelles ; que l'impreffion defdits Ouvrages fera faite dans notre Royaume, & non ailleurs, en bon papier & beaux caractères, conformément aux Réglemens de la Librairie ; qu'avant de les expofer en vente, les Manufcrits ou Imprimés qui auront fervi de copie à l'impreffion defdits Ouvrages, feront remis ès mains de notre très-cher & féal Chevalier le Sieur D A G U E S S E A U, Chancelier de France, Commandeur de nos Ordres, & qu'il en fera enfuite remis deux Exemplaires dans notre Bibliothèque publique, un en celle de notre Château du Louvre, & un en celle de notredit très-cher & féal Chevalier le Sieur D A G U E S S E A U, Chancelier de France, le tout à peine de nullité defdites Préfentes : du contenu defquelles vous mandons & enjoignons de faire jouir lefdits Expofans & leurs ayans caufe, pleinement & paifiblement, fans fouffrir qu'il leur foit fait aucun trouble ou empêchement. Voulons que la copie des Préfentes qui fera imprimée tout au long, au commencement ou à la fin defdits Ouvrages, foit tenue pour dûëment fignifiée ; & qu'aux copies collationnées par l'un de nos amez féaux Confeillers & Sécrétaires, foi foit ajoutée comme à l'original. Commandons au premier notre Huiffier ou Sergent fur ce requis, de faire, pour l'exécution d'icelles, tous actes requis & néceffaires, fans demander autre permiffion, & nonobftant Clameur de Haro, Charte Normande & Lettres à ce contraires ; C A R tel eft notre plaifir. D O N N E' à Paris le dix-neuviéme jour du mois de Mars, l'an de grace mil fept cens cinquante, & de notre Regne le trente-cinquiéme. Par le Roi en fon Confeil. M O L.

Regiftré fur le Regiftre XII. de la Chambre Royale & Syndicale des Libraires & Imprimeurs de Paris, N°. 430. fol. 309. conformément au Reglement de 1723, qui fait défenfes, article 4. à toutes perfonnes, de quelque qualité qu'elles foient, autres que les Libraires & Imprimeurs, de vendre, débiter & faire afficher aucuns Livres pour les vendre, foit qu'ils s'en difent les Auteurs ou autrement ; à la charge de fournir à la fufdite Chambre huit Exemplaires de chacun, prefcrits par l'art. 108. du même Réglement. A Paris le 5. Juin 1750. Signé, L E G R A S, Syndic.

www.ingramcontent.com/pod-product-compliance
Lightning Source LLC
LaVergne TN
LVHW020128030726
842520LV00001B/74